工业和信息化部"十四五"规划教材

科学出版社"十四五"普通高等教育本科规划教材
航空宇航科学与技术教材出版工程

航空燃气涡轮发动机结构

Structure of Aircraft Gas Turbine Engine

郑龙席　赵明　高文君　编

科学出版社
北京

内 容 简 介

本书系统、全面地介绍了航空燃气涡轮发动机结构的基本知识，包括：各主要部件的功能、设计要求、典型结构及材料；总体结构、发动机工作系统及安全防错设计。同时也结合航空燃气涡轮发动机发展现状介绍了部件及整机的相关新技术、新材料、新工艺和新结构。为了方便读者，作者精心制作了部分零/部件结构的教学动画及相关参考资料的链接，可通过扫描二维码进行学习。

本书可供高等院校飞行器动力工程专业的师生使用，也可供燃气轮机相关专业学生和从事航空发动机研究、制造和维修的工程技术人员学习和参考。

图书在版编目(CIP)数据

航空燃气涡轮发动机结构 / 郑龙席，赵明，高文君编. — 北京：科学出版社，2023.6

航空宇航科学与技术教材出版工程　科学出版社“十四五”普通高等教育本科规划教材　工业和信息化部“十四五”规划教材

ISBN 978-7-03-075517-9

Ⅰ. ①航... Ⅱ. ①郑...②赵...③高... Ⅲ. ①航空发动机—燃气轮机—结构—高等学校—教材 Ⅳ. ①V235.1

中国国家版本馆 CIP 数据核字(2023)第 081343 号

责任编辑：胡文治 / 责任校对：谭宏宇
责任印制：黄晓鸣 / 封面设计：殷　靓

科学出版社 出版
北京东黄城根北街 16 号
邮政编码：100717
http://www.sciencep.com

南京展望文化发展有限公司排版
河北虎彩印刷有限公司印刷
科学出版社发行　各地新华书店经销

*

2023 年 6 月第 一 版　开本：787×1092　1/16
2026 年 3 月第九次印刷　印张：20 1/4
字数：466 000

定价：90.00 元

(如有印装质量问题，我社负责调换)

航空宇航科学与技术教材出版工程
专家委员会

航空宇航科学与技术教材出版工程
编写委员会

从 书 序

我在清华园中出生，旧航空馆对面北坡静置的一架旧飞机是我童年时流连忘返之处。1973 年，我作为一名陕北延安老区的北京知青，怀揣着一张印有西北工业大学航空类专业的入学通知书来到古城西安，开始了延绵 46 年矢志航宇的研修生涯。1984 年底，我在美国布朗大学工学部固体与结构力学学门通过 Ph. D 的论文答辩，旋即带着在 24 门力学、材料科学和应用数学方面的修课笔记回到清华大学，开始了一名力学学者的登攀之路。1994 年我担任该校工程力学系的系主任。随之不久，清华大学委托我组织一个航天研究中心，并在 2004 年成为该校航天航空学院的首任执行院长。2006 年，我受命到杭州担任浙江大学校长，第二年便在该校组建了航空航天学院。力学学科与航宇学科就像一个交互传递信息的双螺旋，记录下我的学业成长。

以我对这两个学科所用教科书的观察：力学教科书有一个推陈出新的问题，航宇教科书有一个宽窄适度的问题。20 世纪 80~90 年代是我国力学类教科书发展的鼎盛时期，之后便只有局部的推进，未出现整体的推陈出新。力学教科书的现状也确实令人扼腕叹息：近现代的力学新应用还未能有效地融入力学学科的基本教材；在物理、生物、化学中所形成的新认识还没能以学科交叉的形式折射到力学学科；以数据科学、人工智能、深度学习为代表的数据驱动研究方法还没有在力学的知识体系中引起足够的共鸣。

如果说力学学科面临着知识固结的危险，航宇学科却孕育着重新洗牌的机遇。在军民融合发展的教育背景下，随着知识体系的涌动向前，航宇学科出现了重塑架构的可能性。一是知识配置方式的融合。在传统的航宇强校（如哈尔滨工业大学、北京航空航天大学、西北工业大学、国防科技大学等），实行的是航宇学科的密集配置。每门课程专业性强，但知识覆盖面窄，于是必然缺少融会贯通的教科书。而 2000 年后在综合型大学（如清华大学、浙江大学、同济大学等）新成立的航空航天学院，其课程体系与教科书知识面较宽，但不够健全，即宽失于泛、窄不概全，缺乏军民融合、深入浅出的上乘之作。若能够将这两类大学的教育名家邀集一处，互相切磋，是有可能纲举目张，塑造出一套横跨航空和宇航领域，体系完备、详略适中的经典教科书。于是在郑耀教授的热心倡导和推动下，我们得聚 22 所高校和 5 个工业部门（航天科技、航天科工、中航、商飞、中航发）的数十位航宇专家于一堂，开启“航空宇航科学与技术教材出版工程”。在科学出版社的大力促进下，为航空与宇航一级学科编纂这套教科书。

考虑到多所高校的航宇学科，或以力学作为理论基础，或由其原有的工程力学系改造而成，所以有必要在教学体系上实行航宇与力学这两个一级学科的共融。美国航宇学科之父冯·卡门先生曾经有一句名言：“科学家发现现存的世界，工程师创造未来的世界……而力学则处在最激动人心的地位，即我们可以两者并举！”因此，我们既希望能够表达航宇学科的无垠、神奇与壮美，也得以表达力学学科的严谨和博大。感谢包为民先生、杜善义先生两位学贯中西的航宇大家的加盟，我们这个由18位专家（多为两院院士）组成的教材建设专家委员会开始使出十八般武艺，推动这一出版工程。

因此，为满足航宇课程建设和不同类型高校之需，在科学出版社盛情邀请下，我们决心编好这套丛书。本套丛书力争实现三个目标：一是全景式地反映航宇学科在当代的知识全貌；二是为不同类型教研机构的航宇学科提供可剪裁组配的教科书体系；三是为若干传统的基础性课程提供其新貌。我们旨在为移动互联网时代，有志于航空和宇航的初学者提供一个全视野和启发性的学科知识平台。

这里要感谢科学出版社上海分社的潘志坚编审和徐杨峰编辑，他们的大胆提议、不断鼓励、精心编辑和精品意识使得本套丛书的出版成为可能。

是为总序。

2019年于杭州西湖区求是村、北京海淀区紫竹公寓

前　言

在航空燃气涡轮发动机的研制过程中,特别是在自主研制中,结构设计是一个非常重要的环节,直接影响发动机能否正常工作,能否达到设计指标(性能、可靠性和耐久性等),能否少出或不出重大故障等。为了满足国内航空动力快速发展对专业人才的需求,很多高校都开设了"航空燃气涡轮发动机结构"课程。

本教材围绕"创新教材呈现方式和话语体系""反映世界科学前沿和技术发展成就"的建设目标要求,结合航空燃气涡轮发动机结构教学的基本要求,从编写思路、教材内容、呈现方式等方面提升教材的时代性和可读性。在编写思路方面,采用校企合作的编写模式,与航空发动机行业重点研究所、制造厂、修配厂相关专业人员展开广泛合作,利用他们的专业特长,充分了解行业对本门课程的教学需求,在此基础上,将行业成熟的航空发动机结构设计、制造、使用、维护经验纳入了教材;在教材内容上,除介绍航空燃气涡轮发动机各主要部件的功能、设计要求、典型结构及材料,发动机总体结构、工作系统及安全防错设计外,还结合航空燃气涡轮发动机的发展现状,归纳总结近年来航空燃气涡轮发动机部件及整机的一些新结构、新材料和新工艺(如新概念发动机、整体叶盘/叶环、新型封严、高温升和低污染燃烧室、对转涡轮等),使结构教材能及时地反映航空燃气涡轮发动机结构设计的最新进展,紧跟技术进步的步伐;在呈现方式上:充分采用数字化先进教学方式,以二维码的形式链接一定量的航空发动机结构部件的图片、教学动画,以清楚地展示二维图纸难以反映的气流流动过程、工作过程、安装与定位过程,方便读者学习理解。

本教材共分 9 章,前言及第 1、2、4、7、9 章由西北工业大学郑龙席教授编写,第 3、5、6 章由西北工业大学赵明副教授编写,第 8 章由西北工业大学高文君副教授编写。全书由郑龙席教授负责统稿并最终定稿。

感谢西安现代控制技术研究所贾胜锡工程师完成本书中链接文字的编写及部分链接动画的制作。感谢西北工业大学刘振侠教授、卢杰副教授、胡剑平副教授、宋叔飚讲师、李勍工程师对本书编写的支持。在编写过程中,张佳博、彭辰旭、孙楠硕士协助进行了文字、图表的编辑及校对工作。

感谢北京航空航天大学陈光教授、洪杰教授、马艳红教授对本书编写的指导。感谢中国航发沈阳发动机研究所程明研究员、门玉宾高级工程师、张善军高级工程师、李娜高级工程师，中国航发湖南动力机械研究所覃华斌高级工程师、郑华雷高级工程师，中国人民解放军第五七一九工厂裴培高级工程师，中国航发成都发动机有限公司陈基东高级工程师等同仁为本书提供的许多帮助。

由于编者水平与能力有限，书中不当及疏漏之处在所难免，恳请广大读者不吝指正。

编　者

2022 年 12 月

目　　录

第1章
绪　论

航空动力装置的功能是为航空器提供动力，推动航空器前进，所以航空动力装置也称为航空推进系统。它包括主机部分，以及为保证其正常工作所必需的系统和附件，如燃油系统、滑油系统、起动系统、点火系统和防火系统等，通常统称为航空发动机。航空发动机是飞机性能、成本和可靠性的决定性因素，也正是因为如此，航空发动机被称为飞机的心脏。

航空发动机在军、民用飞行器领域具有广泛的应用，且自身具有很高的经济价值，因而对国防和国民经济可产生巨大的效益。在军事方面，如美国实施的综合高性能涡轮发动机技术（Integrated High-Performance Turbo-Engine Technologic，IHPTET）项目，计划到2005年各部件的先进性达到：由各部件装配形成的发动机能使发动机的推重比达到20、耗油率比1998年的发动机低40%。据估计，该目标实现后，打一场像海湾战争那样规模的战争，美国所需的飞机机队规模可以缩小1/2。在经济方面，据统计，以单位重量计，航空发动机、旅客机、计算机、轿车和轮船的价值比为1 400∶800∶300∶9∶1。由此可见，航空发动机是一种高附加值的产品。航空发动机的价格和航空发动机工业的产值分别占飞机和航空工业的20%～30%。据估计，1998～2007年世界航空发动机销售和维修市场总值约为3 500亿美元，此外还有相当规模的航空改型燃气轮机市场。作为一种高技术产品，航空发动机的发展对其他行业如冶金、机械、电子、仪表、化工、石油等非航空动力工业也有重要的带动和促进作用。

因此，航空事业发达的国家都认为先进的发动机技术对保持军事和商业竞争优势发挥着重要作用，把优先发展发动机技术作为国策，制定了长远的、高投入的发动机技术发展计划，并严禁向别国转移发动机技术。

1.1　航空发动机的发展历程

人类早就幻想像鸟一样在天空中自由飞翔，也曾做过各种尝试，但多半因动力源问题未得到解决而归于失败。随着活塞式内燃机于19世纪末成功地用于汽车，人们开始设法利用这种发动机来实现动力飞行。1903年12月17日，莱特兄弟在总结前人经验教训的基础上，把一台四缸直列式水冷发动机改装后成功地用到他们的飞机上，完成了世界上第一次公认的动力飞行。当时这台发动机功率只有8.95 kW，重量为81 kg，功重比只有0.11 kW/daN。

莱特兄弟的首次动力飞行使得几千年来由少数人从事的飞行探索事业在后来的百年中发展成为对世界政治、军事、经济和技术乃至人们的生活方式都产生重要影响的航空业。

1.1.1 活塞式发动机

战争是技术的催化剂。二战以前，所有飞机都采用活塞式发动机作为动力，这种发动机本身不能产生向前的推力，而是驱动一副螺旋桨，使螺旋桨在空气中旋转，以此拉动飞机前进。两次世界大战，把活塞式发动机技术推向顶峰。经过历时 4 年的第一次世界大战，发动机功率从 75 kW 左右提高到 313 kW，功重比提高到 0.77 kW/daN，从而使飞机的速度从 100 km/h 提高到 200 km/h。

在第二次世界大战期间，活塞式发动机继续得到发展。首先是成功地为气冷式发动机设计了整流罩，减小了阻力，改善了冷却，使得气冷式发动机得到了迅速发展，在轰炸机、运输机和攻击机上逐步取代了液冷式发动机。其间，另外两项重大改进是采用废气涡轮增压器和变距螺旋桨，增大了发动机功率和工作高度，并改善了螺旋桨特性。

图 1.1 “双黄蜂”R－1830 气冷星型活塞发动机

美国普惠公司的“黄蜂”系列气冷星型发动机发挥了巨大作用。这种星型发动机可以有单排、双排，甚至四排的布置，汽缸数从 7 到 28 个，功率从 970 kW 到 2 500 kW，功重比达到 1.5 kW/daN 左右。其中“双黄蜂”R－1830 是历史上应用最多的活塞式发动机（图 1.1），它装备了 19 000 架 B－24 轰炸机和 10 000 架 C－47 运输机。

但液冷式发动机的迎风面积小，适合用于高速战斗机，而且，在高空其液冷系统易损性的弱点不突出，因此它在战斗机上仍获得应用。在第二次世界大战期间，比较著名的液冷式发动机有英国的“梅林”，这种 V 型 12 缸发动机功率从 597 kW 逐步提高到 1 120 kW，用于著名的“飓风”“喷火”和“野马”战斗机，其中，美国的“野马”战斗机飞行速度达 760 km/h，飞行高度达 15 000 m。

当飞机的速度达到 800 km/h 时，由于螺旋桨始终在高速旋转，桨尖部分的气流相对速度实际上已接近声速，这种跨声速流场的直接后果就是螺旋桨的效率急剧降低，推力下降。同时，由于螺旋桨的迎风面积较大，带来的阻力也比较大，而且随着飞行高度的上升，大气变得稀薄，活塞发动机的功率也会急剧下降。这几个因素综合在一起，限制了活塞发动机进一步的发展，使得“活塞发动机+螺旋桨”这种推进模式走到了尽头。为了进一步提高飞行性能，必须采用全新的推进模式，燃气涡轮发动机应运而生。

1.1.2 燃气涡轮发动机

将燃气涡轮发动机用于飞机动力的研究工作始于20世纪20年代。在燃气涡轮发动机发展过程中,首先出现的是涡轮喷气(简称涡喷)发动机。当时美、苏、德、英等国都有人提出了各种燃气涡轮喷气发动机专利和方案,并进行研究工作。英国空军少校 Whittle 于1930年1月16日申请了第一项飞机推进专利,经过多年研究试验,终于在1937年4月12日成功试制了世界第一台 Whittle 离心式涡轮喷气发动机 WU(图1.2),推力为200 daN。

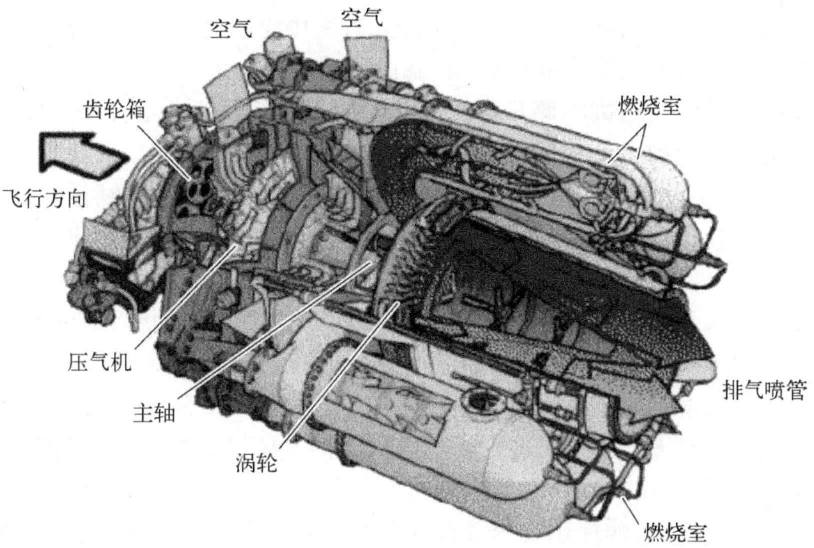

图1.2 世界上第一台涡轮喷气发动机 WU

相比于活塞发动机,涡喷发动机进气量大,进气、压缩、燃烧、膨胀、排气五个过程是同时进行的,即做功是连续的。因此,涡喷发动机做功能力比活塞发动机大很多,而且发动机本身就是推进器,不像活塞发动机需要限制飞行速度的螺旋桨作为推进器。由于具有这些有利条件,所以当涡喷发动机发明以后,推进技术取得了突飞猛进的进展,使飞机的性能和任务能力取得了重大突破,特别是使飞机突破了声障,实现了超声速飞行。

涡喷发动机虽然具有推力大、质量轻、能适应高空飞行的特点,但它的经济性却较差。这是因为它的大推力是由高速喷出的高温燃气得到的,所以不可避免要将大量本来可用的热能和动能排出发动机外,造成能量损失,使耗油率变大。为此,20世纪50年代初发展了耗油率较小的涡轮螺旋桨(简称涡桨)发动机。它采用螺旋桨作为推进器,所以这种发动机也只适用于亚声速飞行,一般飞行马赫数在0.6~0.7。另外,由于螺旋桨与减速器的限制,功率也不可能太大。20世纪50年代中期发展的中、小型客机、运输机大多采用涡桨发动机作为动力。

20世纪40年代美国成功研制出世界上第一台涡轴发动机。这种发动机的构造与涡桨发动机的结构很相近,只是将螺旋桨变为直升机的旋翼,通过动力涡轮膨胀做功提取高温高压燃气中的能量，将这部分能量转换为轴功率驱动旋翼使得直升机腾空飞翔。1951 年 12 月，装有涡轮轴发动机的直升机进行了首次飞行。迄今为止，涡轴发动机在直升机、舰船用动力装置及地面发电等方面得到了广泛的应用。

20 世纪 50 年代末，出现了小涵道比的涡轮风扇（简称涡扇）发动机，其性能介于涡喷和涡桨两种发动机之间，耗油率比涡喷发动机低约 1/3，而且噪声较低；20 世纪 60 年代初新研制的旅客机多采用这种发动机作为动力，而原来采用涡喷发动机作为动力的飞机，如波音 707 客机、B－52 轰炸机等也很快换装涡扇发动机，使自身性能得到较大改善。

由于涡扇发动机有内外两个涵道，迎风面积大，所以在涡扇发动机发展初期，普遍认为很难在高速战斗机上应用这种发动机。但是，当采用了各种新技术与高循环参数研制的带加力燃烧室的小涵道比涡扇发动机（具有高的推重比）在 20 世纪 70 年代出现以后，彻底改变了人们对涡扇发动机的偏见。此后，新研制的高性能战斗机都采用了加力式小涵道比涡扇发动机作为动力。

与此同时，为满足发展远程巨型运输机、宽体旅客机的需要，于 20 世纪 70 年代初研制了大涵道比、高增压比、高涡轮前燃气温度的大推力、低耗油率的涡扇发动机，并在随后的三十多年中，不断为多种旅客机研制出性能越来越好的多型发动机。

开式转子发动机是 20 世纪 80 年代发展的一种新型节能发动机。有时称为无涵道风扇（unducted fan，UDF）发动机或超高流量比（ultra-high bypass ratio，UHBPR）涡扇发动机。它比现有的涡扇发动机省油，经济性接近涡桨发动机的水平，又可以接近涡扇发动机的飞行马赫数巡航。但是，由于开式转子发动机结构复杂，噪声大，而且叶片直接暴露于大气中，不像高涵道比涡扇发动机在风扇外有专门的包容环，叶片折断后能被包容环包容住。因此，开式转子发动机的使用安全性存在隐患。更重要的是，当时的燃油价格与燃油储量并未像预测那样会对航空运输带来极大的负面影响，因此西方国家的开式转子发动机经过几年的发展后，逐渐淡出了人们的视线。例如，美国通用电气公司和法国国营航空发动机研究制造公司当年共同投资 10 多亿美元，研制成的开式转子发动机（UDF，图 1.3），由于前述原因，不得不放弃研制计划。但是，苏联和俄罗斯坚持了开式转子发动机的研制工作，最终研制出用于安－70 军用运输机的 D－27 开式转子发动机（图 1.4），该发动机单台功率 10 400 kW。进入 21 世纪后，航空运输量大幅增加，开式转子发动机有望重新兴起。

图 1.3　UDF 开式转子发动机

图 1.4　用于安－70 军用运输机的 D－27 开式转子发动机

在大涵道比涡扇发动机中，风扇均由低压涡轮驱动。一般在风扇转子后还装有3~5级增压级，以增加发动机的总压比以及内涵的空气流量。由于风扇直径很大，就必须使风扇转子在较低的转速下工作，当风扇（加上增压级）是由低压涡轮直接驱动时，增压级的转速就会大大低于其最佳工作转速。为达到发动机总体的设计要求，只得增加增压级及低压涡轮的级数。因此这种设计的缺点是增压级未在它们的最佳转速下工作，使得发动机级数增多。如果在增压级与风扇之间装一个减速器，就可使低压涡轮及增压级在最佳转速下工作，然后通过减速器，使转速降低到风扇的最佳转速来驱动风扇工作，使风扇、增压级/低压涡轮均在最佳转速下工作，自然使发动机的级数减少。PW1000G系列发动机就是依据这一理念而设计的先进涡轮风扇发动机，是美国普惠公司为赢得正在逐渐失去的民用发动机市场而研发的先进大推力大涵道比涡扇发动机。2008年，该系列发动机被正式命名为齿轮传动涡扇（geared turbofan, GTF）发动机。目前，已发展了PW1200G、PW1500G、PW1100G、PW1400G四款不同推力级的GTF发动机，装机对象包括三菱MRJ支线飞机、庞巴迪C系列飞机和空客A320neo。

自第一台涡喷发动机诞生以来，经过80余年的历程，航空燃气涡轮发动机取得了长足进展。到目前为止，燃气涡轮发动机不仅品种齐全，机型繁多，而且性能也达到了较高的水平，基本上满足了各类飞行器发展的要求，同时也促使飞机性能不断提高，对飞机的发展做出了重要贡献。

航空发动机的发展史揭示了这样一个真理：航空发动机这一新生事物的产生和发展是和社会的需要分不开的；也是和航空发动机的理论基础、试验研究，以及与之配套的科学技术发展水平（如高效率的叶片机、能承受高温的材料和各种先进的加工方法等）分不开的。

1.2 航空燃气涡轮发动机的基本类型

1.2.1 概述

航空推进系统按其组成和工作原理可分为两大类：一类是直接反作用推进系统，另一类是间接反作用推进系统，如图1.5所示。

直接反作用推进系统中，发动机直接将工质加速产生反作用推力，属于这一类的航空发动机有涡轮喷气发动机、涡轮风扇发动机和冲压喷气发动机。在这一类系统中发动机本身即构成飞行器的推进系统。火箭发动机也是直接反作用推进系统，但它自带推进剂（包括燃料和氧化剂），不依赖外界空气，因而可以在大气层以外的空间工作，主要用于航天器和导弹。

间接反作用推进系统中，发动机只将燃料燃烧产生的化学能转换成有效功率，以轴功率形式输出，推力则要靠专门的推进器产生。推进器有飞机的螺旋桨和直升机的旋翼。属于这类的发动机有活塞式、涡轮螺旋桨、开式转子、涡轮轴发动机及航空电动机。在这一类系统中，发动机与推进器组合成飞行器的推进系统。

航空发动机主要包括活塞式发动机、燃气涡轮发动机和冲压发动机三大类。其中燃

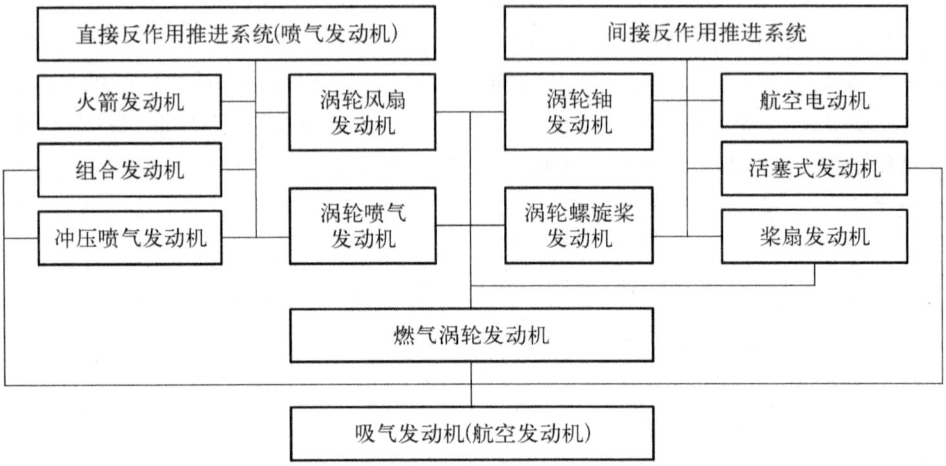

图 1.5　航空推进系统分类

气涡轮发动机是目前应用最广泛的航空发动机,其中包括涡轮喷气发动机、涡轮螺旋桨发动机、涡轮风扇发动机、涡轮轴发动机和开式转子发动机。航空燃气涡轮发动机的应用有越来越广的趋势,它是本书论述的重点。

冲压发动机的构造简单、推力大,特别适合高速飞行。由于其不能在静止状态下起动及低速性能不好,所以适合用于靶弹和巡航导弹。

在航空器上应用的还有火箭发动机和航空电动机。火箭发动机燃料消耗率太高,不适于长时间工作,只在早期超声速试验飞机上用过,也曾在某些飞机上用作短时间的加速器。由太阳能和燃料电池驱动的航空电动机尚处于试验阶段,适用于高空长航时的轻型飞机。

1.2.2　燃气涡轮发动机的组成和主要类型

燃气涡轮发动机主要由进气装置、压气机、燃烧室、涡轮和尾喷管组成。从进气装置进入的空气在压气机中被压缩后,进入燃烧室并在那里与喷入的燃油混合燃烧,生成高温高压燃气。燃气在膨胀过程中驱动涡轮作高速旋转,将部分能量转变为涡轮功。涡轮带动压气机不断吸进空气并进行压缩,使发动机能连续工作。如图 1.6 所示,燃气涡轮发动机工作过程和活塞式发动机一样都由进气、压缩、燃烧后膨胀和排气四个过程组成。后者是在同一空间的不同时间内完成的,而前者是在同一时间内在不同的空间内完成的。由压气机、燃烧室和驱动压气机的涡轮这三个部件组成燃气发生器,它不断输出具有一定可用能量的燃气。按燃气发生器出口燃气可用能量的利用方式的不同,燃气涡轮发动机分为涡轮喷气、涡轮风扇、涡轮螺旋桨、涡轮轴、开式转子发动机和垂直/短距起落动力装置。

1. 涡轮喷气发动机

在单个流道内,涡轮出口燃气直接在喷管中膨胀,使燃气可用能量转变为高速喷流的动能而产生反作用力,推动飞机前进。涡轮喷气发动机按压气机形式分为离心式和轴流式,按转子数目分为单转子和双转子。单转子轴流式涡轮喷气发动机的结构参见图 1.6(a)。

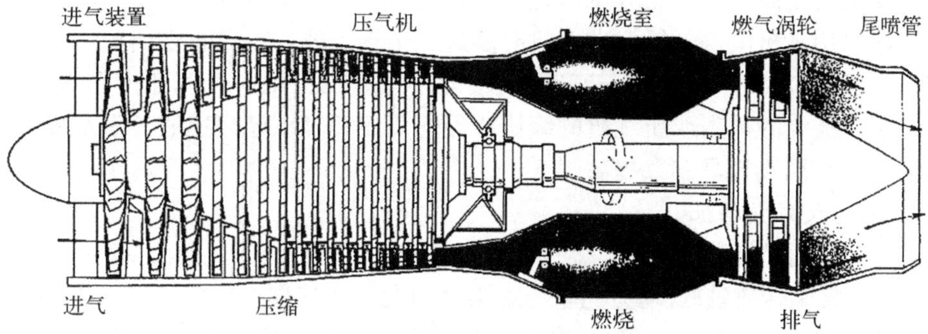

(a) 连续的涡轮喷气发动机

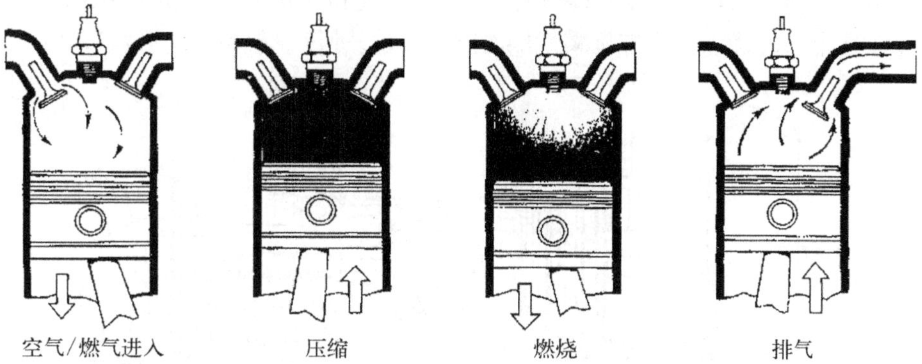

(b) 间歇的活塞式发动机

图 1.6 涡轮喷气发动机与活塞式发动机的工作过程比较

2. 涡轮风扇发动机

燃气发生器出口的燃气在低压涡轮中进一步膨胀做功,用于带动外涵风扇,使外涵道气流的喷射速度增大,剩下的可用能量继续在喷管中转变为高速排气的动能,其结构见图1.7。内、外两股气流可分别排出,也可混合后一起排出。在燃气发生器相同的情况下,涡轮风扇发动机的空气流量大、排气速度低,所以推进效率高、耗油率低、噪声低。不加力的

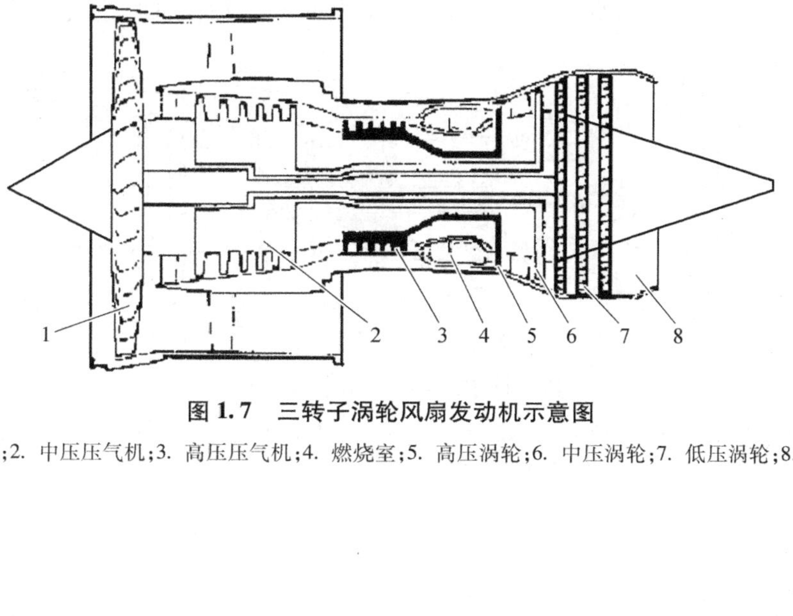

图 1.7 三转子涡轮风扇发动机示意图

1. 风扇;2. 中压压气机;3. 高压压气机;4. 燃烧室;5. 高压涡轮;6. 中压涡轮;7. 低压涡轮;8. 喷管

涡轮风扇发动机是高亚声速旅客机和运输机的理想动力；带加力的涡轮风扇发动机则适用于超声速军用飞机。涡轮风扇发动机有多达三个转子的。目前正在研究一种超声速通流涡扇发动机，其压缩系统为超声速通流级，即进口和出口轴向气流速度均为超声速级。这种超声速通流级的风扇或压气机的级压比可达 2.5~3.5。超声速通流涡扇发动机可使涡扇发动机的适用飞行马赫数提高到 5。

3. 涡轮螺旋桨发动机

靠动力涡轮把燃气发生器出口燃气中的大部分可用能量转变为轴功率用以驱动空气螺旋桨。由于螺旋桨转速较低，动力涡轮与螺桨之间设有减速器。燃气中剩下小部分可用能（约 10%）在喷管中转为气流动能，直接产生推力，如图 1.8 所示。涡轮螺旋桨发动机与活塞式发动机相比，具有重量轻、振动小等优点；与涡轮喷气和涡轮风扇发动机相比，则具有耗油率低和起飞推力大的优点。受螺旋桨性能的限制，飞行速度一般不超过 800 km/h。

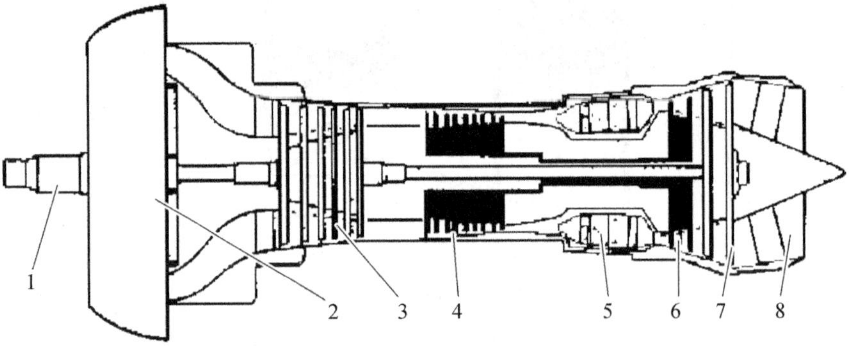

图 1.8　双转子涡轮螺旋桨发动机示意图

1. 螺旋桨轴；2. 减速器；3. 低压压气机；4. 高压压气机；5. 燃烧室；6. 高压涡轮；7. 低压涡轮；8. 排气装置

4. 涡轮轴发动机

工作原理和结构与涡轮螺桨发动机基本相同，只是燃气发生器出口燃气所含可用能量几乎全部为动力涡轮所吸收，由喷管流出的燃气只产生很小的推力或根本不产生推力。其主要用途是驱动直升机的旋翼，也可用于地面动力。图 1.9 所示为涡轮轴发动机的结构示意图。

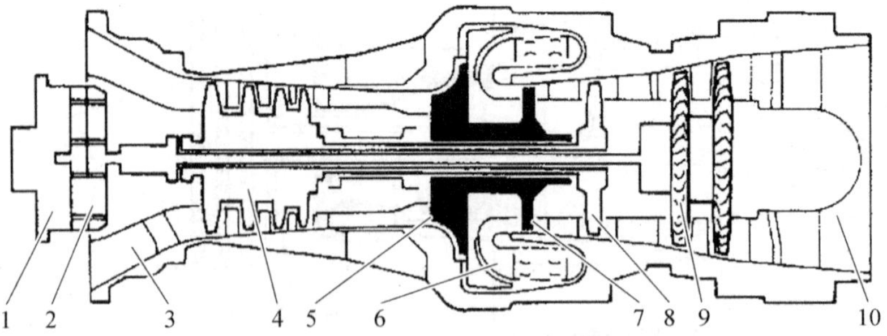

图 1.9　涡轮轴发动机结构示意图

1. 输出功率轴；2. 减速器；3. 进气道；4. 低压压气机；5. 高压压气机；6. 燃烧室；7. 高压涡轮；8. 低压涡轮；9. 动力涡轮；10. 排气装置

5. 开式转子发动机

开式转子发动机既可被看作带高速先进螺桨的涡桨发动机，又可被看作除去外涵道的大涵道比涡扇发动机，因而兼有前者耗油率低和后者飞行速度高的优点。据美国 GE 公司报道，该公司研制并于 1986 年开始进行试车的 UDF 发动机，耗油率比该公司的 CFM56 发动机低 25%。

开式转子发动机的关键部件是先进高速螺桨，如图 1.10 所示。这种桨叶由涡轮驱动，无涵道外壳，装有减速器，从这些特点来看它有一点像螺旋桨；但它的直径比普通螺旋桨小，叶片数目也多（一般有 6~8 叶），叶片采用宽弦、薄叶型的后掠桨叶，这些特点又类似于风扇叶片，因此被称为桨扇。常规螺旋桨发动机的巡航马赫数不超过 0.6~0.7，而开式转子发动机在马赫数为 0.8~0.85 时仍有较高的螺旋桨效率。

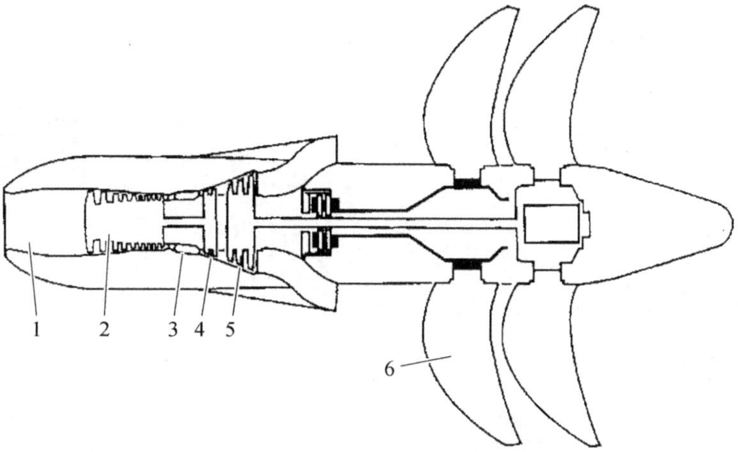

图 1.10 开式转子发动机示意图

1. 进气道；2. 压气机；3. 燃烧室；4. 涡轮；5. 自由涡轮；6. 开式转子

6. 垂直/短距起落动力装置

垂直/短距起落动力装置能为垂直/短距起落飞机提供等于、大于飞机起飞重量（垂直起落飞机）或略小于飞机起飞重量（短距起落飞机）的垂直推力（升力），并为飞机提供水平飞行的推力。

图 1.11 为“鹞式”战斗机使用的“飞马”转喷管涡扇发动机。

这种动力装置的主要形式有：

(1) 升力推力发动机，即装转向喷管的推力转向发动机；

(2) 升力发动机与推力发动机，或升力推力发动机的组合；

(3) 远距升力系统，包括从发动机引气通向远距安装的升力喷管和由发动机机械传动或引气驱动的升力风扇两种形式；

(4) 旋转发动机，整个发动机可绕枢轴旋转至少 90°，以提供升力。

这四种应用形式已全部实现，它们是英国的“鹞式”战斗机、俄罗斯的雅克-38 战斗机（图 1.12）、美国的 F-35 战斗机（图 1.13）和美国的“鱼鹰”运输机（图 1.14）。

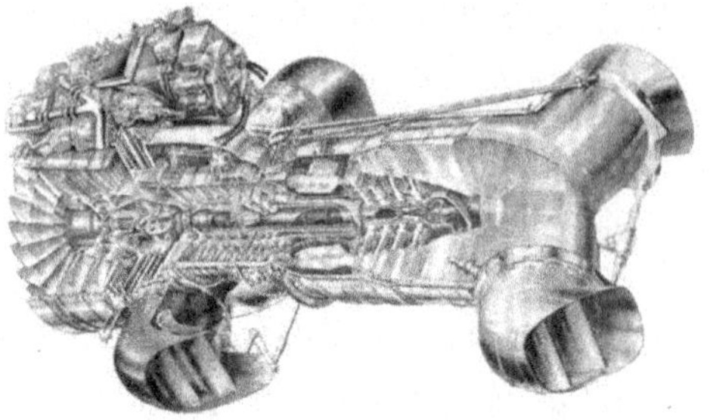

图 1.11 用于“鹞式”战斗机的“飞马”转喷管涡扇发动机

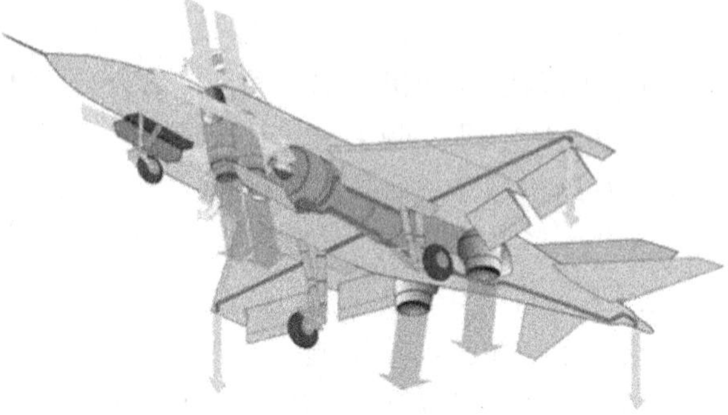

图 1.12 雅克-38 战斗机

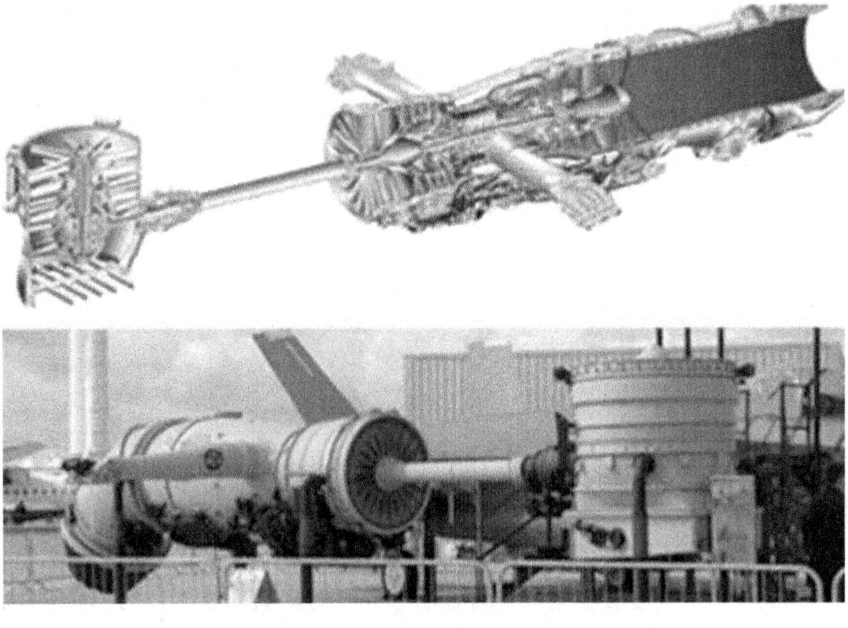

图 1.13 用于 F-35 战斗机的 F135 发动机

图 1.14 “鱼鹰”运输机

1.3 航空燃气涡轮发动机的设计与研发

1.3.1 燃气涡轮发动机的性能和设计参数

航空燃气涡轮发动机的主要性能参数有推力(功率)、推重比(功重比)和耗油率等;设计参数主要有增压比、涡轮前燃气温度和涵道比等。

1. 推力

气体流过涡轮喷气发动机时,燃料燃烧产生的热能转变为燃气的动能增量,高速喷出,产生推力。当发动机排气速度大于进气速度时,说明发动机给予气体在加速方向(反飞行方向)一个作用力,与此同时气体则给发动机一个相反方向(飞行方向)、大小相等的反作用力,即推力,法定计量单位为 N,常用 daN。它等于气流作用在发动机内、外表面上各种力的合力的轴向分量。在尾喷管完全膨胀和不计燃油质量流量的情况下,推力 F 可由下式计算:

$$F = q_m \cdot (v_2 - v_1)$$

式中,q_m 为空气质量流量;v_1 为进气速度;v_2 为排气速度。从上式可以看出,在一定的工作条件下,推力直接与空气质量流量和排气速度与进气速度之差成正比。因此,增加推力的办法一种是增大空气流量,一般需增大发动机的尺寸和重量;另一种是增大排气速度,这就要提高发动机的增压比和涡轮前燃气温度。

对于活塞式发动机、涡轮螺旋桨发动机和涡轮轴发动机,用功率作为衡量发动机工作能力的指标。发动机功率是发动机在单位时间内所做的功,法定计量单位是 W,常用 kW,常见的非法定计量单位有 hp(马力,1 hp = 745.700 W)。

2. 推重比(功重比)

推重比是推力与重力之比的简称,即发动机在海平面静止条件下最大推力与发动机质量的重力之比,是无量纲单位。它是发动机的重要性能指标之一,直接影响飞机性能和有效载荷。对活塞式发动机、涡桨发动机和涡轴发动机则用功重比(功率与重力之比的简称)表示,即发动机在海平面静止状态的功率与发动机重力之比,单位是 kW/daN。

3. 耗油率

耗油率是发动机每小时的燃油质量流量与推力或功率之比。对于产生推力的喷气发动机,它表示产生 1 daN 推力每小时所消耗的燃油量,单位是 kg/(daN · h)。对于活塞式发动机、涡桨发动机和涡轴发动机来说,它表示产生 1 kW 功率每小时所消耗的燃油量,单位是 kg/(kW · h)。发动机的耗油率是影响飞机航程和经济性的最主要因素。

4. 增压比

增压比通常指压气机增压比,是压气机出口总压与进口总压之比。它对发动机的做功能力和效率有重要影响。对于一定的涡轮前燃气温度,根据热力计算可求得一个最佳增压比(即产生最大做功能力的增压比)和一个最经济增压比(即耗油率最低的增压比)。在其他条件相同时,最佳增压比小于最经济增压比。设计发动机选取增压比时应根据发动机用途权衡。例如,战斗机发动机追求大推力和高推重比,而且飞行速度也较高,因而选用的增压比较低,而运输机发动机追求低耗油率,就选用较高的增压比。

5. 涡轮前燃气温度

它是第1级涡轮导向器进口截面处燃气的总温,也有不少发动机用涡轮转子进口截面处总温来表示。提高涡轮前燃气温度能增大发动机做功能力,提高热效率,降低耗油率。它是发动机技术水平高低的重要标志之一。

6. 涵道比

它是涡扇发动机外涵道和内涵道的空气质量流量之比。涵道比小于1,定义为小涵道比,大于4为大涵道比,大于1小于4为中涵道比。涵道比是涡扇发动机的重要设计参数,它对发动机耗油率和推重比有很大影响。不同用途的涡扇发动机应选取不同的涵道比,如远程运输机和旅客机使用的大涵道比涡扇发动机,其涵道比为4~8,甚至更高;空战战斗机选用的加力式小涵道比涡扇发动机的涵道比一般小于1,甚至可小到0.2~0.3。

正在研究中的自适应发动机,通过改变某些部件的形状或位置,其涵道比可在一定范围内变化,从而在宽广的飞行范围内获得更好的性能。

从广义上来看,涡扇发动机的涵道比小到0时,即成为涡喷发动机。涡扇发动机的涵道比范围为0~25。开式转子发动机则可看作除去外涵机匣的涵道比很大的涡扇发动机,开式转子所能扰动的实际流量与发动机流量之比为25~60,而涡桨发动机相应的实际流量与发动机流量之比为60~80。

1.3.2 设计要求

航空发动机的一般设计要求是在推力满足飞机需要的前提下,推重比高、耗油率低、操纵性好、可靠性高、维修性好和环境特性满足有关条例的要求,但具体发动机的设计要求是按所装飞机的特点和要求来确定的。

1. 军用发动机

军用飞机分为战斗机、轰炸机和运输机。战斗机按其性能特点分为空中优势战斗机、超声速截击机和强击机。轰炸机则分为战略轰炸机和中短程轰炸机。不同使用性质军机所具有的特点是发动机方案设计时需要认真考虑的,并将决定发动机的设计思想。军机的战术技术性能一般包括如下几点:

(1) 飞行包线;

(2) 飞机机动性能:爬升率、水平加速时间、定常盘旋最大过载、最大过载使用范围等;

(3) 作战任务剖面与续航时间要求:作战剖面、作战半径、基本航程、转场航程、最大连续工作时间等;

(4) 起飞与着落性能:起飞滑跑距离、着陆滑跑距离、垂直起降等。

对于军用发动机来说,通常军方根据飞机的战术技术要求,拟定发动机使用要求,作为发动机总体方案设计和型号规范制定的基本依据。发动机设计部门对此要求必须认真领会,贯彻到设计任务的始终。对军用发动机的要求主要有:

(1) 性能要求:包括地面台架性能和空中飞行性能(推力和耗油率)、起动性能、加减速性能、引气量、功率提取和过载；

（2）适用性要求：包括发动机在飞行包线内稳定工作和油门杆使用不受限制，加力接通、切断不受限制，飞行状态变化、极限机动状态和吸入机载武器的排气时发动机的稳定工作；

（3）结构和安装要求：包括安装节位置、外廓尺寸、重量和重心位置；

（4）可靠性要求：包括发动机寿命和工作循环、发动机各状态连续工作时间和平均故障时间；

（5）维修性要求：包括发动机可达性、可检测性、防差错性、难易度等非常丰富的内涵，衡量维修性的主要技术指标有外场可更换件的更换时间、每飞行小时的平均维修工时和更换发动机时间等；

（6）其他要求：如满足飞机隐身要求的红外信号和雷达反射横截面，以及飞行控制的矢量推力。

2. 民用发动机

对于民用发动机来说，在满足适航性条例的前提下，要根据飞机制造部门或航空公司的要求，进行发动机总体方案设计，以满足用户的要求。对民用发动机的要求主要有：

（1）起飞推力和推重比：要满足要求；

（2）巡航耗油率：尽可能低；

（3）发动机结构和安装：包括安装节、外廓尺寸、重量和重心位置；

（4）可靠性、寿命和维修性：包括空中停车率、计划外返修率、机上寿命和每飞行小时维修工时等；

（5）污染物排放：满足机场当地环境保护局的规定；

（6）噪声：满足国际民航组织（International Civil Aviation Organization，ICAO）的规定。

对航空发动机的要求是一个矛盾的统一体，结构设计成功与否就表现在设计者所采用的各种技术措施是否能妥善处理这些既有联系又互相矛盾的要求上。它要求设计者既要有丰富的经验，又要有辩证的思想方法。

1.3.3　研制过程

航空发动机的研制一般可分为以总体方案和关键技术突破为重点的预先研究阶段以及以具体型号为中心的型号设计工程研制阶段。

在前期的总体方案和关键技术突破验证中，按飞行器/发动机一体化设计的要求提出各种备选方案。对各方案要进行性能、可靠性、使用性方面的评价，同时进行费用、效益分析与技术经济风险分析，权衡投资与进度周期，在各种方案中选出能满足使用要求，具有足够成熟度的技术基础和资源，而且技术、经济风险比较小的方案。为验证选定技术方案的可行性，通常在总体方案论证阶段要对所使用的新技术进行验证试验。只有在所有设计技术均达到一定的技术成熟度后，才能提出和确定型号研制的具体技术指标并选定设计方案。

在型号设计工程研制阶段，要进行发动机的部件及整机设计和试验，验证制造出的多个批次的原型机和验证机。在进行众多项目的部件试验验证、整机试验验证,以及高空台试验验证后,再进行飞行试验,并按设计鉴定和定型大纲的规定进行设计鉴定和定型试飞验证。参加试飞和用户使用的试验验证发动机,模拟在全服役期内的工作环境进行试验验证,必须严格按照研制规范要求。通过技术鉴定和设计定型大纲中规定的一系列试验与试飞后,发动机就可以进行技术鉴定和设计定型,并进行小批量生产和用户使用。对于进行批量生产的发动机,为保证生产的稳定性与质量,还要对其生产工艺、质量保证系统等进行生产定型,也称为工艺定型。总之,航空发动机的研制是一个周期长、风险高、技术复杂并且需要大量资金投入的高技术风险的先进科学技术。

航空发动机的研制不同于一般的机械产品,在投入使用之后,仍然需要不断改进完善。根据飞机对已生产定型的航空发动机提出的新需求,对使用过程中暴露出来的缺陷进行改进,或是采用先进的技术来提高发动机性能。这一不断改进完善的过程也是整个研制工作有机的、不可分割的部分。

1.3.4 研发工作的特点

航空燃气涡轮发动机是当代最精密的机械产品之一,其研发工作具有以下特点。

(1) 技术难度大。由于航空燃气涡轮发动机涉及气动、热工、结构与强度、控制、测试、计算机、制造技术和材料等多种学科,一台发动机内有十几个部件和系统及数以万计的零件,其温度、压力、应力、转速、振动、间隙和腐蚀等工作条件远比飞机其他分系统复杂和苛刻,而且对性能、重量、适用性、可靠性、耐久性和环境特性等又有极高的要求,因此,传统的研制过程是一个设计、制造、试验、修改设计的多次迭代过程。在有良好技术储备的基础上,研制一种新的发动机尚要做 1 万余小时的整机试验和 10 万余小时的部件和系统试验,需要庞大而精密的试验设备。例如,发动机模拟高空试车台的建设本身就是一项复杂的高科技工程。在美国的国家关键技术计划中,把航空发动机描绘成一个"技术上精深得使新手难以进入的领域",它需要国家充分保护并利用该领域的成果、长期的数据和经验积累以及国家的大量投资。

(2) 周期长。经验表明,发动机从方案论证到定型投入使用的周期比飞机长 3~5 年。美国空军有关发动机研究和发展管理的条例建议先进发动机的研制周期为 9~15 年。实际上,美国第四代战斗机发动机 F119 从 1986 年开始型号验证机研制,1991 年开始原型机的工程和制造研制,2004~2005 年投入使用,前后达 18~19 年。而相关的先进技术预研工作在 20 世纪 70 年代初就已开始,20 世纪 70 年代中期进行部件制造和试验,20 世纪 80 年代初进行核心机和技术验证机的试验研究。因此,研究和发展的全周期长达 30 年。而且,飞机试飞时就需要一台比较可靠的发动机,因此发动机必须相对独立地领先于整个飞机系统的发展,才能与飞机的其他各部分的进度协调。

(3) 费用高。这与技术难度大和周期长密切相关。研制一台新发动机究竟花多少钱? 为了可以比较,给出下面两个例子。一是与航天工业的火箭发动机相比,早期研制一台推力为 11 000 daN、推重比为 5.5 的涡轮喷气发动机的费用与装载"阿波罗"登月飞船的第一级助推火箭发动机的研制费用相当,而后者的推力是前者的 60 倍。二是与造船工业相比,据 20 世纪 60 年代的估计,上述这台涡轮喷气发动机的研制费用要超过研制并建造 81 000 t 级的“玛丽王后”号豪华客轮的后继船费用的 2 倍。随着技术的发展，航空发动机的研制费用增长特别快，在 20 世纪 80 年代研制一台 10 000 daN 的涡轮风扇发动机需 10 亿～15 亿美元，为更豪华的同吨位“玛丽公主”号的研制费用的 6～8 倍。到 20 世纪 90 年代，F119 的研制费用超过 20 亿美元，而当前联合攻击战斗机 F－35 的动力装置 F135 的计划研制费用竟高达 50 亿美元。从宏观上说，在航空工业均衡发展的国家，发动机的研究和发展费用约占航空工业研究总费用的 1/4，占发动机销售额的 12%～15%，远高于机械制造业 3%～4%的比例。

（4）流程规范。严格按照发动机型号的规范开展研发工作，是保证所研发的发动机取得成功的必要条件。我国在 1987 年颁发了 GJB241－1987《航空涡轮喷气和涡轮风扇发动机通用规范》与 GJB242－1987《航空涡轮螺旋桨和涡轮轴发动机通用规范》。中国民用航空总局（现中国民用航空局）于 1988 年 2 月颁布了 CCAR－33 中国民用航空规章第 33 部《航空发动机适航标准》，又于 2002 年 4 月颁布修订了 CCAR33－R1《航空发动机适航规定》。所有这些规范与条例都是研发发动机时必须遵从的。例如，在研制军用发动机时，首先应该根据 2010 年修订的 GJB241A－2010 的要求并结合发动机的具体情况，拟定该发动机的《型号研制规范》，在得到军方认可后作为研制工作的依据，安排研制工作的所用项目，开展设计、试验与试车工作；军方按照型号规范的要求，在研制工作的关键节点进行验收。

航空燃气涡轮发动机的发展现状与趋势

1.4 航空燃气涡轮发动机结构设计要求与分析方法

1.4.1 航空燃气涡轮发动机结构定义

结构一词是人们用来表达物质存在状态和运动状态的专业术语，结是结合之意，构是构造之意，其具体含义为组成整体的各部分之间的搭配、排列或构造。在工程上是对具有几何形状特征和力学性能的物体的统称，在具体的叙述中也可以作为一个具体结构件的简称。

对于航空燃气涡轮发动机结构，美国军标 MIL－HDBK－1783B 将其定义为通过设计和确定尺寸以满足结构完整性要求的所有结构件。航空燃气涡轮发动机结构包括但不限于以下列举的结构件：轮盘、轴、转子叶片、机匣、导向叶片、轴承座、封严装置、加力燃烧室、喷管、外罩、传动装置、控制和附件装置（包括泵、齿轮、齿轮箱、滑油箱、导管、隔圈、作动筒等）等。在航空燃气涡轮发动机中，结构是一个宽泛的概念，根据其功能和形式可以细分为零件、组件、部件、子系统及整机系统。

零件是发动机中不可拆分的单个制件，也是机械制造过程中的基本单元，在其制造过程中一般不需要装配工序，如发动机中的典型零件包括叶片、轮盘、转轴、承力支板、机匣等。零件一般指由相同材料一体加工形成的整体结构件，其功能或用途一般也具有单一性，需要相互配合以实现某一功能，例如，单个叶片是单一材料零件，其主要作用是形成规定的流场，而轮盘的主要作用是固定叶片并承载叶片负荷等。

组件是由多个零件通过连接界面配合而构成的组合体，组件中各个零件的工作密不可分，共同完成相应的任务，在生产和使用中需要作为一个整体进行调试和工作。值得注意的是，组件的任务特征具有局限性，虽然组件是发动机工作过程中不可或缺的一部分，但它也有自己功能的局限性。例如，由叶片、轮盘、锁紧件等零件组成的压气机叶盘组件，只能完成带动叶片旋转并对气流做功的任务，它必须进一步与静子叶片、机匣组件、支承结构等相互配合，才能实现对气体增压的功能。需要说明，以叶盘组件为例，之所以要构成一个组件，是因为叶片和轮盘工作时在一起组合工作，叶片和轮盘的装配状态决定了叶盘组件的工作效果，叶片零件和轮盘零件虽然是分别单独加工的，但只有组合在一起，配合协调，才能保证工作的完成，并不是任意两个或多个零件组合在一起就称为组件。

部件是由多个零件或组件按照发动机功能的设计要求构成的相互配合、协调工作的组合体，一般情况下部件的结构比组件复杂，并且具有独立的功能特征，所有部件的功能直接构成发动机整机的功能。例如，进气道、压气机、燃烧室、涡轮和尾喷管部件分别实现发动机的进气、增压、燃烧加温、膨胀做功和排气的功能，部件之间的功能是相互独立又彼此约束的，它们共同工作使发动机产生推力。

此外，在航空燃气涡轮发动机中，除了有由压气机、燃烧室、涡轮、尾喷管等部件组成的主机结构系统外，还有一些由彼此相互协调工作的零件、组件、部件等组成的，可以独立完成某一特定功能的辅助系统和保障系统。例如，燃油系统、滑油系统、防喘系统、空气系统、点火系统、起动系统、辅助动力装置、火警及灭火系统等。

1.4.2 航空燃气涡轮发动机结构系统

航空燃气涡轮发动机是由不同材料、多种零件组成的复杂结构系统，为了完成特定的任务和功能，相应的组件、部件往往具有相匹配的结构和载荷特征，使得归为一类的结构系统具有相同的力学特性和设计要求。根据结构形式、载荷类型和失效模式进行区分，航空燃气涡轮发动机中典型的结构系统可以归为以下几种类型。

（1）转子-支承结构系统（简称转子系统）：它是指叶片、轮盘、轴段及支承通过界面配合、连接形成的转子轴系。转子系统通常承受离心载荷、气动扭矩、轴向力和机动载荷等。对航空发动机转子系统的动力学分析，通常以转子-支承结构系统作为分析对象。不同的转子结构、支承方案和支承刚度都会使转子系统产生不同的动力学特性，从而对转子的承载能力和整机振动响应特性造成影响。

（2）承力结构系统（简称承力系统）：它是对各轴承座到发动机安装节之间的承力结构及其相应连接的统称，包括承力框架、承力机匣和发动机的安装结构，用于承受和传递作用在转子结构单元上的载荷。其中，承力框架指将转子支点的负荷从轴承座，通过气流通道传至外承力机匣的组件，还包含一些必要的承力件和相应的冷却、封严结构。承力机匣主要包括进气机匣、中介机匣、扩压器机匣、涡轮级间机匣和涡轮后承力机匣，为了减轻航空发动机的质量和充分利用机匣的材料，大部分发动机的机匣均作为承力结构，即为承力机匣。除了支承转子系统的作用外，承力机匣还须承受自身或其他静子部件工作时所产生的载荷，且其上还布置有运输用固定节和传动附件等。

（3）整机结构系统（简称整机）：它是指发动机转子-支承-机匣-安装节系统，主要包括转子及其连接结构、转子支承结构、机匣结构、安装节结构，以及各组件之间的连接等，其主要功能是将转子承受的载荷外传；此外，还包括发动机外部管路系统、附件系统等与整机力学特性有关的附属结构。相对于转、静子结构系统而言，整机结构系统表现出多重子结构耦合、多重非线性和多类影响参数的特点，其动力学研究主要涵盖转子动力学设计、转静子间隙控制和整机振动水平控制三个方面的问题。

1.4.3 航空燃气涡轮发动机结构设计要求

"一代新发动机，一代新设计技术，一代新结构。"结构设计作为一切性能的载体，是发动机设计的出发点和落脚点，既要保证气动性能和结构可靠性的均衡发展，又要有力地推进新材料、新工艺的发展。航空燃气涡轮发动机结构设计是发动机研制与使用全寿命周期中的一个重要环节，其最终目的是使结构系统的性能指标，即发动机零件、部件和整机系统在结构强度、刚度、振动、损伤容限、耐久性、可靠性与安全性等方面能够达到要求。

在面向结构进行设计时，需要以航空燃气涡轮发动机的结构构型和几何尺寸为设计参数，使结构及结构系统的力学特性满足强度和动力学特性的设计要求。对于不同零件、组件和部件，相应的结构设计原则和方法也存在差异，如图 1.15 所示。

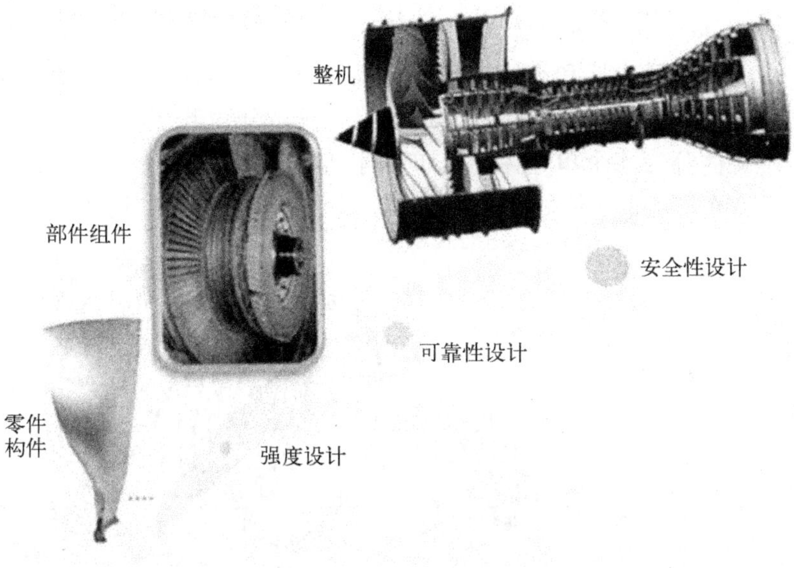

图 1.15 航空燃气涡轮发动机结构设计及其要求

对于如叶片、盘、轴以及螺栓、锁片等零件，应进行强度设计。以强度、寿命要求为目标，在满足相应功能、性能的前提下使结构质量最轻。一般采用给定"安全裕度"的方法考虑材料、制造和载荷等的分散性的影响。每一个零件设计都是以强度准则为标准，对寿命储备进行分析、评估和设计的。零件的强度设计是结构完整性和可靠性的基础。

对于组件和部件，如风扇部件、核心机部件等，需要进行结构系统可靠性分析，确定主要失效模式，并进行失效概率的评估和结构改进。组件和部件的失效模式与单一零件有很大不同，往往是由于界面损伤引起结构系统力学特性变化，使某些零件乃至整个结构的载荷状态发生变化、最终导致最薄弱的零件失效或结构系统的功能恶化。因此，对于组件和部件级的结构设计，其主要目的是控制失效概率、提高经济性；在设计手段上，主要通过可靠性设计和结构完整性设计，将结构强度问题与性能问题作为一个整体来考虑，在提高与改善发动机性能参数的同时考虑发动机的使用性与可靠性，避免在型号研制阶段的整机试验与试飞中，甚至在投入使用后，再暴露出结构强度方面的问题，防止造成重大损失。

通过对零件、组件和部件的设计，航空发动机系统已经具备了满足大多数性能的条件和承载绝大多数工况的能力，但更为关键的问题是，由它们综合构成的整机系统能否承担极少可能发生的极限恶劣的载荷，例如外物打伤、叶片丢失、极限过载、大机动飞行和喘振等。因此，对于整机结构系统，需要进行结构完整性和安全性设计。在常规载荷作用下保证系统结构具有设计要求的结构完整性和可靠性，在极端恶劣的载荷环境下保证发动机乃至飞机及人员的安全。

当然，强度、可靠性和安全性不是绝对独立的，相互之间有交叉和融合，只是在不同阶段、针对不同的对象时，有不同的侧重点。

另外，现代航空燃气涡轮发动机总体结构设计多采用单元体结构设计方法。单元体结构设计就是将整台发动机在结构上设计为由若干单元体组合而成。每个单元体包含一两个发动机部件。例如 PW4000 发动机采用单元体结构设计，整台发动机由压气机进口整流罩、风扇叶片、低压转子联轴器、低压压气机、风扇机匣、中介机匣、高压压气机、扩压器及燃烧室、高压涡轮导向器和火焰筒内壁、高压涡轮、低压涡轮、涡轮排气机匣、主齿轮箱及角齿轮箱 13 个单元体组成，如图 1. 16 所示。或者分为若干单元体组，如 CFM56 发动机的 17 个单元体分为 4 个单元体组。单元体结构设计要求同一单元体在性能与装配上规格化，可以互换。各单元体之间的匹配无须调试，只有简单的连接。维修时，可以单

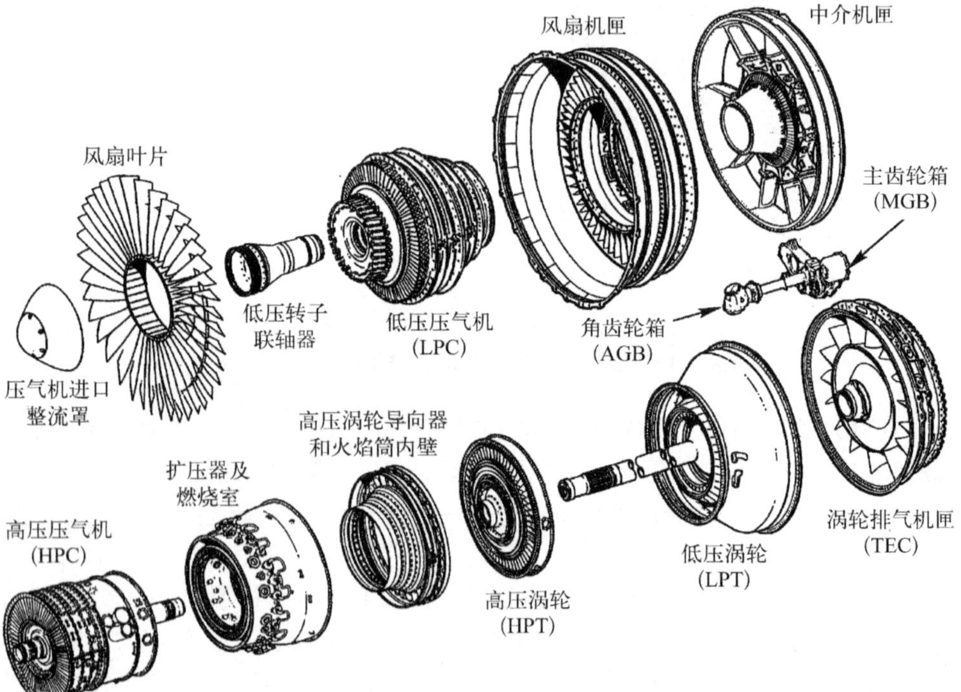

图 1. 16　PW4000 发动机的单元体

独更换某一个单元体而不影响整台发动机的性能与部件的协调工作，更换后的转动部件也不需要进行重新平衡，大大改善了发动机的维修性，给使用与维修带来了很大方便。

采用单元体结构设计的发动机通常可以在现场用更换单元体的方法排除个别部件的故障，而不必将整台发动机运回修理厂，节约了大量运输时间和开支，一般可将维修周期缩短2/3。有的设计还允许在飞机短舱内更换发动机零件和部件，例如可以直接在飞机上更换风扇部件，更换后不需要进行平衡或试车即可投入使用。这无疑大大缩短了维修时间、减少了维修工作量，还能减少流动资金占用量，降低了运营/维修成本。在战时能缩短地面后勤保障时间，提高飞机的作战效能和出勤率。

1.4.4 航空燃气涡轮发动机结构分析方法

虽然航空燃气涡轮发动机结构复杂，结构设计要考虑的因素很多，但对于已经存在的结构，对其进行结构分析时可按照"满足一定的功能需求，保证可靠的定位与传力"这一原则展开，即任何结构总是为实现一定的功能而存在的，在实现功能的同时应保证可靠地承受并传递相应的载荷，且确保其可靠的定位（轴向、周向、径向）。

此外，任何结构形式或结构方案都没有绝对的优点和缺点，都是在"需要-可能-现实"的矛盾中寻求统一，以达到最优的效果。例如，机械加工出来的散热片式火焰筒，曾经因为它的种种缺点被钣金结构的气膜式火焰筒所取代；现在整体机械加工出来的火焰筒又由于它具有均匀的刚性，在环形燃烧室里得到了广泛的应用。再例如，鼓式转子由于其承受离心载荷能力不强曾被鼓盘式转子所取代，但随着复合材料技术的发展，整体叶环式转子又回到了鼓式转子的方案。有很多结构上的设计思想，早就被提出来了，但却一直没有得到实际应用，例如发汗冷却的涡轮冷却叶片，也正在等待技术水平的突破。

发动机的结构方案也不存在过时的问题。新方案总是要不断地取代旧方案，具体的方案总是要过时的，但其中规律性的东西可以指导我们去分析制定新的方案，我们也只能在具体的条件下才能比较并确定哪种方案是最优的方案。只有辩证地对待方案，才不会被以往的方案所束缚，才能在已有方案的基础上有所突破。

思 考 题

1. 指出燃气涡轮发动机与活塞发动机的异同。
2. 航空燃气涡轮发动机有哪些基本类型？指出它们的共同点、区别及应用。
3. 什么是涵道比？涡扇发动机如何按涵道比进行分类？并说明各类型发动机的应用机型。
4. 按前后次序写出带加力的燃气涡轮发动机的主要部件。
5. 航空燃气涡轮发动机的主要性能参数有哪些？
6. 根据总增压比、推重比、涡轮前燃气温度、耗油率、涵道比等重要性能指标，指出各代涡喷、涡扇、涡轴和涡桨发动机的性能特征。
7. 航空发动机的研究和发展工作具有哪些特点？
8. 简述航空燃气涡轮发动机的结构设计要求。

第 2 章
压气机

2.1 概　　述

压气机是用来提高进入发动机内的空气压力,供给发动机工作时所需要的压缩空气的部件,也可以为座舱增压、涡轮散热和其他发动机的起动提供压缩空气。

压气机定义及原理

评定压气机性能的主要指标是增压比、效率、外廓尺寸和重量、工作可靠性、制造和维修费用等。对于航空发动机来讲,最重要的指标之一是外廓尺寸。它用单位空气质量流量来衡量,即通过发动机单位面积的空气质量流量。

对压气机结构设计的基本要求:

(1) 满足发动机性能设计提出的各项要求,性能稳定,稳定工作范围宽;

(2) 具有足够的强度、适宜的刚度和更小的振动;

(3) 结构简单,尺寸小,重量轻;

(4) 工作可靠,寿命长;

(5) 维修性、检测性好,性能制造成本比高。

根据压气机的结构形式和气体流动特点,可以把它分为轴流式、离心式和混合式三种。

多级轴流式压气机内压力和速度的变化如图 2.1 所示。这种压气机总增压比大,效率高,单位空气质量流量大,所以目前在航空燃气涡轮发动机中,特别是在大、中型发动机中被普遍采用。

离心压气机内压力和速度的变化如图 2.2 所示。这种压气机的级增压比高,结构简单可靠,稳定工作范围较宽,在小流量条件下具有较高的效率,因而在一些小型发动机上得到广泛应用。

在一些中、小型发动机中还广泛采用了轴流式和离心式的组合,称为混合式压气机,如图 2.3 所示的 PW150 的压气机。

根据压气机的数目还可以将压气机分为单转子、双转子和三转子三种。如图 2.4 为单转子发动机结构。

在双转子结构中,两个压气机分别称为低压压气机和高压压气机,如图 2.5 所示。

在三转子结构中,则分别称为低压压气机、中压压气机和高压压气机,如图 2.6 所示。

本章以轴流压气机结构介绍为主,离心压气机结构只作简要介绍。

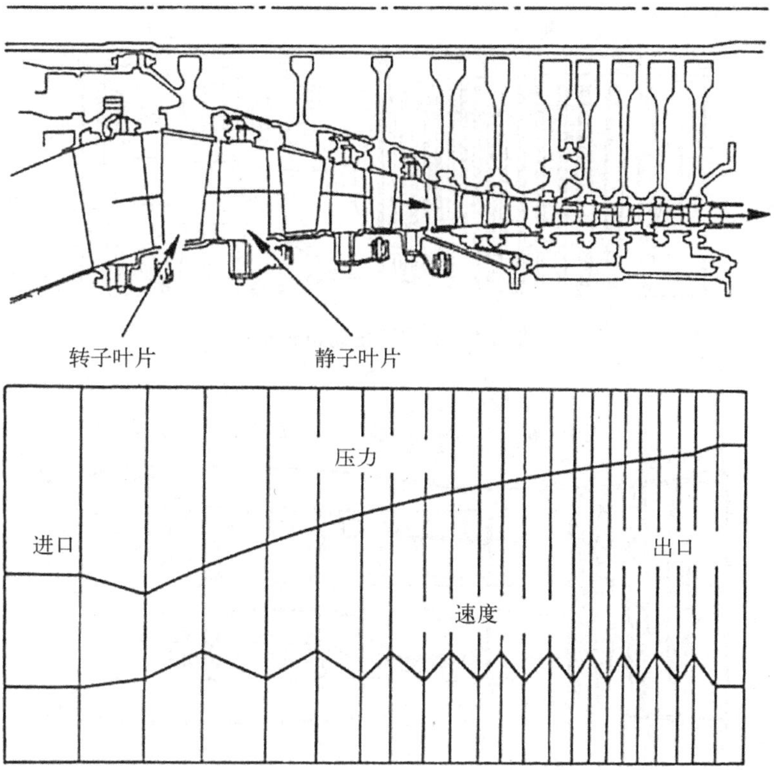

图 2.1 多级轴流式压气机内气流压力、速度变化示意图

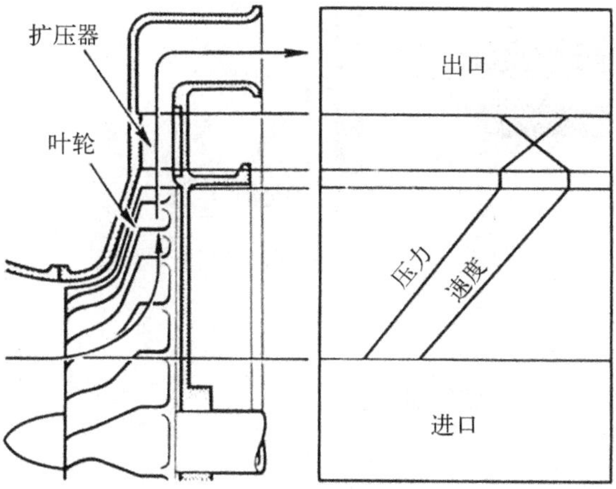

图 2.2 典型离心式压气机内气流压力、速度变化示意图

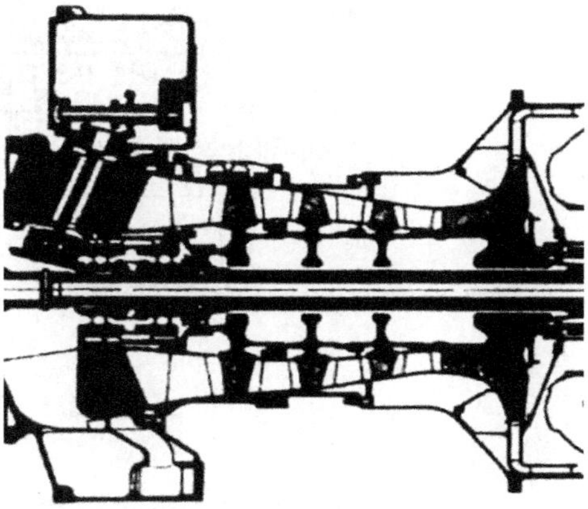

图 2.3 PW150 压气机结构图

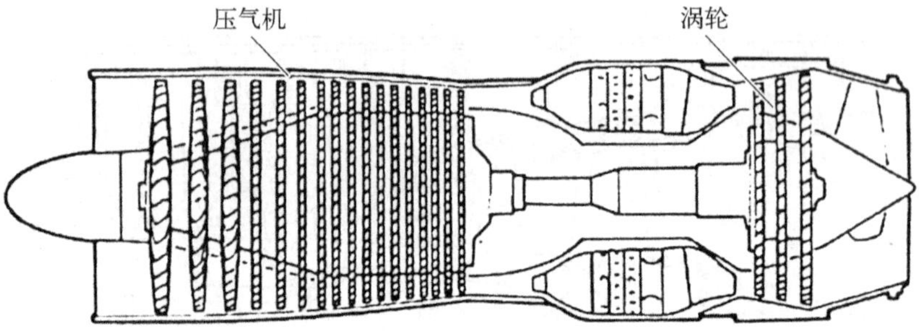

图 2.4　单转子发动机结构图

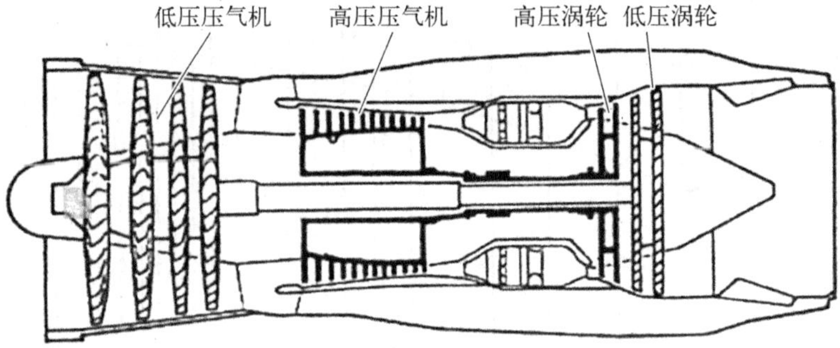

(a) 小涵道比

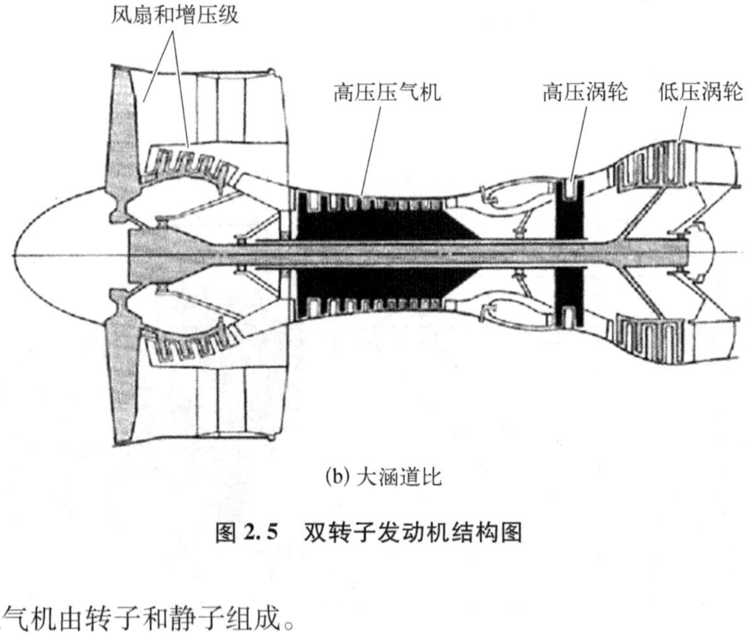

(b) 大涵道比

图 2.5　双转子发动机结构图

轴流式压气机由转子和静子组成。

转子是一个高速旋转对气流做功的组合件。在双转子涡喷发动机中,压气机转子又分为低压转子和高压转子(图 2.7)。

在双转子涡扇发动机中,低压转子就是风扇转子(图 2.8),或者是风扇和增压级的组合转子(图 2.9)。

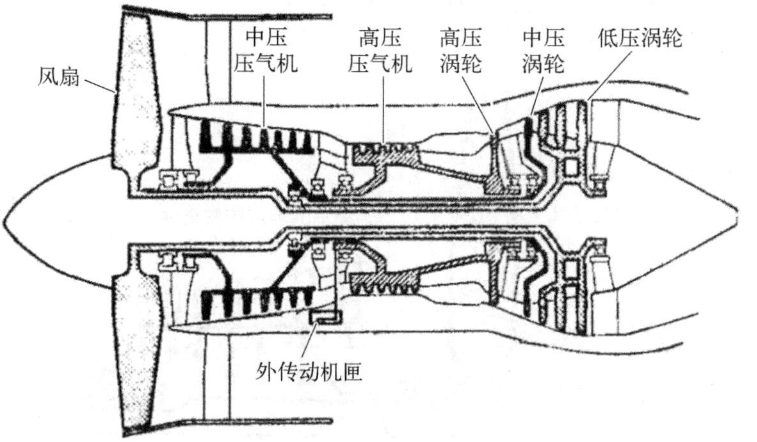

图 2.6 RB211 三转子发动机结构图

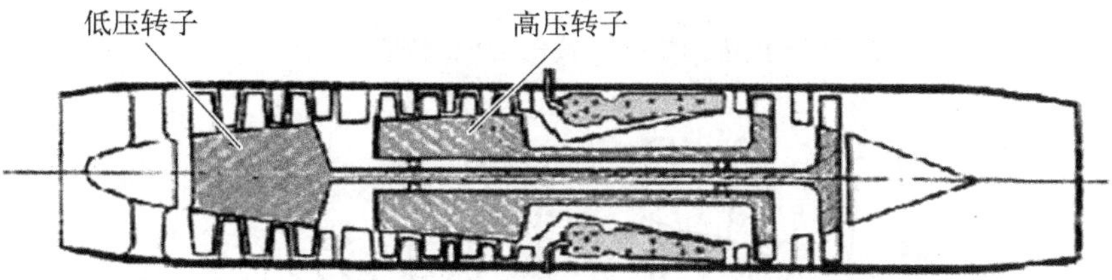

图 2.7 双转子涡喷发动机

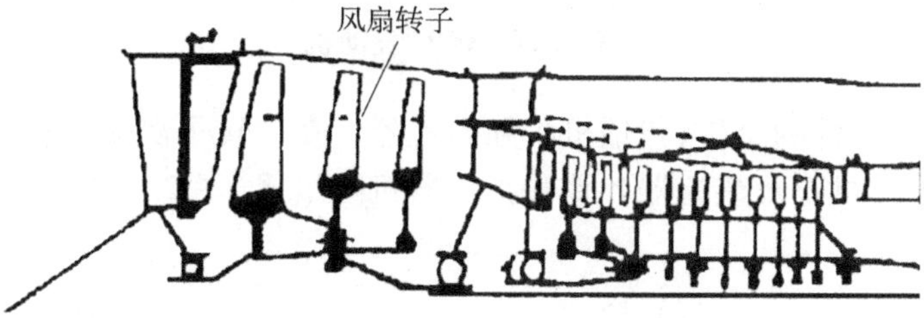

图 2.8 F100 双转子涡扇发动机

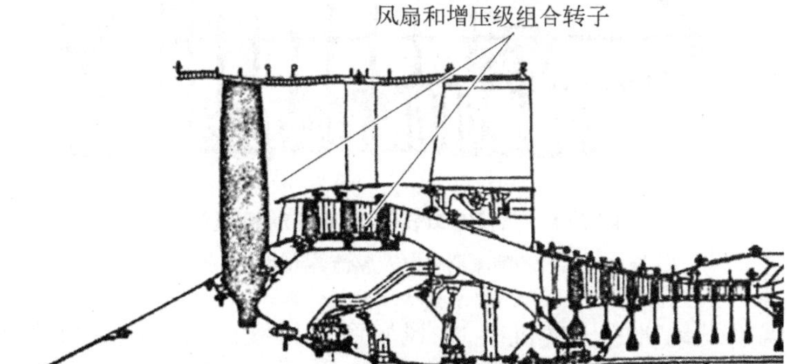

图 2.9 CFM56 双转子涡扇发动机

压气机转子一般是简支的,也有些是悬臂支承(图 2.10),或部分轮盘外伸(图 2.11)。

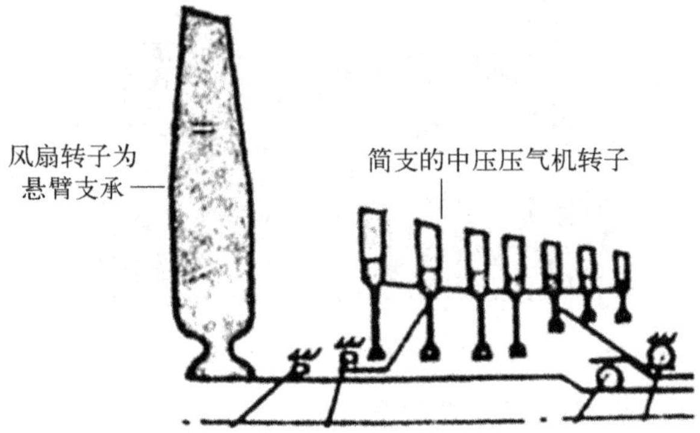

图 2.10　RB211 发动机

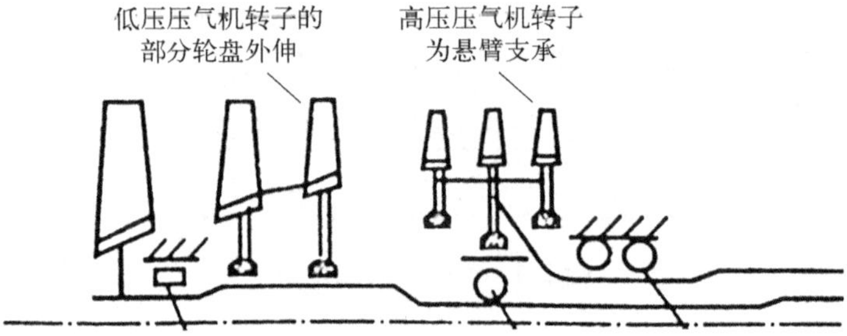

图 2.11　WP7 发动机

静子是静子组合件的总称,包括机匣和整流器。在单转子涡喷发动机中,压气机机匣由进气装置、整流器机匣及整流器叶片和扩压器机匣组成(图 2.12)。

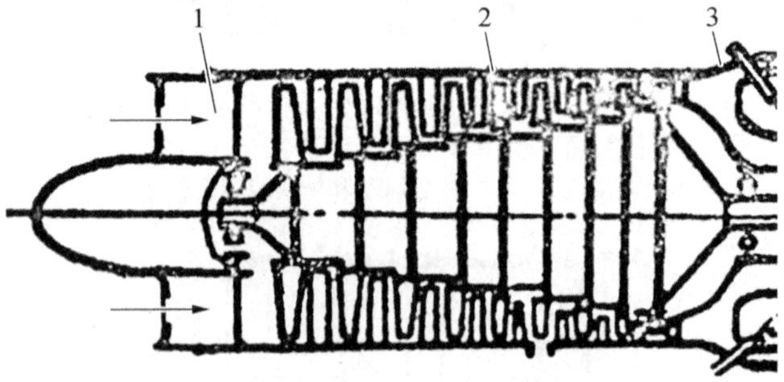

图 2.12　WP6 单转子涡喷发动机压气机

1. 进气装置;2. 整流器机匣及整流器叶片;3. 扩压器机匣

在双转子涡扇发动机的压气机中,在风扇和增压级或高压压气机之间还有一个分流机匣,将内、外涵道的气流分开;在低、高压压气机之间有一个中介机匣,将气流由低压压气机顺利引入高压压气机(图 2.13)。

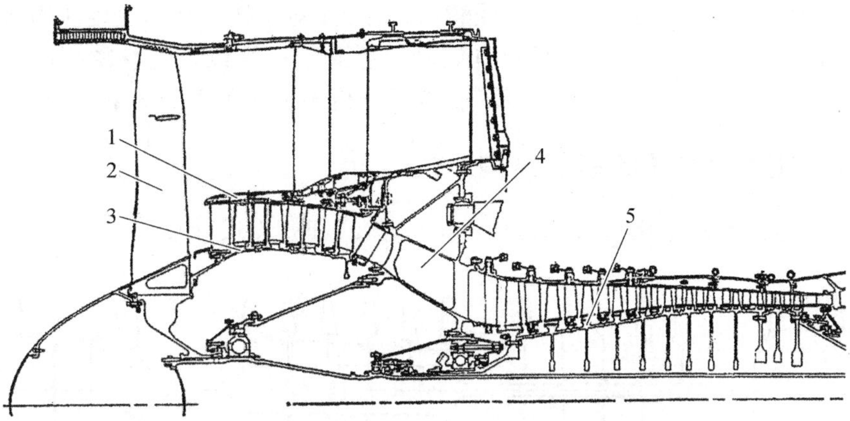

图 2.13 PW2037 双转子涡扇发动机压气机

1. 分流机匣;2. 风扇;3. 增压级;4. 中介机匣;5. 高压压气机转子

2.2 轴流压气机转子

轴流压气机转子一般是由转子叶片、轮盘(鼓筒)、轴和一些连接件组成。

转子的作用是把从涡轮传来的扭矩传给转子叶片,并带动叶片在高转速下高效率地工作。

就结构设计而言,航空压气机与一般压气机相比,它的主要特点是转速高,每分钟可达数千或数万转。

转速高可以使压气机在尺寸小、重量轻的条件下,得到所需的性能(即给定的空气质量流量和增压比),满足发动机性能设计的最基本要求,这是有利的一面。但是,在高转速条件下,转子零件及其连接处要承受巨大的惯性力、气体力、扭矩和复杂的振动负荷(图 2.14)。

若零件型面和传力方案设计不当,其工作时就有破坏、损坏的危险。若转子零、组件的定位方案(特别是定心方案)不妥、转子装配不当、平衡不好,当压气机高转速工作时,转子就会发生剧烈振动从而影响发动机正常工作,这是不利的一面,也就是转子结构设计的基本问题。

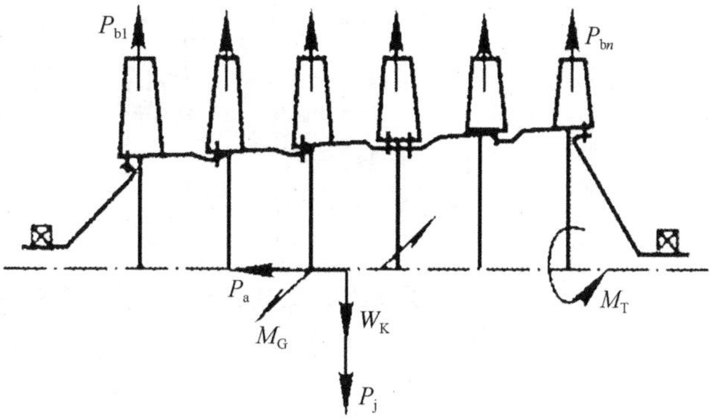

图 2.14 作用在压气机转子上的主要负荷

W_K. 重力;P_j. 机动飞行时的惯性力;P_a. 轴向力;M_G. 机动飞行时的陀螺力矩;P_b. 叶片的离心力;M_T. 转子的扭矩;P_K. 转子质量的离心力(未标出)

虽然转子结构方案是多种多样、千变万化的,但是作为高速旋转的承力件,转子结构设计所需要解决的基本矛盾是:在考虑到尺寸小、重量轻、结构简单、工艺性好的前提下,转子零、组件及其连接处应保证可靠地承受载荷和传力(对结构设计起决定作用的负荷是叶片和转子的离心力、弯矩和扭矩),具有良好的定心和平衡性以及适宜的刚性。这些就是压气机转子方案设计所应遵循的基本原则,也是分析各种转子方案的纲。

2.2.1 压气机转子的基本结构形式

压气机转子的基本结构形式有三种:鼓式、盘式和鼓盘式,如图 2.15 所示。

鼓式、盘式、加强盘式、鼓盘式转子结构模型动画

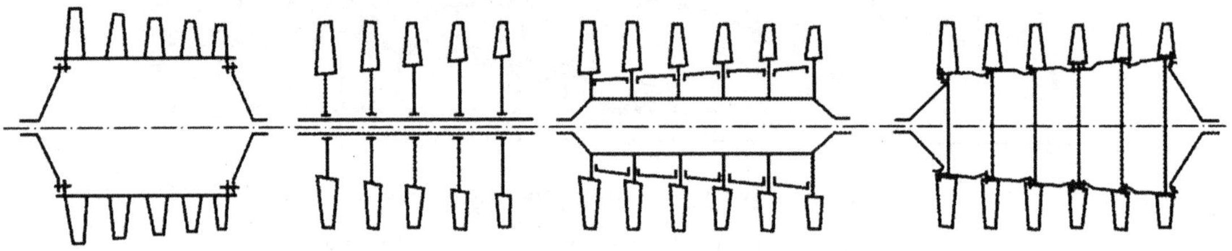

(a) 鼓式　(b) 盘式　(c) 加强的盘式　(d) 鼓盘式

图 2.15　压气机转子的基本形式

鼓式转子[图 2.15(a)]的基本构件是一圆柱形、橄榄形或圆锥形鼓筒(视气流通道形式而定),借安装边和螺栓与前、后半轴连接。在鼓筒外表面加工有环槽或纵槽,用来安装转子叶片。作用在转子上的主要负荷(叶片和鼓筒的离心力、弯矩和扭矩)由鼓筒承受和传递。鼓式转子的优点是抗弯刚性好、结构简单,但是承受离心载荷能力差,故只能在圆周速度较低(不大于 200 m/s)的条件下使用,如早期的压气机、现代大流量比涡扇发动机的低压转子。民用斯贝发动机低压压气机转子为鼓式转子,如图 2.16 所示。

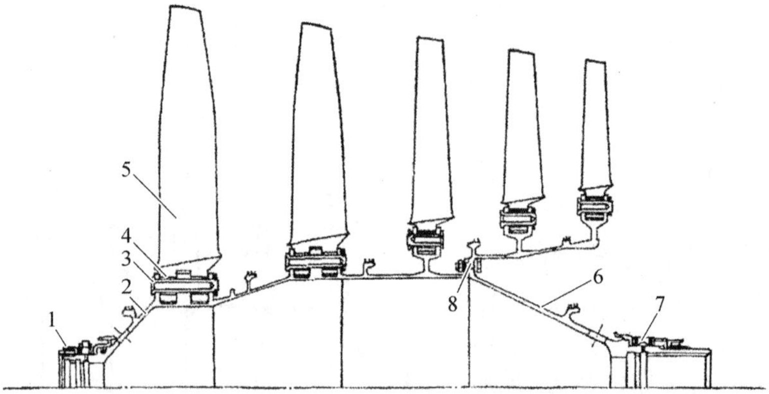

图 2.16　鼓式转子——民用斯贝发动机低压压气机转子

1. 前支点;2. 鼓筒前段;3. 销钉;4. 衬套;5. 风扇叶片;6. 鼓筒后段;7. 转子后轴承内圈;8. 连接螺栓

盘式转子[图 2.15(b)]由一根轴和若干个轮盘组成,用轴将各级轮盘联成一体。盘缘有不同形式的榫槽用来安装转子叶片。盘心加工成不同的形式,即用不同的方法在共同的轴上定心和传扭。转子叶片和轮盘的离心力由轮盘承受,转子的抗弯刚性由轴保证。盘式转子的优点是承受离心载荷能力强,但是抗弯刚性差。为了提高转子的抗弯刚性,在

盘式转子中，盘缘间增添了定距环，并将轴的直径加粗，称为加强的盘式转子[图 2. 15(c)]。图 2. 17 所示的 WS9 发动机的高压压气机转子为一种加强的盘式转子。

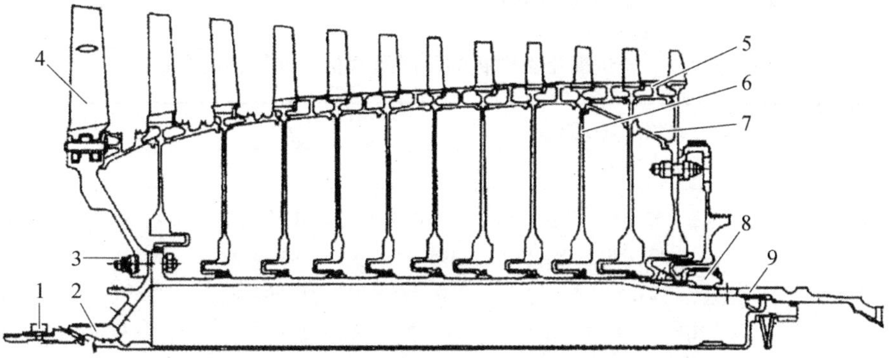

图 2. 17　加强的盘式转子——WS9 发动机高压压气机转子

1. 前支点；2. 前半轴；3. 螺栓；4. 转子叶片；5. 定距环；6. 轮盘；7. 内加强环；8. 大螺帽；9. 后半轴

鼓盘式转子[图 2. 15(d)]由若干个轮盘，鼓筒和前、后半轴组成。盘缘有不同形式的榫槽用来安装转子叶片。级间连接可采用焊接、径向销钉、轴向螺栓或拉杆。转子叶片、轮盘和鼓筒的离心力由轮盘和鼓筒共同承受，扭矩经鼓筒逐级传给轮盘和转子叶片，转子的横向刚性由鼓筒和连接件保证。典型的鼓盘式转子如图 2. 18 所示。在有些情况下，加强的盘式转子和鼓盘式转子不易区分。区分的方法在于辨别转子的传扭方式。鼓盘式转

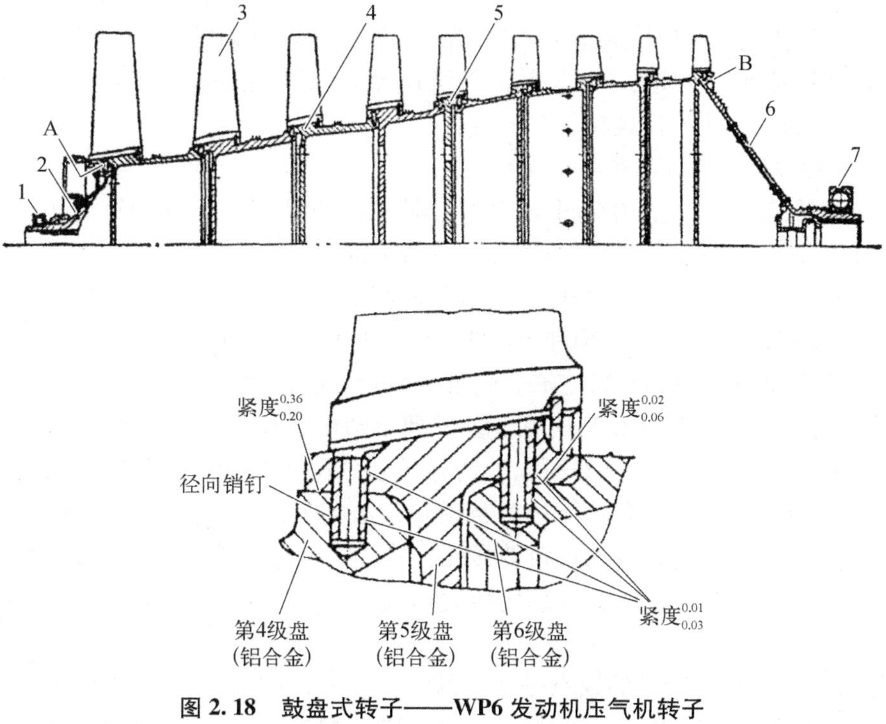

图 2. 18　鼓盘式转子——WP6 发动机压气机转子

1. 前支点；2. 前半轴；3. 螺栓；4. 转子叶片；5. 轮盘；6. 后半轴；7. 后支点；A. 平衡螺钉；B. 刮削材料处

鼓盘装配动画

子靠鼓筒传扭，而加强的盘式转子主要靠轴来传扭，如图 2.17 中盘和轴之间采用套齿传扭，定距环的主要作用是提高转子的刚性和传递轴向力。

先进航空发动机的高压压气机结构及性能参见表 2.1。

表 2.1　先进航空发动机的高压压气机结构及性能参数

发动机型号	进口换算质量流量/(kg/s)	增压比	效　率	级　数	转子结构
F100	22.35	7.1~8.0	0.825	10	鼓盘式
F101	27.488	11.74	0.846	9	鼓盘式
AL-31F	24.5	6.5	0.862	9	鼓盘式
RD-33	19.38	6.875	0.835	9	鼓盘式
F404	16.02	6.831	0.832	7	鼓盘式
RB199	—	5	0.8	6	鼓盘式
F119	84.61	6.5	—	6	鼓盘式
PW4000	153.48	28.8	—	5+11	鼓盘式
CFM56-2	54	30.5~31.8	—	4+9	鼓盘式
GE90	97.61	23	0.86	10	鼓盘式

2.2.2　鼓盘式转子

鼓盘式转子兼具鼓式转子的抗弯刚性好和盘式转子的承受大离心载荷的能力，因而得到广泛应用，特别是在现代涡扇发动机的高压压气机上。鼓盘式转子的结构方案繁多，按其级间连接的特点，可分为不可拆卸的鼓盘式转子、可拆卸的鼓盘式转子和部分不可拆卸部分可拆卸的混合式鼓盘式转子三大类。

1. 不可拆卸的鼓盘式转子

不可拆卸的鼓盘式转子的级间连接常用圆柱面紧度配合加径向销钉连接和焊接两种方法，这两种方法在完成装配后都不可能再进行无损分解。

WP6、WP7、WP8、WP13 发动机的压气机普遍采用圆柱面紧度配合加径向销钉连接的鼓盘式转子(图 2.18)。这种结构利用热胀冷缩原理使圆柱面配合后产生紧度，圆柱面加径向销钉保证转子级间连接后的定心，靠径向销钉和配合面摩擦力传递扭矩。

径向销钉的定心原理如图 2.19 所示。只要沿圆周装有 3 个以上的销钉，则在各种工作状态下，相互配合的两个零件都可以沿销钉规定的方向产生自由径向变形，而它们的中心位置则始终保持不变。这种功能称为自动热定心(或工作热定心)。这种定心的可靠性取决于销钉与孔的配合精度及销钉的强度，一旦销钉与孔之间出现间隙，定心就遭到破坏。一般情况下，选用销钉的数目都比传力所要求的多。销钉与孔的配合采用小紧度配合。

这种结构的鼓盘式转子的缺点是转子的零件较多，制造偏差会影响转子的定心和平衡；连接处结构要加宽加厚，会增加转子重量。随着焊接技术的发展，焊接式转子在现代先进发动机中的应用逐渐增多。焊接式转子一般采用电子束焊或摩擦焊。焊接的鼓盘式

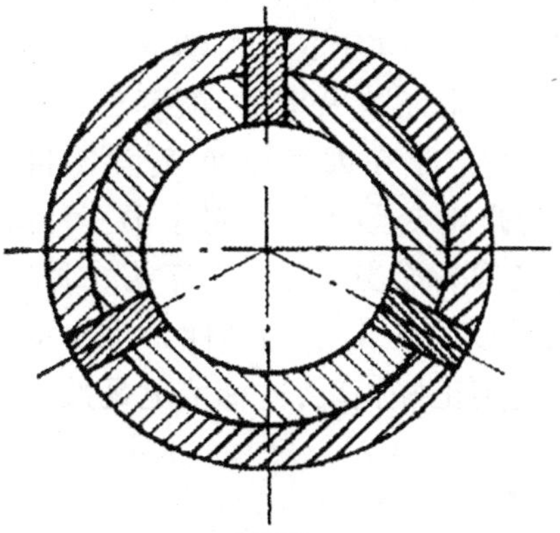

图 2.19 径向销钉定心原理

转子不需要连接件(图 2.20),直接在焊接过程中保证定心,避免加工和装配环节可能产生的质量不稳定因素,因此可以有效减轻结构重量,提高转子工作可靠性。但是采用焊接方法,对焊接技术提出了很高的要求,要保证精度高、变形小、无氧化、高强度、无残余应力和质量稳定等要求,这些都需要大型的专用数控焊接设备和科学的工装、工艺来保证。

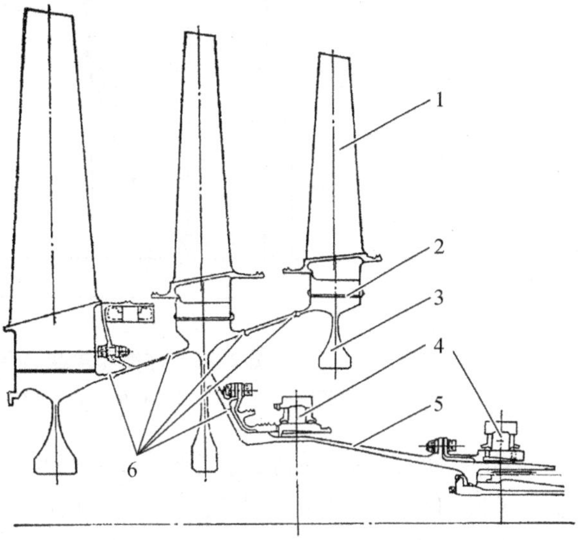

图 2.20 焊接式转子——RB199 风扇转子

1. 转子叶片;2. 锁片;3. 轮盘;4. 轴承;5. 轴;6. 焊接处

鼓筒是鼓盘式转子的主要构件,用来连接各级轮盘,传递主要负荷和保证转子具有足够的刚性。将鼓筒置于盘缘或者移向盘心,直接影响着轮盘和鼓筒的受力和变形,影响着转子和轮盘的抗弯刚性。对于径向销钉连接的方案还影响着级间配合面上的装配紧度和径向销钉的数目等。因此,确定鼓筒位置是鼓盘式转子结构设计的重要问题。

在鼓盘式转子中,鼓筒与轮盘制成一体,或者用较大的紧度压入轮盘的环腔内。当工作时,两者的径向变形是互相约束的,所以在分析鼓盘式转子受力时,应考虑它们之间的相互影响。

根据应力分析得知,随着圆周速度的增大,鼓筒内的应力成平方倍地增加,即当转速一定时,随着鼓筒直径的增大(圆周速度也增大),鼓筒内的应力是急剧增大的。在材料弹性范围内,应力与应变成正比,因而随着鼓筒直径的不断增大,鼓筒的径向应变和径向位移也是急剧增大的。对于轮盘来讲,一般应力沿半径的变化规律是:盘心应力大,因而径向应变也大;盘缘应力小,因而径向应变也小。对于实心轮盘来讲,盘心径向位移为零,随着半径增大,径向位移增大,但是由于应变是位移的一阶导数,所以随着应变的减少,径向位移增大趋势是在减小的(图 2.21)。在鼓筒和轮盘制成一体后,就有三种可能:一是在小半径处,轮盘的自由变形大于鼓筒的自由变形;二是在大半径处,轮盘的自由变形小于鼓筒的自由变形;三是在某一中间半径处,两者自由变形相等。对于第三种情况,联成一体后,相互没有约束,即没有力的作用,这个半径称为恰当半径。对于第一种情况,实际变形处于两者自由变形之间,具体数值要视两者在受力方向上的刚性大小而定。对于轮盘来讲,变形减小了,周向应力也减小了;至于鼓筒则正好相反,这种情况是鼓加强盘。显然,第二种情况是盘加强鼓。

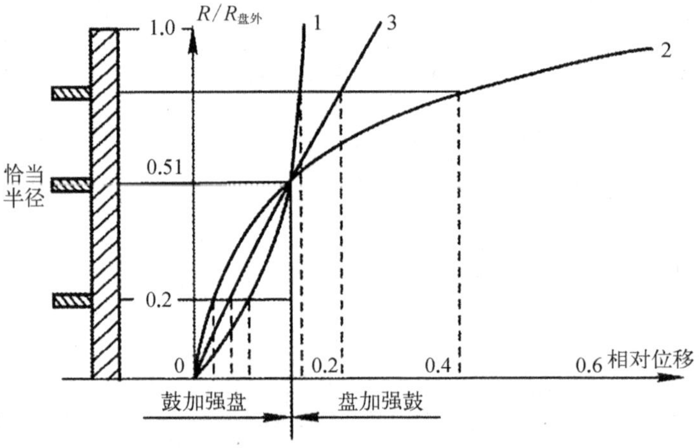

图 2.21　鼓筒和轮盘的自由变形及相互影响

1. 盘的径向自由变形曲线;2. 鼓的径向自由变形曲线;3. 鼓盘连接后的实际径向自由变形曲线

在转子刚性需要加强的情况下,鼓筒应该安置在轮缘处。如 WP6、WP7、WP8 和 WJ6 发动机的压气机转子大致都是这种情况。若是转子横向刚性许可,将鼓筒安置在轮盘恰当半径附近,这样既保证了转子刚性,又使轮盘的附加应力减小,因而转子重量也减轻,这样就更合理。由此可见,鼓筒位置主要取决于转子刚性的需要。

在用径向销钉连接的方案中,在结构许可的条件下,一般都是尽可能地在径向变形大的零件上做成凸肩压入径向变形小的零件的环腔内;当配合面是在恰当半径之内时,用轮盘上的凸肩压入鼓筒的环腔内;若配合面在恰当半径之外,则将鼓筒压入轮盘的凸肩形成的环腔内。这样在工作时,配合面上的紧度都是增大的,所以装配紧度可以减小,这就既保证了工作时定心的可靠性,又改善了装配性。根据计算,WP6 压气机转子前几级是鼓加强盘,后几级是盘加强鼓。

2. 可拆卸的鼓盘式转子

在装配以后可以根据使用和维修的需要再进行无损分解的转子被称为可拆卸转子。

可拆卸的鼓盘式转子有用长螺栓连接、短螺栓连接和拉杆连接等几种。用拉杆/长螺栓连接的可拆卸鼓盘式转子是用若干根拉杆/长螺栓将轮盘、鼓筒和半轴等基本构件联成一体。工作时,转子各级间连接的可靠性和整体刚度依靠拉杆/长螺栓产生的压紧力来保证。

如图 2. 22 所示,JT3D 发动机的压气机转子为采用长螺栓连接的鼓盘式转子。这种结构在 JT8D 的高压压气机转子上也沿用过。该转子各级间连接的整体刚度依靠长螺栓产生的压紧力来保证,依靠端面摩擦力传扭,依靠圆柱面定心。由于鼓筒半径较小、壁薄,为了加强刚性,防止鼓筒失稳,螺栓外还采用了衬套。

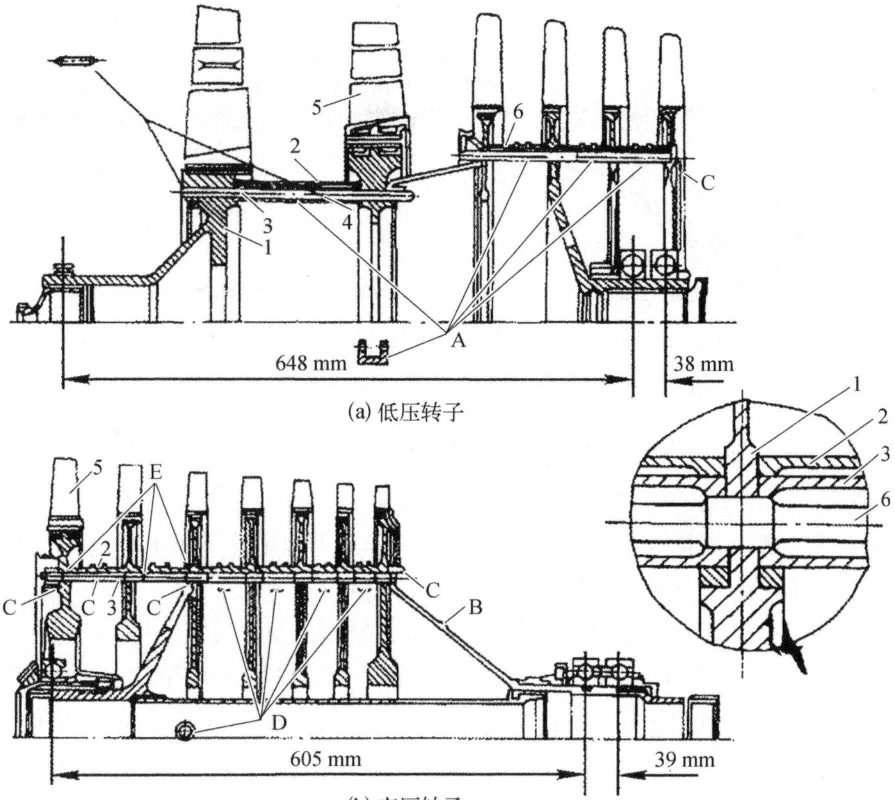

(a) 低压转子

(b) 高压转子

图 2. 22 JT3D 发动机的压气机转子

1. 盘;2. 鼓筒;3. 衬套;4. 销钉;5. 叶片;6. 长螺栓;A,D. 配重块;C. 加配重处;B,E. 去材处

JT3D 发动机高压压气机转子的鼓筒安置在盘缘处,不仅增大了转子的刚性,还可以减小长螺栓的预紧力。在等内径或内径变化不大的气流通道中,这种方案能充分利用盘缘外径,配合比较协调。但是在内径变化比较大的气流通道中,第一级轮盘和末级轮盘外径相差很多,如它的低压压气机转子。如果采用等直径鼓筒方案,兼顾了小直径,但转子的刚性削弱很多。为了解决这一矛盾,低压压气机转子采用两组长螺栓,将转子分段连接起来。

JT3D 低压压气机转子装配动画

短螺栓连接方案可以看作是上述解决方法的一种极端情况,即每级为一段。由于这种方案适应性强,与长螺栓相比,附加热负荷较小,所以目前被广泛采用。

短螺栓连接动画

图 2. 23 所示为 JT9D 发动机采用短螺栓连接的高压压气机转子。结构中第 2、4、6、8、10 级盘前后带鼓筒,第 1、5、7、9、11 级为单盘,第 3 级盘带前轴颈,通过短螺栓连接成整

体。转子的刚性靠螺栓预紧力保证,同时螺栓还用来保证定心和传递扭矩。这种结构方案减少了大零件的数目,把转子的可拆卸性发挥到极限。但是使用的连接件多,螺栓的离心力会增加轮盘的强度负荷,转子的平衡性需精心控制,从进一步减轻结构重量和提高转子工作可靠性的角度看,并非是最可取的。

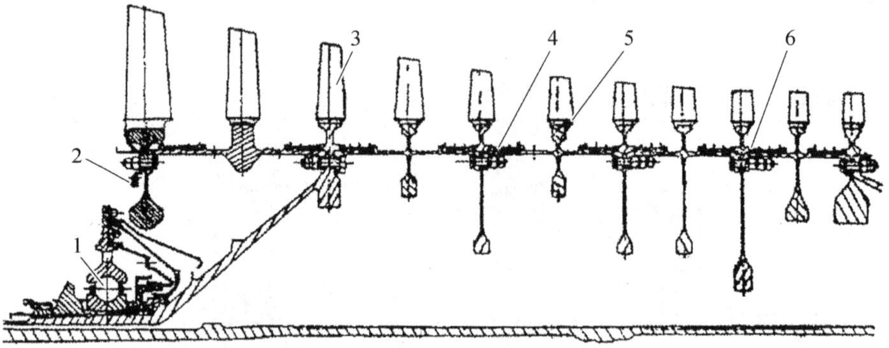

图 2.23　JT9D 发动机高压压气机转子——短螺栓连接

1. 轴承;2. 平衡块;3. 转子叶片;4. 封严篦齿;5. 轮盘;6. 短螺栓

在上述两种结构方案中,长螺栓和短螺栓在工作时都会产生离心力,因此会从不同的角度影响到结构的强度。因此,在有些发动机压气机上,鼓筒不得不移向中心。有一种方案则是把长螺栓直接移到转子中心,如图 2.24 所示的 Д－30KY 发动机的低压压气机转子。该结构方案利用紧固长拉杆将 3 级风扇转子连接。它还有一个结构特点是利用圆弧端齿(图 2.25)传递扭矩,并保证各级盘鼓连接后的定心。为了进一步增大工作时盘缘处的压紧力,转子的后轴颈还采用了碟形盘结构。这种结构在工作时,碟形盘的离心力会产生一个向前压的作用,紧压在盘缘上,从而起到随转速提高加强连接刚度的作用。

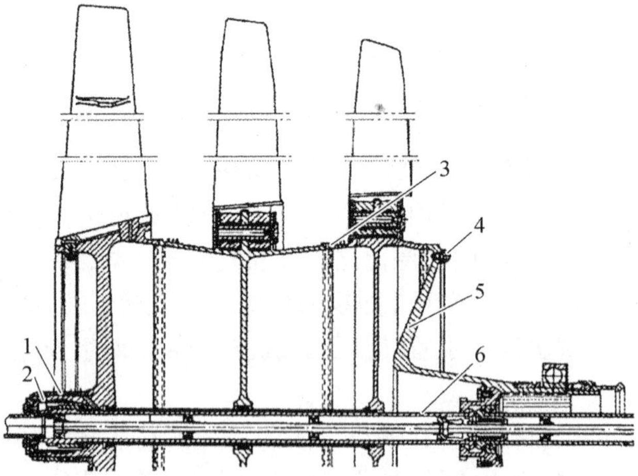

图 2.24　Д－30KY 发动机的低压压气机转子

1. 紧固螺栓;2. 止动销钉;3. 端面圆弧齿;4. 平衡螺钉;5. 碟形后轴颈;6. 紧固长拉杆

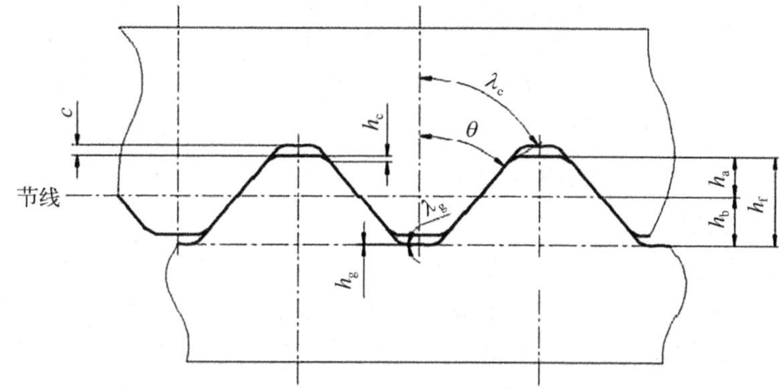

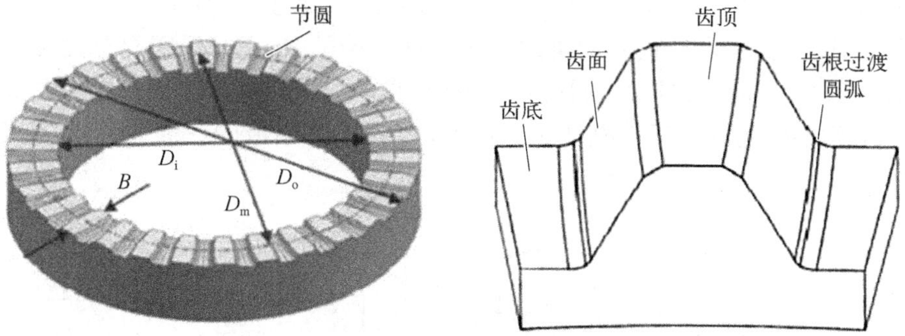

图 2.25 圆弧端齿结构示意图

由以上的分析可见，可拆卸的鼓盘式压气机转子一般是用长螺栓或短螺栓作为连接件，转子各级间连接的可靠性和整体刚度依靠螺栓产生的压紧力来保证，因而螺栓是一个承力很大的关键零件。螺栓在装配时的压紧力称为预紧力。对于同一转子，当工作条件不变时，它的大小标志着转子级间接合面上压紧的程度。预紧力太小，不能保证工作可靠；预紧力太大，则会使螺栓内拉伸应力过大，甚至拉断。所以，预紧力是这类转子结构设计中的一个重要而关键的原始参数。

工作时，螺栓的拉紧力和级间的压紧力都在变化着，所以，确定螺栓的预紧力是个复杂问题。通常考虑以下三个方面：首先，螺栓的预紧力应保证转子的刚度，即在弯矩作用下，转子的接合面处不张开；其次，在用端面摩擦力传扭的结构中，还应保证工作时可靠传扭；最后，要正确估计工作时各种因素对级间压紧力的削弱。

对于可拆卸的鼓盘式压气机转子，各级之间连接后的定心问题是在设计时就必须要加以考虑的。级间的定心方案与所采用的传扭方案有密切关系。在借端齿传扭的方案中，级间定心是依靠传扭端齿的侧面；在借精密衬套传扭的方案中，级间定心是依靠传扭衬套的配合精度；在借轴向精密螺栓传扭的方案中，级间定心是用螺栓圆柱段与孔的配合精度。前一种定心原理与径向销钉的定心原理相同，即依靠径向工作面的周向抵紧来保证，所以工作时，相配合的零件由于径向变形差所产生的径向间隙，不会破坏定心。后两种定心原理与圆柱面的定心原理相同，即依靠圆周面上的径向抵紧来保证，所以工作时，不允许零件间的配合面上出现径向间隙。

有必要指出,使用很多连接件的可拆卸的转子结构方案,包括前文提到的加强的盘式转子结构方案,在未来的应用空间是逐渐减小的。这些结构不仅受力分析复杂,影响因素繁多,并且在生产过程中可能出现的不确定因素也太多(比如制造中的超差问题),不利于保证产品的质量、性能和可靠性。在制造技术和装配工艺许可的条件下,应尽量选择零件数目少且不可拆的、整体式的或混合式的结构方案。

3. 混合式的鼓盘转子

混合式的压气机转子是由若干大段组成,每一大段是由若干级焊接而成的不可拆卸转子,而大段之间是通过短螺栓连接组成的可拆卸转子。这种形式的转子结构,兼有可拆卸转子和不可拆卸转子的优点,对制造技术和装配工艺的要求不太高,同时也给设计者提供了广阔的选择空间。对于级数较多的压气机,由于压气机前后的温差比较大,所以要用不同的材料制造。另外,从检查、维修和更换方便的角度考虑,整体式不可拆卸的转子也多有不利之处。所以,在现代发动机的高压压气机转子中,还是采用混合式转子的较多。在焊接的转子上,当前、后段由不同材料制成时,目前均采用螺栓连接方案。图 2.26 所示是 AL－31F 发动机的低压压气机转子,分为焊接或整体制造的三大段,各段间用短螺栓连接。

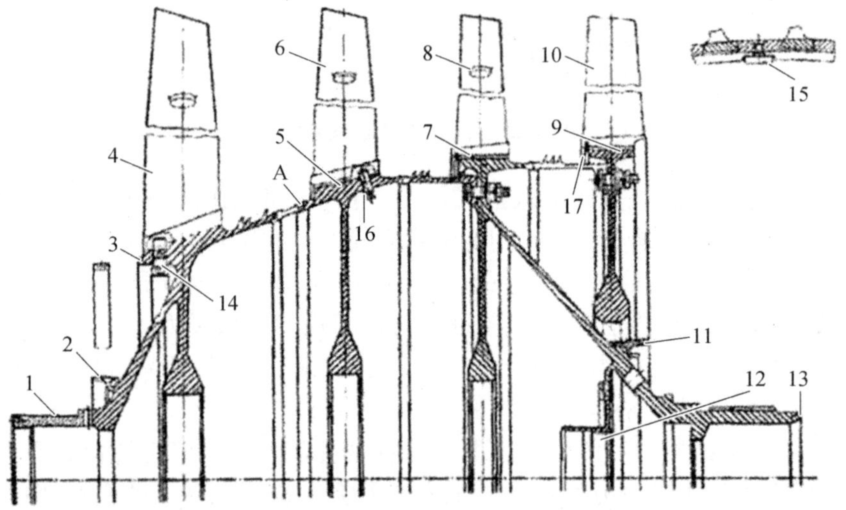

图 2.26　AL－31F 发动机的低压压气机转子(三段)

1. 前轴颈;2,11. 封严篦齿;3. 第 1 级盘;4. 第 1 级叶片;5. 第 2 级盘;6. 第 2 级叶片;7. 第 3 级盘;8. 第 3 级叶片;9. 第 4 级盘;10. 第 4 级叶片;12. 盖;13. 后轴颈;14. 平衡配重;15. 锁片;16. 销钉;17. 卡圈;A. 孔

AL－31F 低压压气机转子装配过程动画

AL－31F 发动机的高压压气机转子把混合式转子的连接方法用全了,用到了长、短螺栓加焊接,如图 2.27 所示。该转子由三段组成,第一段包括第 1 至第 3 级盘,第二段包括第 4 至第 6 级盘,第三段包括第 7 至第 9 级盘,各段中的级间连接均为焊接;然后利用短螺栓将第一段、第二段和前轴颈连接成整体,利用长螺杆将第二段、第三段和后轴连接成整体。

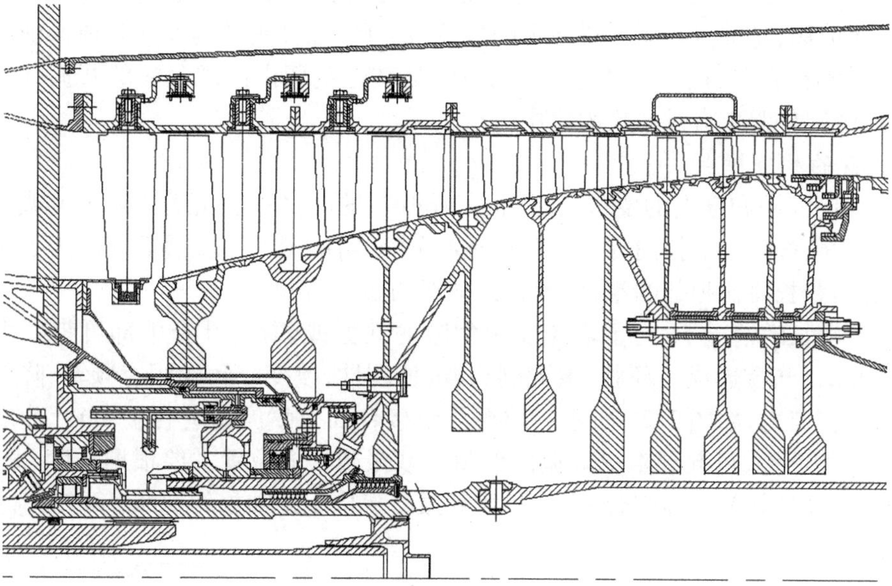

图 2.27 AL-31F 发动机的高压压气机转子

2.2.3 工作叶片及其与轮盘的连接

工作叶片是轴流式压气机的重要零件之一,它直接影响压气机的气动性能、工作可靠性、重量及成本等。由于它不仅受较高的离心负荷、气动负荷、大气温差负荷及振动的交变负荷影响,同时还受到发动机进气道外来物的冲击,受风沙、潮湿的侵蚀等,因而在使用中压气机工作叶片比压气机的其他零部件故障要多得多。因此,无论在设计、制造,还是使用维修中,在叶片方面耗费的工时较多,成本也高。

工作叶片主要由叶身和榫头两部分组成(图 2.28)。工作叶片的工作可靠性依赖叶片本身以及其与轮盘的连接有足够的强度、适宜的刚性和较小的应力集中。当压气机工作时,在叶片上作用着巨大的离心力、气动力和振动负荷。如在 RB211 涡扇发动机中,每

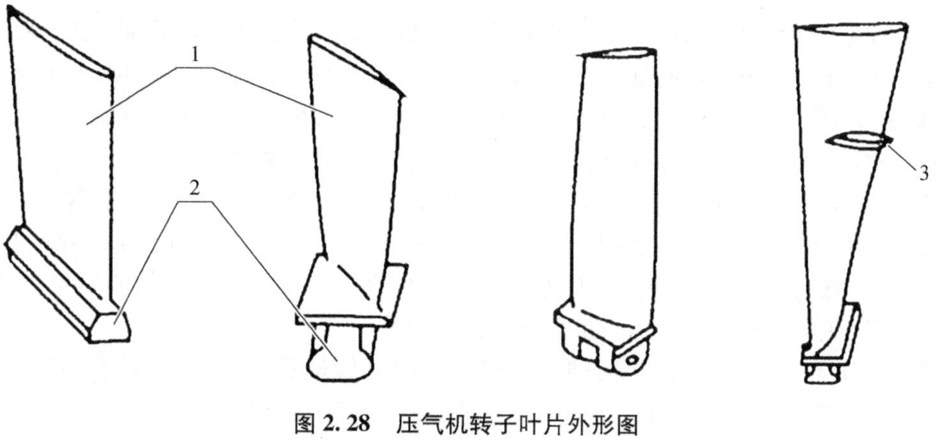

图 2.28 压气机转子叶片外形图

1. 叶身;2. 榫头;3. 凸台

片风扇叶片的离心力高达550 kN,因此连接处要有足够的强度。使用经验表明,工作叶片由于振动而损坏,是轴流式压气机常见的故障。为此,在榫头结构设计时须保证叶片在轮盘上固定时要有适宜的刚性,避免在发动机常见转速范围内出现危险的共振,同时,榫头在结构设计时,应避免有过大应力集中。

1. 叶身的构造特点

为了满足气动和强度的要求,压气机工作叶片的叶身一般由适应亚声速或超声速工作的叶片型面,按一定的扭向规律及型面重心分布规律,沿叶高重叠而成。为了尽量减轻重量,叶尖的弦长要比根部的窄,厚度要比根部的薄。

在叶片较长的情况下,为了避免发生危险的共振或颤振,叶身中部可带一个减振凸台。装配好后,凸台连成一环状,彼此制约,增加刚性,改变叶片的固有频率,降低叶片根部的弯曲扭转应力,如图2.29所示。减振凸台接合面上喷涂耐磨合金,当叶片发生振动时结合面互相摩擦,可起到阻尼减振的作用。减振凸台的位置主要根据强度、振动因素、气动因素、气动性能等方面综合考虑,一般减振凸台位于距叶根约50%~70%叶高处。

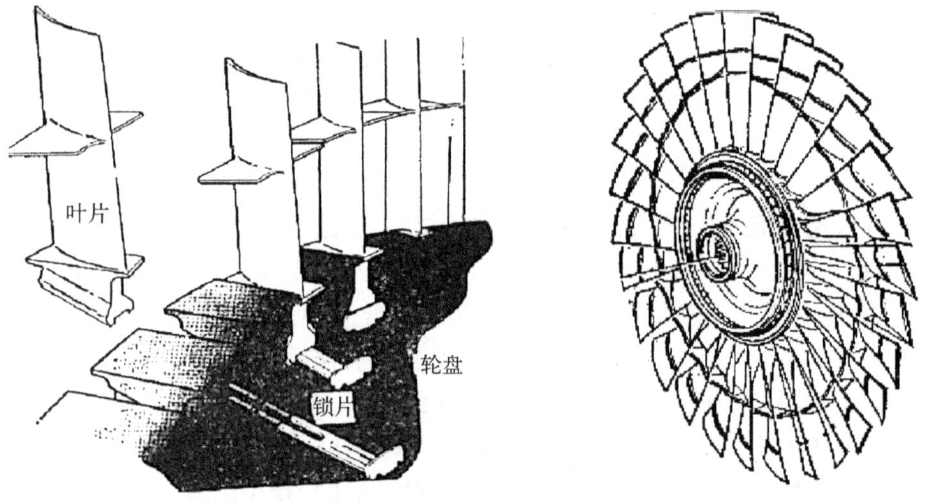

图2.29 带减振凸台叶片示意图

由于减振凸台的存在,不可避免地带来一些缺点,如增加叶片的重量,使叶片的离心负荷加大;叶身与减振凸台的连接处局部加厚,使流道面积减少约2%,即减少了空气质量流量,影响发动机的推力;减振凸台还造成气流压力损失,使压气机效率下降,发动机耗油率增加。此外,减振凸台的存在还使得叶片的工艺性变得更复杂。

自20世纪80年代中期,有些发动机(如RB211-535E4及V2500)上采用小展弦比宽弦风扇叶片取代带减振凸台的大展弦比窄弦叶片以后,20世纪90年代以后研制的高涵道比涡扇发动机无一例外都采用了宽弦叶片。而在20世纪后期研制的发动机如遄达900、遄达1000及GEnx还采用了带掠形的宽弦叶片。

宽弦叶片与带减振凸台的窄弦叶片相比,具有叶栅通道面积大、喘振裕度宽、级效率高以及减振性能好等优点(图2.30)。采用宽弦设计,叶片弦长较原来增长了40%左右,而且厚度加大,不仅可降低叶片振动应力,而且加大了抗外物打击能力,但增加了叶片重

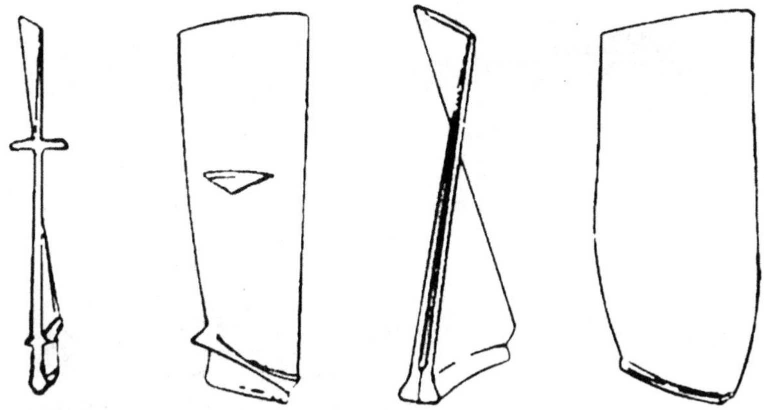

图 2.30 带凸台叶片与宽弦叶片

量。不过,由于在保证最佳稠度的前提下,采用宽弦叶片时转子的叶片数目减少,所以由于加宽叶弦而引起转子质量的增加并不大。为了保证在使用宽弦叶片时不引起转子质量的增加,现代风扇叶片设计中各制造公司分别采用了不同的减重措施。

罗罗公司首先使用"蜂窝式宽弦空心叶片"技术,采用"三明治"的方法加工叶片,即将钛蒙皮通过扩散连接焊接在钛蜂窝骨架上(图 2.31)。这种特殊结构由于不仅质量小,而且蜂窝的内阻尼大,大大改善了叶片的振动特性。RB211-535E4 发动机的风扇如图 2.32 所示,第一次采用了这种宽弦、无凸台、蜂窝夹层结构的风扇叶片。

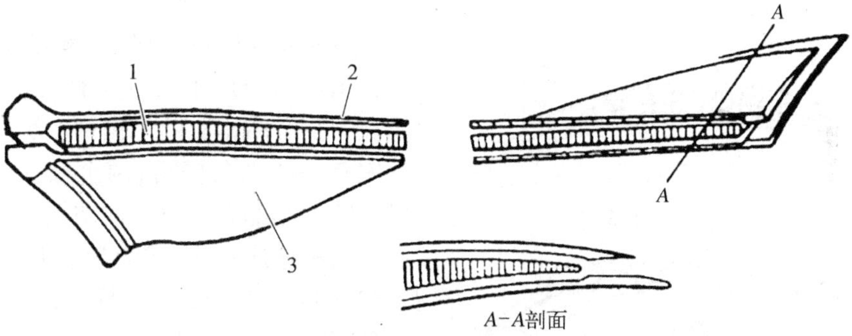

图 2.31 蜂窝式宽弦风扇叶片结构

1. 钛合金蜂窝骨架;2. 叶背钛蒙皮;3. 叶盆钛蒙皮

后来罗罗公司又发展了第三代宽弦无凸台风扇叶片,称为扩散连接/超塑性成形(diffusion bonding/superplastic forming, DB/SPF)风扇叶片,即芯部用桁条结构取代原来的蜂窝结构。采用 DB/SPF 的工艺方式来制造,即先将芯部桁条通过扩散连接方法与两面板在不同位置处连接起来,然后将它们置于高温下的阴模中,在两面板间充以高压惰性气体,在超塑性状态下两面板向外扩张,同时将桁条拉长[图 2.33B]。连接好的空心风扇叶片的两面板间,面板与波状板间探测不出两者的连接缝。由于桁条是与面板焊接在一起的,所以承力,因而叶片质量比带蜂窝芯的叶片减轻 15%。这种叶片已被遄达 700、遄达

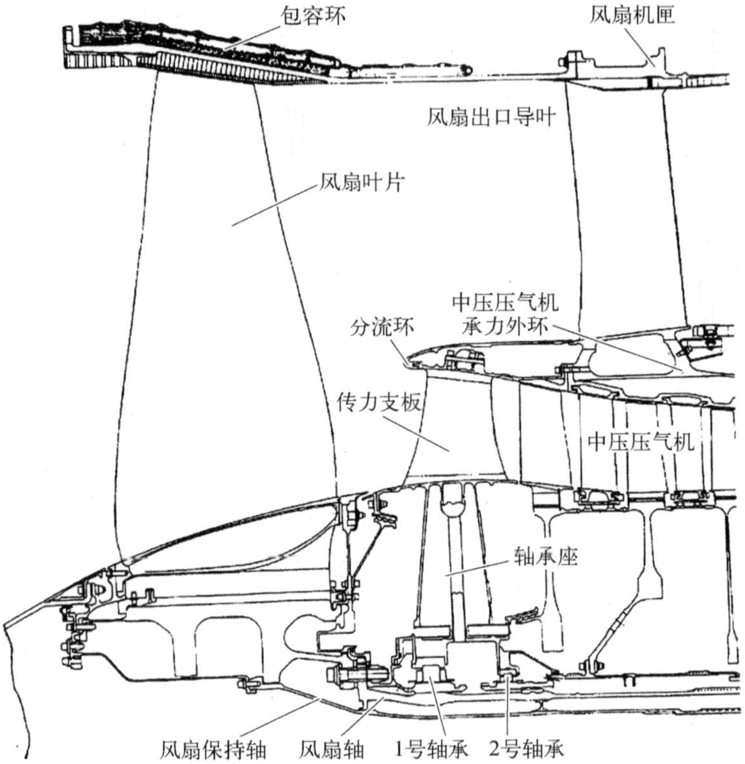

图 2.32　RB211-535E4 发动机的风扇结构

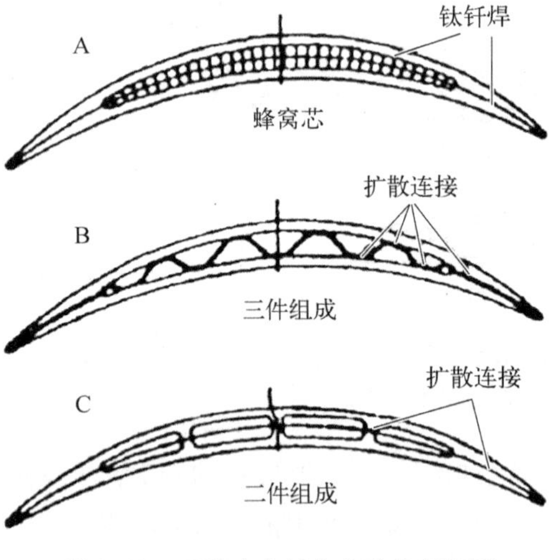

图 2.33　三种空心钛合金叶片剖面图

800、遄达 900 及遄达 1000 发动机采用。

普惠公司采用了另外一种降低大风扇叶片质量的空心结构。叶片由两个面板组成，在芯部铣有一些纵向槽道，两个面板合起来后，形成的叶片芯部有几道纵向空槽，通过扩散连接将两面板连成一体，成为带槽道的空心叶片(如 PW4084 风扇叶片，见图 2.33C)。显然它的质量要大于前述的罗罗公司的叶片。

罗罗公司在 20 世纪 60 年代末 70 年代初发展 RB211 时，就采用了复合材料的风扇叶片，由于最终未能解决抗鸟击的问题，不得不放弃。为将复合材料技术用于新一代低噪声、低成本发动机，GE 公司为此进行了 30 多年的努力和研究，其复合材料技术的第一个应用成果就是 GE90 的后掠式宽弦复合材料风扇叶片。

表 2.2 为可用于 B777 旅客机的三种型号发动机叶片参数。其中，GE90 发动机直径达 3.124 2 m 的风扇叶片采用复合材料制作，叶身与叶根用 IM7 中长碳纤维与韧性好的

8511 - 7 环氧树脂组成的被称为“大力神”的 8511 - 7/IM7 复合材料制成一个整体。在叶身的压力面上喷涂聚氨酯防腐涂层，在叶背上涂有聚氨酯漆。为提高叶片抗大鸟撞击的能力，叶片前缘从上至下包有钛合金薄片，在叶盆尾缘位于叶尖 1/3 的面积上也包有钛合金薄片，钛合金薄片是用 3MAF191 胶粘到复合材料的叶身上的。为防止叶片在叶尖与尾缘处材料脱层，用凯芙拉材料制成的线在叶尖与尾缘处进行了缝合(图 2.34)。此发动机经过十年的运行及 650 万小时的飞行，仅有三片复合材料叶片因外物打伤而更换下来。

表 2.2 三种型号发动机风扇叶片参数比较

参数 \ 发动机	GE90	PW4084	遄达 800
叶片材料	复合材料	钛合金	钛合金
风扇直径/m	3.124 2	2.844 8	2.794
风扇转速/(r/min)	2 304	2 732	3 248
$U_{尖}$/(m/s)	376.3	413.3	478.4
叶片单片重/kg	14.528	18.6	10.669
叶片数	22	22	26
叶片总重/kg	319.6	409.2	277.4
叶片高/m	1.219	0.97	0.99
风扇压比	1.517	1.7	1.75
单位叶高的重量*/(kg/m)	11.917	19.17	10.77

* 将叶根重量作为叶身重量计算的结果。

这种新型后掠式大流量宽弦复合材料风扇叶片技术在 GE 公司的新一代涡轮风扇上获得了进一步的发展。新一代 GEnx 涡轮风扇发动机的风扇叶片数量更少(GE90 - 115b 有 22 片风扇叶片，而 GEnx 的风扇叶片数为 18 片)，进一步降低了风扇的重量，同时叶片运转效率也更高。另外，GEnx 发动机的风扇机匣也采用了复合材料。

LEAP 发动机的风扇叶片也采用了宽弦、三维气动设计的复合材料技术。叶片数量只有 18 片，直径为 1.8 m，总重量仅为 76 kg。其叶身采用三维编织树脂膜传递成型技术制造而成(图 2.35)，边缘采用钛合金。

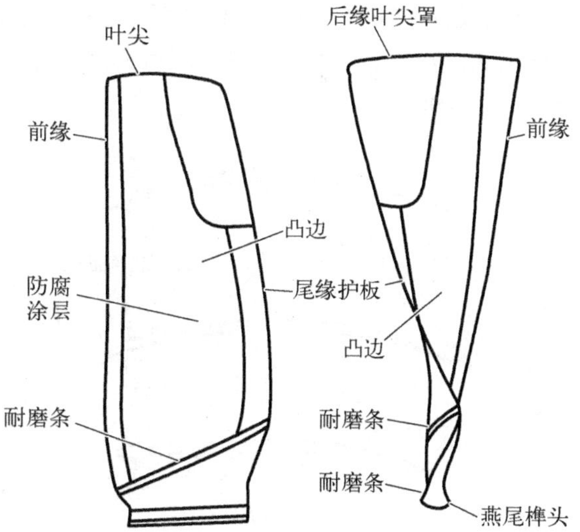

图 2.34 GE90 复合材料风扇叶片

为了进一步提高压气机级效率，扩大压气机稳定工作范围，轴流压气机的设计不断采用新的技术和方法。

a）端部过弯叶身

端部过弯叶身是为了减少叶片两端壁附面层所造成的二次损失，因而将叶身（包括工作叶片和静子叶片）尖端和根部前、后缘特别地加以弯曲，如图 2.36 所示。

图 2.35　三维编织树脂膜传递成型技术制造的宽弦风扇叶片

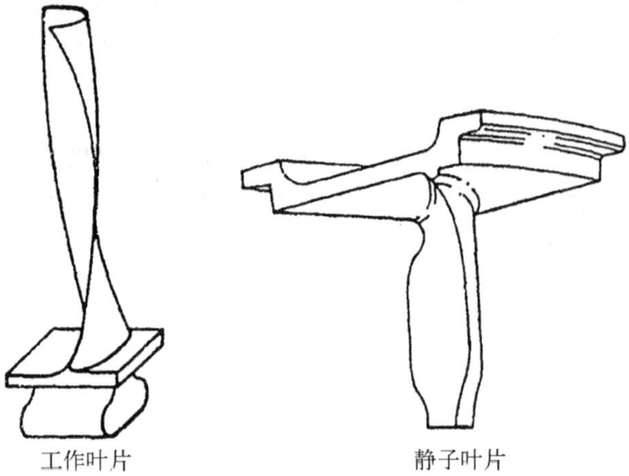

图 2.36　端部过弯叶片

b）可控扩散叶片

美国普惠公司在 20 世纪 80 年代提出了一种新的叶型设计方法，在进口气流为亚声速的叶型设计中，通过控制叶型叶背表面气流的压强梯度来防止附面层分离，这种叶型被称为可控扩散叶型，如图 2.37 所示。这是一种与传统的叶型设计完全不同的新方法。可控扩散叶型在设计中需要遵循一定的设计准则，设计完成后这种叶型的特点是，其前、后缘圆角处的厚度和圆角半径较大，对进口气流角变化的适应性强，抗异物碰撞和抗侵蚀的能力也较强。

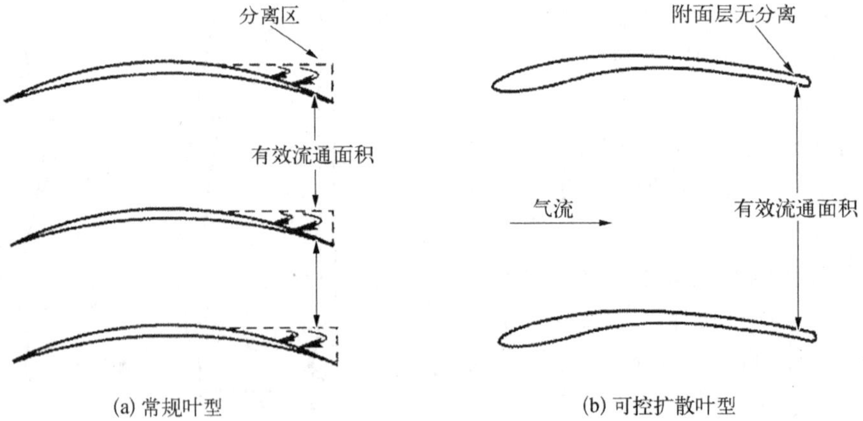

图 2.37　常规叶型和可控扩散叶型

c）串列叶栅和大小叶片技术

为了减少压气机的轴向长度和质量，希望减少压气机的级数和每级的叶片数目。这就要求提高叶片的气动负荷，提高气流流过叶栅的折转角是实现这一目标的重要途径。

气流流过压气机叶片叶背表面时，在其前半部分为加速流动，附面层很薄，不易分离，而在后半部分的扩压程度很大，附面层厚，如果折转角过大则容易产生严重的分离。为了解决这一问题，诞生了串列叶栅和大小叶片技术。

串列叶栅实际上是将两排静叶片排列在一起构成，如图 2.38。就单个叶栅的几何参数而言，串列叶栅的前、后排叶片与普通叶片完全相同。串列叶栅之所以能得到较大的气流转角，就是因为具有两排叶栅，气流的折转是在两排叶栅中完成。当气流在第一排叶栅中减速扩压时，附面层逐渐增长，直到前排叶片出口为止。随后又在后排叶片上重新开始形成新的附面层。由于减速扩压的过程是分别在两个比较薄的附面层上完成的，不会产生附面层分离，损失也相应减小。串列叶栅多用于轴流压气机的末级静叶，例如 J85、威派尔 522、J69 等航空发动机；也有用于末级风扇静子的，例如 JT15D、阿杜尔、JT8D 等航空发动机；也可应用于高增压比离心式压气机的导风轮和扩压器中。目前，也在研究串列转子叶片，如美国普惠公司正在研究采用串列转子叶片以实现更大的气流折转和加功量。

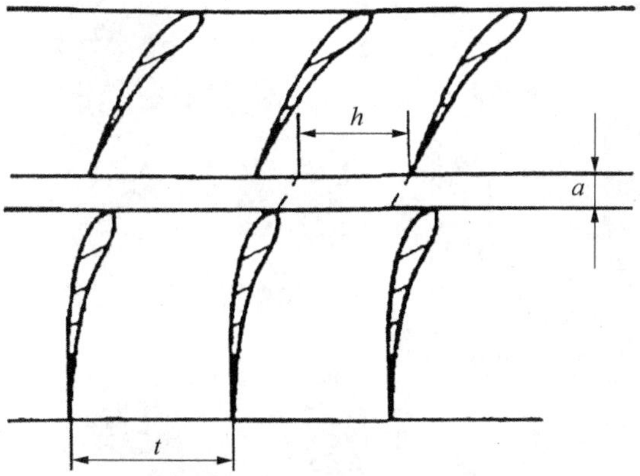

图 2.38　串列叶栅示意图

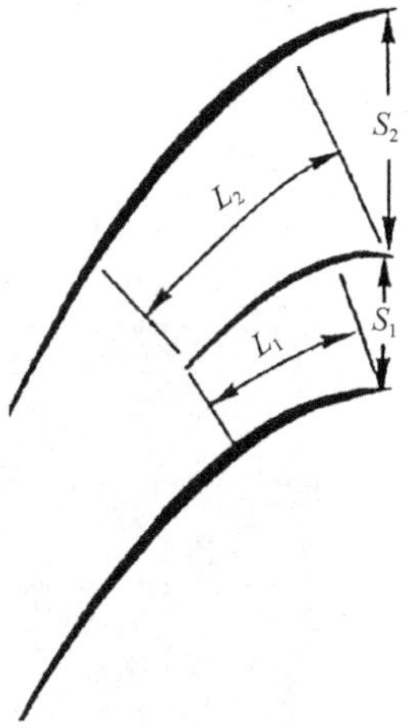

图 2.39　大小叶片示意图

美国于 20 世纪 70 年代提出大小叶片的思想(图 2.39)。它的基本原理在于：气流最容易在叶背后段分离，从而导致气流落后角增大，在转子叶片通道的后半部分加上一个小叶片，局部增加叶栅的稠度，有利于抑制气流分离，同时避免因增加全弦长叶片引起堵塞、效率下降和质量增加。但是，当时的试验结果并不令人满意。直到 20 世纪 90 年代，美国借助 IHPTET 计划，利用全三元流场数值计算对原设计的大小叶片转子流场进行了详细分析，重新进行了设计，解决了小叶片前缘大量分离区的问题。目前美国已进行了一系列大小叶片的压气机转子标准台架试验。图 2.40 为涡轴六 C 的轴流压气机大小叶片。

图 2.40　涡轴六 C 的轴流压气机大小叶片

d）掠形风扇叶片

提高叶片圆周速度是提高单级增压比的一种有效途径。但提高圆周速度会导致气流相对马赫数增大，从而导致流动损失增加。实践表明，当马赫数超过 1.2~1.3 时，叶栅损失系数将明显增大。如何在马赫数增加的同时确保损失的增加处于可接受的水平，掠形设计是一种有效的方法。叶片掠形是指叶片前后缘在子午面的投影向前或向后倾斜，如图 2.41 所示。掠形叶片的原理在于：叶片掠形后带来了激波的倾斜，可降低跨声速风扇转子进口相对马赫数的法向分量，从而降低叶片的激波损失。由此所带来的好处是：可以使用更高的风扇增压比，在不增加风扇流量的条件下提高发动机推力；使风扇具有更高的效率和更高的负荷，以减轻其他部件的负荷，从而提高寿命。同时，掠形叶片还有利于改善进口畸变条件下的发动机性能。

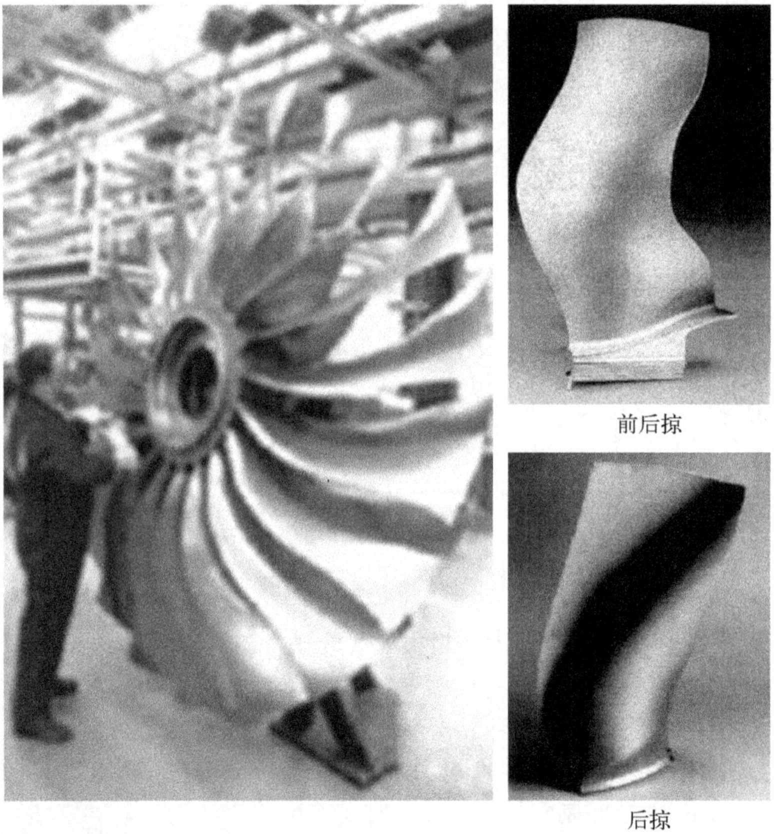

图 2.41　掠形风扇叶片

但它的实现要从气动-强度一体化来考虑并完成设计。这是因为在前、后掠叶片中，气动和结构强度的要求是紧密耦合和互相制约的。一方面叶片前缘掠形的形状和程度对气动性能有显著的影响，同时前、后掠后叶型的重心积叠线不再是径向线，除了离心力产生的应力外，还出现了额外的相对于叶型的两个惯性主轴的弯曲应力。

e）吸附式叶片

附面层的严重分离会导致极大的流动损失，降低叶片通道的流通能力，减小叶片表面气流的转折能力,若附面层很好地附着在叶片表面上并且很薄,则气流的损失降低,转折能力增强,相应的压比会升高,进而可以使得压气机缩短。

采用叶片表面抽气来控制叶片表面附面层分离,是提高压气机效率和压比的一个十分有效的方法,其原理如图 2.44 所示。主要是通过在固壁上开缝(包括孔和槽),在进口导叶、转子叶片、静子叶片表面开缝,在机匣和轮毂沿周向分布开孔等方法,吸除叶片表面的低能气体,防止或推迟附面层分离使叶型可以达到很大的弯度,风扇或压气机级负荷大大提高,能够很好地改善流动条件,依据此原理设计出高压比和效率的风扇级或压气机级。图 2.42、图 2.43、图 2.44 分别为吸附式静叶、吸附式转子和吸附式叶片原理。表 2.3 为吸气量对压气机压比及效率的影响。

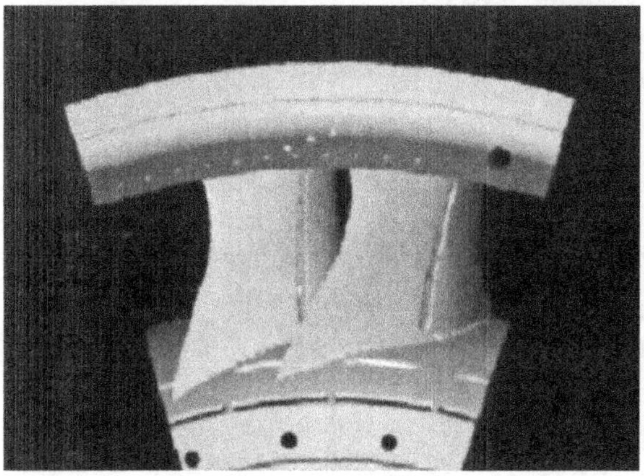

图 2.42 吸附式静叶

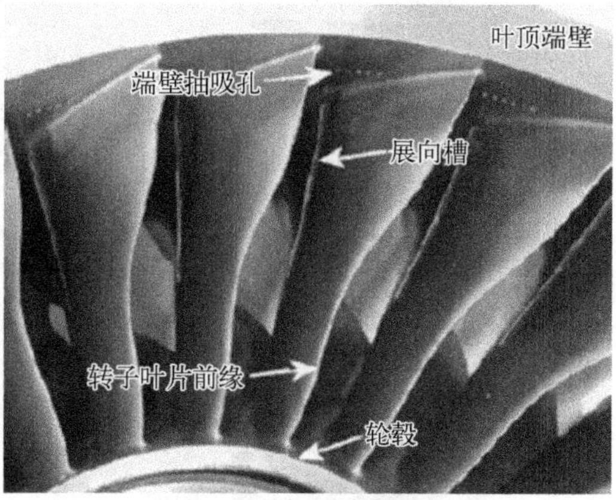

图 2.43 吸附式转子

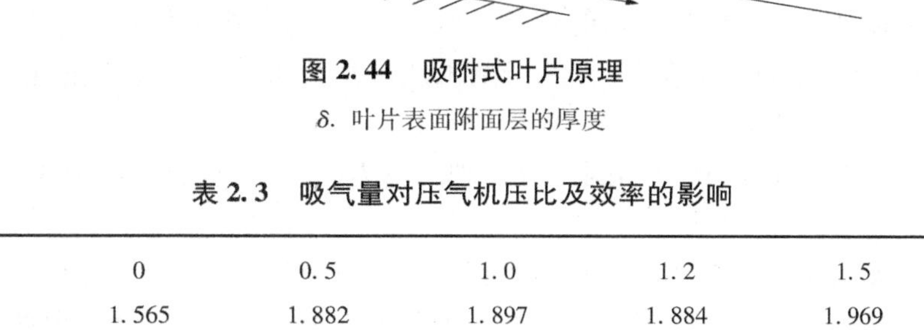

图 2.44 吸附式叶片原理

δ. 叶片表面附面层的厚度

表 2.3 吸气量对压气机压比及效率的影响

吸气量/%	0	0.5	1.0	1.2	1.5	2.0
压比	1.565	1.882	1.897	1.884	1.969	1.875
效率/%	72.36	82.7	86.4	86.2	87.25	85.7

f) 对转压气机

F-135 发动机(图 2.45)的升力风扇采用了两级转子对转的设计,最大限度地抵消了转子的陀螺力矩。升力风扇的喷口可转动(-15°~+30°),加上两个推力8.83 kN的操纵喷管,可进行飞机姿态调节。在垂直升降过程中,主发动机喷口向下转90°,产生一部分气动升力;同时,通过主发动机轴驱动升力风扇产生88.3 kN气动升力,放弃了单靠复杂矢量喷管实现飞机的垂直/短距起降的设计思路。

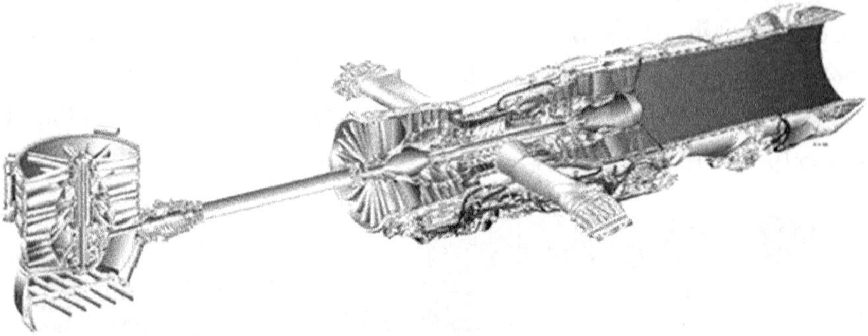

图 2.45　F135 发动机

反向对转的转子是通过传动轴端的主伞形齿轮带动上下相对放置的两个伞形齿轮来转动(图 2.46),传动轴的转速为8 000 r/min。为了降低质量,第一级采用空心叶片。

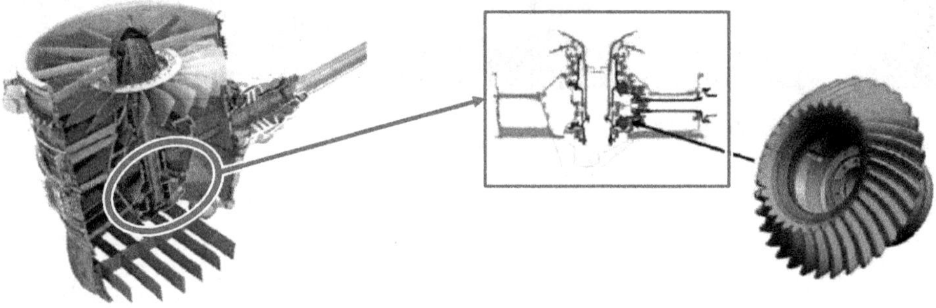

图 2.46　升力风扇

2. 榫头的构造

工作叶片通过榫头实现与轮盘的连接。因此,对榫头的主要设计要求是:

(1) 在尺寸小,重量轻的条件下,将叶身所受的负荷可靠地传递给轮盘;

(2) 保证工作叶片的准确定位和可靠固定;

(3) 应有足够的强度、适宜的刚性及合理的受力状态,尽量避免应力集中;

(4) 结构简单,装拆方便。

目前轴流式压气机转子叶片榫头形式有燕尾式、销钉式、枞树式三种。

(1) 燕尾式榫头。燕尾形榫头依榫槽的走向不同有两种形式,分别为纵向和周向,如图 2.47 所示。燕尾形榫头的优点是榫头尺寸小,重量较轻,并能承受较大的负荷;它的主要缺点是榫头的受力面积小、周向尺寸大,不能承受过大载荷或安装更多叶片。纵向榫槽可采用拉削加工,生产率高,加工方便。周向榫槽可采用铣削加工。两种形式的榫槽在压气机上都普遍采用。

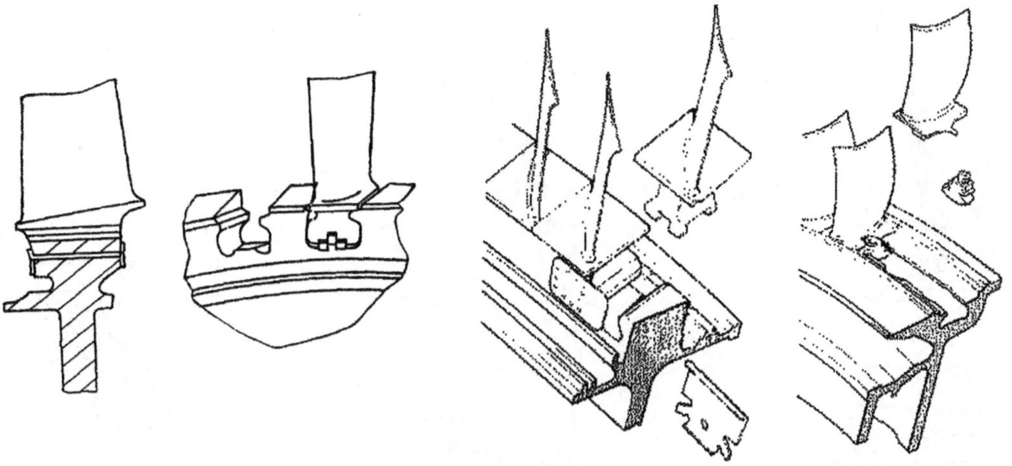

(a) 纵向　　(b) 周向

图 2.47　燕尾式榫头及榫槽

叶片的周向固定方法动画

图 2.48 所示的燕尾式榫头形式广泛应用于英、美发动机上，其上面专门制出平台包容叶根型面。在平台与燕尾式榫头之间有一段过渡段，称为中间叶根，各转接面间均用圆角过渡，以减小应力集中。

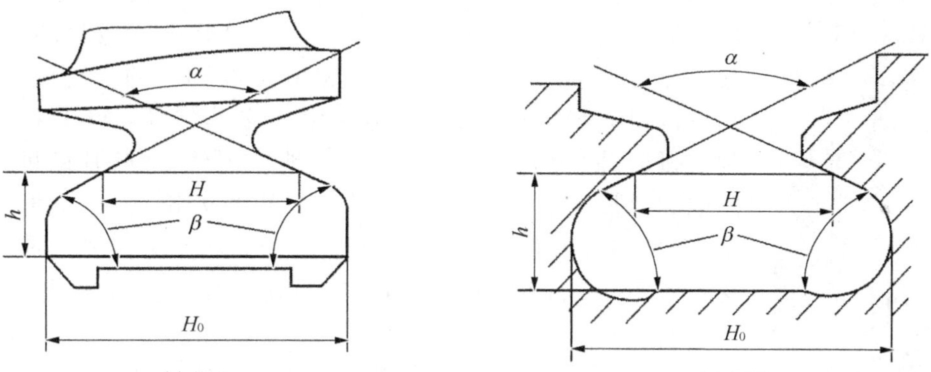

(a) 榫头　　(b) 榫槽

图 2.48　JT3D 燕尾式榫头及榫槽

将燕尾式榫头插入轮盘燕尾式榫槽内，依靠槽侧面定位、传力。榫槽的准确度要高，榫头用铣削制成。榫头和榫槽配合可以是过渡配合，也可以是小间隙配合。采用间隙配合可以使叶片安装方便，可避免榫槽内出现安装应力。

工作叶片靠轴向燕尾式榫头或枞树式榫头装在轮盘榫槽内后还必须槽向固定，以防止在叶片气动力和离心力的槽向分力的作用下沿槽向移动，或由于振动而松脱。槽向固定的方式很多，通常采用卡圈、锁片、挡销等锁紧方式或复合方式，也可利用其他结构件固定，如封严环、径向销钉等。要根据具体结构和槽向力的大小来选择固定方式，如图 2.49 所示。

通常风扇叶片榫根均制成直线形，以便在轮盘上用拉刀拉削出榫槽。由于叶片截面形状的轮廓线呈弧形，叶根平台为了将叶身下部截面全部包容，只能制成宽度较大的平行

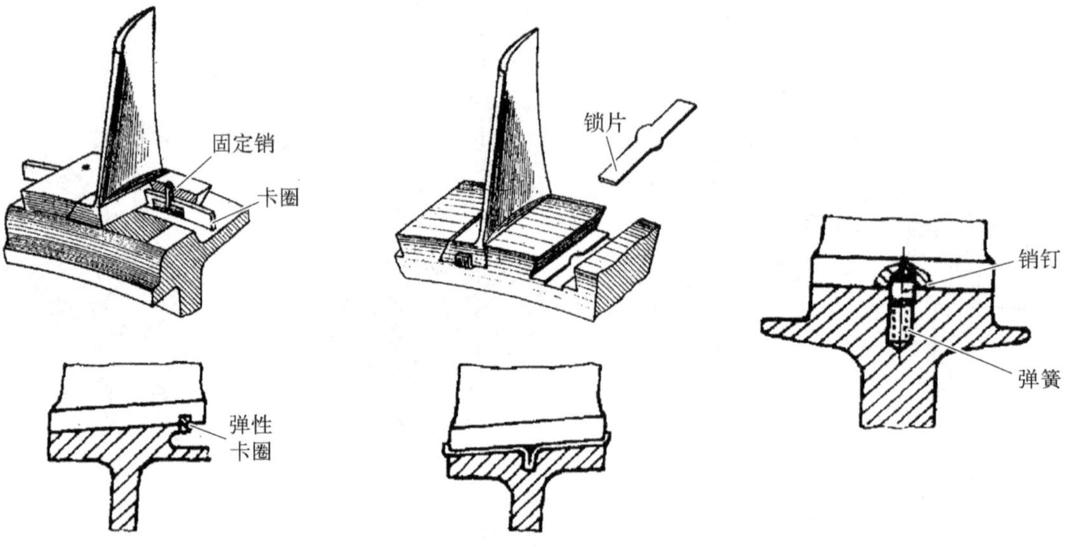

(a) 用卡圈固定　(b) 用锁片固定　(c) 用挡销固定

图 2.49　叶片的槽向固定方法

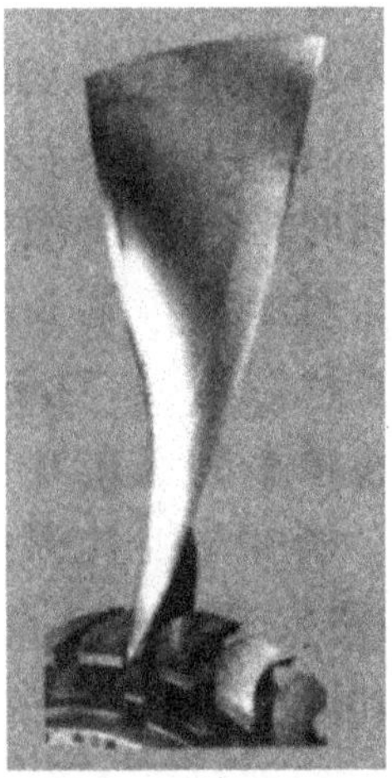

图 2.50　带圆弧榫根的风扇叶片

四边形，这时，轮盘直径只有做得较大，才能容纳下所有叶片。如果将叶根平台制成与叶根截面形状基本一致，即其轮廓线也呈弧形，平台的最大宽度处就较窄，如要装同样数目的叶片，轮盘直径可以小些，也就增大了轮毂比。在同样的空气流量下，发动机进口直径可以小，显然能带来较多的好处。叶片根部平台制成弧形，同时考虑到叶片能方便地装进轮盘，叶片的榫根只能制成圆弧形，但是，轮盘的榫槽不能用拉刀拉出来，只能用铣床将它铣出来，增加了加工的困难与工作量。这种圆弧形榫根已在 CFM56－7、RB211－535E4 以及遄达系列发动机上采用(图 2.50)。

(2) 销钉式榫头。目前轴流式压气机的销钉式榫头多采用凸耳铰接的方案，其形状如图 2.51 所示。工作叶片借凸耳跨在轮缘上或插在轮缘的环槽内，靠销钉或衬套承剪，传递叶片负荷。衬套与凸耳孔之间、凸耳与轮盘侧面之间均带有间隙，工作时允许叶片绕销钉摆动，有减震和消除连接处附加应力的作用。当叶片较长、离心力较大时，可采用“Ш”字形，使销钉的承剪面由 2 个增加为 4 个，可以改善承剪零件的受力情况。这种形式榫头的优点是工艺装配简单，不用专门设备加工，对于单个生产和试验用的发动机有一定的优越性。同时铰接的销钉式榫头是消除叶片危险性共振的有效措施之一。但这种榫头承载能力有限，尺寸和重量大。

(3) 枞树式榫头。这种榫头呈楔形(图 2.52)，轮缘部分呈倒楔形，从承受拉伸应力的角度看接近等强度，因而这种榫头与其他形式的榫头相比，周向尺寸小、重量轻，能承受较大的载荷。但是它靠多对榫齿传力，应力集中严重，工艺性较差。由于金属材料在低温

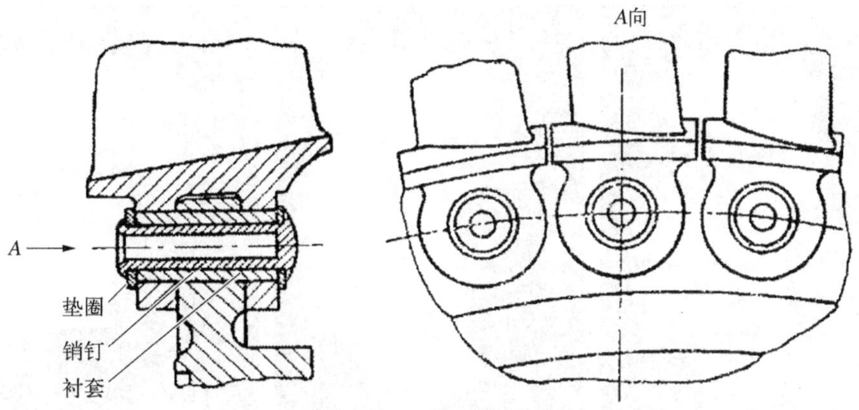

图 2.51　双凸耳销钉式榫头

销钉式榫头模型动画

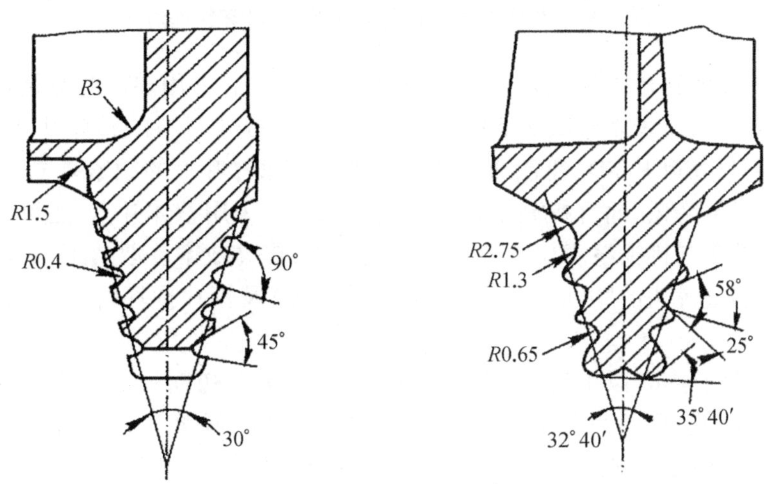

图 2.52　枞树式榫头(单位：mm)

枞树式榫头模型动画

时对应力集中更加敏感，而压气机工作叶片一般离心力又较小，所以这种榫头在压气机中的应用比较少，只在负荷较大的前几级或温度较高的高压压气机的末端几级，且叶片和轮盘都用钢(或钛)制成时，才有应用。

3. 整体叶盘

早期的压气机及风扇的工作叶片均用其叶身下的榫头装于轮盘轮缘的榫槽中，再用锁紧装置将叶片锁定于轮盘中。20 世纪 80 年代中期，在航空发动机结构设计方面，出现了一种称为“整体叶盘”(blisk)的结构，它是将工作叶片和轮盘制成一体，省去了连接用的榫头、榫槽，使结构大为简化(图 2.53)。如果采用密度较小的复合材料制造叶片，使叶片减轻，可以直接固定在承力环上，从而取消轮盘，就形成“整体叶环”(bling)结构，可使零件重量进一步降低。

整体叶盘具有转子质量轻、结构简单、零件数少、效率高、可靠性高等特点。将叶片与轮盘制成一体后，首先轮盘的轮缘处不需加工出安装叶片的榫槽，因而轮缘的径向尺寸可

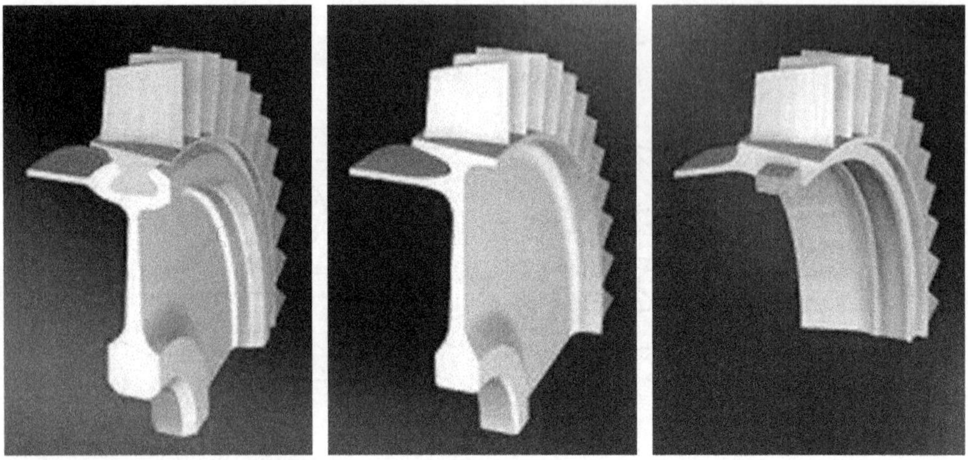

(a) 常规榫槽连接的压气机叶盘　　(b) 整体叶盘　　(c) 整体叶环

图 2.53　传统叶盘结构与整体叶盘、叶环结构对比

整体叶盘、整体叶环模型动画

以大大减少，从而使转子重量减轻。罗罗公司的研究指出，采用整体叶盘结构与传统的叶片轮盘结构相比，重量最多可减少 50%，若采用金属基复合材料的整体叶环（bling），则可减重 70%。而且，将叶片和轮盘制成一体后还省去了每片叶片的锁紧装置，使零件数目减少。这不仅使成本降低，而且提高了发动机的可靠性。采用整体叶盘，还可以消除在常规结构中气流在榫头与榫槽缝隙中逸流所造成的损失，提高效率。取消了连接榫头，可以避免由于装配不当或榫头的磨蚀，特别是微动磨蚀、裂纹及锁片损坏等引起的故障，提高了可靠性。

整体叶盘由于具有以上特点，早在 20 世纪 60 年代初期就被一些小型、短寿命发动机采用，随后在小型并且具有混合式压气机的涡轴、涡桨发动机中得到广泛应用，但是在大型的涡扇发动机中却直至 20 世纪 80 年代中期才得到应用（如 EJ200），且受到较多的限制。直到 20 世纪 90 年代初，对大型、多叶片的整体叶盘有了较好的加工方法，有了能在转子上对损坏叶片进行修复的工艺后，整体叶盘结构才在先进战斗机的发动机中得到较快的推广。整体叶盘结构不仅在新研制的发动机如 F414、F119、F120 与 F135 中，也在一些改进的发动机，如 F110 - GE - 129R 与 F100 - PW - 229A 中得到应用，而且采用的级数也多，还能将多个整体叶盘前后焊接在一起形成整体转子。更为重要的是，易被外来物打伤的第一级风扇转子也开始采用这一结构。

随着 BR715 与法国斯奈克玛（SNECMA）公司的 PAT 技术验证机中采用整体叶盘结构，这一结构也很快在大型民用涡扇发动机中得到推广。21 世纪初投入使用的遄达 XWB、GE90 - 115B 则将整体叶盘的应用推向了一个崭新的阶段。

目前对整体叶盘的加工方法包括精铸后抛光、电子束焊、锻件机械加工、线性摩擦焊和电化学加工等方法。

整体叶盘加工工艺

4. *多辐板压气机盘*

多辐板压气机轮盘结构是伴随着宽弦风扇叶片而兴起的一种新型结构。传统的结构中，叶片弦长较短，叶片榫头的轴向长度不长，故叶片直接安装在盘的轮缘。但是，宽弦叶片弦长较长，如果还采用传统结构，会导致轮盘的厚度较大，势必会增加发动机的重量。因此，在目前主流的采用宽弦风扇的先进大涵道比涡扇发动机中，风扇盘大都使用多辐板的盘鼓混合式轮盘结构，如 CFM56－7、F119、RB211－535E4 等采用了双辐板轮盘结构(图 2.54)，遄达 500、遄达 900 和 GEnx 采用了三辐板的轮盘结构(图 2.55)，GE90－115B 更是采用了四辐板的轮盘结构(图 2.56)。传统的单辐板轮盘轮毂较大，轮毂两边的部分承载较小、重量较大，承力效率较低。而多辐板盘是将实心单辐板盘掏空、再通过辐板的设计使其受力合理，承载效率提高。因此，多辐板盘在减重方面有很大优势。此外，双辐板也应用于涡轮盘结构中(图 2.57)，由于独特的空心结构可以使冷却气体直接流进双辐板间的空腔，对涡轮盘和叶身进行冷却，改变了目前冷气只能从盘面流过的结构形式，有效地提高了轮盘和叶身的冷却效果，大幅减少冷却空气用量，可以切实提高发动机的性能。

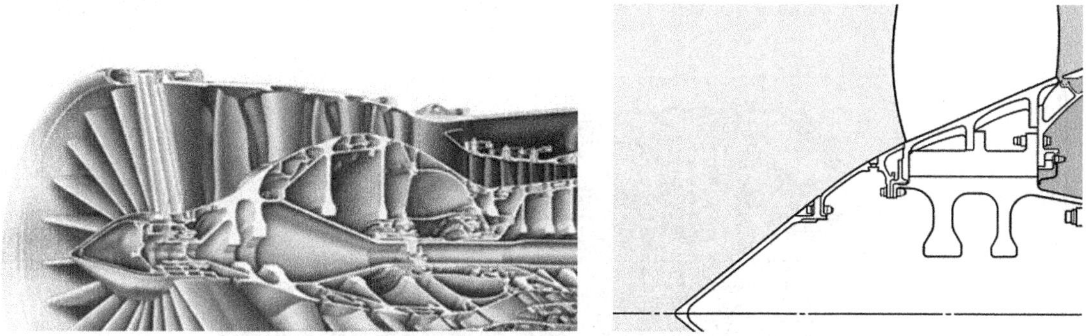

(a) F119发动机　　(b) CFM56-7发动机

图 2.54　双辐板风扇盘结构

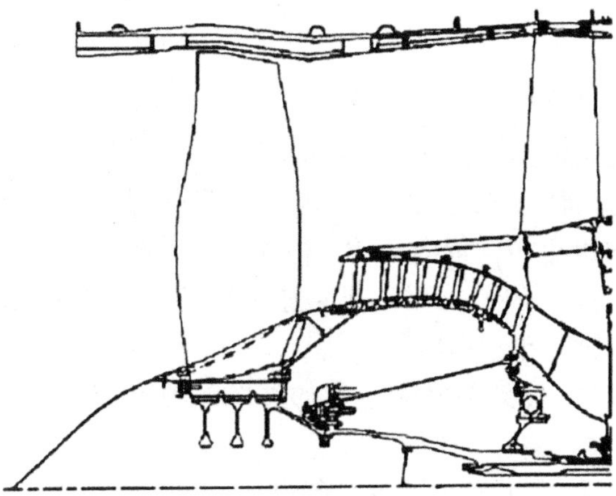

图 2.55　GEnx 三辐板风扇盘结构

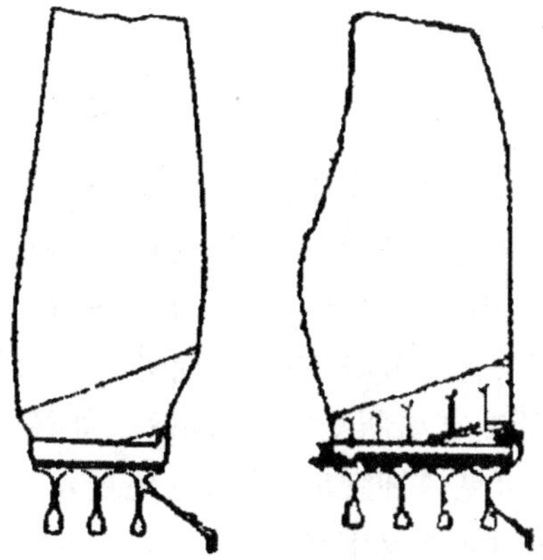

(a) GE90-94B　　(b) GE90-115B

图 2.56　GE90 两型发动机风扇多辐板盘结构比较

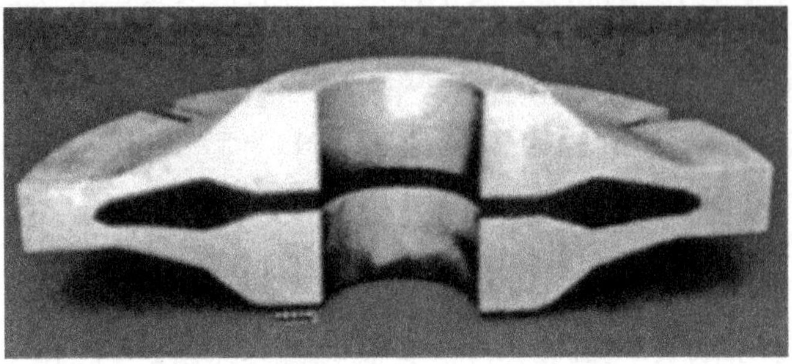

图 2.57　IHPTET 计划中设计的双辐板涡轮盘

2.3　轴流压气机静子

轴流压气机静子是压气机中不旋转的部分,由机匣和静子叶片组件(又称整流器)组成(图 2.58)。

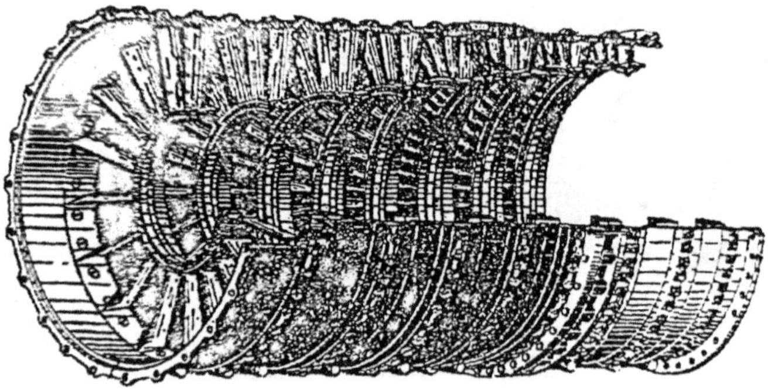

图 2.58　WP6 的压气机静子

2.3.1　轴流压气机机匣

机匣是一个圆柱形或圆锥形(视气流通道形状而定)的薄壁圆筒,前后与其他机匣连接,内壁上有固定静子叶片的各种形式的沟槽。工作时,机匣承受着静子的重力 W、惯性力 P_j、内外空气压差 $P_K - P_H$、整流器上的扭矩 M_T、轴向力 P_a、相邻组合件传来的弯矩 M' 和 M''、扭矩 M_T' 和 M_T''、轴向力 P_a' 和 P_a'' 等(图 2.59)。此外,机匣还承受着热负荷和振动负荷,传递支承所受的各种载荷,如径向力、剪力和弯矩等。

可见,机匣是发动机的主要承力壳体之一,又是气流通道的外壁。因此,对机匣结构设计的基本要求是:

(1) 在重量轻的条件下,具有足够的强度,可靠承受各种载荷;

(2) 具有足够的刚度,保证在各种载荷作用下,机匣的径向变形和横向变形在允许范围之内;

(3) 保证各段机匣之间的同心和机匣与转子的同心;

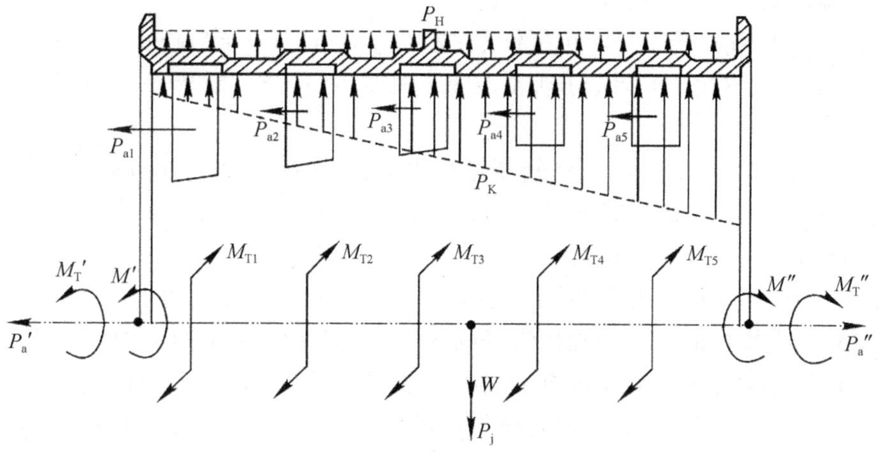

图 2.59　作用在机匣上的载荷

（4）具有包容性，保证在叶片折断或轮盘破裂时不被击穿；

（5）采取措施减少漏气损失和与转子之间的径向间隙，提高压气机效率；

（6）装配方便，工艺性好，还要维修性好，并具有可检测性。

很多发动机的压气机机匣由三段组成，例如早期的 WP6、WP8 发动机的机匣由前机匣、中机匣和后机匣三部分组成；双转子涡扇发动机的压气机机匣由低压压气机机匣、中介机匣和高压压气机机匣组成；风扇机匣则由风扇包容机匣、风扇整流机匣和风扇承力（排气）机匣三段组成。

机匣的结构方案有分半式、分段式和整体式三种（图 2.60）。这与压气机转子、整流器的拆装、机匣的材料和制造方法有着密切关系。

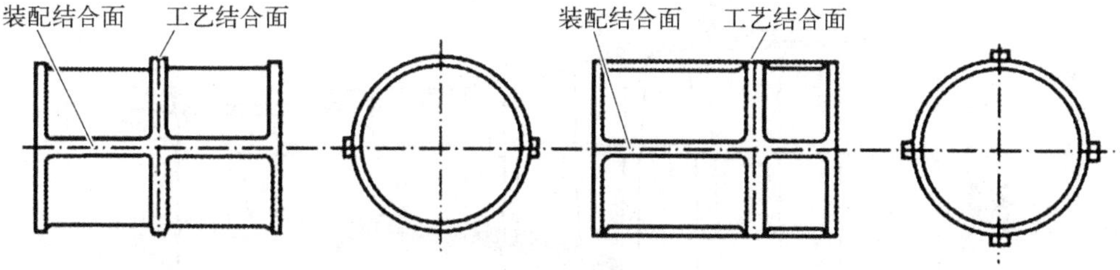

(a) 分半式机匣

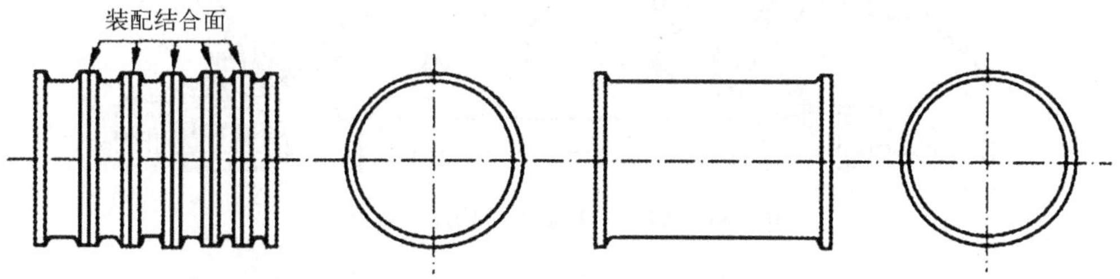

(b) 分段式机匣

(c) 整体式机匣

图 2.60　机匣结构方案装配

1. 分半式机匣

有些发动机压气机转子是不可拆卸的，为了解决压气机的装配问题，采用了分半式的机匣。整流器也做成两个半环，分别装入两半机匣内，待压气机转子平衡好后，将两半机匣合拢安装。

分半式机匣的优点是：① 不受转子结构方案的限制，方案适用性强；② 装拆机匣时不需要分解转子，因而不破坏转子的平衡；③ 只需拆掉一半机匣就可检查或更换转子叶片，因而维修方便；④ 机匣弯曲刚性好。缺点是：① 机匣壁较厚，为保证纵向安装边的连接刚性及密封性，要采用较厚的安装边及较多的螺栓（一般安装边的厚度是机匣壁厚的 2~3 倍，安装边上螺栓的孔距为螺栓直径的 3.5~8 倍）；② 机匣的周向刚性均匀性差，为了加强周向刚性，有时机匣上还带有加强的环带。这些都会造成分半式机匣的质量较大。当多级压气机转子为不可拆卸结构且压气机增压比较低，工作温度不太高，周向变形不均匀问题不严重时，采用分半式机匣的优点突出。

2. 分段式机匣

随着压气机增压比的提高，压气机的工作温度逐级增大，周向变形不均匀的问题就不能忽视了。在现代发展的高涵道比涡轮风扇发动机中，总压比高达 40~50。高压压气机后几级的温度很高，由于分半式机匣沿周向刚性不一致，在高温下沿径向的膨胀就会不一致，造成叶尖间隙沿周向不均匀，影响效率。解决这一问题的方法是在压气机装配许可的条件下，采用分段的整环形机匣。

图 2.61 所示为 AL－31F 发动机低压风扇结构。为提高风扇效率和机匣刚度，该机匣采用 5 段整环机匣通过法兰边连接。装拆这种静子机匣时，并不要求分解转子。这样既发挥了整环式机匣沿圆周刚性均匀及加工比较方便的优点，又克服了装拆转子破坏平衡的问题，但轴向安装边增加过多，也会增加质量。

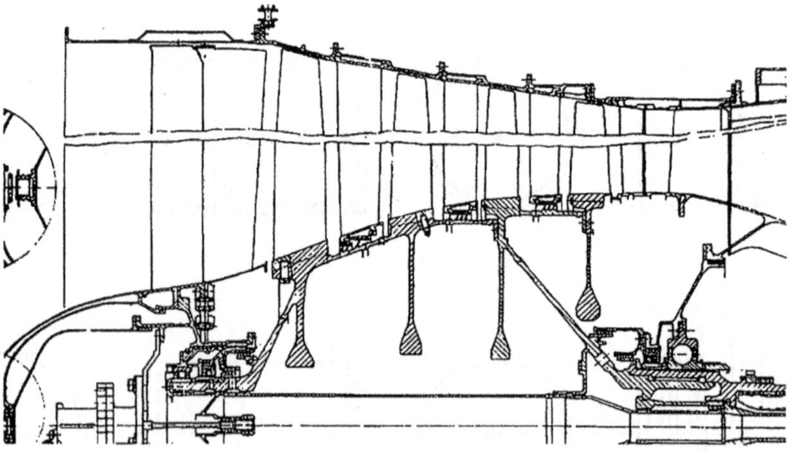

图 2.61　AL－31F 发动机低压风扇结构

3. 整体式机匣

如果转子是可拆卸的多级压气机，可以采用整体式机匣［图 2.60(c)］。整体式机匣重量最轻，加工量最少，周向刚性均匀，但是，压气机的装配比较复杂，采用的转子和整流器方案就更少一些,即方案的适应性差。采用整体式机匣的压气机,在装配时需将平衡好的转子进行再分解。这样做,若处理不当,显然会严重影响转子的平衡精度,所以需采取措施保证转子的平衡精度。

JT3D－3B 发动机的高压压气机机匣方案就是整体式的,转子是可拆卸的,整流器是整环形的,在压气机装配时,依次安装各级轮盘和整流器。为了不影响转子的平衡精度,装配后转子要带着整流器再进行平衡,这时要在平衡机上用专门的夹具支承着整流器。

机匣的方案不仅与转子和整流器的方案有关,而且还与机匣的材料和工艺有关。如在 WP6 发动机上,两半机匣还分为前、后两段。这是因为根据工作温度的需要,机匣前、后段采用的是不同的材料。

在目前大流量的涡扇发动机上,为了提高性能,减少在寿命期内性能衰退,高压压气机机匣多做成双层,外机匣承力,内机匣构成气流通道外壁。这种结构加强了由高压压气机至扩压机匣之间细腰处的刚性,工作时,当外机匣有较大变形时,不会影响内机匣圆度,使转子叶片叶尖始终保持均匀的径向间隙。内外层机匣之间既可以是引气的集气室,也可以调压构成主动间隙控制机匣结构或不调压的被动间隙控制结构。CFM56、RB211、JT9D、PW4000、F119 等发动机高压压气机后几级均采用了这种结构。当然这种结构会增加重量,对于军用发动机来讲,要通过权衡重量和性能的利弊来决定是否采用双层机匣。

现代发动机的压气机机匣,特别是大涵道比涡扇发动机的风扇机匣还要求具有一定的包容能力和吸声降噪作用。对于这种情况,采用传统的加强机匣来提高包容性会大幅增加机匣质量。目前,广泛采用的方法是以铝合金蜂窝层为机匣骨架,再包上数十层的凯芙拉对位芳族纤维布,不仅包容能力大大加强,而且质量轻。图 2.62 所示的 CF6－80C2 发动机风扇包容机匣即为此种结构。另外双层机匣结构也具有增强机匣包容能力的作用。为了减少风扇的噪声,在风扇机匣的内壁上常常装有玻璃纤维和环氧泡沫塑料等吸声物质。

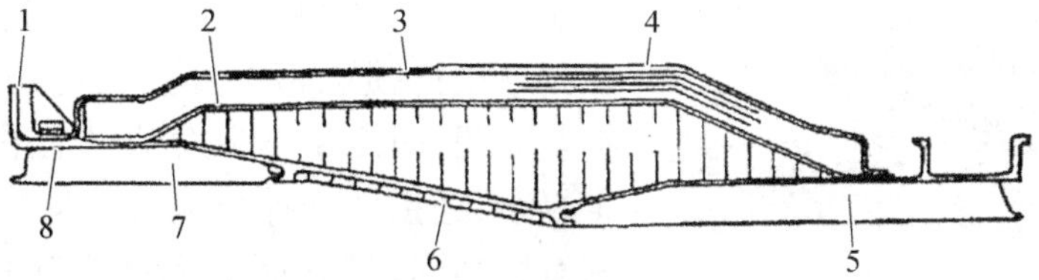

图 2.62 CF6－80C2 的风扇包容机匣

1. 前安装边;2. 石墨环氧树脂;3. 凯芙拉缠裹层;4. 凯芙拉-环氧树脂;5. 凯芙拉垫层;6. 微泡状风扇叶片外环;7. 蜂窝层;8. 铝机匣

2.3.2 整流器

整流器安装在机匣内,位于两级转子之间,所以整流器的方案与转子和机匣的方案有着密切的联系。

在铸造的分半式机匣内,由于机匣壁较厚,整流叶片可用各种形式的榫头直接固定在机匣内壁机械加工的特形环槽内。在有些发动机上,整流叶片的榫头做成燕尾或 Ш 形。

在斯贝发动机压气机整流叶片上，外端加工成 T 形榫头，插入机匣内壁的 T 形环槽内（图 2.63）。T 形榫头在安装后要采取止动措施，以免整流器在周向气体力作用下移动。

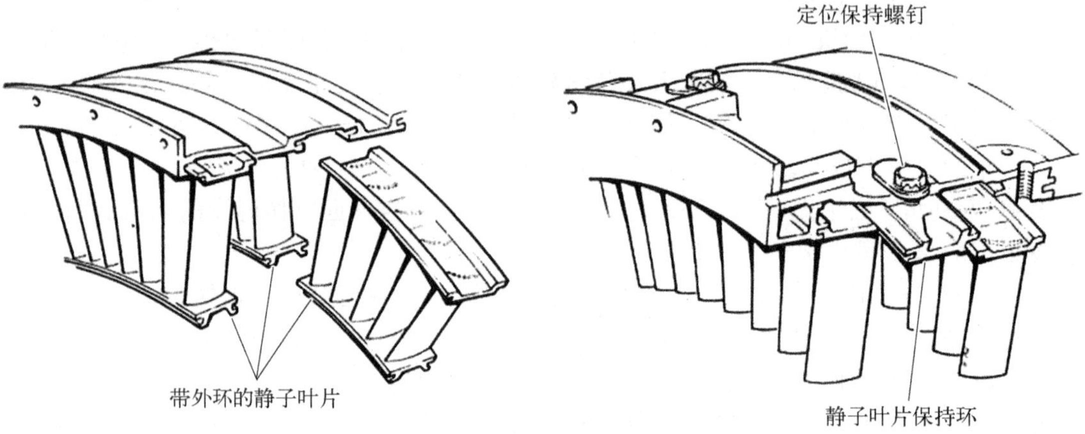

图 2.63　整流叶片的 T 形榫头及固定

这种方案结构简单，连接可靠，并且叶片可以拆装，但是要求机匣壁很厚，适用于铸造的分半式机匣上，并且榫槽的加工也不方便。

图 2.64　WP6 整流叶片固定

1. 螺桩；2. 机匣；3. 整流叶片；4. 圆柱销；5. 卡圈；6. 半圆形卡环；7. 转子鼓筒

WP6 发动机的整流叶片是用螺纹轴颈和矩形板直接装在机匣内壁的环槽内，并用螺帽拧紧（图 2.64）。采用矩形板可以减小对机匣壁厚的要求，加工也方便一些。为了提高叶片的刚性，在叶片内端有圆柱销用卡环夹紧，卡环的内表面可作为篦齿密封的封严环。

为了保证工作时整流叶片在各种载荷作用下可靠地定位和传力，螺帽拧紧后还要打上保险，现在则采用自锁螺帽。直接固定的方案结构简单，拆装方便，因而在不少发动机上采用，但是机匣加工复杂，连接处有各种形式的沟槽和孔洞，对机匣壁有所削弱，且轧制的无榫头叶片和一般的板料机匣无法采用。

整流叶片还可以通过焊接直接与机匣连接。WP7 发动机压气机的板料焊接机匣，除第 2 级外，其余各级整流叶片都是采用直接固定的方案。第 1、3、4、5 级整流叶片，除第 1 级 5 片空心整流叶片与机匣用螺帽连接外，其余叶片外端借矩形安装板，用点焊或连续点焊与机匣连接（图 2.65）。这种方案机械加工量少，对机匣壁也不削弱，适用于薄壁机匣。在板制的外环上，整流叶片的固定广泛采用这种方案。但是对焊接质量要求高，因而在工艺和结构上采取了相应的措施：选用焊接技术易掌握的、焊接变形小的点焊或连续点焊；焊件的材料和厚度基本一致；机匣分段多，焊接较方便，并能满足装配的要求。因此这种方案的

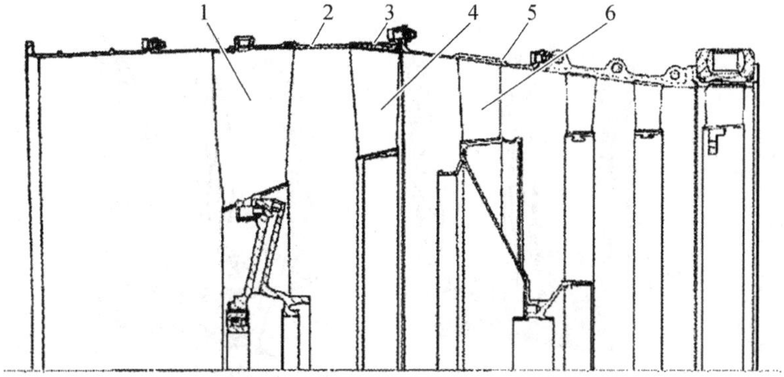

图 2.65 WP7 发动机的压气机机匣

1. 第 1 级整流叶片;2. 第 1 级机匣;3. 第 2 级整流器外环;4. 第 2 级整流叶片;5. 第 3 级机匣;6. 第 3 级整流叶片

采用是有条件限制的。

在目前大多数整体式机匣和分段式机匣内,整流叶片广泛采用间接固定的方案。即整流叶片安装在专门的整环或半环内,组成整流器或整流器半环,然后固定在机匣内。显然,这种方案设计不仅要考虑到叶片在外环上的固定,还要考虑到整流器与机匣的连接。

由于装配上的需要,WP7 发动机第 2 级整流器采用间接固定方案(图 2.66)。整流叶片点焊在一个专门的外环上,以圆柱面定心,借外环上专门的安装边,用螺栓与第 1 级机匣和第 3 级机匣连接在一起。

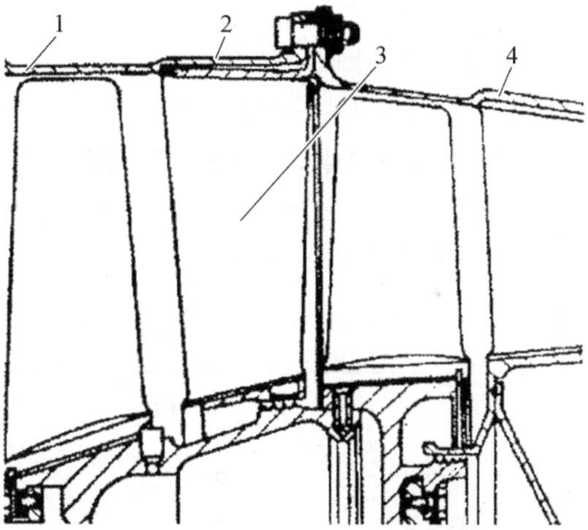

图 2.66 WP7 发动机第 2 级整流器

1. 第 1 级机匣;2. 第 2 级整流器外环;3. 第 2 级整流叶片;4. 第 3 级机匣

在许多发动机上还采用无冠整流叶片。这种叶片利用轧制好的型材,将其切成毛料后,借模压法使之达到规定的扭向和曲率,最后只需对两端面进行少量的加工及叶身抛光即可。这种方法生产率高,可以使叶片加工量减少 80%,材料消耗减少 50%,并可做到型面准确,表面质量高。所以,其在型面简单、数量多的整流叶片上广泛采用。这种情况下,整流叶片可以通过焊接直接与机匣相连接。

为了提高风扇、压气机的效率与喘振裕度,或是满足压气机的某一特殊要求,轴流压气机整流叶片的设计不断采用新的技术和方法。

1. 弯曲的静叶

F119 发动机三级风扇静子均采用了弯曲设计,可以大大缩小常规直静子叶片上下端的分离损失区,如图 2.67 所示。采用弯曲静子叶片可提高风扇、压气机的效率与喘振裕度。弯曲静子叶片也用于 F119 的高压压气机及民用 PW4084 发动机中高压压气机的静子叶片设计。

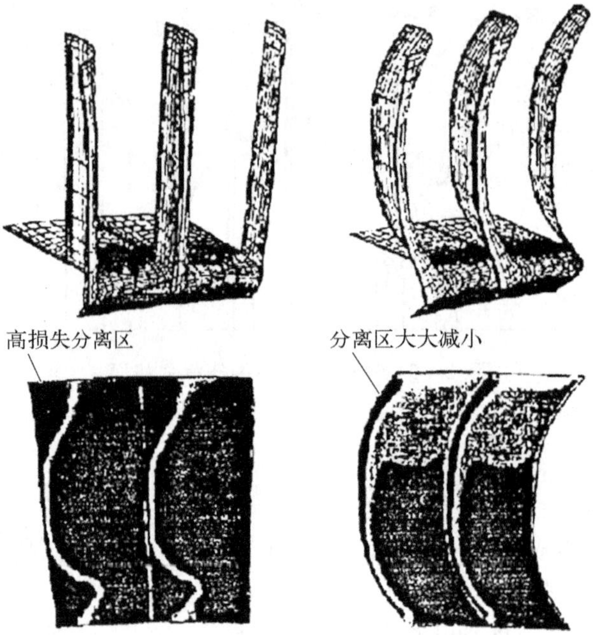

图 2.67　常规直静叶与弯曲静叶

2. 静叶不对称安排

PW4084 在发展过程中,曾出现过高压压气机第 1 级工作叶片由于振动应力过大而断裂的故障,在改进中,除对工作叶片叶型作了适当修改外,还将其前 1 排、后 3 排的静叶在上、下机匣中不对称地安装,叶片安装数见表 2.4。这种不对称安装静叶后,使工作叶片上的应力平均降低了 30%。

表 2.4　PW4084 高压压气机静叶安装数

	进口导流叶片	1 级静叶	2 级静叶	3 级静叶
上半机匣安装数	38	24	23	30
下半机匣安装数	36	25	22	31

2.4　压气机附属装置

为了保证压气机正常而有效地工作,除上述主要组件外,在轴流压气机上还有一些附属装置和系统,本节分别做一些简要介绍。

2.4.1　防喘装置

压气机喘振是气流沿压气机轴线方向发生的低频(通常只有几赫或十几赫)、高振幅(强烈的压强和流量波动)的气流震荡现象。压气机发生喘振时,气流的断续流动不仅使压气机不能正常工作，严重时会造成供气中断、使燃烧室熄火造成发动机空中停车；喘振使作用在叶片上的气体力变成了力幅很大的交变载荷，严重时会导致发动机叶片断裂。

造成多级轴流式压气机喘振本质上的原因是：当发动机在非设计状态工作时，压气机前面增压级和后面增压级的流通能力不匹配，因而造成了前喘后涡或前涡后喘的现象。

例如，转速低于设计转速时，多级轴流式压气机内发生的前喘后涡型喘振可以用下面的流动模型说明(图 2.68)。首级气流相对速度的方向角比叶片的安装角大得多，此时会产生明显的气流叶背分离；而气流的叶背分离造成压气机的做功能力下降，这时，动叶再也没有能力把气流压向后方，克服后面较高的反压气体，于是流量急剧下降。同时，在分离区内，气体的压力降低，使得压气机后的高压气体具有向回运动的趋势，产生叶盆分离，严重时，高压气体反窜过整个压气机级，向前方吐气流或“喷火”，由于压气机后面的气流倒流至前方，压气机后面的反压降得很低，整个压气机流路在这一瞬间就变得“很通畅”，而且由于压气机仍保持原来的转速在旋转，于是瞬间大量气流被重新吸入压气机，使气体来流速度增大，首级气流相对速度的方向与叶片安装角匹配，气流重新被压向后方。但是，如果导致气体来流速度降低的原因没有消除，当压气机级后的空气达到一定压力后，首级气流相对速度的方向角又会大于叶片的安装角，导致新一轮的高压气体反窜，如此往复，就产生了喘振。

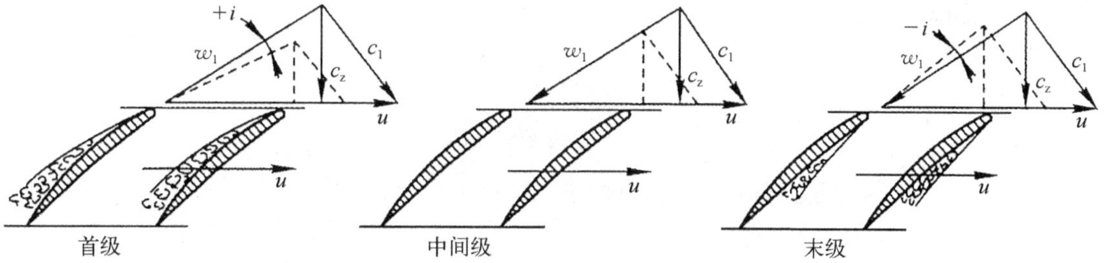

图 2.68　前喘后涡模型

防/消喘措施就是改变气流相对压气机叶片的方向，使它与叶片安装角相匹配，如图 2.69(a)。目前常用的有 2 种方法：一是增大气流的来流速度，如图 2.69(b)所示的从 C_1 增大至 C_2，使 W_1 变化到 W_2，从而增大压气机的喘振裕度，消除喘振；二是改变气流来流的方向，如图 2.69(c)所示的从 C_1 变化到 C_2，使得 W_1 变化到 W_2，改变了气流相对压气机叶片的速度方向，也能起到增大压气机喘振裕度，预防和消除喘振的作用。

1. 防喘措施

防喘措施按其结构形式可分为放气机构、压气机进口可转导流叶片和可变弯度导流叶片、多级可调静子叶片、机匣处理、双转子或三转子压气机等。

a) 放气机构

把空气从压气机中间级放出(或从低压压气机后放出)是改善压气机特性，扩大稳定工作范围的简单而有效的方法，可用于防止前喘后涡型的喘振。此种方法的缺点是放气时会增大发动机振动并使效率降低。

放气机构的主要类型有放气活门、放气带和放气窗。它们都是在发动机起动和低转

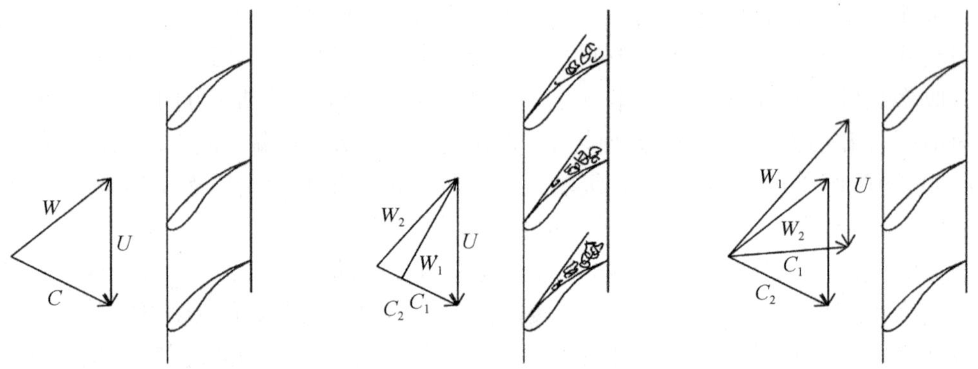

(a) 压气机级进口速度三角形　(b) 气流产生叶背分离时的情形　(c) 改变来流速度方向时速度三角形的变化

图 2.69　防/消喘的原理

速范围内(即低增压比时)打开,当接近发动机设计状态时就关闭,所以放气系统的调节器通常都感受转速或者增压比。

采用放气活门的放气系统一般由若干个放气活门和控制元件组成。通过液压或气压作动筒来操纵。典型的气动式放气活门结构及工作原理如图 2.70 所示,一般用于双转子发动机起动时放气,WP7 发动机的起动放气活门就属于这种类型。

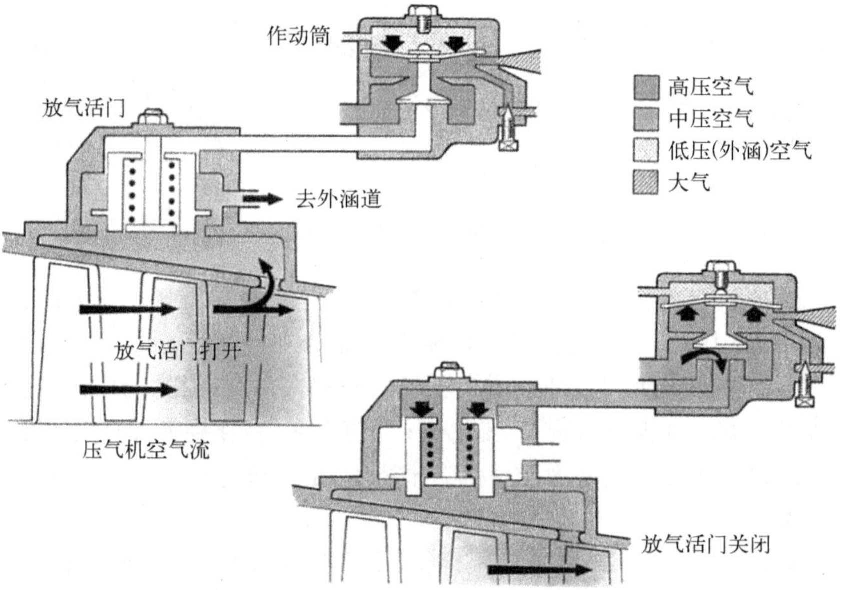

图 2.70　气动式放气活门结构及工作原理

放气带机构主要由放气带、放气孔、作动筒和控制元件等组成。放气孔在压气机中后部某一级机匣外沿周向分布,用弹性钢制放气带束住。放气带由作动筒操纵,放气带松弛时,气流可由放气孔排出,从而减少进入压气机后面级的空气流量;放气带束紧时停止放气。

b）进口可转导流叶片和可变弯度导流叶片

当压气机在非设计状态工作时，进口导流叶片旋转一个角度，使压气机进口预旋量相应改变，这样就可使第一级转子叶片进口气流的攻角恢复到接近设计状态的情况，消除了叶背上的气流分离，避免了喘振现象的发生。进口可转导流叶片工作原理如图 2. 71 所示。

可转动叶片上部带有圆柱轴颈，安装在机匣的轴孔内，叶片可绕轴颈自由转动。每一片叶片的顶端固定着一个摇臂（图 2. 72），摇臂另一端和操纵圆环相连，操纵圆环则靠固定在机匣上的几个作动筒操纵。当需要转动叶片时，高低压油路控制作动筒的活塞杆带动操纵圆环转动，从而使摇臂沿圆周方向摆动，带动全部叶片旋转一定的角度。由于摇臂是绕着叶片的轴线摆动，而操纵环是绕着发动机轴线转动，所以在设计时要注意让它们不互相干涉。

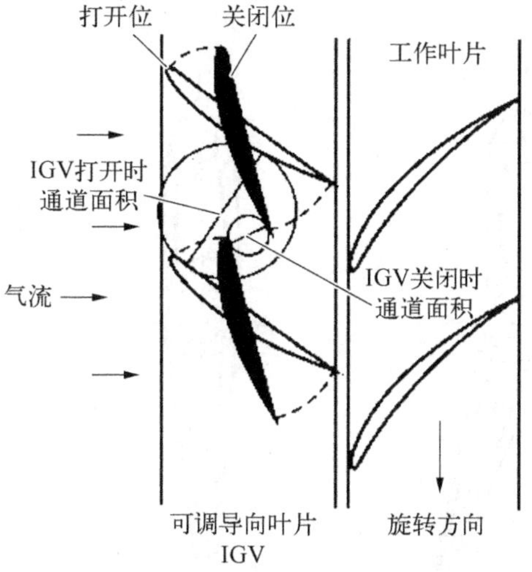

图 2. 71 进口可转导流叶片工作原理

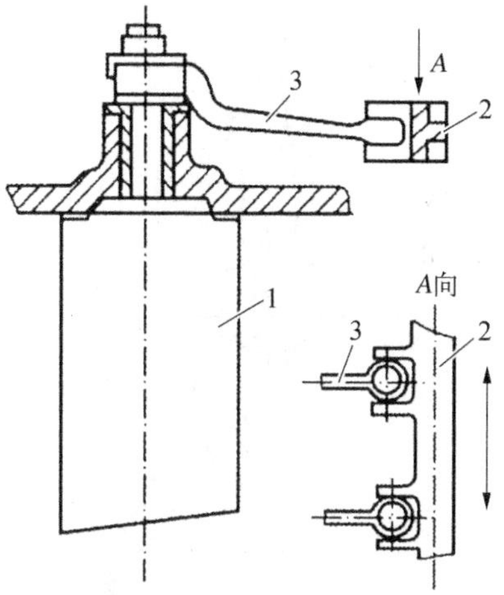

图 2. 72 可转叶片结构

1. 可转叶片；2. 操纵圆环；3. 摇臂

压气机可转导流叶片动画

由于进口可转导流叶片为整个叶身一起扭转，这样在改变第一级转子叶片进口气流的攻角的同时，还改变（减小）了压气机进口的流通面积，减小了空气流量，为解决此问题，可以将进口导流叶片分成前、后两段，即可变弯度的进口导流叶片。

这种叶片前段固定，保持气流轴向进入；后段铰接，可连续调节，保证气流以最有利的进入角流入转子叶片通道。如在 F100 发动机上，进口导流叶片前段的内、外端分别与整流锥和风扇机匣焊接在一起（图 2. 73），后段可转动尾部的内、外端均有一转轴。外端转轴借摇臂与一共同的作动环相联，作动环由两个气压作动筒操纵。在 J85 发动机的可变弯度进口导流叶片（图 2. 74）上，后段可转动尾部随发动机折合转速而改变，与放气活门协同动作。

c）多级可调静子叶片

进口可转导流叶片和变弯度导流叶片都只能使第一级转子叶片进口气流的攻角恢复到接近设计状态的数值，消除其叶背上的气流分离，而不能使第一级后面的若干级转子叶片进口气流的攻角也接近到设计状态的数值。所以，在先进发动机上采用多级可调静子

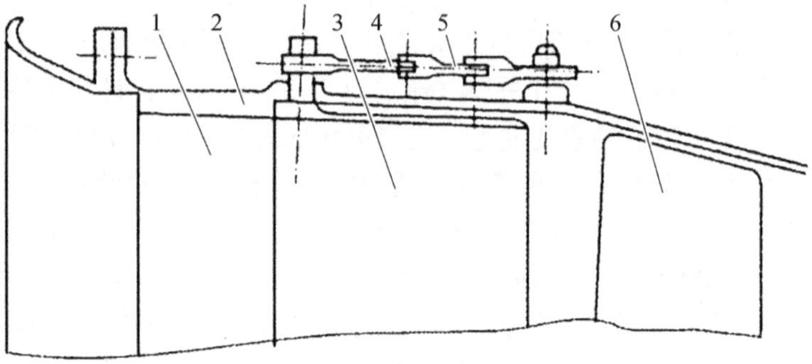

图 2.73 F100 的变弯度导流叶片

1. 导流叶片前段固定部分;2. 风扇机匣;3. 导流叶片可转动尾部;4. 摇臂;5. 作动环;6. 第 1 级转子叶片

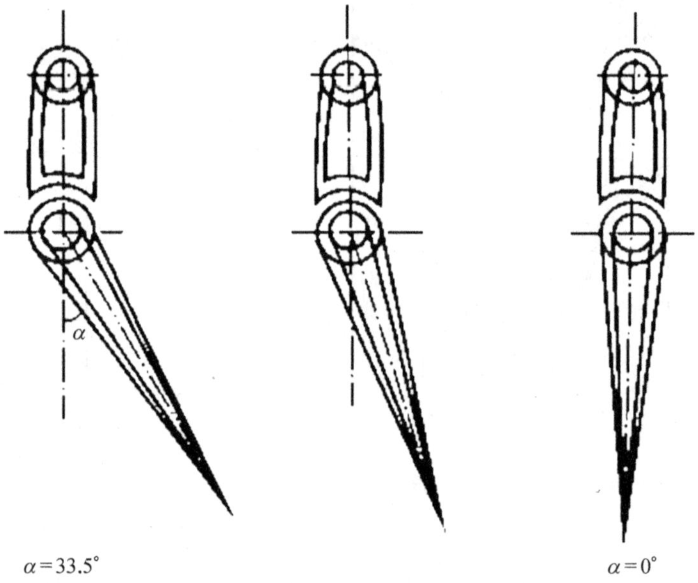

图 2.74 J85 发动机的可变弯度导流叶片

叶片(variable stator vane, VSV)的方法,使压气机的稳定工作范围更宽,达到更好的防喘作用。VSV 在发动机上的应用情况见表 2.5。

表 2.5 VSV 的应用情况

发动机型号	部件名称	总级数	VSV 级数	控制器
CFM56-3	HPC	9	4	
PW4000	HPC	11	4	EEC
V2500	HPC	10	4	
PW2037	HPC	12	5	EEC
JT9D-7R4E	HPC	11	4	GTA9-3

续 表

发动机型号	部件名称	总级数	VSV 级数	控制器
CF6-80A/B767,A310	HPC	14	6	MEC
AL-31F	LPC/HPC	9	1/3	
F119	HPC	6	3	EEC
M88	LPC/HPC	9	1/3	

多级可调静子叶片防喘机构主要由可转静子叶片、摇臂、联动环、曲轴、作动筒和控制器等组成(图 2.75)。当有多级叶片同时转动时,要采取措施使各级可调静子叶片同步按需要的角度转动。

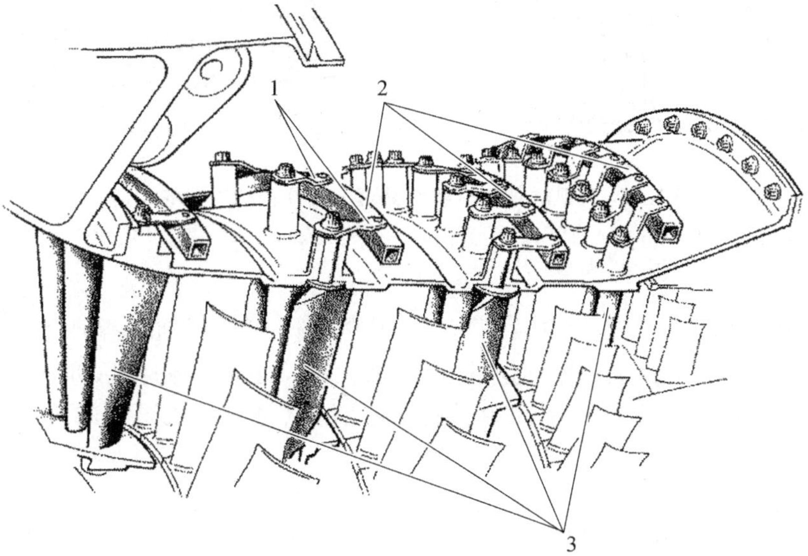

图 2.75 可调静子叶片(VSV)及联动机构

1. 摇臂;2. 联动环;3. 静子叶片

d) 机匣处理

为了避免在叶尖处产生旋转失速(压气机中气流不稳定的一种形态,气流以大迎角流入叶片排所形成的单个或多个失速团,以小于转子转速并和转子同向围绕环形通道旋转的失速现象。其本质是气流的一种沿周向的自激振荡。一般认为,旋转失速现象为压气机喘振的前兆),利用吹气和放气来控制附面层是非常有效的。但是试验过程中发现,即使放气量为零,只要在风扇和压气机转子外侧的机匣内表面上采用一些特殊的结构措施,就能使失速裕度大大改善。目前常见的结构措施有:在机匣内壁上加工成环槽、斜槽或者安装蜂窝结构环,如图 2.76 所示。带有这类结构措施的机匣称为机匣处理。

图 2.76 为处理机匣的一种形式。在第一级转子叶片外的机匣内壁上,做出一个环形空腔,内装许多扰流片,环形空腔前缘距转子叶片前缘有一定距离,空腔的后缘处于叶片中间,也即空腔并未将叶片全部包容。从转子叶片顶部甩出的空气通过扰流片间形成的

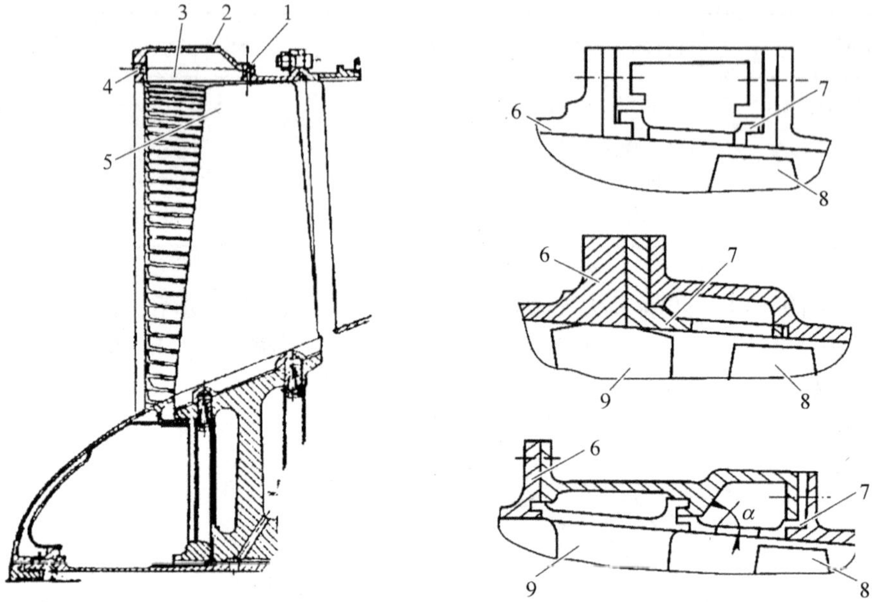

图 2.76　WP13 的进气机匣处理图及几种扰流片的构造

1. 径向固定销;2. 进气机匣处理;3. 扰流片;4. 径向固定销;5. 第一级工作叶片;6. 进气机匣;7. 扰流片;8. 工作叶片;9. 导流叶片

狭缝进入环形空腔,然后又由这些狭缝排向叶片的进口,形成附加的循环气流。这股循环气流可以抑制机匣和叶片表面附面层的发展,增大进口处的气流速度,抑制旋转失速的产生。由于进气处理机匣在结构上简单易行,往往可以将其与机匣上的抗磨镶嵌环统一考虑。

e) 双转子或三转子压气机

把压气机设计成双转子的或三转子的,也是重要的防喘措施之一。双转子或三转子压气机是由两个或三个转子组成,各转子的轴套在一起,但转速不同。内轴的转速最低,相应的压气机在最前端,称为低压压气机;外轴的转速最高,相应的压气机在最后端,称为高压压气机。对于三转子压气机还有中压转子,其位置、轴和转速都居中。各转子分别由各自的涡轮驱动。

采用双转子或三转子压气机防喘的基本原理是：在相同总增压比及总级数时,当压气机转子分开后每个转子的级数减少,同时各转子可以在各自的最佳转速工作(如风扇要求的工作转速低,高压压气机需要高转速以增大加功量)。当压气机在非设计状态工作时,较少的级数可以减小前后各级压气机流通能力的差异。另外,转子的转速可以实现自动调节：前面的低压压气机转速降低,从而减少进入压气机的空气流量;后面的高压压气机转速提高(但不超过最大限制转速),从而提高了流通能力,因而使压气机前后各级的流通能力自动匹配。

2. 压气机气流控制系统

早期的发动机一般采用单一的防喘措施,如中间级放气(WP6、WP8),或采用双转子(WP7),或进口可调导流叶片(MK202)。但现代双转子发动机压气机的高增压比使得高压压气机的级数仍然很多,而且要求其工作范围更宽,发生喘振的可能性仍然存在。压气机容易发生喘振的工作状态和外部条件有:起动及低功率状态,发动机转速(推力)下降过程中,民用飞机打开反推、军机打开加力,歼击机作大过载机动飞行,使用操纵不当等。所以在先进的航空燃气涡轮发动机上是中间级放气、双转子、进口可调导流叶片和多级可调静子叶片等多种防喘扩稳措施并用,以保证压气机在各种工作状态下、各种工作条件下和工作状态转换的过程中不发生喘振。表 2.6 所示为各种防喘措施在一些双转子和三转子发动机上的应用情况。

表 2.6 各种防喘措施在双转子、三转子发动机上的应用情况统计

机型	转子类型	总增压比	压气机级数 FAN+L/M/H	VSV 级数	放气活门 数目	放气带 数目
JT9D	双转子	24	1+3//11	4	2	1
CF6	双转子	约 24	1+4//14	7	1	无
RB211	三转子	25	1+0/7/6	1	2	无
RB199	三转子	25	3+0/3/6	无	无	无

注:FAN. 风扇级数;L. 低压压气机级数;M. 中压压气机级数;H. 高压压气机级数。

压气机气流控制系统的功用是在发动机起动、非设计状态和反推力工作状态下,保证压气机稳定工作。该系统一般由放气系统和可变静子叶片系统组成。放气系统中有起动放气系统、程序放气系统和打开反推放气系统。程序放气系统的功用是在发动机工作时依据发动机的转速、压比等信号,程式化地控制各个放气机构工作。压气机气流控制系统一般由发动机的控制系统控制,系统主要由燃油泵、燃油控制器、发动机静子叶片和放气控制器(EVBC)、*Ma* 传感器、操纵机构、控制活门、作动筒和位置开关、反馈装置、可调静子叶片、放气活门、放气带或放气窗等元件组成。

2.4.2 封气装置

在压气机转子和静子之间,如转子叶片顶端与机匣间,整流器内环与转子鼓筒间,转子前、后端面与机匣间都存在着漏气损失,严重地影响着压气机效率。为此,除了正确选择间隙外,还必须采用封气装置。图 2.77 给出了航空发动机中常见的封严位置。

根据气动力学知识,漏气量 m 取决于漏气面积 A、漏气两端的压力差 ΔP(决定漏气速度)和空气密度 ρ,即

$$m = A\sqrt{2\rho\Delta P} \tag{2.1}$$

所以,要提高封气效果的有效措施是减少漏气面积和减少压力差。密封装置可分为接触式密封和非接触式密封两种类型。涨圈式密封是最常见的一种接触式密封(图 2.78)。涨圈式密封的优点是有效地减小了漏气面积,密封效果好,但是工作时,封严环和涨圈之间有摩擦,适用于相对线速度不大或有油的环境,如轴承机匣的挡油封严。

压气机的级间封严主要采用非接触式密封。在保证压气机安全工作的前提下,尽量减小工作叶片叶尖与机匣之间的间隙,是减少漏气面积的有效措施之一。正确地选择最

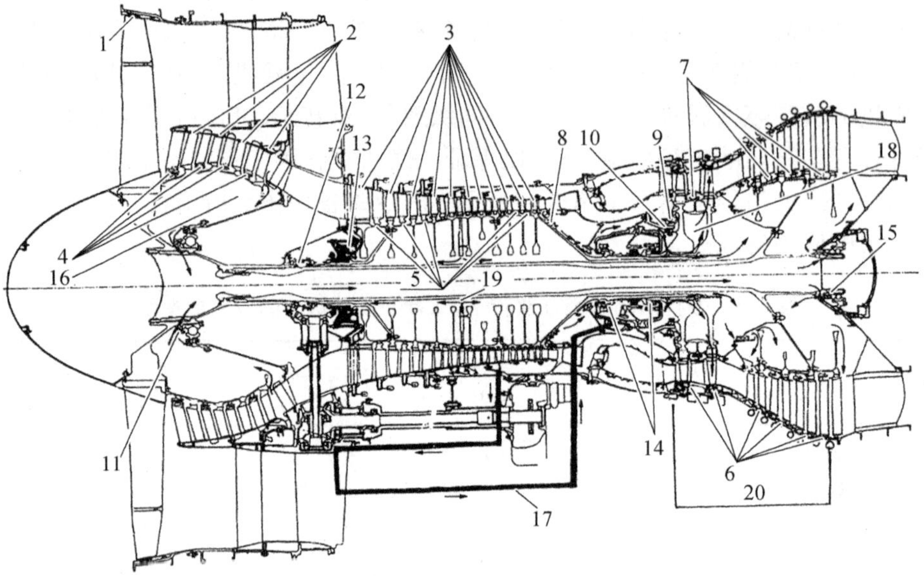

图 2.77　航空发动机中常见封严位置

1,2,3. 压气机叶尖封严;4,5. 压气机级间封严;6. 涡轮叶尖封严;7. 涡轮级间封严;8. 压气机出口封严;9. 涡轮前外封严;10. 涡轮前内封严;11. 1 号前滑油密封;12. 2 号后、3 号前滑油密封;13. 3 号后滑油密封;14. 4 号前、后滑油密封;15. 5 号滑油密封;16. 低压压气机后引气,用于 1 号前、3 号后和 5 号滑油密封增压;17. 高压压气机 8 级引气,经风扇内壁处换热器冷却后,用于 4 号轴承腔防护及其滑油密封增压;18. 4 号轴承腔密封系统泄漏到掺混腔的空气,用于冷却涡轮盘;19. 高压压气机 5 级引气,用于 2 号后、3 号前滑油密封增压,并冷却低压涡轮;20. 涡轮叶尖密封主动式间隙控制系统

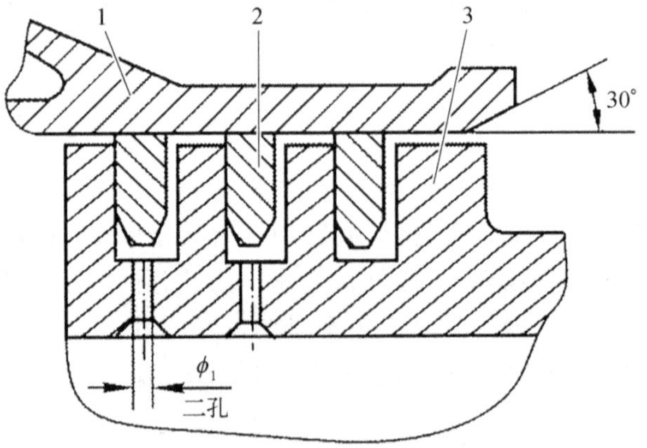

图 2.78　接触式密封涨圈密封

1. 封严衬套;2. 涨圈;3. 涨圈座

小的安全间隙是一个复杂的问题。它与零件的制造精度、转子与机匣的刚性、工作时各零件热膨胀的协调性有着密切关系。

当前在有些发动机上,除采用双层机匣保持内机匣的圆度外,还有以下措施:如 JT9D－7R4 和 PW4000,在高压压气机转子组装好后,用专用的磨削机将转子叶尖整体磨削一次,既可以提高转子的平衡性,也保证了转子外圆均匀一致;在有的发动机上,在机匣内壁上敷以易磨涂层,转子叶尖处敷以耐磨材料,装配时将转子作为磨轮在机匣内磨削出一个同心圆,保持叶尖间隙均匀;还可以选择线膨胀系数小的机匣材料。

篦齿封严装置是减少压气机级间倒流损失和漏气损失常采取的结构措施。篦齿封严是非接触式封严,如图 2.79 所示,它可以从减少漏气面积和减少压力差两个方面减少漏气损失,这种封严装置是由篦齿所形成的若干个空腔组成。封严篦齿的几种常用结构形式如图 2.79 所示。工作时,封气装置两侧总的压差没有变化,但是由于篦齿的分割,当气体由一腔流向另一腔时，由于膨胀使气流压力降低，漏气截面两端（相邻空腔）的压差减小。因为篦齿为刀刃式，齿尖做得很薄，一旦与静子相碰，也不会引起严重后果，故可采用尽可能小的间隙。这样在减小压差的同时又减小了漏气面积，能有效地减少漏气量。

实际漏气量的大小与篦齿的形式有关。最常见的形式如图 2.79(a)所示，其结构最简单。若篦齿迎气流倾斜一定角度[图 2.79(b)]或在密封环上车制环形槽[图 2.79(c)]，可以提高封气效果。若在锥面上采用相对篦齿或采用如图 2.79(d)所示的形式，封气效果最好，但由于其结构和安装最复杂，在发动机上并不常用。采用阶梯形的封严篦齿[图 2.79(e)]是减小篦齿封严对转子的气动弹性激振力的有效措施。

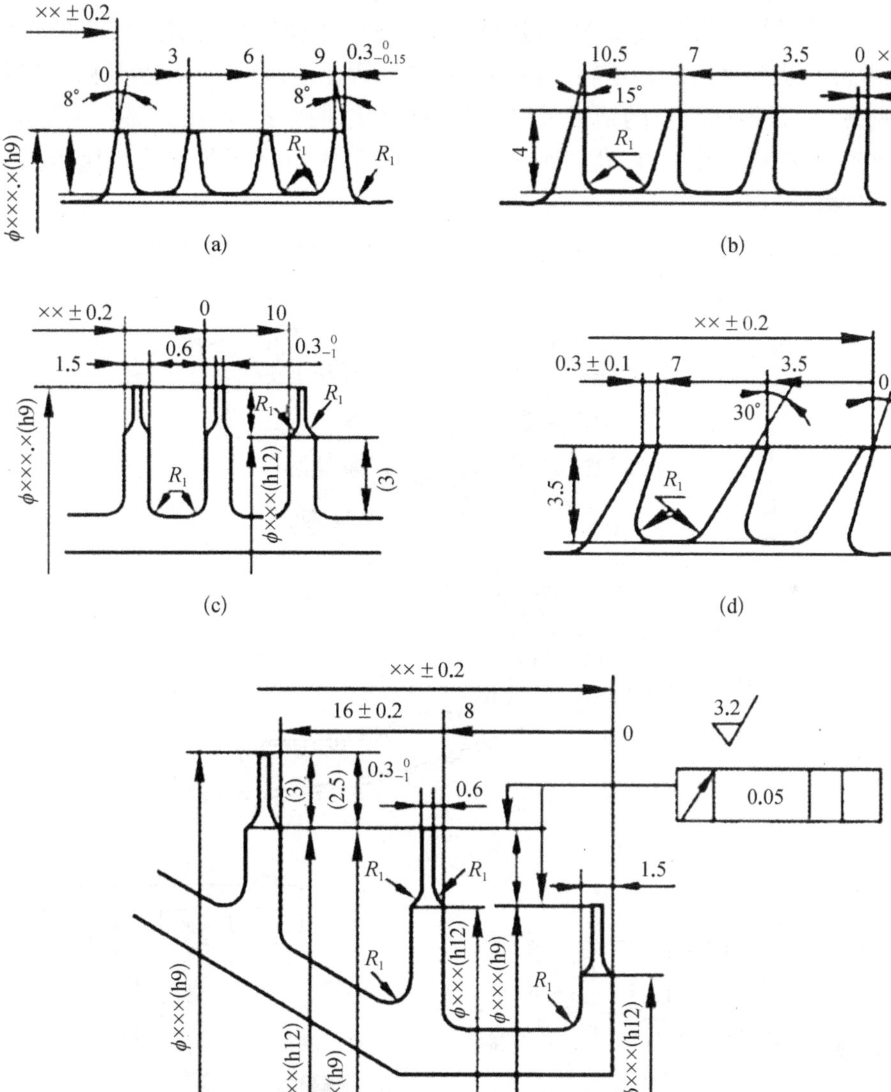

图 2.79　封严篦齿的几种常用结构形式（单位：mm）

根据篦齿封严装置的工作原理可以看出以下几点。

(1) 在篦齿封严装置处漏气总是存在的。

(2) 随着封严装置后气体压力的降低,各缝隙处的气流速度是增大的,因而漏气量也增大。当压力降低到某一值后,由于最后一级缝隙气流速度达到声速,若高压区气流参数不变,则这时漏气量达到最大值,这时的压力称为临界压力。

(3) 在一定的压差下,随着齿数的增多,相邻空腔的压差减小,因而漏气量减小,为提高封严效果,可采用多道篦齿封严。但是,对于一定尺寸的封严装置,有一最有利的齿数。即齿数过多,由于空腔过小,节流效果反而会变差,漏气量增多。

综上所述,篦齿封严装置是减小漏气损失、提高压气机效率的有效方法。但是研究发现,篦齿腔内的气动弹性力在一定条件下会表现为一种负阻尼力,会引起转子的自激振动。因此,篦齿封严装置是造成高速转子振动的重要原因之一。对于这一问题,目前从两个方面加以解决:一是根据研究的结果采用合理的封严结构形式,如图 2.79(e)所示的阶梯形结构,目前的发动机上多已采用这种结构;二是采用新型封严装置取代篦齿封严装置,如刷式封严、指尖封严。

PW4000 发动机、V2500 和 F119 发动机上采用了刷式封严,如图 2.80 所示。刷式封

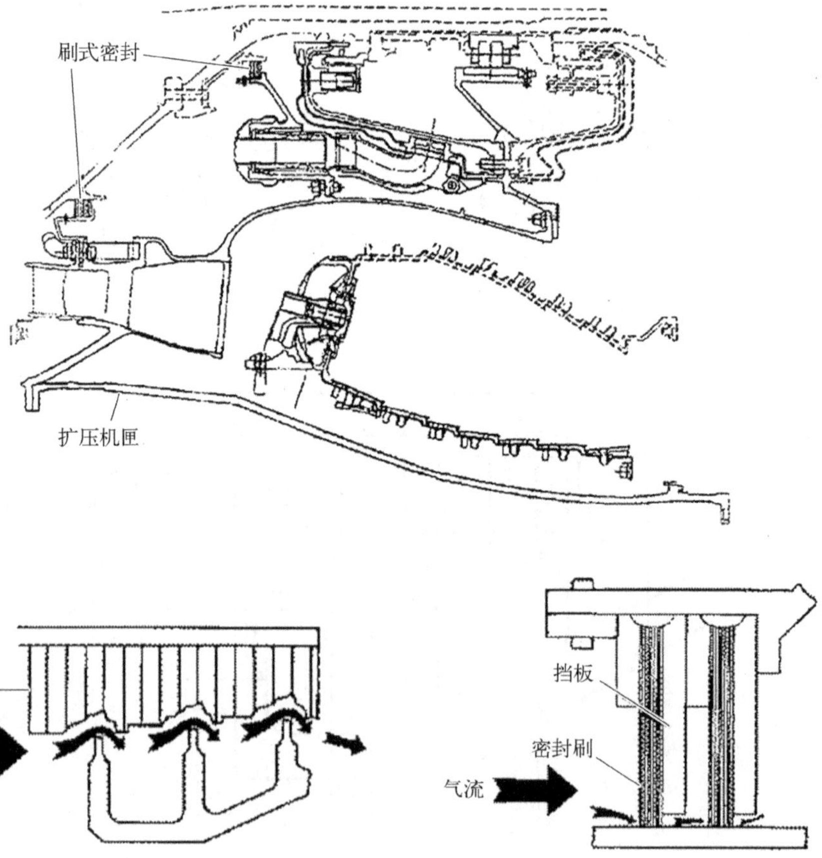

图 2.80　PW4000 发动机上的刷式封严结构

严有一个由许多细钢丝制成的刷组成的静子环，它们不断地与旋转轴相互接触摩擦，轴上喷涂有硬的陶瓷涂层，刷式封严的主要问题是制造成本和试验费用很高，而且因为刷丝很细，存在断丝的危险，会对转子系统及润滑系统造成严重的危害，因此对应用场合有一定的制约。

此外，还有指尖封严，作为一种接触式密封，指尖封严装置通常由一叠精密加工的薄金属片和前后挡板组成，这些金属片与挡板通过铆接或焊接的方式连在一起。每一个金属片加工出若干周向均匀排布的柔性细长指尖曲梁，指尖曲梁自由端（称为指尖靴）围绕在转子表面上。装配时使多层金属片交错排布，以保证一个金属片上指尖曲梁之间的间隙被相邻片上的指尖曲梁所覆盖，如图 2. 81～图 2. 83 所示。其封严效果与刷式封严相近、高于篦齿封严，造价却比刷式封严节约了超过 50%。指尖封严这项技术仍然处于由基础研究向广泛应用的过渡阶段。

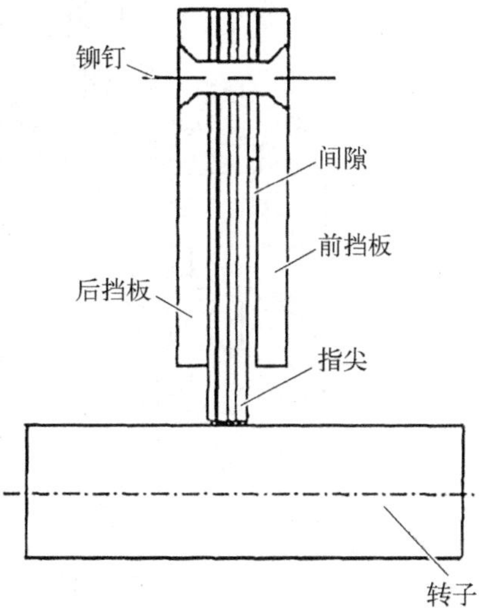

图 2. 81 指尖密封的组成

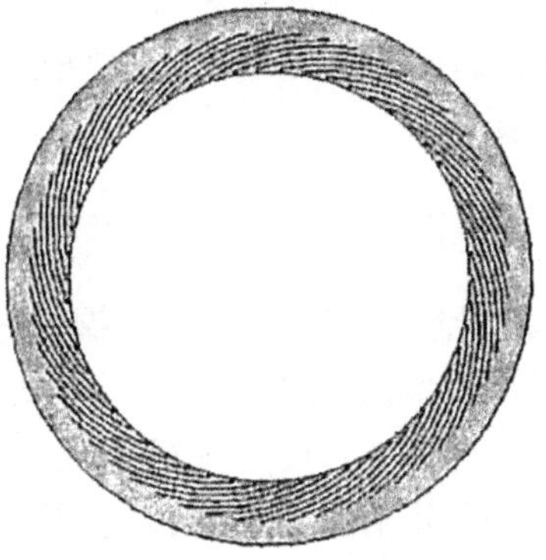

图 2. 82 密封片端面图

图 2. 83 指尖曲梁

2. 4. 3 间隙控制装置

叶尖间隙控制装置最早在高压涡轮上采用，如 CFM56 发动机的高压涡轮就已经采用。随着压气机增压比的不断提高，高压压气机，特别是最后几级叶片的高度显著减小，只有 20～30 mm，这时叶尖间隙漏气就成了非常突出的问题。为了进一步提高发动机的性能和效率，现代的先进发动机在高压压气机上除了采取必要的封严装置外，还采用了叶尖间隙控制装置。

间隙控制装置有被动间隙控制和主动间隙控制两种方式。早期的压气机采用被动间隙控制，即采用低膨胀系数的材料、加厚机匣、双层机匣等方法，如图 2. 84 所示。

现代发动机广泛采用主动间隙控制。主动间隙控制方法是在高压压气机后段采用双层机匣，外层机匣作为承力件，内层机匣是压气机气流通道的外廓，在双层机匣之间构成

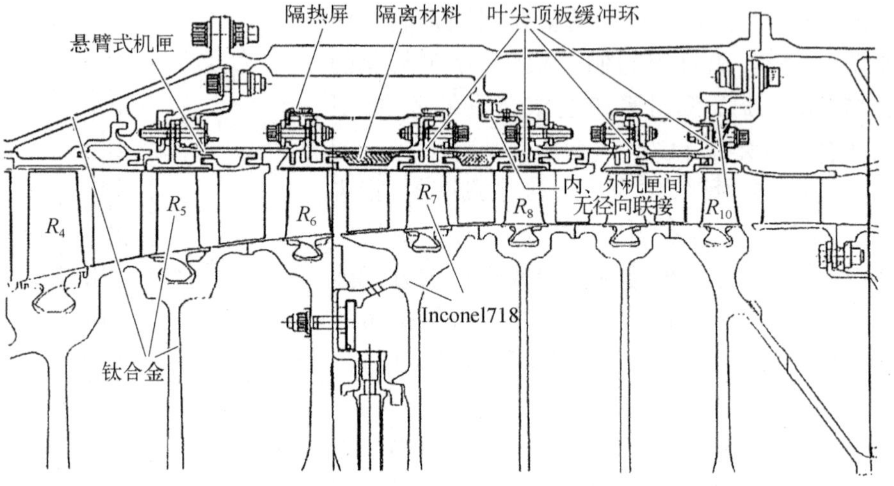

图 2.84　V2500 发动机 HPC 的被动间隙控制装置

环形腔。在发动机不同的工作状态,向腔内通以不同温度和不同压力的空气,同时向转子内腔也通以一定温度的空气,在气体压力和热变形的共同作用下,使机匣与转子的径向变形协调一致,保证在主要工作状态(如民用发动机为巡航状态)始终保持较小的间隙值。主动间隙调节用气受全功能数字式电子控制器控制。如 GE90 发动机,在巡航状态下用热空气对后几级轮盘进行加温,以保持较小的叶尖间隙。

2.4.4　防冰装置

当飞机穿过含有过冷水汽的云层时,或当发动机在空气湿度较高和气温接近 0℃ 的条件下工作时,发动机进口部分,如进气道唇口、整流罩、整流支板等处就会出现结冰现象。该冰层会引起发动机进口截面减小,改变发动机进口流场,使发动机的性能变坏,严重时可能引起压气机喘振。此外,由于发动机振动,冰层可能破裂,冰块就会被吸入发动机内,打伤叶片,甚至损坏整台发动机。因此,在发动机前部和进气装置上应采取防冰措施。

通常需要防冰的部位及要求如图 2.85 所示。防冰系统必须保证在飞机飞行范围内有效地防止结冰。防冰系统的工作必须可靠,同时要求重量轻,便于安装,工作时不致引起发动机性能有很大损失。

最常用的防冰方法是对容易结冰的零件表面进行加温。常用的热源有压气机的热空气和电加温,或是两者的联合,有时还可以用热滑油加温。前一种方法大多用于涡喷和涡扇发动机上,如 WP6、WP7、WS9 等(图 2.86),后一种方法用在涡桨发动机上。

通常,发动机需要加温的零件是进气装置、进口导流叶片和整流罩,有时前几级整流叶片也需要加温。转子叶片不需要加温,因为离心力的作用使冰层在叶片上无法形成。防冰的热空气通常是由压气机最后一级引来,工作后的空气排入发动机进口或者大气中去,以维持系统内热空气循环,使加热能量不断补充。防冰系统的工作

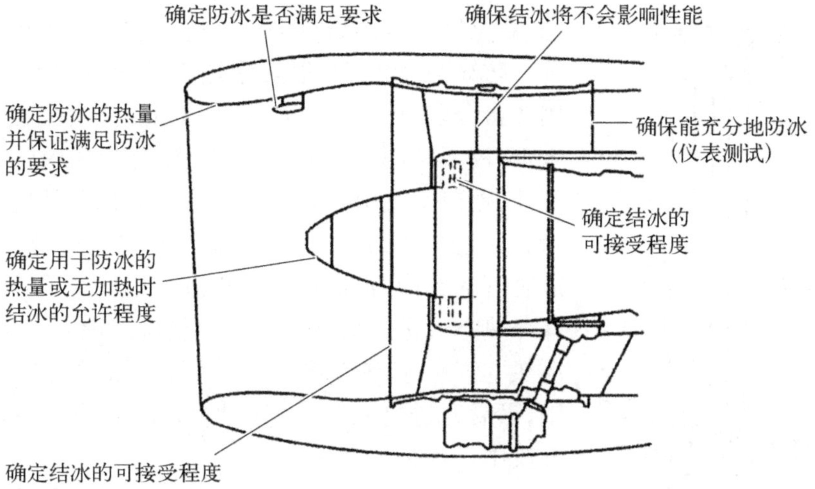

图 2.85　通常需要防冰的部位

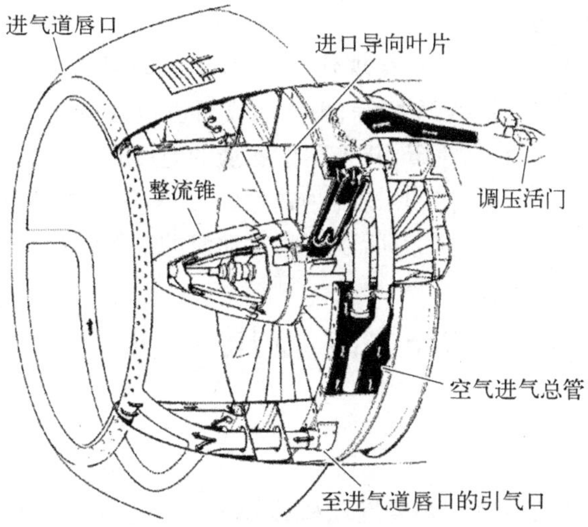

图 2.86　热空气防冰

可以根据防冰需求手动电控操纵，或者根据防冰系统的信号自动操纵。防冰系统内安装有调压活门，当发动机在高转速条件下工作时，调压活门保持所引热空气的压力不变，从而限制了从压气机来的热空气流量，防止了防冰系统工作时对发动机性能的影响过大。

电加热系统通常用在涡桨发动机上，这种加热方式对于螺桨是合适的。电加热的零件有发动机进气罩、桨叶和桨毂。当采用空气滑油散热器时，还有散热器的进气罩。电加热系统所消耗的电能由一台发电机供给，为了将发电机的尺寸和重量限制到最小，对发动机和螺桨的加热是周期性的。

图 2.87 所示为 WS9 发动机的进气装置采用热空气防冰。热空气从高压压气机

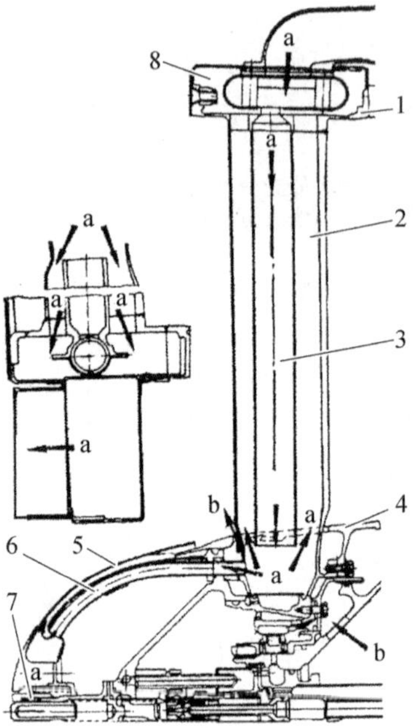

图 2.87 WS9 发动机的进气装置及防冰装置

1. 进气机匣外壁；2. 进口导流叶片；3. 防冰空气导管；4. 进气机匣内壁；5. 进气整流罩；6. 防冰空气导管；7. 固定螺母；8. 防冰总管；a. 防冰空气；b. 风扇后气体

12 级空气集气环引出，通过防冰电磁活门和机匣顶部偏左约 10 点钟位置的防冰进气盒进入进气机匣周围的防冰总管。防冰总管的 26 根防冰热空气管分为前后两排，沿圆周各自分段供气，以保证进气均匀。热空气经热空气管进入 19 枚不锈钢空心导流叶片，导流叶片内各有一个热空气管，把热空气引导到叶片根部。大部分热空气折转向上沿着导流叶片的进、排气边缘流动进行防冰，然后进入防冰总管的腔内，再通往发动机进气道前缘进行防冰。另一部分热空气进入头部整流罩。整流罩内有 5 根导管，把防冰热空气引至整流罩内部前端，再沿整流罩夹层向后流动，最后通过整流罩后部的槽口流出，进入发动机的进口气流中。

除了对零件加温外，防冰的另一措施是减小零件表面水的附着力。最常用的方法是在零件表面涂以憎水剂，如 WP7 发动机压气机低压转子的整流罩上就是采用这种措施。

在现代大型涡扇发动机上，如 JT9D、CF6、PW4000 和 V2500 等，由于压气机进口处只有和风扇一起旋转的进气整流罩，并采用了加强的宽弦风扇叶片，而且采取了防外物打伤的措施，经试验证明，即使有结冰现象也未造成超容限的损坏，所以这些发动机的进气整流罩均未采取防冰措施。

2.5 离心压气机

2.5.1 概述

功率小于 2 600 kW 的涡轴、涡桨发动机以及推力小于 1 500 daN 的涡扇、涡喷发动机习惯被称为小型燃气涡轮发动机，或简称为小发动机。这类发动机的应用范围十分宽泛，在航空上可用于各种直升机、支线客机、初/中级教练机、靶机、巡航导弹动力装置以及大型飞机的辅助动力装置（如机载发电、起动、座舱空调、液压动力等）。此外，在地面上可用作动力源（如发电、提供机械功、提供压缩空气）和机车、坦克、轻型舰艇的动力，甚至可用于矿井灭火（通过风压调节使火区或有自燃危险的区域的进、回风侧压差尽量减小，使之少漏风或不漏风，以消除供氧条件）。

表 2.7 给出了应用于航空领域的几种小发动机压气机参数，以及它们的性能和结构特点。可以看出，小发动机压气机部件的性能指标不如大发动机先进，但转速很高，这是由小发动机的特点所决定的。从发动机的结构特点来看，压气机广泛采用离心压气机和轴流级加离心级的混合压气机；燃烧室广泛采用回流式燃烧室。

表 2.7 几种小发动机的压气机参数及型式统计

发动机型号/类型	转子型式	压气机型式	增压比	空气质量流量/(kg/s)	转速/(r/min)	压气机效率	叶轮型式	扩压器型式
PT6T-6/涡轴	单转子	3A+1C	7.35	3.11	37 700	0.79	直流式	管式
JT15D-4/涡扇	双转子	1F+1A/1C	10.5	35.2	32 760	0.78	直流式	管式
阿赫耶/涡轴	单转子	1A+1C	8.0	2.5	51 800	0.78	S形	叶片式
RS360/涡轴	双转子	4A+1C	11.6	3.26	42 000	0.80	S形	叶片式
T700/涡轴	单转子	5A+1C	15.0	4.5	44 700	0.785	S形	叶片式
TM333/涡轴	单转子	2A+1C	11.0	3.0	44 400	0.78	S形	叶片式
TPE331/涡桨	双转子	2C	10.7	3.5	41 730	—	S形	叶片式
PW100/涡桨	双转子	1C/1C	14.7	8.2	—	大于0.8	S形	管式

离心式压气机的结构参见图 2.88。在小发动机上广泛采用离心压气机和混合压气机是由小发动机的技术要求和离心压气机的特点所决定的。

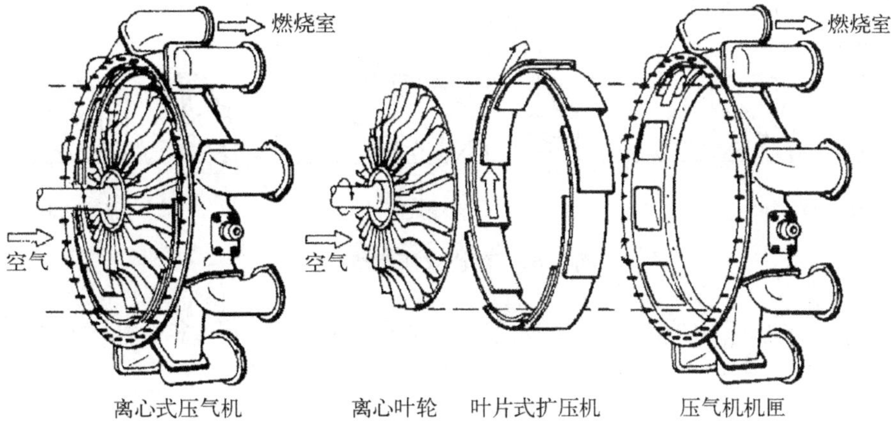

图 2.88 离心式压气机

离心压气机模型动画

随着发动机空气质量流量减小,气流通道尺寸减小,使得轴流压气机的漏气损失、附面层损失、二次损失、尾迹损失显著增大,压气机效率大大降低,致使在小流量条件下,离心压气机的效率并不比轴流压气机逊色。由于单级离心压气机增压能力有限,当压气机增压比需要进一步提高时,可以采用双级离心压气机,但是目前更多的是采用混合压气机。这种组合方案综合了轴流级的灵活性和离心级的简易性,有着更大的发展潜力。目前很多国家的小发动机系列都是采用在原型机的基础上,前面增加轴流级的级数来增大空气质量流量和增压比,以提高功率、扩大使用范围和降低油耗、改善经济性。另外,当离心级技术进一步提高时,也可以减少轴流级级数,以减轻发动机重量。为此,当前离心压气机的研究已成为小发动机的重点课题之一。

小发动机转子径向尺寸小,为了保持一定的圆周速度(即做功能力),转速要比大发动机高得多,在结构设计时出现了高速转子的临界转速问题。采用离心压气机后,轴向尺寸缩短,加上回流式燃烧室配合,使得发动机转子支点跨度大大减小,为解决上述问题提供了条件。

安装小发动机的飞机(如直升机、教练机等)对动力装置的首要要求是发动机结构简单、安全可靠、成本低、维护方便。对于外廓尺寸的要求没有大发动机那么严格,同时对小发动机来讲,决定发动机最大外廓尺寸的部位往往不是压气机,而是减速器机匣。

离心叶轮是一个高速旋转对气流做功的组合件,它的工作条件与轴流压气机转子相似,它们有着相同的设计要求和分析重点。

根据离心叶轮叶片的弯曲形式,叶轮可以分为直流式、前弯式和后弯式三种基本形式,如图 2.89 所示。前弯式叶轮叶片弯曲方向与叶轮旋转方向相同,加功能力最大,但是效率最低,且叶片强度较弱;后弯式叶轮叶片弯曲方向与叶轮旋转方向相反,加功能力较差,但出口流场均匀,效率最高;直流式叶轮则介于两者之间。另外还可以分为单面叶轮和双面叶轮两种结构。在航空发动机上,早期采用直流式,目前多采用 S 形(表 2.7)。它兼具前弯式做功能力强和后弯式效率高的特点,有着较好的性能。如英国 RS360 发动机的离心叶轮改为 S 形叶轮后,效率提高 2%。此外,出口处叶片后弯使叶轮反力度增大,对减轻扩压器负荷也有好处。

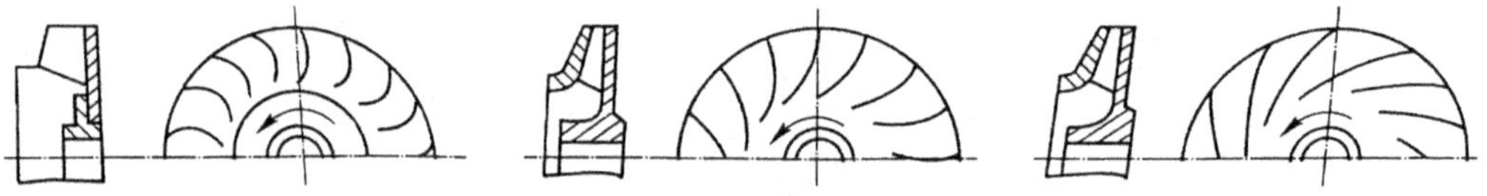

(a) 前弯式叶轮　(b) 直流式叶轮　(c) 后弯式叶轮

图 2.89　离心式压气机叶轮

目前,小发动机采用的离心叶轮都是整体结构。整个锻件用多坐标仿型数控机床直接加工成形。

2.5.2　离心压气机应用典型方案

1. PT6A－27 涡桨发动机

PT6A－27 型发动机是一台双轴涡桨发动机(图 2.90)。它由进气装置、燃气发生器、动力涡轮、排气装置、减速器等部分组成。燃气发生器包括三级轴流级和一级离心级的混合压气机、回流燃烧室、单级燃气涡轮。动力涡轮为单级燃气涡轮。

当发动机工作时,空气由进气装置进入压气机,先经轴流级加压,然后进入离心级的叶轮中,进一步增压并提高速度,再进入扩压器,在扩散形槽道内减速扩压,再进入燃烧室,与燃油混合燃烧,形成高温高压燃气。燃气首先进入单级燃气发生器涡轮膨胀做功,带动压气机工作。然后燃气进入单级动力涡轮膨胀做功,动力涡轮的功率经减速器和输出轴输出。最后燃气由排气装置排入大气。

进气机匣为一环形铝合金铸件,由内、外壁和支板组成,其功用是将空气经防尘网过滤后由四周引向中心。在进气机匣中央有压气机转子前支点。

PT6A 型发动机的压气机由压气机静子和压气机转子等主要部件组成。

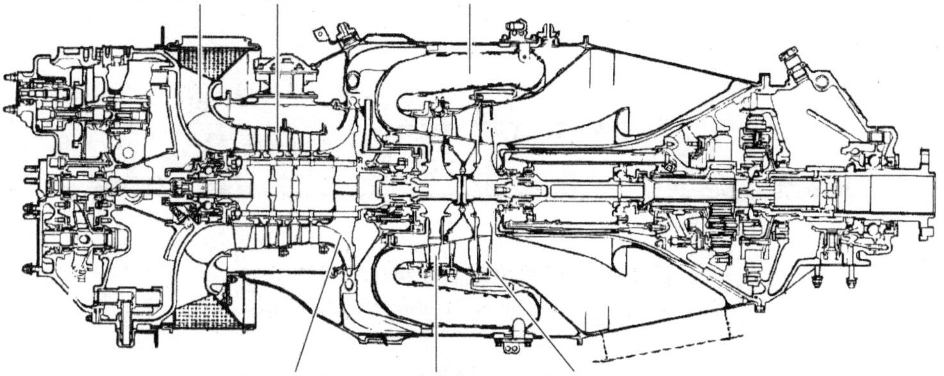

图 2.90 PT6A－27 双轴涡桨发动机的结构简图

压气机静子由整流器机匣、整流叶片、离心叶轮罩壳和扩压器组成。整流器机匣为整环形的分段机匣。前端与进气装置相连，后端与整流器罩壳相连，机匣后部有均布的放气孔。整流叶片是用不锈钢板轧制成形的无榫叶片，外端直接插入机匣的型孔中，用钎焊固定，内端悬臂，形成单支点支承。离心压气机采用管式扩压器。21 根扩压管钎焊在机匣上，扩压器出口有 42 片导流叶片，引导增压后气流顺利地进入燃烧室。

压气机转子由三级轴流级的轮盘、转子叶片、鼓筒、离心级的离心叶轮、后轴颈组成。前轴颈与第 1 级轮盘制成一体。不锈钢制的转子叶片用燕尾式榫头安装在盘缘上，借盘缘间鼓筒抵紧，槽向固定。转子的零件用 6 根长拉杆联成一个整体，构成混合压气机的转子。零件间借圆柱面定心，依靠圆弧端齿传扭。整个转子简支在前、后两个支点上。前支点为带有挤压油膜的鼠笼式弹性支点，由单排球轴承和弹性支座组成，后支点为单排滚棒轴承。由于机匣为整体式，所以转子是带着静子一起平衡的。

离心叶轮为单面进气的直流式叶轮，由 16 片长叶片和 16 片短叶片组成。它是一个钛合金模锻件，机械加工而成。叶轮进口处叶片顺转向预扭，与气流进入叶轮时的相对速度方向相适应，减少进口处流动损失。轴流级与离心级之间有放气活门，当燃气发生器转速在设计转速的 90%或 92%以上时活门关闭。

可见，PT6A 型发动机的混合式压气机是一种非常紧凑的结构形式，轴流级与离心级转子用共同的连接件联成一个压气机转子。在混合式压气机中也可以采用双转子结构，低压压气机为轴流压气机，高压压气机为离心压气机或混合式压气机，两者之间没有机械联系。

2. T700 涡轴发动机

图 2.91 为 T700 涡轴发动机压气机转子结构简图。T700 涡轴发动机最初是为美国陆军 UH－60 黑鹰直升机设计的，为功率前输出的双转子涡轴发动机。该发动机压气机结构采用了轴流加离心组合式。5 级轴流压气机采用整体锻造后机械加工的整体叶盘（采用 AM355 不锈钢），1 级离心压气机采用 In718 材料锻造后经机械加工而成。压气机盘之间采用端齿连接，依靠它们的啮合实现定心和传扭，用中心拉杆将它们联成一体。离

心压气机采用了大小叶片(图 2. 92),可以有效防止气流分离,提高压气机效率。

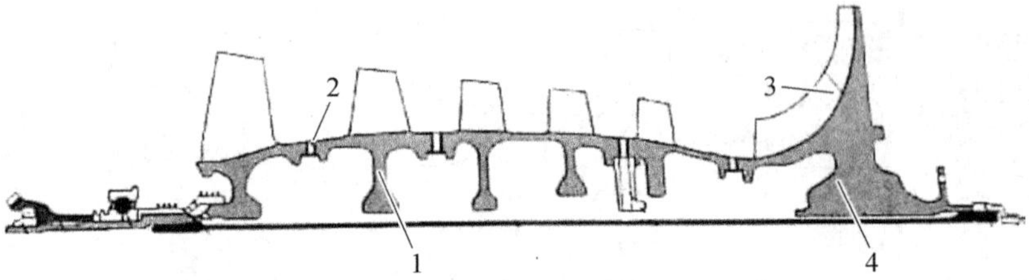

图 2. 91　T700 涡轴发动机压气机转子

1. 轴流叶盘;2. 端齿;3. 大小叶片;4. 离心叶盘

图 2. 92　T700 涡轴发动机离心压气机叶轮

3. MTR390 涡轴发动机

图 2. 93 为 MTR390 涡轴发动机压气机转子结构简图。该涡轴发动机由德国涡轮联合有限公司(MTU 公司)、法国透博梅卡公司及英国罗罗公司联合研制,主要应用于“虎”式直升机。该发动机压气机结构采用了先进的双级离心式,总压比达到 14,有效减小了发动机长度(整个燃气发生器转子的长度仅 550 mm)。

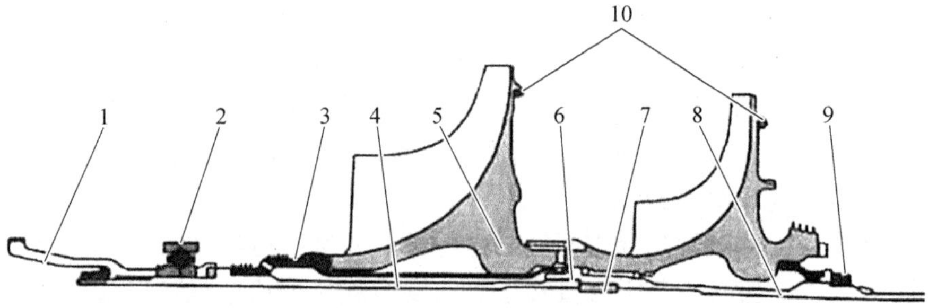

图 2. 93　MTR390 涡轴发动机压气机

1. 附件传动轴;2. 3 号轴承;3. 篦齿套筒;4. 芯轴(前段);5. 离心叶盘;6. 连接螺纹;7. 调整垫环;8. 芯轴(后段);9. 压紧螺母;10. 减振涨圈

2. 5. 3　扩压器

扩压器用来将经离心叶轮加速后的高速气流的动能转变为压力能。扩压器的气流通道为扩散形,一般由径向和轴向两段组成。最常见的类型有两种:管式扩压器和叶片式扩压器。

JT15D－4 涡扇发动机的扩压器为管式(图2.94)。该扩压器由进口分流环、扩压管和出口整流器组成。分流环为一较厚的圆环,焊接在燃烧室外壳前端内侧的锥形支板上,环上开有20个特型孔,这些孔的中心线与叶轮出口气流的绝对速度方向相适应,扩压管的进口就插在特型孔中。扩压管为一喇叭形,气流经过扩压管的扩散通道速度降低,压力升高,并且流动方向由径向转变为轴向。扩压管出口处,在燃烧室外壳上安装有出口整流器,它由20片整流叶片组成,用来使出口气流流场更加均匀。

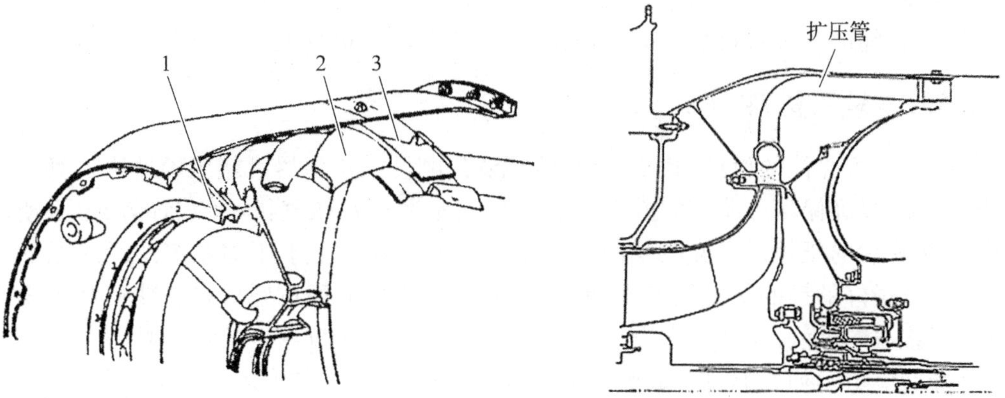

图2.94 JT15D发动机的管式扩压器

1. 进口分流环;2. 扩压管;3. 整流器

图2.95所示为WP11发动机的叶片式扩压器,其由前盖、叶片和辐板组成,分径向和轴向两段。叶片与辐板做成一体,前盖钎焊在径向段的叶片上,构成扩压器组件,它借前盖安装座固定在压气机上。扩压器扩散通道的形状依靠叶片型面保证,叶片靠模铣削成型。

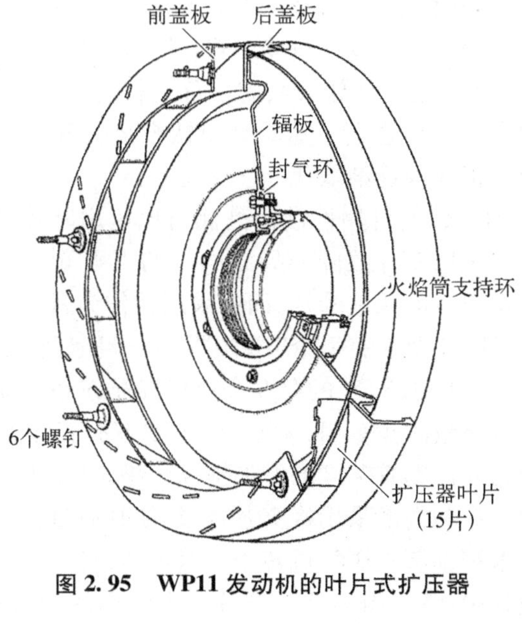

图2.95 WP11发动机的叶片式扩压器

2.6 压气机主要零件的常用材料

材料的选用是最具有成本效益的设计，航空发动机的设计要求是在技术给定的载荷和主导温度下，最好能够满足最轻的设计要求。

轴流式压气机主要零件的材料应满足的主要要求：在工作温度及受力情况下，要有足够的强度和最轻的质量。此外，还需要考虑到零件周围的介质、发动机的寿命、材料的工艺性、材料经济性及材料品种的规格化等，不要在同一机种上使用过多的材料品种。

2.6.1 常用材料

对于压气机壳体的设计，其质量应尽可能轻，刚性结构要尽可能准确地维持其与叶尖之间的间隙，以确保尽可能高的效率。这些需求是通过在压气机系统前部低温区使用铝材料，而在随后的压气机高温区使用合金钢材料实现的。由于压缩系统最后阶段的超高温可能超过最好的钢的承受范围，因而往往采用镍基合金等新型材料。在铝和钢铁中加入钛是很普遍的做法，尤其是在设计军用发动机时，高的硬度密度比这一特性可以让其质量显著降低。虽然初始的材料成本很高，但随着新制造方法的发展，零部件成本可以维持在一个更可接受的水平。

静子叶片通常由钢铁或镍基合金制造，一个主要的优点是当吸入异物造成叶片损伤出现缺口时，仍有一个高的剩余强度。早期的设计是采用铝合金，但由于它抵抗损害能力不够突出，对它的使用需求已经下降。钛可用作低压区静子叶片材料，但不适合压缩系统中的小尺寸静子叶片，因为所处的环境有更高的压力和温度。旋转和静态组件之间的任何过度摩擦都可能导致其他的机械故障，因为通过摩擦可以产生足够的热量使钛燃烧；这反过来又可能导致昂贵的维修费用和可能的适航风险。

在对轮盘、鼓式转子和叶片设计时，离心力设计占主要地位，并要求金属有很高的强度密度比。这样设计能使得转子总成尽可能最轻，从而降低其对发动机结构的作用力，达到总质量的进一步减轻。出于这个原因，钛成了首选材料，虽然其初始成本比较高，但已取代了在早期的设计中青睐的钢合金。随着高温钛合金的开发和生产、用于压气机系统后部轮盘和叶片的镍合金正在被逐渐取代。

利用传统固体锻件加工钛的可用性使得高涵道比风扇叶片的设计成为可能，因为发动机结构必须能够承受因风扇叶片故障而导致的大的不平衡力，所以轻质量风扇叶片是必要的。要想获得一个足够轻的风扇叶片，即使采用钛作为材料，短的轴向长度也是必要的。然而，有了这样的设计，还要求有一个“缓冲器”或“阻尼凸台”，这样可以防止因振动引起的故障。“缓冲器”或“阻尼凸台”的存在会使得气流在超声速流动时压力损失很大，从而导致效率低下和气流流量减少。目前通过引入罗罗公司设计的宽弦叶片，这些不利因素都已经被克服。因为叶片翼弦宽度的增加提高了稳定性，因此避免了缓冲器的需求，并且通过在叶片表面加入钛和内部采用蜂窝芯合成，使其质量保持在一个较低的水平。

离心叶轮材料的要求和轴流式压气机转子材料类似，虽然钛被指定使用，但是铝仍大量地在低压比部分的设计中使用，因为这一部分坚固耐用的型材有足够的适应能力并且温度要求也在可接受范围内。

2.6.2 复合材料

近年来,发动机上钛合金的应用开始减少。主要是由于目前出现一种新的密度更小的复合材料,正在逐渐代替由钛合金制造的风扇叶片和升力发动机的压气机的冷端部件。

最早的复合材料是玻璃纤维增强塑料(通常称为玻璃钢),它是用树脂作基体(黏结剂)与玻璃纤维(玻璃丝、玻璃带或玻璃织物等)复合而成。工作时,由纤维承受主要负荷,基体使纤维连成一体,并使负荷均匀。由于玻璃纤维的弹性模量低,树脂的强度和耐热性差,故玻璃钢在航空上的应用有一定限制。目前正在研究新的纤维和基体材料。新纤维有碳、石墨、硼和碳化硅等。基体除树脂基体(如环氧树脂、环氧酚醛树脂、聚酰亚胺、聚苯并咪唑等)外,还有金属和合金基体,如铝、镁、钛及其合金、金、银、镍和钨等。

复合材料在现代航空发动机上的应用逐步增多,在这方面 GE 公司处于领先地位。GE 公司坚信,仅风扇叶片和风扇机匣使用复合材料就可为发动机带来超过 450 kg 的减重效果。GE 公司在 GE90 发动机上应用了复合材料并取得了成功,随后在新一代商用发动机 GEnx 和 LEAP - X 发动机上扩大了复合材料的应用范围。

GE90 发动机用碳纤维加强高韧性环氧树脂复合材料代替钛合金,制成了当今世界上最大的风扇叶片。用碳纤维复合材料制造的风扇叶片比钛合金夹芯结构的风扇叶片轻,在抗振特别是抗颤振性能方面也优于钛合金,抗鸟击能力和低噪声指标也获得适航当局的合格批准。

GEnx 发动机采用了新型弯曲前缘后掠式大流量宽弦复合材料风扇叶片。另外,GEnx 发动机的前风扇机匣也采用了复合材料,这是第一次将复合材料用于大型发动机机匣。复合材料机匣包容性能及强度均优于金属机匣,且该机匣比金属机匣轻 154 kg,可使一架飞机减重 363 kg,而且不会被腐蚀,便于维护。GEnx 发动机复合材料的用量超过 600 kg,约占发动机重量的 13%,是 GE90 的 2 倍。作为世界上唯一采用复合材料风扇机匣和风扇叶片的涡轮风扇喷气发动机,GEnx 的耐久性更高,重量更轻,使用成本更低,其噪声水平优于目前投入使用的任何一型 GE 公司生产的民用发动机。

LEAP 发动机的风扇叶片为先进碳纤维复合材料风扇叶片,采用三维编织树脂模传递成形技术(3D weaving resin transfer madding, 3DW RTM)制造而成,叶片数量只有 18 片,直径为 1.8 m,总重为 76 kg。而 CFM56 系列发动机的 24 片 1.5 m 叶片总重 118 kg。与 GEnx 相同,LEAP 发动机的风扇机匣也采用了复合材料。

普惠公司在复合材料风扇叶片的研究上走了一条与 GE 公司不同的道路,他们重点研究金属基复合材料。

金属基复合材料具有优于传统金属材料的比强度、比刚度、耐高温和结构稳定性。基体材料不同,金属基复合材料的使用温度也不同。钛基、钛铝化合物基和高温合金基复合材料耐温能力较好,成为很有希望的航空发动机中温(650~1 000℃)部件材料。碳化硅纤维增强的钛基复合材料大都能显著提高钛合金的刚度和强度,改善钛合金的耐温能力,在 816℃下,强度和刚度保持不变,而部分密度仅为镍基合金的一半,因而采用这些材料取代现有合金,可大大减轻发动机部件的重量。

普惠公司研制的碳化硅纤维增强的钛基复合材料风扇叶片就是一个较为典型的金属基复合材料应用案例。这种钛基复合材料可使风扇叶片的强度提高 50%,硬度也比普通的钛合金更高。

目前,经过各航空发动机生产商的研究,金属基复合材料已经或将被应用于压气机静子叶片、转子叶片、整体叶环、盘、轴、机匣、尾部结构和作动杆等零部件上。

2.6.3 高温钛合金

涡轮风扇发动机在地面起飞状态下总增压比为 25 时,压气机出口空气温度已超过 500℃;用于高速战斗机时,由于冲压加温的作用,其出口温度还将增高。新的大型民用涡扇发动机,总压比已达到甚至超过 40,出口温度接近或超过 700℃,一般钛合金已经不能在这种温度下工作。在目前大部分的航空发动机中,压气机均做成数段,前几段的轮盘与鼓筒由钛合金制成,后段的轮盘与鼓筒则由镍基高温合金制成。由于采用高温镍基合金制作的压气机后几级轮盘使压气机的重量加大,为此发展适用于压气机轮盘、鼓筒的高温钛合金是发动机结构设计中的亟须解决的难题之一。

英国 IMI 钛合金公司从 20 世纪 70 年代起开始发展高温钛合金,已成功地研制出工作温度超过 500℃的钛合金,它们是 IWI685、IMI829 与 IM1834,其成分及应用见表 2.8。目前,这三种材料已获得实际应用。IMI685 用于“阿杜尔”、RB199、“拉扎克”与 M53 等发动机上的压气机。IM1829 用于 RB211 - 535E4 高压压气机,用它制作的后 3 级盘、鼓筒及后轴用电子束焊为一体,取代了 RB211 - 535C 上的镍基合金材料,转子重量减轻 30%。这是第一型在压气机后段转子上采用钛合金的发动机(总增压比为 25.8),但由于结构的需要,它的第三级轮盘仍采用合金钢,还不是全钛转子。

表 2.8 几种高温钛合金材料

材料牌号	成　分	使用温度/℃
IMI685	Ti - 6Al - 5Zr - 0.5Mo - 0.255Si	500~520
IMI829	Ti - 5.5Al - 3.5Sn - 3Zr - 1Nb - 0.25Mo - 0.3Si	550
IMI834	Ti - 5.8Al - 4Sn - 3.5Zr - 0.7Nb - 0.5Mo - 0.35Si - 0.06C	600

IMI834 于 1982 年开始研制,是已投入使用的耐温度最高的钛合金材料。在罗罗公司研制的用于 A330 的遄达 700 发动机(1992 年 6 月取得适航证,1993 年 4 月投入使用)上,总增压比高达 33.00~39.15,压气机出口温度超过 600℃。该发动机高压压气机的所有轮盘、鼓筒及后轴均采用 IMI834 材料,然后用电子束焊焊成一整体,从而成为新型民用大发动机中第一种采用全钛高压压气机转子的发动机,发动机重量减轻。该转子被罗罗公司称为“全钛转子”,是该公司引以为荣的一项新技术,因为美国的两家航空发动机公司(普惠及 GE)当时在他们的最新的民用大涵道比涡扇发动机中均无此项技术。“全钛转子”是指轮盘、鼓筒与后轴均采用钛合金然后焊为一体,而装于后几级轮盘上的工作叶片则仍为高温合金。在新一代战斗机发动机中,EJ200(总增压比为 25)也采

用了用这种材料制作的高压压气机转子。这种高温钛合金或类似的材料，有望很快推广用于其他发动机。

美国综合高性能发动机计划（IHPTET）和先进歼击机（Advanced Tactical Fighter，ATF）计划提出采用 TiAl 基复合材料制造鼓筒式无盘结构压气机转子，重量可减少 70%。

TiAl 是一种金属间化合物，特别是 γ - TiAl 基合金不仅具有良好的耐高温、抗氧化和小的密度，而且弹性模量、抗蠕变性能均比钛合金好得多，甚至和镍基高温合金相当，但其密度还不到镍基合金的一半，因而可以明显减轻质量，改善性能。TiAl 的使用温度有望高达 900℃，室温弹性模量可达 176 GPa，且随温度升高而缓慢下降，因而可以满足高增压比压气机的使用要求。

TiAl、NiAl 及难熔金属硅化物等金属间化合物，由于晶体中金属键与共价键共存，因此其能够兼具金属的韧性和陶瓷的高温性能。但金属间化合物相较陶瓷具有更多的优势，其中两个重要特点是金属间化合物具有良好的热传导性，因而作为高温结构材料使用其冷却效率高而热应力较小；其次某些金属间化合物（如 TiAl、NiAl）可以采用常规的冶金方法进行生产，成本大大降低。

在未来推重比为 15～20 的发动机上，使用温度将达到 705～982℃，TiAl 基合金有可能成为压气机叶片、机匣、转子和空心风扇叶片的主要材料。

未来钛合金的工作温度将达到 800℃，以适应先进发动机高增压比的要求。英国罗罗公司开发的钛合金及其成形技术已在 RB211 - 535 和遄达 700 发动机上采用全钛的压气机。目前，先进发动机使用钛合金的比例仍在 25%～30%，这表明传统材料仍有相当大的发展潜力。发动机材料应用的发展趋势参见图 2.96。

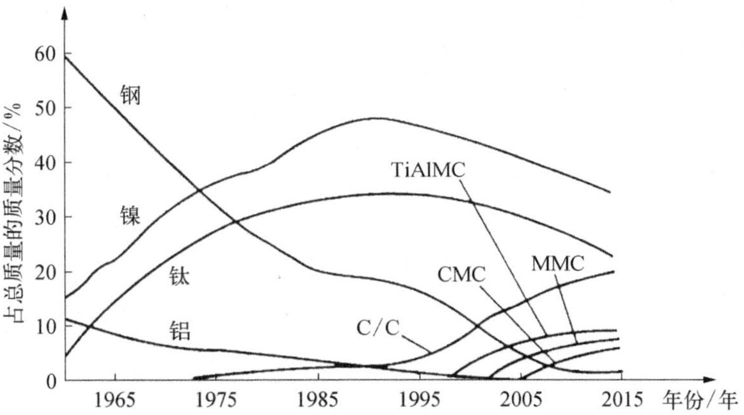

图 2.96 发动机材料的发展趋势

CFM56 发动机压气机结构

CFM56 - 3 风扇叶片安装

2006 年美国 GE 公司在 GEnx 发动机低压涡轮第 6、7 级叶片上采用 TiAl 合金叶片，与采用镍基高温合金相比，其质量减轻 50%；2014 年 4 月法国斯奈克玛和 Mecachrome 公司就 CFM 国际公司的 LEAP - X 发动机钛铝合金低压涡轮转子叶片签订了采购合同，这是 TiAl 合金在世界范围内首次在单通道民航客机发动机低压涡轮叶片上应用；2020 年 TiAl 合金占航空发动机材料总量的 20%～25%。

思 考 题

1. 压气机结构设计的基本要求有哪些？
2. 按照结构形式和气体流动特点，压气机分为哪几种类型？简述各类型优点及应用范围。
3. 压气机转子由哪些零件构成？
4. 轴流式压气机转子结构的三种基本类型是什么？指出各类型的优缺点。
5. 在鼓盘式转子中，什么是恰当半径？在什么情况下是盘加强鼓？
6. 压气机转子级间连接方法有哪些？
7. 工作叶片主要由哪两部分组成？
8. 风扇叶片叶身凸台的作用是什么？试分析其优缺点。
9. 简述轴流压气机设计采用新的技术和方法。
10. 叶片的榫头有哪几种基本形式？压气机常用哪一种？
11. 什么是整体叶盘和整体叶环？
12. 压气机机匣的功用是什么？
13. 列举压气机机匣的三种基本结构形式。
14. 简述采用双层机匣的原因及优势。
15. 简述压气机几种主要的防喘振措施及其原理。
16. 简述篦齿封严的基本原理。
17. 离心压气机主要由哪几个部分组成？说明各部分的作用。
18. 简述 T700 涡轴发动机压气机转子结构组成。

第 3 章
燃气涡轮

3.1 概　　述

燃气涡轮是航空燃气涡轮发动机的重要部件之一。涡轮的功用是把高温、高压燃气的部分热能、压力能转变成旋转的机械功,从而带动压气机与其他附件工作。在涡扇发动机中,涡轮还带动风扇;在涡桨发动机中,它还带动螺旋桨;在涡轴发动机与航机他用的发动机中,输出功率还带动其他机器。

按燃气流动的方向,燃气涡轮可分为轴流式涡轮与径向式涡轮两类(图 3.1)。在轴流式涡轮中,按照涡轮转子的数目,涡轮也分为单转子、双转子和三转子(图 3.2)。

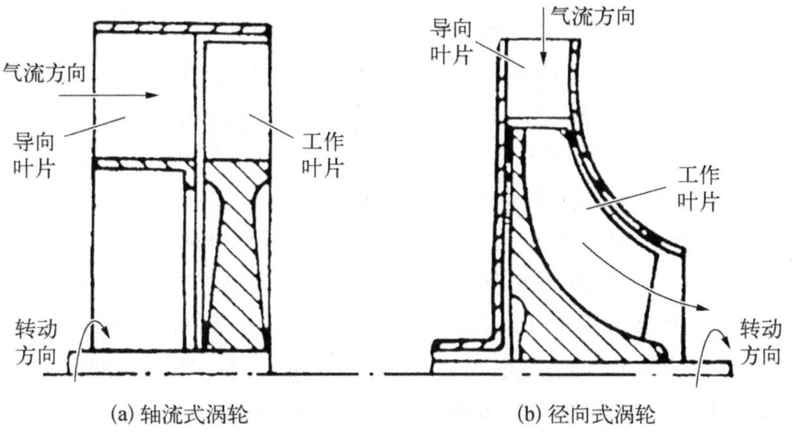

图 3.1　轴流式涡轮与径向式涡轮

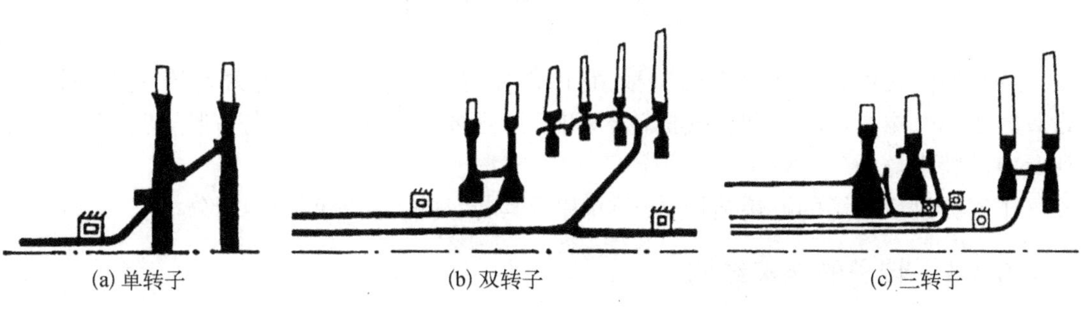

图 3.2　轴流式涡轮

航空燃气涡轮的工作特点是功率大、燃气温度高、转速高、负荷大。现代大推力涡扇发动机的涡轮输出功率高达 100 MW 以上，平均一片涡轮叶片发出的功率达 200 kW。为使航空燃气涡轮发动机在尺寸小、重量轻的情况下提高性能，主要的措施之一是采用更高的燃气温度。目前国外最新歼击机的发动机涡轮进口燃气温度已达 1 811 ~ 2 144 K，远远超过普通碳钢的熔点(1 690 K)。并且在发动机工作过程中，燃气温度又经常发生变化，这样形成的热负荷已经成为涡轮部件结构设计的主要问题之一。另外，提高涡轮发出的级功率也是主要措施。目前，级焓降有的已超过 $4.186\ 8\times10^5$ J/kg(100 kcal/kg)，所以涡轮部件(特别是转子零件)承受着很大的机械负荷。可见，涡轮是发动机中动力负荷和热负荷最大的部件，其工作条件恶劣，是发动机使用中故障较多的部件之一。

涡轮和压气机均为叶轮机械，但压气机中转子叶片在前，静子叶片在后；而涡轮中，静子叶片在前，转子叶片在后。从叶身形状看，涡轮叶片扭转和厚度都比较大；从级数看，压气机级数多，而涡轮级数少。另外，涡轮处于高温条件下，叶片轮盘均须由耐高温合金制造，质量大。在各种工作状态下零组件温度分布又极不均匀，在零件热膨胀受到限制时会造成极大的热应力，所以涡轮零件所承受的负荷要比压气机大。

基于涡轮部件具有“热”的特点，因此给涡轮结构设计带来了下述一些特殊的问题。

(1) 零件材料及选用。涡轮零件的材料必须能适应高温下可靠工作的要求，也就是它要具有足够的高温强度和良好的热安定性，以及耐腐蚀能力。叶片的材料往往是提高涡轮前燃气温度的决定因素之一。此外，由于这些材料含有的合金元素又多又贵，因此，它们的工艺性与经济性是零件材料选用时考虑的重要因素。

(2) 零组件的结构设计。高温下工作的零组件，常常由于其内部温度的不均匀或不能自由膨胀而产生热应力与热变形，过大则会影响发动机的正常工作。短时间内热应力的骤增可以导致零件的开裂(称为热冲击)；反复作用的热应力与变形可以导致零件的破坏(称为热疲劳)。发动机的起动-加速-减速-停车过程就是典型的较严重的加载循环过程。所以，高温的零组件要求具有均匀的热惯性与良好的热补偿结构。

(3) 零组件的冷却。降低零组件的工作温度是提高涡轮部件工作可靠性的关键措施之一。热节流、隔热等是减少传热速度的重要降温措施；而利用流体介质(空气或滑油等)将热量带走的对流冷却方式是更重要的冷却措施。因为冷却可使冷却对象始终保持着较低的温度，所以，可靠有效的冷却系统已成为涡轮部件的重要组成部分。

3.2 涡轮转子

涡轮转子是涡轮转动部件的总称，它由涡轮盘、涡轮轴、转子叶片及连接零件组成。设计转子的基本要求除了和压气机转子相同外，还要特别注意零件在高温、高负荷下工作所具有的特点。

下面分别就转子的连接结构、转子叶片及其与盘的连接等问题进行分析。

3.2.1 转子的连接结构

由于涡轮转子的转速和工作温度都很高，因此在多级涡轮中转子多采用鼓盘混合式连接结构。鼓式转子在涡轮中基本不用,因此转子的连接结构实际上是指盘轴及盘盘的连接结构。

设计涡轮转子的连接结构时,除了和设计压气机转子一样要保证足够的强度、刚性,以及定心可靠,结构力求简单、质量轻、制造容易、装拆方便外,还要特别注意解决以下问题。

(1) 减少轮盘向轴的传热量,以改善轴承的工作条件。特别是第一级涡轮的支承结构更要注意采取措施。

(2) 在各种工作状态下,保持各零件间定心可靠。由于涡轮在全工作过程中各零件间配合面的性质会发生远大于压气机的变化,因此设计时要注意既不能破坏定心,影响转子的平衡及转子叶尖的径向间隙,又不能造成零件间过大的热应力。

(3) 在多级涡轮中,转子的结构方案要和静子的结构方案相协调,以利于涡轮部件的装配。由于涡轮工作温度高,涡轮机匣温度变化幅度大,而分半式机匣周向刚性不均匀,受热时沿圆周变形不均匀,会影响转子与机匣的同心度,改变径向间隙,破坏机匣的密封。因此,绝大多数涡轮机匣采用整体式,这就要求在设计时要十分注意装配问题。

下面列举出一些典型的设计方案及不同的转子连接形式,分析它们是如何解决上述问题的。

1. 径向销钉连接

在苏联及俄罗斯各发动机设计局的产品中,销钉连接一直是广泛采用的连接结构。这种连接结构具有结构简单、工艺方便、连接可靠,以及能保持良好的热定心性等特点,但不宜多次分解使用。

图 3.3 是 WP7 发动机的双转子涡轮,高、低压涡轮都是单级转子。盘轴间采用圆柱面定心,紧度配合,由径向销钉分别连接、剪切传力。销钉与盘轴的孔间系紧度配合。装

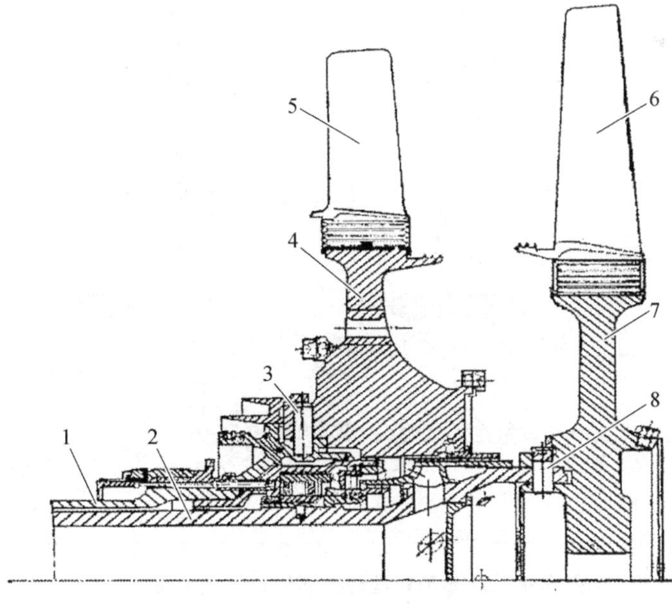

图 3.3 WP7 发动机高、低压涡轮转子结构图

1. 高压涡轮轴;2. 低压涡轮轴;3,8. 销钉;4. 一级盘;5. 一级转子叶片;6. 二级转子叶片;7. 二级盘

配时，首先利用专用设备支撑定位涡轮轴，再将涡轮盘加热后套压在涡轮轴上，然后在组合好的盘轴凸缘上钻孔、铰孔，压入径向销钉，最后在孔边冲压坑锁紧径向销钉。盘轴配合紧度的大小根据计算及使用经验确定。首先，根据盘、轴在最大工作状态下所受的离心负荷及温度负荷分别计算出盘轴连接处在工作时的最大变形量。由于盘的离心负荷远大于轴，盘材料的线膨胀系数及工作温度往往也比轴大，所以盘的变形量总是大于轴。按照工作时盘轴配合处不产生间隙的条件，初步定出冷态的装配紧度。其次应计算达到此装配紧度所产生的装配预紧力对轮盘安装预紧力的影响，如果轮盘预紧力过大，则必须修改结构或更换线膨胀系数不同的材料，以找出合理方案。由于采用径向销钉连接（沿圆周约有 20 个销钉），在工作时盘轴配合面即使出现径向间隙也不会破坏转子的定心，因此可以不必选用过大的装配紧度，以避免造成过大的装配应力。

为了减少涡轮盘向轴承传热，轴承内环及中介轴承外环都通过衬套装在轴上，衬套和轴承内、外环的配合面还开有轴向槽以减小传热面积。由于高压涡轮盘比低压涡轮盘的温度高，所以高压转子盘轴配合面以及轴和轴承衬套的配合面都开有轴向槽。前者通过由第三级压气机后引来的冷却空气冷却，后者通过滑油以阻隔传热。

AL－31F 发动机的低压涡轮转子也采用了径向销钉的连接结构，如图 3.4 所示。低压涡轮盘与叉形结构的后轴颈通过销钉相连接，后轴颈与低压涡轮轴是通过两圆柱面定心和套齿传扭，为了减轻低压涡轮轴质量，分别采用三段结构，即用钛合金钢制的前后端

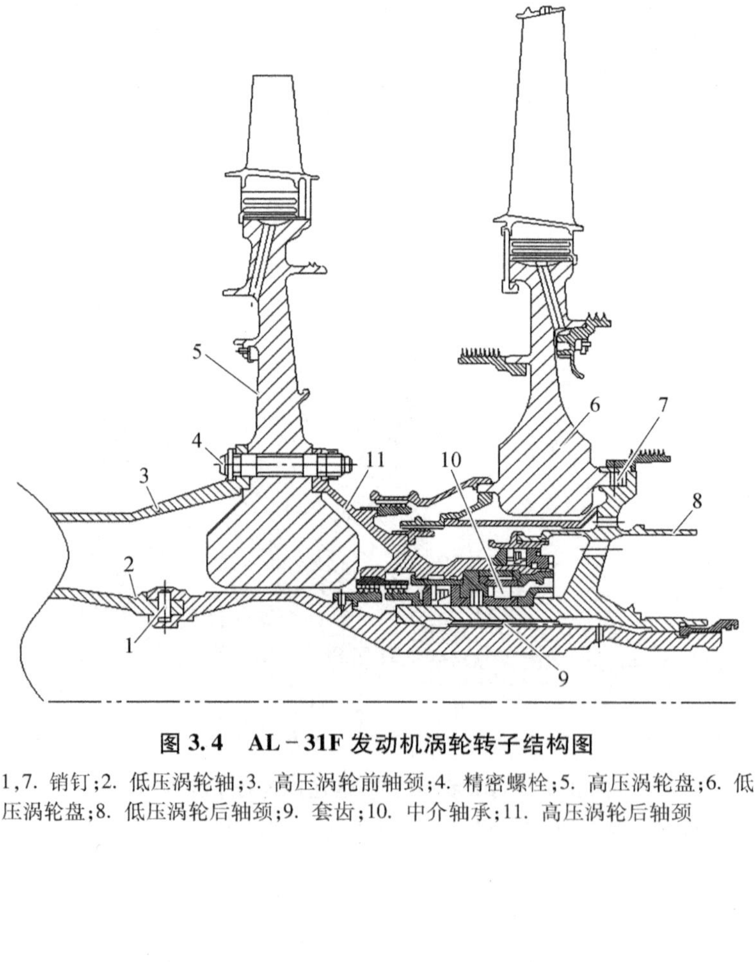

图 3.4　AL－31F 发动机涡轮转子结构图

1,7. 销钉；2. 低压涡轮轴；3. 高压涡轮前轴颈；4. 精密螺栓；5. 高压涡轮盘；6. 低压涡轮盘；8. 低压涡轮后轴颈；9. 套齿；10. 中介轴承；11. 高压涡轮后轴颈

与用钛合金制的中间轴通过径向销钉连接,这种将长轴做成几段的结构实属罕见,通过径向销钉进行连接可以保证其在不同工况下轴的同心度。

2. 短螺栓连接

短螺栓连接在涡轮转子中是一种应用十分广泛的结构形式,具有可拆卸、可重复安装等突出优点,但要求在结构设计中考虑连接刚度、局部应力集中及工艺可靠性等问题。

AL-31F 发动机高压转子涡轮盘与轴的连接采用短螺栓连接(图 3.4)。由于设计要求尽量缩短轴的长度和制造工艺的限制,涡轮盘与前后轴颈采用短精密螺栓连接,前轴颈同样通过短精密螺栓与涡轮轴连接。为保证长期使用转子而不发生偏心和接触面磨损增加转子的不平衡,造成转子系统振动加大,在每个连接面上都设计有定心面。

图 3.5 为 CF6-50 发动机高压涡轮的转子结构。两个涡轮盘间由连接鼓筒连接,涡轮轴承装在涡轮盘后面;盘与涡轮轴的连接,由于不受轴承的限制,为了提高转子的刚性,将涡轮轴和轮盘外缘直接用穿过第一级轮盘的短螺栓相连,后轴颈与第二级轮盘的连接也采用穿过第二级轮盘的短螺栓相连。这种结构有一定的缺陷:首先,轮盘缘处开了众多的螺栓孔,削弱了盘缘强度,是易出故障的地方;其次,众多的螺帽在轮盘高速旋转中形成煽风作用,不仅消耗了一定的功率,而且使轮盘盘缘附近气体温度增加,对轮缘有加温作用。因此,20 世纪 80 年代后新设计的发动机基本不采用这种结构。

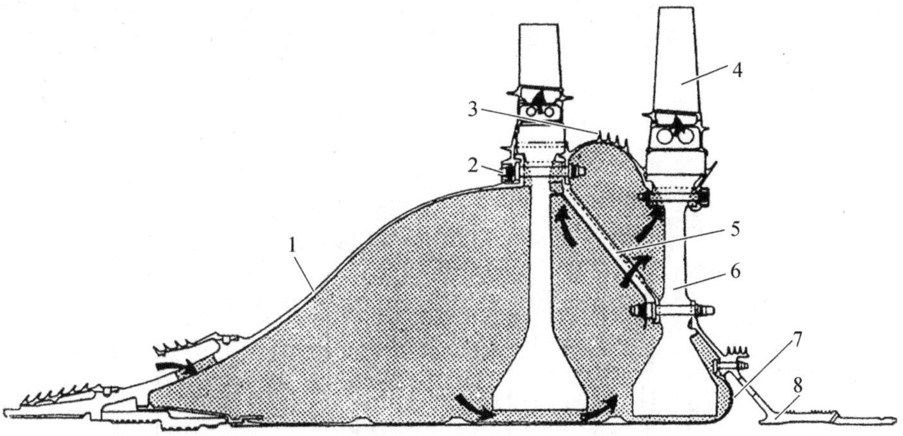

图 3.5 CF6-50 发动机高压涡轮转子结构图

1. 涡轮轴;2. 短螺栓;3. 链状隔热屏;4. 转子叶片;5. 承力环;6. 轮盘;7. 冷却空气引气套;8. 涡轮后轴

在现代涡轮前燃气温度比较高的发动机中,则常常将涡轮短轴做在第二级轮盘上,这样既可避开由高温的第一级轮盘向轴承传热,又可以缩短轮盘到轴承的距离,提高转子刚性。图 3.6 JT9D 的第一级涡轮盘向后伸出带安装边的鼓环,靠圆柱面定心在第二级涡轮盘的安装面上,用短螺栓连接并传递负荷。在轮盘外缘,两级轮盘间装有刚性较弱的封严环,它靠圆柱面分别与两级轮盘定心,用端面凸块周向防转。这样虽然结构复杂一些,但封严环可以阻挡高温对轮盘盘身及传力鼓环的影响,使传力鼓环处于低温区工作。

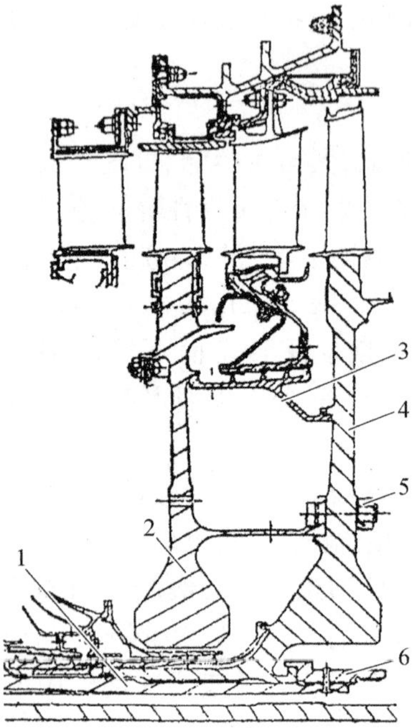

图 3.6　JT9D 发动机高压涡轮转子结构图

1. 压气机高压转子后轴；2. 第一级涡轮盘；3. 封严环；4. 带短轴的第二级涡轮盘；5. 短螺栓；6. 大螺帽

此种连接方式使转子具有良好的弯曲刚性，可以分解拆卸，虽然根据涡轮支承方案和结构的不同，轴与盘的连接采用与第一级盘或第二级盘连接的方式，同时也采用了一些隔热设计，但由于在盘的受力截面上均打了多个连接螺栓孔，故大大降低了轮盘的强度与寿命。另外，涡轮轴穿过第一级轮盘盘心，使盘心的孔径变大，盘承受离心载荷的能力减弱，对强度不利，只好加大盘心处的厚度，使质量加大。

现代一些高压涡轮轴连接结构设计中，为提高连接结构的可靠性，常常采用在盘的中部前缘或后缘伸出一个安装边与前后轴颈连接，并开有冷却空气孔通气降温。这种结构（图 3.7）使连接刚度和结构完整性有了大幅提高。

图 3.7 中，盘轴间采用螺栓连接，靠盘轴接触端面的摩擦力传递扭矩，圆柱面定心。这种结构靠专门的安装边连接，不削弱盘的强度，加工方便，又可装拆。此外，这种结构的"Z"形轴径，它的薄壁圆筒段起着"热节流"的作用，并可通气冷却，大大减小了向轴承的传热。同时，这种结构还具有一定的弹性，可以减少盘上不稳定载荷向轴的传递。

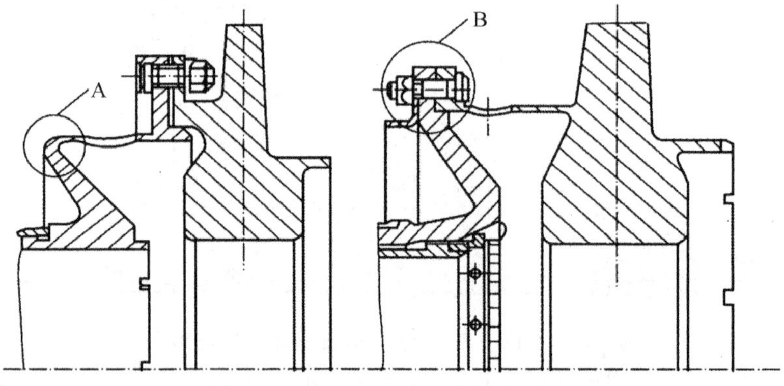

(a) J57发动机　　(b) J75发动机

图 3.7　盘轴间短螺栓连接

图 3.7(b)所示为 J75 发动机的盘、轴连接方案，它与 J57 发动机的不同点在于将原来轴颈上的圆柱段改制在轮盘上。这样，一方面使 J57 发动机 A 区的轴颈承受弯曲负荷改变为 J75 发动机 B 区的螺栓受拉，从而改善了轴颈 A 锐角受力的不利情况。另一方面，由于具有"热节流"作用的圆柱段与螺栓连接部分的位置发生了变化，降低了连接处的温度，不会造成连接处有很大的变形差，改善了盘、轴及螺栓连接的可靠性。

在 F404 发动机高压涡轮盘轴连接中，采用了类似的结构，如图 3.8 所示。为避免在盘上受力部位因开孔产生应力集中，在高压涡轮盘前后加工了安装边，并通过短精密螺栓分别与高压前轴颈和高压后轴颈连接。但是，在低压涡轮盘与轴颈间仍然采用了在轮盘轮缘处开多个孔，通过短螺栓将二者连接起来的设计。但该公司在后来设计的发动机中，都不采用这种结构。

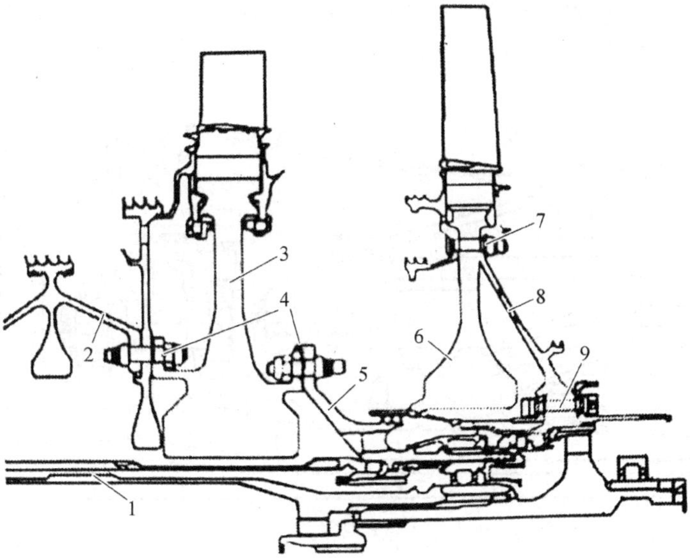

图 3.8 F404 涡扇发动机涡轮转子结构图

1. 低压涡轮轴；2. 高压前轴颈；3. 高压涡轮盘；4. 短精密螺栓；5. 高压后轴颈；6. 低压涡轮盘；7. 短螺栓；8. 低压轴颈；9. 短螺栓

在高涵道比涡扇发动机中，低压涡轮一般级数较多（3~7 级），而且采用盘鼓混合式转子，如图 3.9 所示，每个轮盘均带有前、后鼓环，各级盘间靠装在鼓环安装边上的精密螺

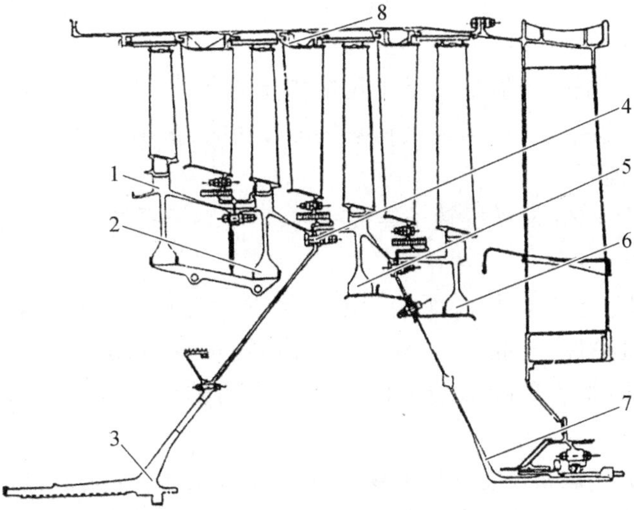

图 3.9 CF6－50 发动机低压涡轮转子结构图

1. 一级涡轮；2. 二级涡轮；3. 前轴；4. 精密螺栓；5. 三级涡轮；6. 四级涡轮；7. 后轴；8. 低压涡轮静子组合件

栓连接定心,用自锁螺母锁紧。前后轴分别与二、三级和三、四级鼓环相连,转子的刚性和平衡性都较好。由于不在轮盘上开螺栓孔,所以提高了盘的强度。盘中心开大孔可减小轮盘的径向温度梯度,使热应力减小,这样不仅盘的应力比较均匀,而且改善了盘的低周疲劳性能,盘的质量也较轻。

在有的发动机中,将精密螺栓制成锥形(图 3.10),配合紧度靠控制螺栓头与安装边的间隙保证。它适合于多次装配,但锥形螺栓及孔的加工都比较困难。

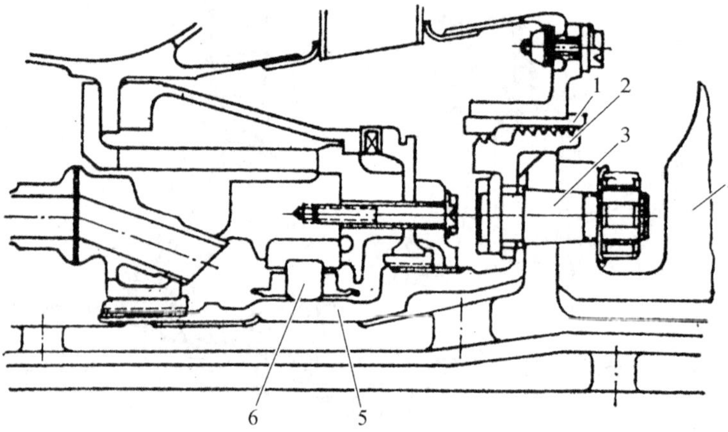

图 3.10　用锥形精密螺栓连接高压涡轮盘轴结构图

1. 封严静子件;2. 封严篦齿圈;3. 锥形精密螺栓;4. 高压一级涡轮盘;5. 轴承衬套;6. 高压涡轮轴承

上述各方案中,由于高压转子工作温度高,负荷大,所以强度和变形问题十分突出。在近代先进发动机中,一般会加大轮盘厚度,轮盘前后基本采用对称结构,尽量不在盘身上开孔,并选用粉末冶金材料热等静压成型等技术途径,以确保强度和寿命,并提高材料利用率。

3. *端齿-长螺栓连接*

在中、小型燃气涡轮发动机中,常采用端齿定心传扭、中心长螺栓或沿圆周均匀分布的几个长螺栓拉紧的结构。端齿连接具有热定心功能,常用的齿形有梯形齿、矩形齿和圆弧端齿,如图 3.11 所示。

图 3.12 所示为 WZ8 发动机转子连接结构,整个转子系统由 5 对端齿连接传扭,并由中心长螺栓拉紧。

图 3.13 中盘轴、盘盘间用圆弧端齿定心传扭。圆弧端齿可以保证冷热状态下的可靠定心,且重复定心的精度也高。中心长螺栓所受负荷,除了与压气机转子中的长螺栓所受负荷相同外,还要承受圆弧端齿传扭时产生的轴向力,以及比压气机大得多的热应力。

图 3.14 所示为透默ⅢC 发动机的涡轮转子连接结构,其盘轴、盘盘间用圆弧端齿定心传扭,采用沿圆周均匀分布的几个长螺栓将两级涡轮盘和涡轮前后轴连接起来。

4. *焊接*

更简单的盘轴连接方式为焊接。图 3.15 中涡轮盘向前伸出薄壁筒与直径相同的涡

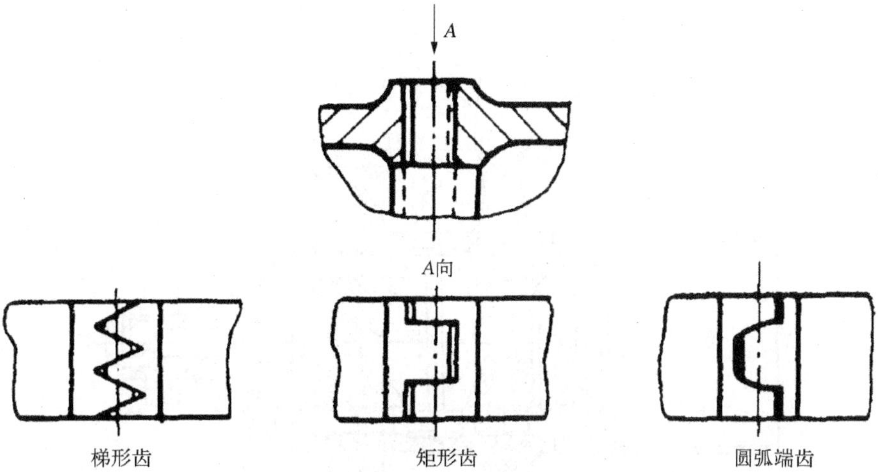

图 3.11 具有热定心功能的端面齿连接

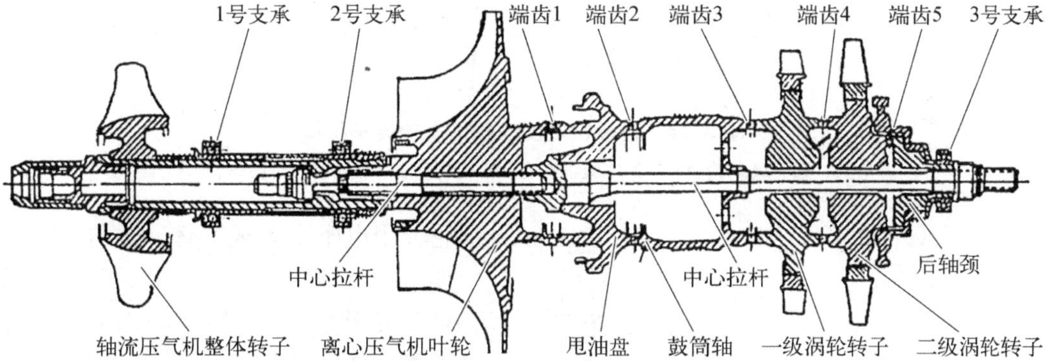

图 3.12 WZ8 发动机转子连接结构图

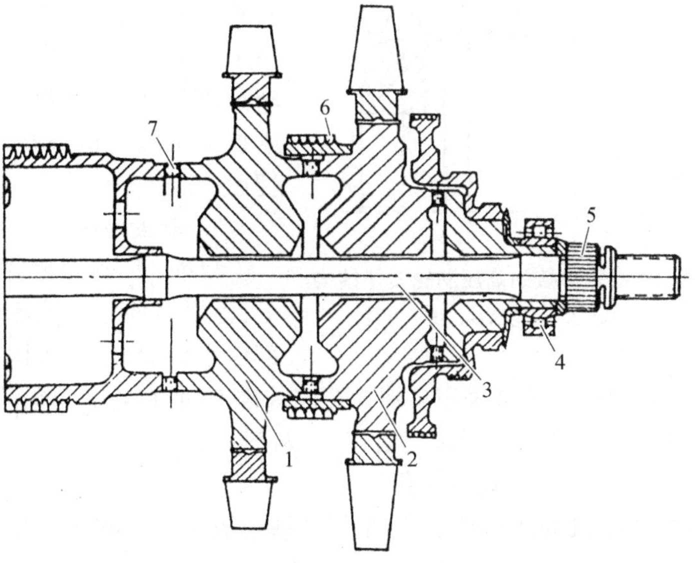

图 3.13 阿赫耶发动机的涡轮转子

1. 第一级涡轮盘;2. 第二级涡轮盘;3. 中心长螺栓;4. 轴承;5. 螺母;6. 封严篦齿;7. 圆弧端齿

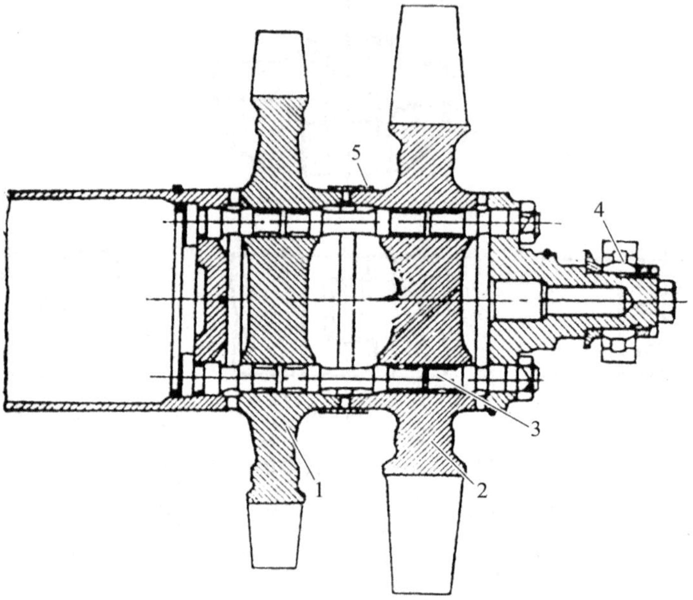

图 3.14　透默ⅢC 发动机的涡轮转子结构

1. 第一级涡轮盘;2. 第二级涡轮盘;3. 长螺栓;4. 轴承;5. 圆弧端齿

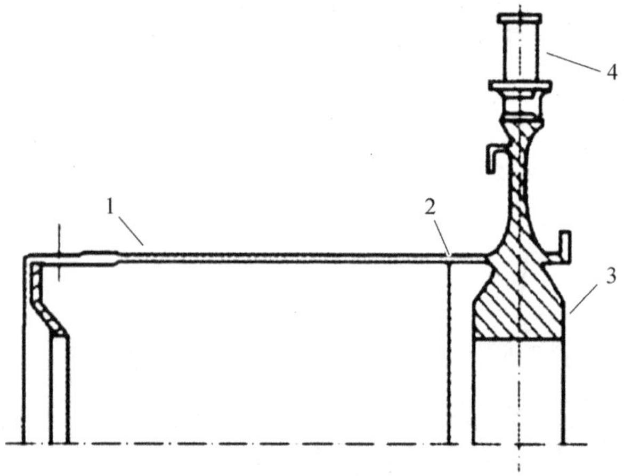

图 3.15　RB199 发动机盘轴焊接的高压涡轮转子结构

1. 涡轮轴;2. 电子束焊处;3. 涡轮盘;4. 转子叶片

轮轴用电子束焊成一体。这样,电子束焊处的盘轴变形基本一致,只要保证焊接时变形小,则焊接后的内应力就小,焊缝处强度高,能经受冷热循环的疲劳载荷,即能可靠地工作。焊接的连接方式减少了连接件,结构简单,质量轻,提高了材料的利用率。但对焊接品质要求高,它不仅要求焊接技术高,而且要求焊接品质的检查技术也要有足够的把握。

5. 套齿连接

目前,长寿命涡扇发动机在设计上,为提高使用寿命和可靠性,在高温部件中盘轴连接结构上进行了改进。与以往的发动机高压涡轮盘常常采用多螺栓孔的结构不同,在轮盘与轴的连接结构上,采用与盘一体的前轴颈(或后轴颈)通过套齿传扭、两圆柱面定心、大螺母拧紧的连接结构,为减少热传到轴承,在轴颈上打有冷却孔。

图 3.16 为 J85 发动机的涡轮转子,它是依靠第一级带短轴的涡轮盘通过套齿和大螺母与压气机后轴连接。

图 3.6 所示的 JT9D 发动机高压涡轮转子,它是依靠第二级盘短轴内的轴向套齿和大

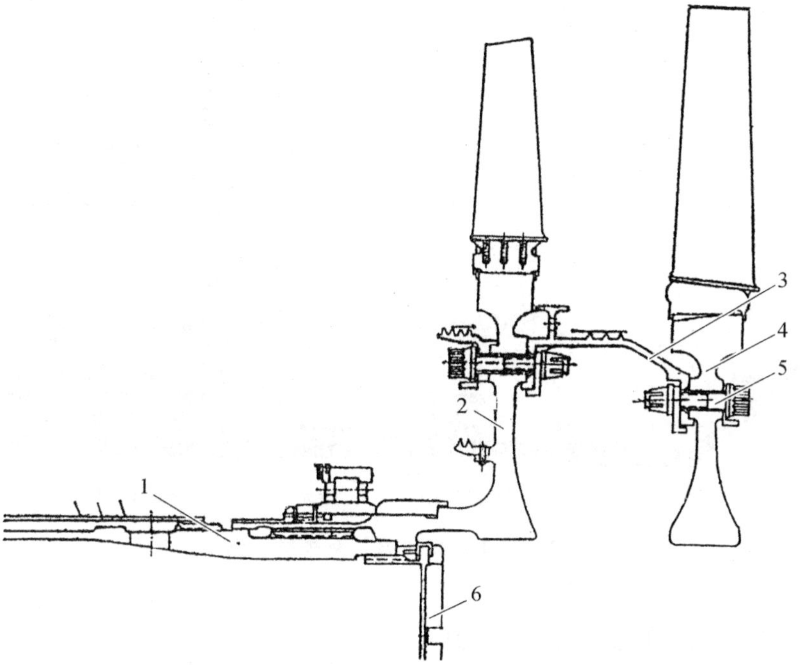

图 3.16 J85 发动机盘轴用的套齿和大螺母连接的涡轮转子

1. 压气机后轴;2. 第一级带短轴的涡轮盘;3. 鼓环;4. 第二级涡轮盘;5. 短螺栓;6. 大螺帽

螺母与压气机后轴连接在一起,借短轴与压气机后轴的圆柱面定心,工作时,配合面处径向变形协调,保证了良好的热定心,这种结构简单、装拆又方便,与 J85 发动机的连接结构相比,由于将轴与第二级涡轮盘相联,缩短了盘与轴承间的距离,且第二级盘温度较低,减少了向轴承的传热。

GE90、PW4000 等发动机的高压涡轮转子也采用了套齿连接的盘轴连接结构,如图 3.17、图 3.18。

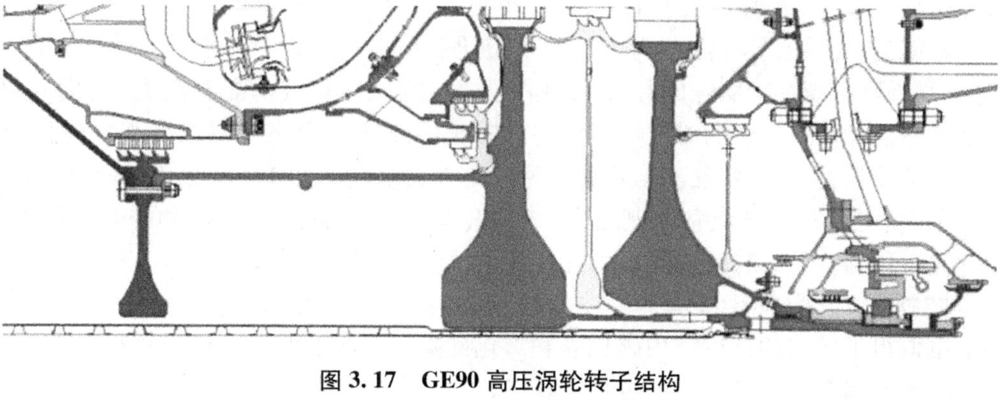

图 3.17 GE90 高压涡轮转子结构

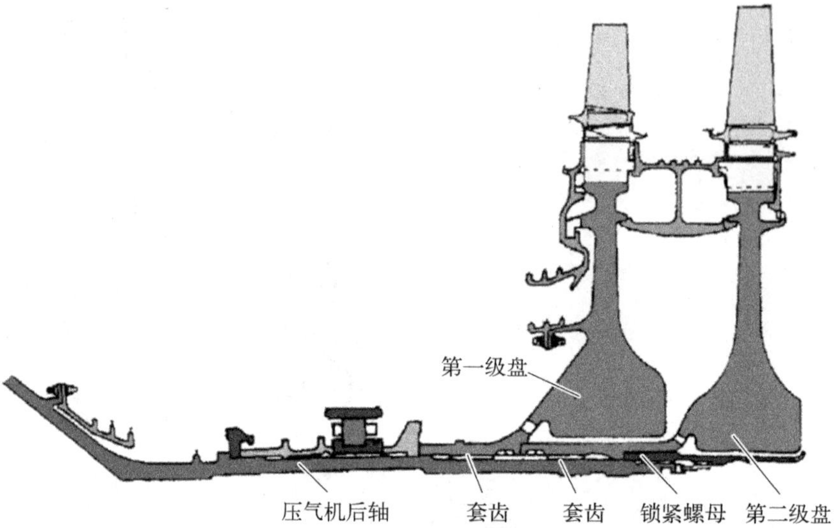

图 3.18 PW4000 高压涡轮转子结构

3.2.2 叶片及其与轮盘的连接

涡轮转子叶片是把高温燃气的能量转变为转子机械功的重要零件。工作时,它不仅被经常变化着的高温燃气所包围,并且还承受着高速旋转产生的巨大离心力、气动力和振动负荷等,此外,它还要经受高温燃气引起的腐蚀和浸蚀,因而涡轮转子叶片的工作条件是很恶劣的,它是决定发动机寿命的主要零件之一。

涡轮转子叶片和轮盘几乎都是分开制造的。叶片与轮盘制成一体的方案采用得不多,因为温度较低的轮盘不需要采用与转子叶片一样的优质材料,且叶片加工测量较困难。

涡轮转子叶片的材料是保证涡轮性能和使用可靠性的基础。涡轮转子叶片早期多采用耐高温和高强度的合金锻件,经机械加工制成。由于这种叶片工艺性太差,叶片的型面与几何形状均受到一定的限制。后来,随着高温铸造合金的发展,涡轮转子叶片多采用精铸抛光而成,从而大大地简化了工艺,结构也更趋合理。但铸造叶片抗拉性能不好,需加稀有元素使晶粒细化,另外需在真空环境下熔化和铸造,使大气中的 S、H 等元素不会进入,以提高强度。现在的涡轮叶片多采用高温合金定向结晶或单晶凝固而成(图 3.19)。定向结晶是使叶片在浇注的时候按指定的方向成长,使晶粒间的晶界与受力方向平行,增加叶片的抗拉强度,即柱状晶。与普通精密铸造叶片相比,定向结晶叶片寿命可提高 2~3 倍。单晶叶片通过特殊设备来制备,一个叶片就是一个晶。单晶叶片的疲劳寿命与普通叶片比,可提高 8 倍,蠕变强度也可提高 8 倍,抗氧化性能可提高 3 倍。当前,高温陶瓷基复合材料由于其耐高温(2 000℃左右)、抗腐蚀、抗磨损等优良特性,受到广泛关注,近几年来也取得了较大的进展。用碳化硅和氧化硅陶瓷制成的涡轮转子叶片和导向叶片已经在一些小型燃气涡轮发动机上进行试验、试车。

涡轮转子叶片由叶身、中间叶根和榫头 3 个基本部分组成。早期的发动机几乎都不采用中间叶根，但在1960年后发展的发动机比较广泛地采用了中间叶根（也称伸根）。

1. 叶身

转子叶片的叶身结构原则上与压气机叶片的要求相类似，由于涡轮中级的加功量大，即气流速度高，折转角大，因此气动力大，所以涡轮叶片的叶型剖面弯曲度大，叶身较厚，并且沿叶高的截面变化也较明显。在叶尖部分（包括叶身上部与顶端）通常有一些特殊结构。

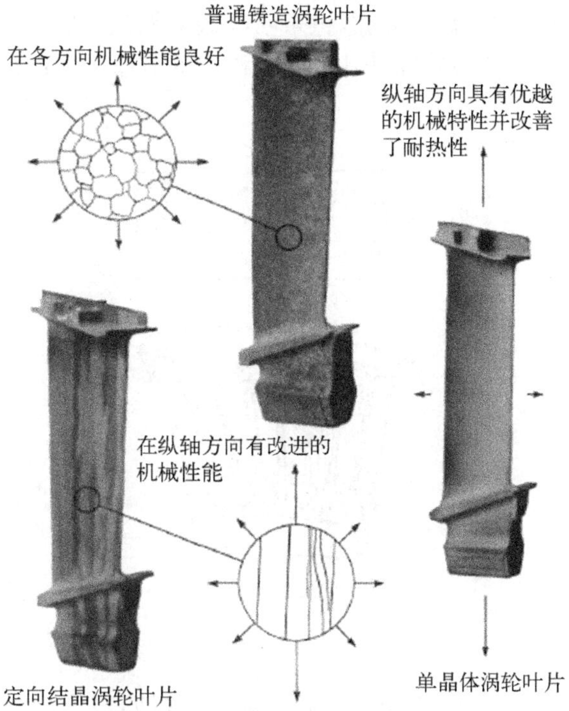

图 3.19　涡轮叶片的制造工艺

（1）叶尖“切角”。即在叶尖排气边缘削掉一部分材料，如图3.20所示。由于该处比较薄弱，在高温下，交变的热应力与振动应力均较大，容易出现裂纹与断裂等故障。通过磨削掉叶尖排气边缘小部分材料，可以改变叶片的自振频率（称为“修频”），以弥补制造误差引起的某些叶片满足不了规定频率的要求。显然，这对叶片强度与效率均有影响。采用叶尖调频凸台的结构（图3.21），可以保持叶片型面的完整，又能达到修频的目的。在叶片设计成可以切角时，应规定最大的切角范围，避免切角太大影响涡轮的效率。

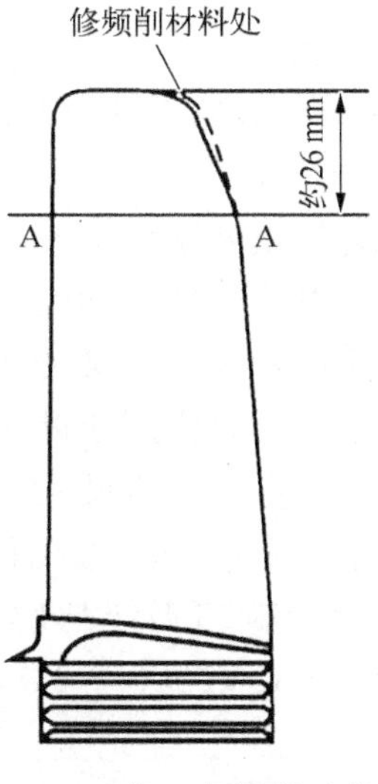

图 3.20　WP7 第1级涡轮叶片的修频

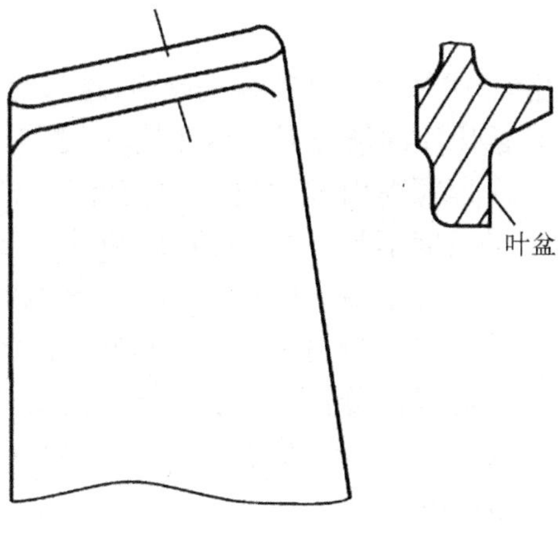

图 3.21　叶尖带凸台的涡轮叶片

（2）叶顶带冠。现代许多涡轮叶片顶部带有叶冠（图3.22）。这样做的好处是：利用相邻叶冠之间的摩擦来吸收振动能量，从而有效地起到减振作用；相邻叶冠合壁成环型，将气流限制在叶片与叶冠构成的流道中流动，减少了潜流损失，提高了涡轮效率。

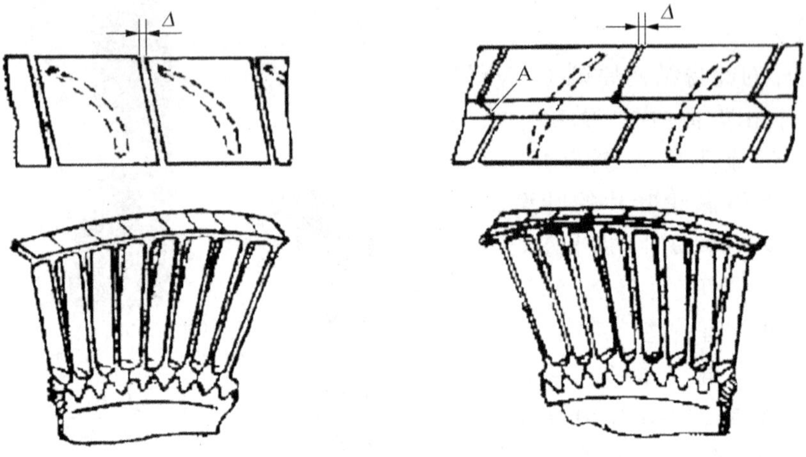

(a) 平行四边形叶冠　　(b) 锯齿形叶冠

图 3.22　带冠叶片

目前，常用的叶冠形状有平行四边形（如康维、WS9、RB211、WJ6、WP7 甲等）与锯齿形（如 J57、JT3D、JT9D、RB199、奥林巴斯 593 等）。平行四边形叶冠结构简单、便于装拆，装配时冠间要留有一定间隙 Δ，工作时由于离心力作用产生扭转变形和热膨胀，使冠间靠紧，但是由于轮盘榫槽和叶片的制造尺寸误差，常令此间隙不易保证在合理的范围内（理想情况是工作时间隙消失或不太大，各叶片相互支靠抑制振动），所以这种叶冠常有接触和磨损不一的缺点，对抑制振动不利。锯齿形叶冠基本能克服上述缺点，这种叶片装入轮盘榫槽，使叶片预先被迫产生弹性扭转变形。在 A 面抵紧，从而工作时使 A 面始终保持压紧状态。为了提高 A 面的耐磨性，在该面上可喷涂硬质合金。

某些发动机在叶冠上加工或带有封严齿，以加强封气效果，减少轴向漏气，提高涡轮效率。

显然，采用带冠叶片越来越多，这与叶片精密铸造工艺的发展密切相关。

带冠叶片的缺点是：由于有了冠，叶片重量加大，特别是它处于叶尖处。工作中由于叶顶带冠而引起的离心力使叶身与轮盘增加了负荷，并且叶冠又处于悬臂状态，自身蠕变强度不足。另外，叶冠和叶身转接处也有一附加弯矩作用于叶身上，且该处还易产生应力集中。因此，在设计叶冠时，一方面要尽量减小它的尺寸，即通过减小叶顶弦长与增加叶片数目来分别缩小叶冠轴向与周向的尺寸；另一方面叶冠的剖面要尽量使边缘部分薄些，与叶身连接处厚些。由于叶冠受冷却不便与切线速度过大的限制，在许多发动机的高压涡轮（如 PW4000、TF39、CF6、V2500、P29 等）中，并未采用带冠叶片。

目前，大多数现代发动机在低压涡轮、中压涡轮中采用带冠叶片，主要是因为这些叶片长，带冠后能较好地解决叶片的振动问题。

当叶片较短时，可采用展弦比较小的叶片而不带冠。此时为了使叶尖和机匣的径向间隙尽量减小，可在叶尖处喷镀耐磨金属，与机匣上的易磨涂层相配，如图 3.23 所示，工作时叶片在机匣内壁磨出一道沟槽，使轴向漏气量减少。

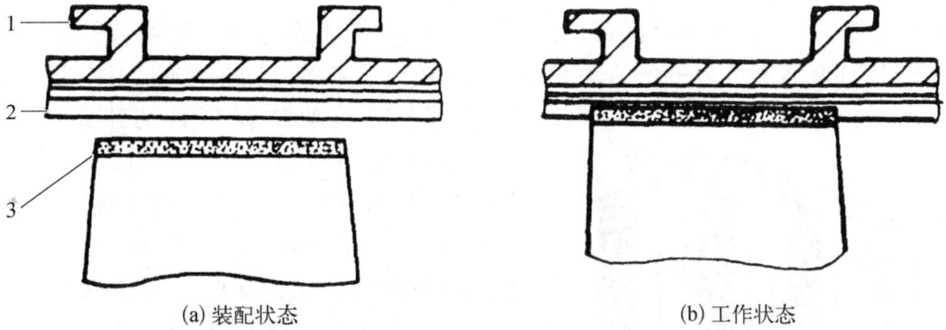

图 3.23 叶尖喷镀耐磨层

1. 涡轮机匣衬段；2. 等离子喷镀陶瓷层；3. 叶片耐磨处理层

(3) 变功量、可控涡设计。一些先进的发动机的涡轮叶片采用了可控涡的变功量设计。如遄达、RB211－524G/H 的中压涡轮叶片和 JT9D－7R4 的低压涡轮叶片。燃气流在导向器和转子叶片间的环形通道中的做功量是根据需要来控制的。可控涡的变功量设计减少了二次损失，提高了涡轮效率，使级数减少。可控涡的变功量叶片和常规的气动叶型对比如图 3.24 所示。图 3.24(a)示出两种设计中，进入工作叶片的气流角度在叶尖与叶

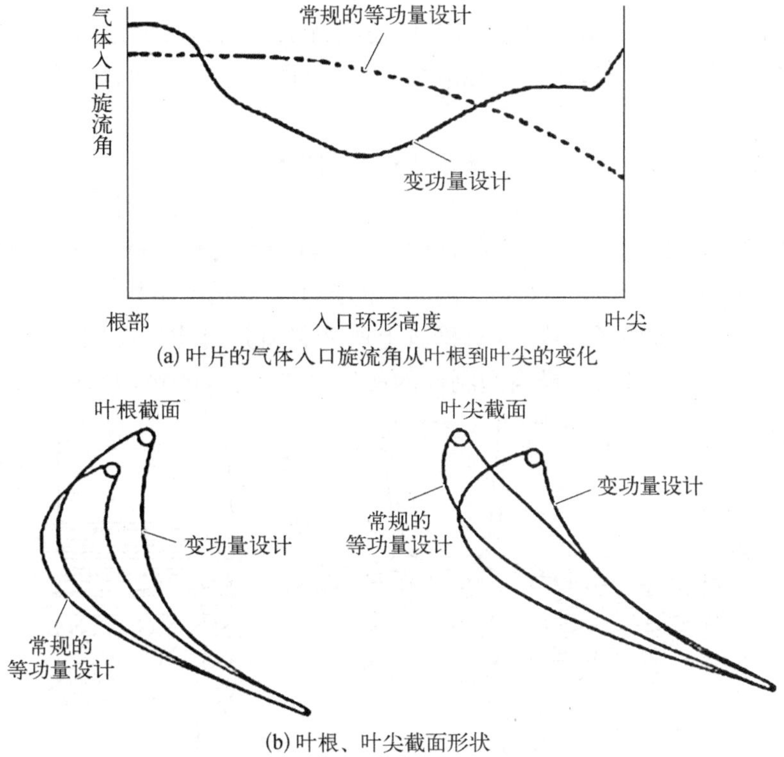

图 3.24 变功量设计

根间的变化规律。图 3.24(b)中示出了这两种设计中，叶根、叶尖叶型的不同之处。可见，采用变功量设计后，叶身变薄许多。在 JT9D－7R4 的低压涡轮设计中，由于叶身采用了变功量设计，使级数少了 2 级，效率提高了 2%(从 86%提高到 88%)。

(4) 正交叶片。在现代高涵道比涡扇发动机中，低压涡轮的气流通道呈较大扩散角的扩张形，因而在各截面处的气流不是平行流动的，上半部是向外倾的，下半部则是向内倾的。为了提高气动效率，叶片的叶身采用了“正交”，即各截面处的叶身基本与气流方向是直角，其结果便是叶片沿高度方向不是直线的，而是呈弯曲状，如图 3.25 所示。对于转子叶片，采用正交设计使效率有所提高，但是由于叶片与轮盘不在一个平面内，有一定的夹角，在叶片根部会有一较大的附加应力，所以对叶片的强度有较大的影响。罗罗公司研制的遄达 600、遄达 700、遄达 800、遄达 900 与遄达 1000 均采用了正交设计。

图 3.25　遄达 800 低压涡轮简图

2. 叶片榫头与轮盘的连接

涡轮叶片榫头承受的负荷较大，在现有构造中，一个叶片根部要承受的离心力高达 100~150 kN；此外，榫头处于高温下工作(可达 600~700℃)，材料的机械性能大大地降低。因此，在设计涡轮叶片榫头的连接时，除了与压气机中所提要求相同外，还应特别注意到两个方面：一方面要允许榫头连接处受热后能自由膨胀，以减少热应力；另一方面榫头的传热性要好，使叶片上的热量容易散走。

现代航空燃气涡轮中，广泛使用枞树式榫头(图 3.26)，它的两侧带有对称分布的梯形齿，作为榫头的支承表面，在轮缘上相应地加工有同样型面的榫槽，在叶片离心力和弯曲力矩的作用下，榫齿承受剪切和弯曲，齿的工作表面承受挤压，榫头各截面承受拉伸(图 3.27)。榫头上的齿数通常取决于叶片离心力的大小与榫齿的结构形式。值得指出的是，这种榫头连接是一种多齿形结构，各对榫齿上所受载荷是否均匀应取决于叶片榫头与轮盘榫槽间的相对变形，所以，各榫齿间刚性的相对分布、材料的物理性能(如线膨胀系数、

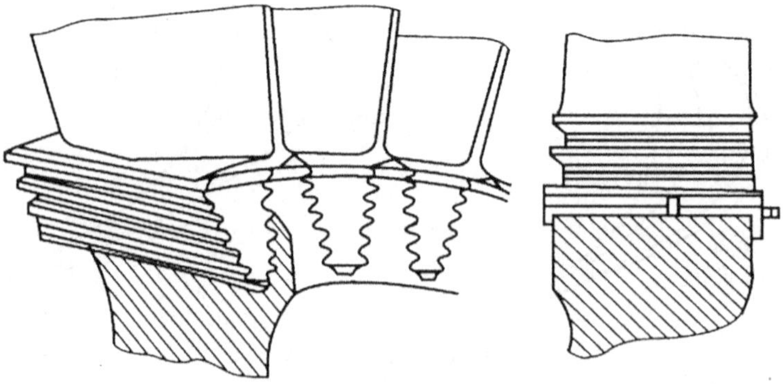

图 3.26　用枞树式榫头固定的涡轮叶片

高温下的塑性程度等)以及制造误差等都对各齿载荷的均匀性产生重要影响。一般榫头上的齿数不宜过多。

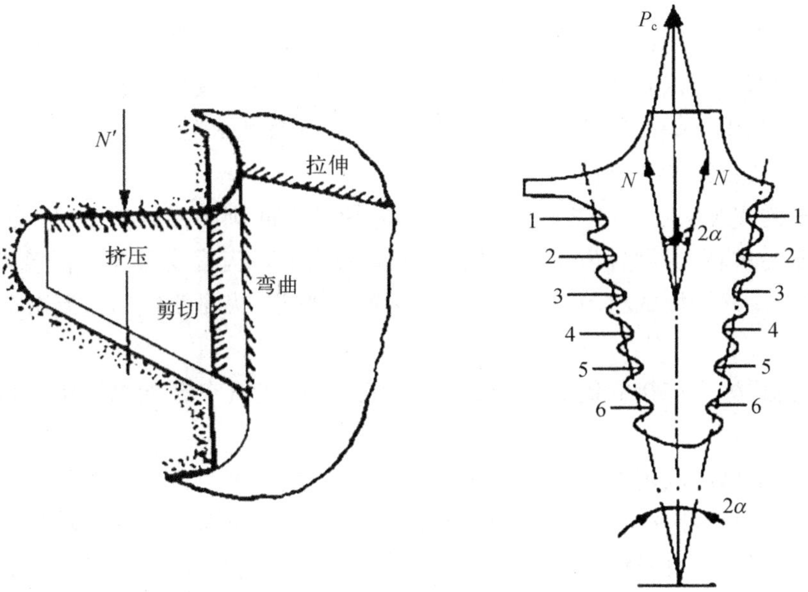

图 3.27　涡轮榫头受力示意图

图 3.28(a)所示为 WP6 发动机的涡轮叶片榫头形状,它具有 5 对榫齿。目前,倾向于采用齿数少、齿间圆角半径大的榫头[图 3.28(b)、(c)],以减小齿面负荷的不均匀和应力集中。图 3.28(d)为两个榫头成对地装在同一榫槽中,工作时两个榫头的结合面 A 互相压紧,利用该面上的摩擦力可以减振。

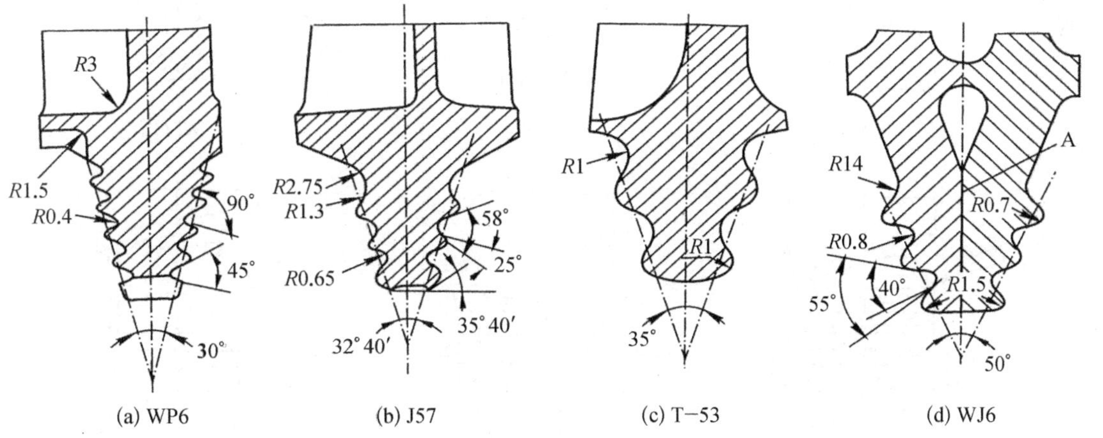

图 3.28　枞树式榫头的形状(单位: mm)

在双级涡轮中,两级叶片榫头的齿数、齿形及几何尺寸等应尽可能取得相同,以使用同一组刀具来加工两级叶片的榫头和盘上的榫槽,既简化了工艺装备,又降低了生产成本。

枞树式榫头具有以下优点：

（1）叶根与轮缘部分的材料利用合理，承载面积多，承拉截面接近等强度，因此这种榫头的重量较轻；

（2）榫头在轮缘所占的周向尺寸较小，因而在轮盘上可安装较多的叶片；

（3）这种榫头可以有间隙地插入榫槽，允许榫头与轮缘受热后自由膨胀；

（4）可以利用榫头的装配间隙，通入冷却空气，对榫头和轮缘进行冷却；

（5）装拆及更换叶片方便。

但是，枞树式榫头也有一些缺点：叶片和轮缘榫齿间圆角半径较小，应力集中现象严重；加工精度要求高，否则各齿受力不均匀，受力最大的榫齿容易破坏。但该处温度较高，如果选用具有良好塑性的材料，工作时会产生塑性变形，从而使应力重新分布，改善了榫头的工作条件。

由于枞树式榫头连接的优点十分突出，因此，在现代航空燃气涡轮中，普遍采用这种连接方式。

叶片在盘上槽向固定的方式如图 3.29 所示。它们的特点，一是由于榫槽方向相对于旋转轴线均较平直，叶片离心力的槽向分力较小，因此槽向固定较为简单，广泛采用各种锁片与铆钉；二是可利用槽向固定的结构，对冷却空气进行导流[图 3.29(c)、(f)]。

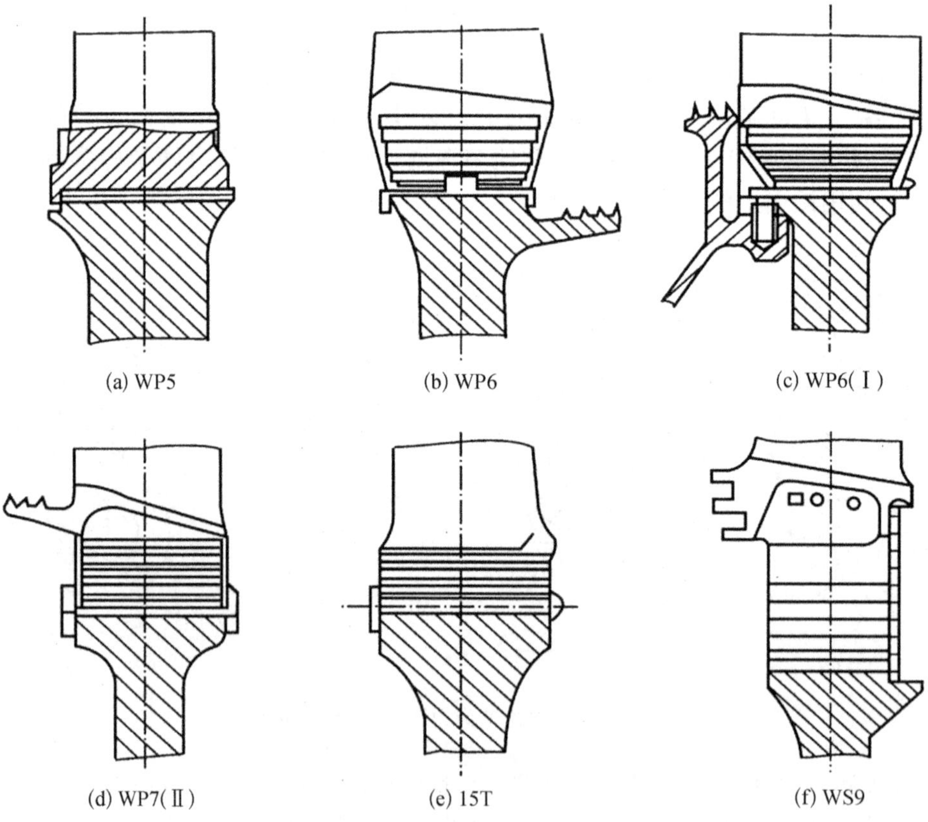

图 3.29　涡轮工作叶片槽向固定方法

叶身和榫头间可以借助底座进行连接[图 3.30(a)],而更多的是通过底座及中间叶根(也称为伸根)进行连接[图 3.30(b)、(c)]。中间叶根的横截面通常制成长方形或"工"字形。显然,带有中间叶根的榫头能减少叶片对轮盘的传热量,并可以设通道入口引冷却空气进行强迫冷却,这将大大降低叶根、榫头和轮缘的温度,减小盘内的热应力,从而可以减小轮盘的厚度,减轻轮盘及整个转子的质量。而且,中间叶根还可以使叶身与底座转接处的不均匀应力不直接传给榫头,改善了榫头应力分布的不均匀度,尤其使得榫头第一对齿的受力得到改善。但是,采用中间叶根有使叶片重量增大和叶片数目受限的缺点。权衡利弊,中间叶根优点突出,因此近代发动机上大多采用中间叶根。

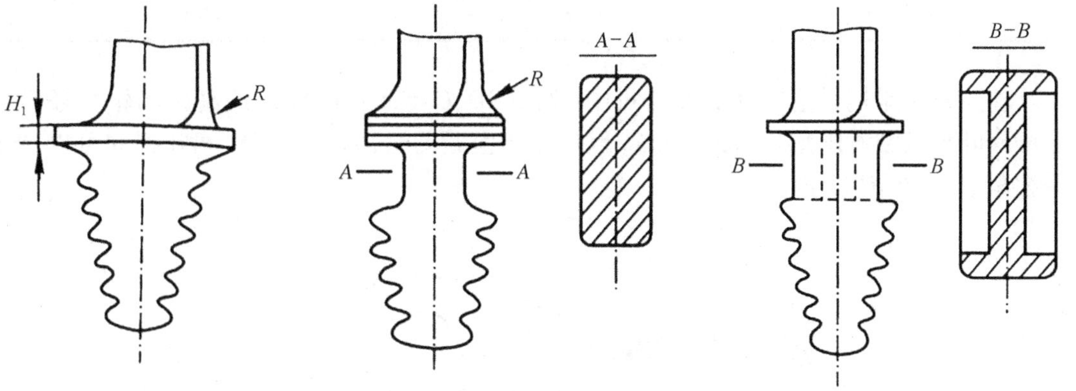

图 3.30 叶片型面部分与榫头的连接

(a) 无中间叶根;(b),(c) 带中间叶根

图 3.31 及表 3.1 对比了某型号发动机叶片有无中间叶根轮盘的温度和质量。可以看出由于采用了中间叶根冷却,虽然燃气温度增加 90℃,转子叶片的质量增加了 37.5%,但叶片和轮盘的总质量却减轻了 34%。

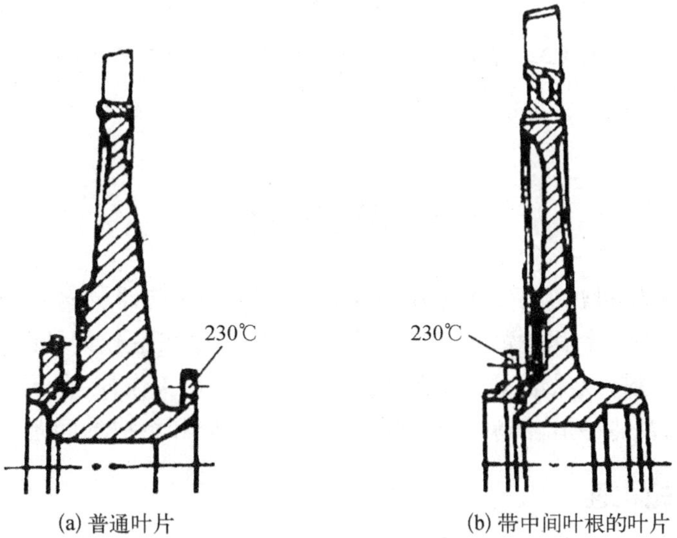

图 3.31 叶片有无中间叶根轮盘温度的比较

表 3.1　叶片有无中间叶根轮盘质量的比较

项　　目	普 通 叶 片	带中间叶根的叶片
燃气温度/℃	812	902
叶片温度/℃	710	800
轮缘温度/℃	460	375
轮毂温度/℃	约 230	约 230
轮盘质量/kg	18. 3	9. 3
叶片质量/kg	1. 6	3. 8
总质量/kg	19. 9	13. 1

在某些未采用带冠叶片的发动机中（如 JT9D、CF6、PW4000 等的高压涡轮），还常常在中间叶根处装有阻尼块（图 3. 32），当叶片产生振动时，阻尼块与中间叶根间可以产生摩擦阻尼，达到减振作用。

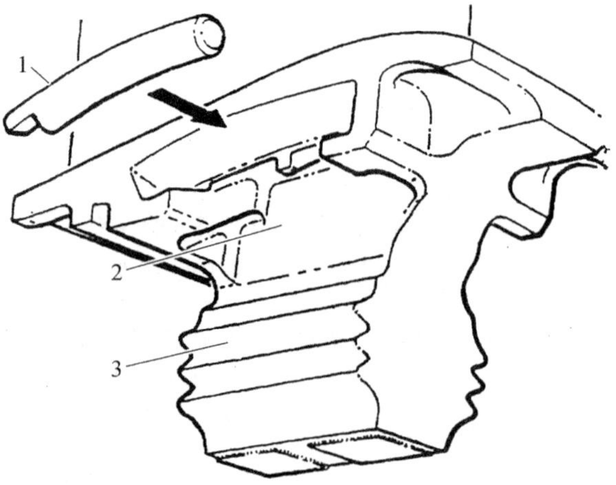

图 3. 32　在中间叶根处装有阻尼块的涡轮转子叶片

1. 阻尼块；2. 中间叶根；3. 枞数式榫头

3. 3　涡 轮 静 子

涡轮静子由涡轮机匣（也称涡轮外环或涡轮壳体）、导向器及涡轮的支承与传力构件组成。由于“热”的作用，涡轮静子与压气机静子之间，存在着较大的差异，除了采用具有良好高温性能的材料，以保证零组件在高温下安全可靠地工作外，在结构设计时，热应力、热变形、热定心以及热冲击、热疲劳等问题成为必须研究和解决的问题。

3. 3. 1　涡轮机匣

涡轮机匣通常是圆柱形或圆锥形的薄壁壳体，除固定导向器外，还借前后安装边分别与燃烧室及喷管(或加力燃烧室)连接,用于传递相邻部件的负荷,因此涡轮机匣是发动机承力系统的重要构件。其上作用有扭矩、轴向力、惯性力和内外压差。同时,机匣还直接或间接地构成了燃气通道的壁面,因此在工作时,受力、受热产生的变形和转子的振动与偏摆,以及零组件的制造误差等还会对转子叶尖与机匣的径向间隙有复杂的影响。

为了保证涡轮可靠而高效率地工作,涡轮机匣在高温下如何保持足够的刚性,避免扭曲变形,保持与转子之间合理的径向间隙等问题变得更为突出。

对涡轮机匣结构设计的基本要求是:

(1) 尽可能减小涡轮叶尖径向间隙,以提高涡轮效率,但又要保证工作时转子与静子不致碰坏;

(2) 既要保证机匣具有足够的刚性,又要减轻机匣的重量,并便于装配;

(3) 工作时,机匣相互间要能很好地热定心,转子与静子之间能保持良好的同心度。

涡轮机匣的材料通常采用耐热合金钢。它的加工工艺对耗材、成本与生产率影响很大。离心铸造或锻造后经机械加工的方法既耗费材料又费工时,生产率低。有的发动机,采用板料焊接后再与机械加工的安装边焊成一体[图 3.33(a)、(b)];有的采用轧压方法制成[图 3.33(c)]。这种轧压方法材料耗损少,生产率高,且疲劳强度好。

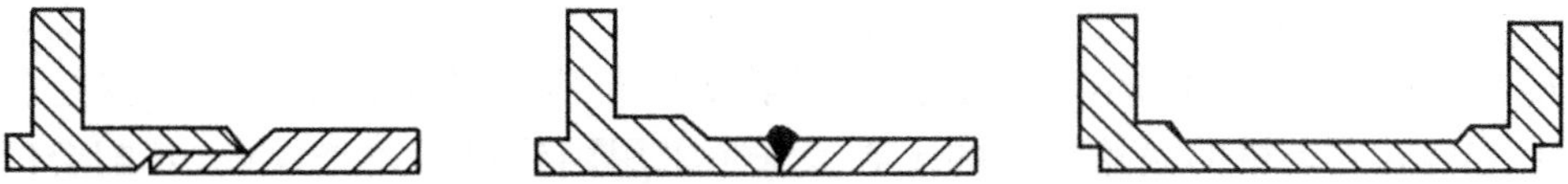

(a) 带有搭接焊的安装边　(b) 带有对接焊的安装边　(c) 轧压制成的涡轮外环

图 3.33　涡轮外环的剖面图

涡轮机匣的结构分析需重点考虑涡轮转子与静子之间的间隙问题,主要包括两个方面:一是涡轮的径向间隙沿圆周均匀;二是尽量减小涡轮的径向间隙。

1. 涡轮的径向间隙沿圆周均匀

为了保证涡轮的径向间隙沿周向均匀分布,涡轮机匣不仅要具有一定的刚性,而且刚性沿周向还要比较均匀。因此,机匣通常制成整环形,且厚度比较均匀,广泛采用横向结合面。

WP7 发动机采用了这种结构,如图 3.34 所示。这样,不仅机匣的周向刚性比较均匀,而且安装边还起加强横向刚性的作用。对于多级涡轮,为了避免安装边过多而增加重量,可以适当减小横向结合面,通常采用整体式的锥形机匣,JT3D、斯贝MK202 发动机均采用了这种结构,可是它们要求导向器与转子必须是可拆的,否则就无法装配。

图 3.35 所示为 J79 发动机的涡轮部件。它的三级涡轮转子是不可拆的,所以,涡轮机匣只能沿纵向剖分,这给外场检修带来了方便。CF6 发动机的低压涡轮机匣也采用了这种结构。由于机匣沿周向刚性不均匀,受热与受力后容易出现椭圆度超差和翘曲变形,为此,在机匣结构设计时要注意周向刚性的合理分布,并且希望采用

对径向间隙变化反应不太敏感的封严结构(如蜂窝结构),以弥补径向间隙不均匀的缺陷。

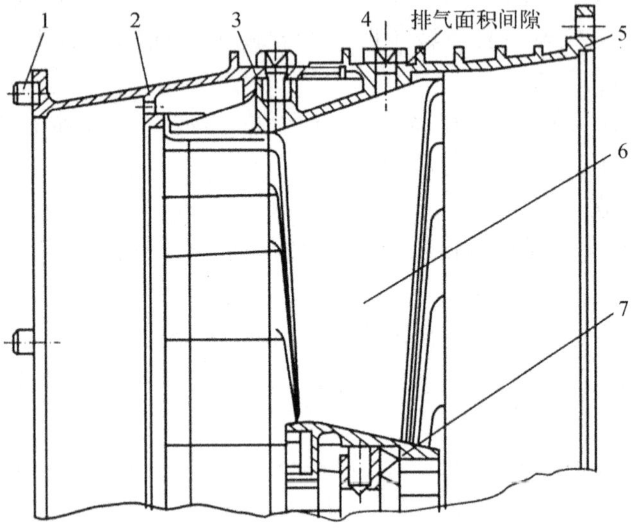

图 3.34 WP7 发动机的第 2 级涡轮导向器

1. 定位销;2. 涡轮机匣前段;3. 固定螺钉;4. 调整螺钉;5. 涡轮机匣后段;6. 导向叶片;7. 结合环

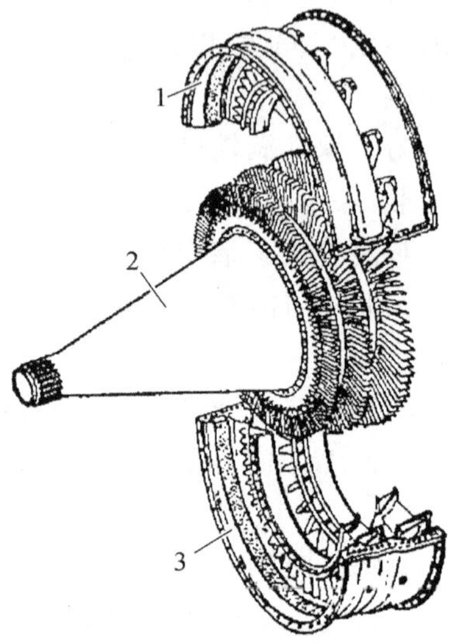

图 3.35 J79 发动机的涡轮静子和转子

1. 涡轮静子(上半部);2. 涡轮转子;3. 涡轮静子(下半部)

为了保证涡轮的径向间隙均匀分布,涡轮机匣与涡轮转子在工作时应保持良好的同心度。WP6 发动机的涡轮机匣的定心方法是采用圆柱形凸边来保证,其配合间隙根据配合面受热的程度而定,在(0~0.3)D/1 000(mm)的范围内。考虑到转子重力引起的下沉对叶片径向间隙的影响,特意将机匣前安装边上圆柱凸边的定心轴线制成与气流通道表面偏心 0.2 mm。有的发动机的机匣并不采用凸边定心,而是在装配时用千分表调整到所需的位置,再用精密螺栓固定;有的发动机靠安装边上的紧固销钉来定中心。

为了保证涡轮叶尖径向间隙均匀,有的发动机在装配时,在涡轮的某几级叶片尖部附着一层类似砂轮的磨削材料,其平均厚度约为 0.12 mm,然后旋转涡轮转子,用这些叶片将涡轮机匣内壁附着的易磨结构(蜂窝结构)或涂层磨掉,以便使涡轮机匣的内壁与转子同心。经过磨削后,这些叶片的附着材料也被磨掉。

值得指出,上述使叶尖间隙均匀的措施都是在装配(冷态)时获得的,只要机匣的刚性足够,是可以保证工作过程中叶尖径向间隙均匀的,但是,由于机匣是传递负荷的承力构件,特别是传递不对称负荷,长期使用可能会产生较大的变形,从而不能保持均匀的叶尖间隙,使涡轮效率下降,形成发动机性能的衰退现象。对于大型民用航空发动机,要求工作寿命不断延长,除了提高结构的可靠性外,性能的衰退已成为一个突出的问题。把机匣设计成双层结构是改善性能衰退现象的措施之一。它将构成气流通道外壁的内层机匣与传递负荷的外层机匣分开,这样,在较长使用时间内作为承力构件的外层机匣的变形,不会影响到内层机匣,因此保持了较均匀的叶尖间隙。有时与燃气直接接触的内层机匣沿圆周分成若干扇形段(又称涡轮衬段),各段间周向留有一定的间隙,允许自由膨胀。衬段可以采用挂钩式连接在涡轮外机匣上,如图3.36所示。

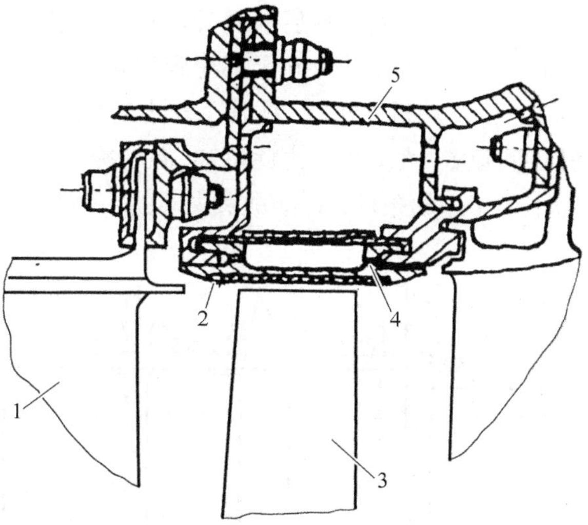

图3.36 挂钩式连接衬段的双层机匣

1. 第一级导向叶片;2. 易磨层;3. 转子叶片;4. 涡轮衬段;5. 高压涡轮外机匣

此外,涡轮机匣安装边本身的结构设计不容忽视。一方面由于其内外温差大,加上开有连接用的螺栓孔,因此孔边热应力较大,容易产生裂纹。为此将各螺孔间的材料铣去一部分(图3.37),通过削弱局部刚性来减小热应力,同时还可使重量减轻;另一方面机匣都是薄壁结构,当在安装边连接处传递重量等非轴对称负荷时,往往会在周向形成两侧剪力大、上下拉力或压力大的不均匀现象。为此,通常利用均匀提高机匣安装边的周向刚度来克服。在WP6发动机的涡轮导向器与燃烧室外壳的连接处采用了将精密螺栓集中布置在安装边两侧的办法,如图3.38所示(安装边上共有60个螺栓,其中有18个为精密螺栓)。

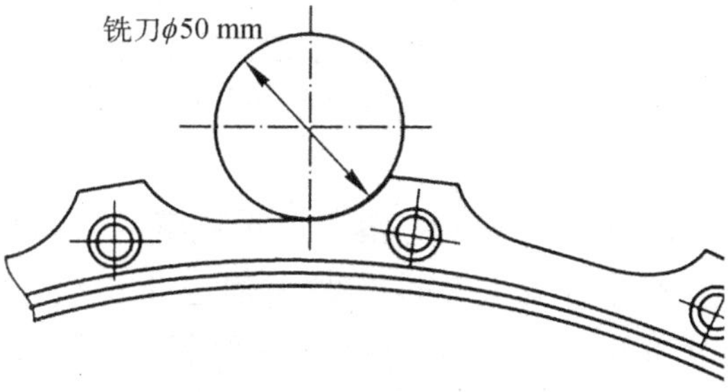

图3.37 安装边的结构

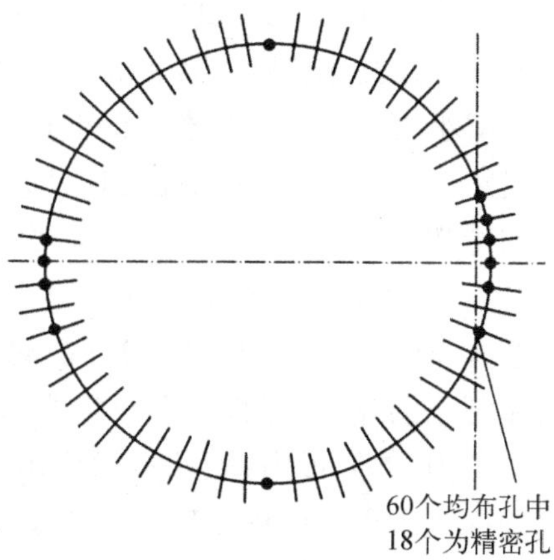

图3.38 WP6发动机的第1级导向器前安装边上螺栓孔分布图

2. 尽量减小涡轮的径向间隙

涡轮气流通道的叶尖间隙对于涡轮效率有很大的影响。由于"热"的影响,确定合理的间隙值,除了必须考虑长期工作时轮盘与叶片的蠕变伸长、机匣的收缩变形、转子的振动和偏摆等因素外,还必须考虑到机匣与转子的热惯性不同,即随着发动机工作状态的改变,它们的工作间隙将产生很大的变化,严重影响涡轮的效率与可靠性。图3.39所示为涡轮气流通道中叶尖间隙变化的示意图。设冷态的装配间隙为Δ_1;起动时,薄壁涡轮机匣的热惯性较小，受热后温度升高比轮盘快，因而膨胀也快，叶尖间隙增大为 Δ_2；随着转子转速增高，工作叶片和盘都得到加热，再加离心力的影响，使正常工作时叶尖间隙减小为 Δ_3；当发动机停车时，热惯性较小的机匣冷却得比转子快，因此叶尖间隙减小，这时的叶尖间隙 Δ_4 为最小。由此可知，涡轮冷态的装配间隙是根据发动机停车时机匣与转子叶片不得相碰的条件（$\Delta_4 \geqslant 0$）来决定的，一般取冷间隙 Δ_1 不小于（0.003~0.004）D（mm）。

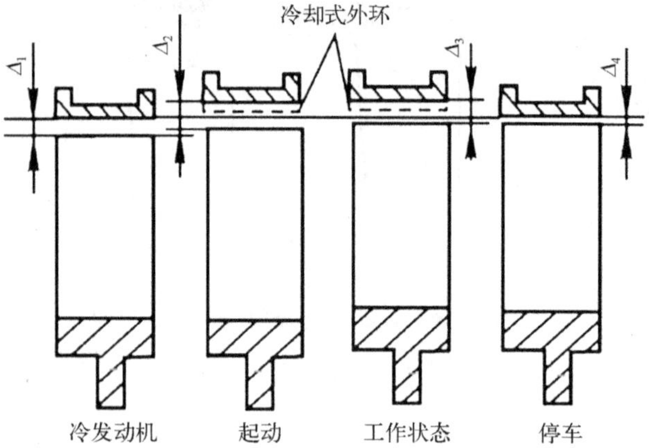

机匣形式	间隙/mm			
	Δ_1	Δ_2	Δ_3	Δ_4
无冷却式机匣	2	7	5	0
冷却式机匣	2	3.2	1.2	0

图 3.39　涡轮气流通道中叶尖间隙的变化示意图

减小涡轮叶尖的径向间隙，实质上是指停车时不允许出现机匣与叶片相碰的条件下，要求在其他各种状态，尤其在巡航工作状态下，叶尖间隙尽量地减小，通常采取以下措施。

（1）尽量减小机匣在各种状态下的变形量。最有效的办法是采用冷却式机匣。一方面通过减小机匣在各种状态下的变形量，来减小涡轮气流通道中的叶尖间隙值；另一方面改善机匣工作条件，防止翘曲变形及裂纹等故障。图 3.39 右表中的数据表示了无冷却式机匣与冷却式机匣的叶尖间隙值。由这些数据看出，在工作状态时，冷却式机匣的间隙（$\Delta_3 = 1.2$ mm）比无冷却式的间隙（$\Delta_3 = 5$ mm）小得多。

图 3.40 所示为 АИ－20 发动机涡轮机匣的外部冷却式方案。涡轮机匣的外面装有薄钢板制成的外套（或称环形收集器），利用飞行中外界大气的速度头，通过进口 a 流入空气收集器内，并经过内壁上许多沿周向均匀分布的孔口去冷却涡轮机匣外表面，然后冷却喷管并排入大气。这种冷却方式构造简单、加工方便、重量较轻，但冷却效果差。由于机匣内表面直接与燃气接触，因此在安装边上形成较大温差和产生较大的热应力。

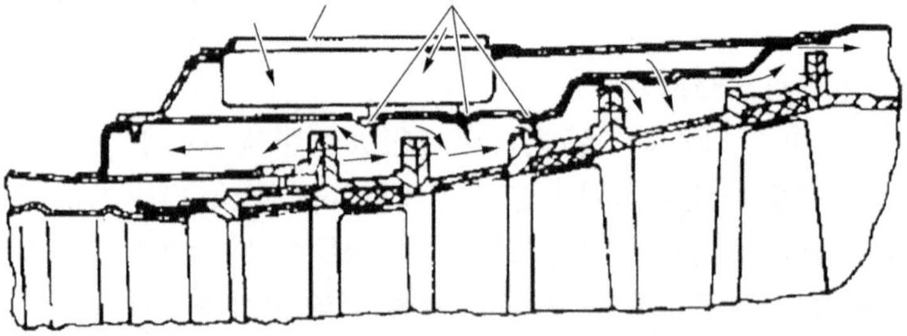

图 3.40　АИ－20 发动机涡轮机匣的外部冷却

图3.41所示为WP7涡轮机匣的内部冷却式方案。机匣内表面装有与第2级导向叶片制成一体的外叶冠，利用螺钉固定在机匣上，叶冠与机匣之间形成夹层（称为双层机匣），将燃烧室的二股气流引入此夹层中进行冷却与隔热，使机匣内表面不再与高温燃气接触。这种机匣不仅可以减小热应力与热腐蚀，而且由于减少了对机匣的传热，叶尖间隙值比较稳定。

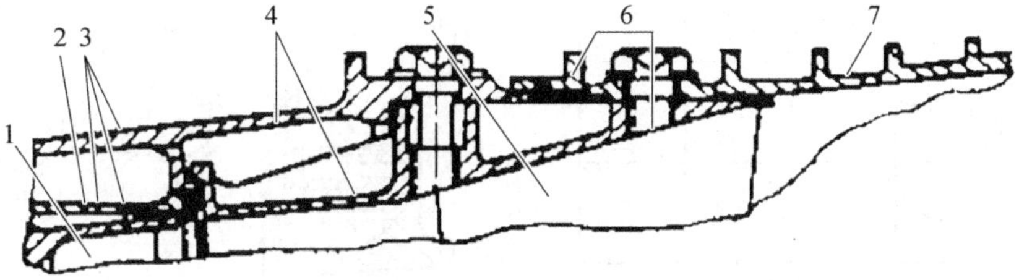

图3.41 WP7发动机涡轮机匣的内部冷却

1. 1级导向叶片；2. 导向器壳体；3. 三层壁；4. 双层壁；5. 2级导向叶片；6. 涡轮机匣；7. 单层壁

选用线膨胀系数较小的材料制作涡轮机匣，也是减小机匣变形量的重要措施之一。

（2）在机匣内表面采用易磨的封严材料与结构是减小叶尖间隙的有效方法。图3.42所示为在涡轮机匣中嵌入一种柔软的封严块。这种封严块可保证当转子叶片与机匣的间隙减小到零，相互碰触时，仍能安全工作而不至于损坏叶片。嵌入块可以用石墨、镍、铁等粉末混合物压制烧结而成。

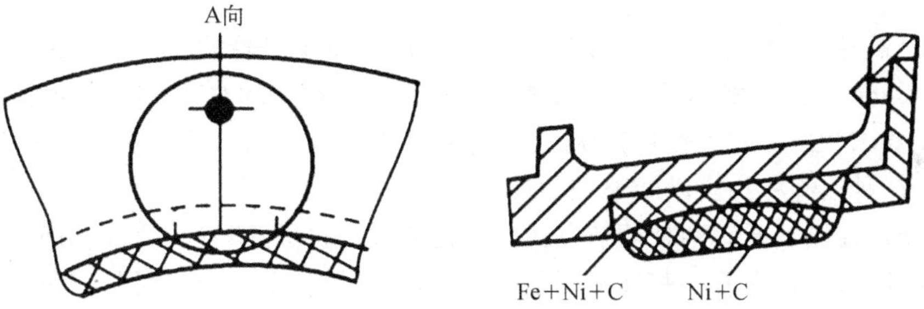

图3.42 涡轮机匣中的嵌入块

图3.43所示为易磨封严装置。它是利用不锈钢薄片钎焊而成的蜂窝形封严装置，由于这种装置具有蜂窝薄壁，即使转子与静子刮到一点也不要紧，因为它们之间的接触表面只有普通封严装置的1/10，所以允许无间隙装配，运转后的间隙值约为0.2 mm。此外，这种装置还有一个突出的优点就是漏气量对间隙的变化不敏感，这对叶尖径向间隙不够均匀或变化较大的结构来说显得格外重要。由图3.43中的曲线可以看出，蜂窝封严的漏气量随径向间隙的变化曲线（实线）明显比普通封严的（虚线）平缓。这意味着在图示实用的径向间隙范围内，蜂窝封严的漏气量较普通封严装置小得多。目前，随着涡轮前温度的提高，在有些发动机中，例如在CF6发动机的高压涡轮蜂窝结构中，充填了由镍、铝混合物制成的具有微孔的材料，以提高其在小间隙时的封严效果。

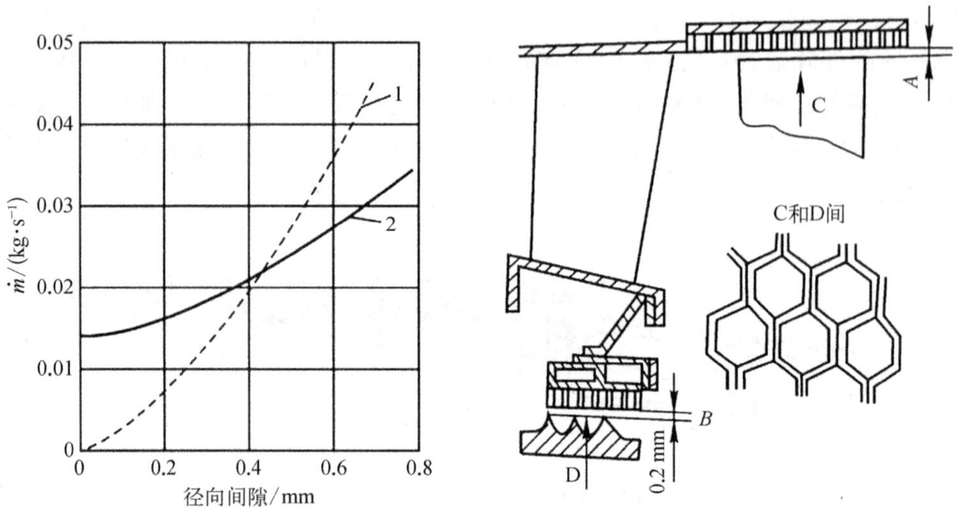

图 3.43　涡轮中易磨封严装置的简图(左图曲线为漏气量随径向间隙的变化)

1. 普通密封圈;2. 蜂窝密封圈

(3) 采用主动间隙控制技术,使叶尖间隙值尽量处于最佳状态下工作。

前述利用机匣变形量来实现减小叶尖工作间隙的措施并不是由人为控制得到的,而是在发动机工作过程中,任其自然地进行变化,因此这种不随发动机工作状态进行调节,防止叶尖间隙变化过大的措施,称为被动间隙控制技术。

为了改善发动机的经济性,压气机的增压比愈来愈高。目前大型民用涡扇发动机的总增压比已高达 50 左右,使高压压气机末级叶片与高压涡轮的叶片越来越短,有的已缩短至 20~30 mm。叶尖相对间隙变大,加上发动机工作状态的改变使叶尖间隙产生较大的变化,为此要求在发动机工作过程中,能够根据需要主动调整间隙,使叶尖间隙始终处于最佳状态,这种措施称为主动间隙控制技术。

主动间隙控制技术有两种调节方式。一是闭式回路,即感受间隙、调节间隙。但是目前在感受间隙方面存在着一些技术问题,难以实现。另一个是开式回路,即间隙按照预先给定的程序(如随工作状态或飞行状态变化)进行调节。调节的精度取决于预先给定的指令与具体结构措施。对于远航程民用发动机,巡航时燃油消耗约占总燃油消耗量的 90%,故在此状态下采用主动间隙控制技术收益尤为明显。

目前,主动间隙控制装置可以分为两大类:一类是气动式,另一类是机械式。

图 3.44 所示为 JT9D－70/59 发动机的高压涡轮采用的一种气动式管道冷却结构,通过环绕在机匣外面的几根导管向机匣喷射冷却空气,以控制机匣的胀缩。开始使用时导管为圆形截面,喷射孔的排数较少,5 根导管上有 8 排孔,后来改用矩形截面的导管和多排孔(17 排),并将冷空气喷向机匣上较为广泛的区域,从而使冷却空气量减少,冷却效果提高,巡航耗油率降低。该系统按飞行高度实行程序控制,飞行高度达到 7 010 m(巡航高度)时,冷却空气总管打开;飞行高度降低到 6 400 m 以下时,冷却空气总管关闭。可以看出,这种气动冷却的主动控制技术会造成压缩空气的流失。在设计这种机匣的结构时,要使受控机匣的动作准确,就必须注意到机匣受空气冷却的热惯性要小,动作才能灵敏;而

对高温燃气变化的影响,却要求其热惯性大,反应迟缓,这对矛盾在采用主动控制技术时,必须处理好。

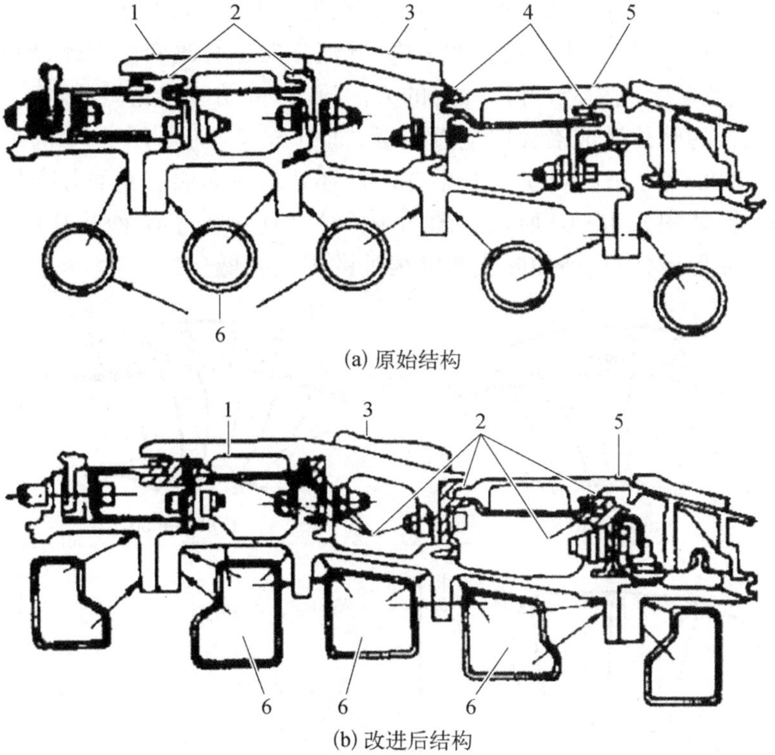

图 3.44 JT9D－70/59 发动机的高压涡轮管道冷却结构

1. 一级涡轮外环;2. 外环座;3. 二级导向叶片;4. 外环座;5. 二级外环;6. 冷却空气导管

图 3.45 所示为 RB211 发动机发展型上采用的一种机械式主动间隙控制装置。其特点是利用通道外壁的扩散形,通过一个摇臂使动叶外环做轴向移动,以调整叶尖间隙。

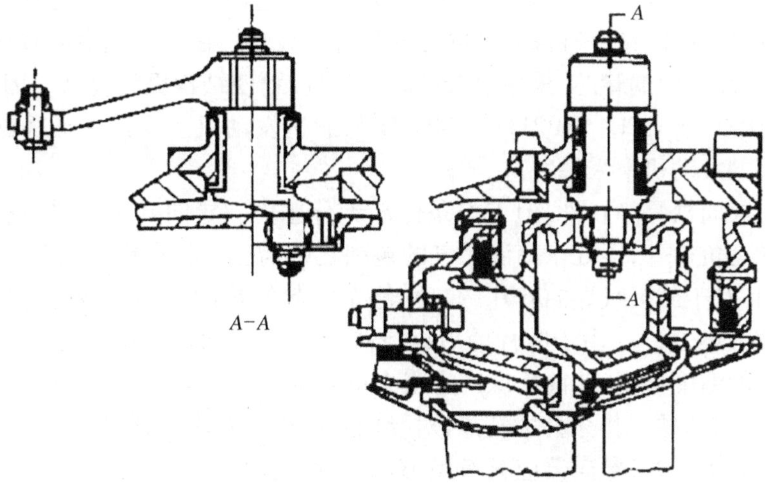

图 3.45 RB211 发动机的可移动式叶尖间隙控制环

3.3.2 涡轮导向器

涡轮导向器是由内、外环和一组导向叶片组成的环形静止叶栅。燃气通过导向叶片的收敛形通道时，速度增大，压力及温度下降，气流方向也有改变。因此，导向器的功用是使气流的部分热能转变成动能，并以一定的方向流出，推动工作轮做功。

通常，导向器的叶片做成沿径向呈直线形，如图 3.46(a)所示。20 世纪 80 年代中期发展的一些发动机，为了减少叶尖与叶根在内外环处内附面层引起的分离损失，将叶片沿径向做成弯曲的，如图 3.46(b)所示。图 3.46(c)中还示出了两种叶片沿叶高的气动损失分布，采用弯曲形后，明显地使叶尖与叶根处的损失降低。

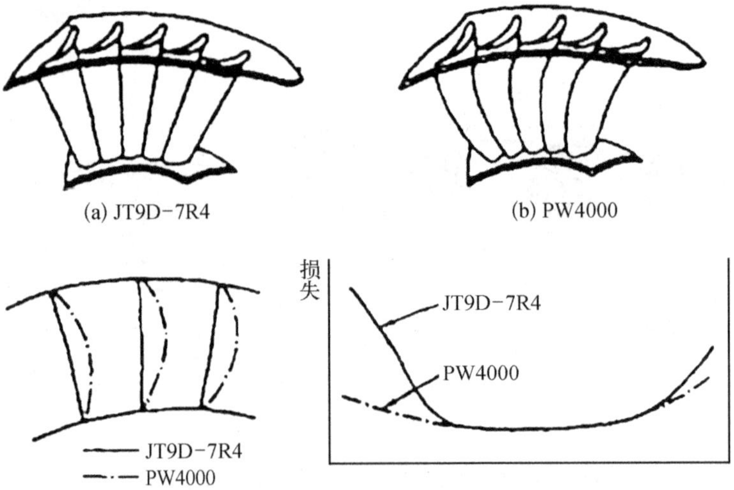

(a) JT9D-7R4　　(b) PW4000

(c) 两种叶片的叶高对比及沿叶高的气动损失分布

图 3.46　JT9D-7R4 与 PW4000 导向器比较

在有的发动机中，进一步将叶片沿轴线方向也做成弯曲的，如图 3.47(b)所示，通常沿轴线方向叶片均制成直线形，如图 3.47(a)所示。这种在两个方向均制成弯曲形的叶片，称为复合倾斜叶片，是一种高效率的导向器叶片设计。由于导向器叶片内腔冷却结构复杂，且需插装冷却用的管芯，采用复合倾斜的设计后，使结构更为复杂。因此，目前只在罗罗公司的 RB211-535E4、RB211-524G/H 与遄达发动机上采用。而径向弯曲的导向叶片则在较多的发动机中采用。

虽然涡轮导向器是静止件，但工作条件却十分恶劣。导向叶片除受有较大的气动力与不稳定的脉动负荷外，还处于高温燃气的包围之中，温度高，冷热变化大，温度不均匀情况很严重，尤其对于第 1 级导向叶片，起动-停车引起的热冲击和热疲劳现象往往成为导向叶片的主要故障之一。由于叶片前后缘较薄，热惯性较小，因而受热速度快，在导向叶片内产生很大的温度梯度，使前后缘产生很大的热应力，反复作用就会出现热疲劳(低周疲劳)裂纹。针对这些工作条件的特点，对导向器的设计要求应该是：

(1) 在高温工作时，导向器应具有足够的强度与刚性，以保证导向叶片的工作型面、安装角、叶栅间距、排气面积等参数能符合设计要求和可靠工作；

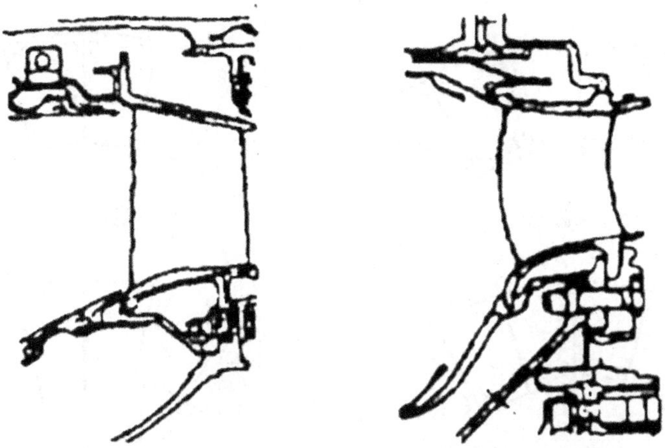

(a) 常规导向器　　(b) 复合倾斜导向器

图 3.47　常规导向器与复合倾斜导向器比较

（2）减小导向器中的热应力，例如采取措施允许高温零件（特别是导向叶片）自由膨胀；

（3）导向叶片不作为承力件，如果内外环间需要传力时，通常要设置专用承力件；

（4）导向叶片做成单个的或两三个叶片一组，这样便于装配、定位和公差控制，损坏的叶片也易更换。

导向器组合件同样也应该结构简单可靠、装拆方便、重量轻，并满足工艺性、经济性的要求。

根据导向叶片的工作特点，导向叶片的材料一律采用高温合金。由于这类材料价格昂贵，因此应按不同的工作温度选用不同的材料。此外，这类材料的材质很硬，金属切削加工困难，一般采用精密铸造，做成实心的或空心的叶片。实心叶片铸造方便，但因叶型厚薄不均，受热速度不同，叶片内热应力较大。空心叶片叶型部分壁厚明显减小，并趋于均匀，中间还可以通冷却空气，这样，便降低了叶片的工作温度，减小了热应力，但空心叶片的精铸工艺较为复杂。

在结构设计方面，由于第 1 级导向器与第 2 级以后的导向器各具特点，所以分别予以分析。

1. 第 1 级导向器

第 1 级导向器紧接在燃烧室出口，工作温度最高，温度最不均匀，通常都采用有效的冷却措施，为了保证叶片具有足够的刚性，采用了两端与机匣相连（即双支点）的结构。此外，第 1 级涡轮导向器的排气面积对发动机的性能影响较大，因此要求较严，结构上通常允许调整。

第 1 级涡轮导向器的基本特征是导向叶片不作为承力构件，并保证自由的热胀冷缩。为了加强冷却，许多先进发动机将燃烧室中的二股气流直接引入一导叶片中，对其进行冷却。

为了减小热应力，导向叶片采用的连接方案通常有：两端自由支承；一端固定、另一端自由支承；由两片或更多片导向叶片固接在一起的叶片组（图 3.48）。

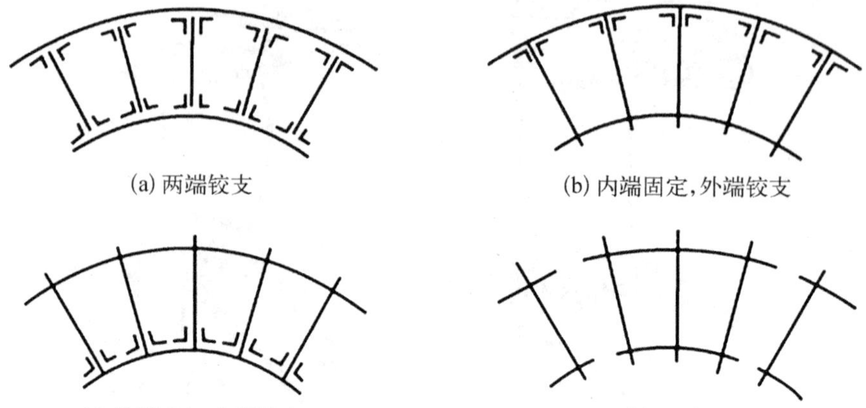

(a) 两端铰支　(b) 内端固定,外端铰支

(c) 外端固定,内端铰支　(d) 叶片组

图 3.48　第 1 级涡轮导向叶片的固定形式

WP6 发动机的第 1 级涡轮导向器如图 3.49 所示。导向叶片是空心的,两端自由插在内外枕垫形成的型孔中,径向留有间隙,叶片受热后能自由膨胀。为了传递涡轮前支点的负荷,在叶片内腔穿过拉杆、衬筒将内外机匣联成一体。显然,拉杆承受径向拉力,是主要承力件;衬筒受压,主要保证内外机匣的同心度,起定距作用。这种结构比较紧凑,但是叶片的相对厚度增加,叶片数目减少,涡轮效率降低,因此不宜在小流量发动机中应用。同时,由于拉杆、衬筒的装配应力在工作状态下会发生变化,各个拉杆、衬筒的内应力随周向位置的不同而不同,使它们的连接刚性与可靠性(衬套受压失稳)受到影响,所以这种结构通常适用于中等流量的发动机。

WP7 发动机的第 1 级导向器的结构(图 3.50)与 WP6 发动机的相似。它们的主要区别表现在:一是用实心承力幅条代替承力拉杆与衬筒。这样既避免拉杆、衬筒装配应力带来的影响,又增加幅条的数目与截面积,从而提高了它的承载能力,同时又提高幅条与机匣间的连接刚性,改善了装配质量。二是在叶片排气面积的调整上,WP6 发动机是通过交换不同弦长的叶片,WP7 发动机则是通过改变叶片的排气角度,所以它将叶片与内外枕垫制成一体。为了使高、低压转子的转速差控制在规定的范围内,对排气面积要求较严,第 1 级导向器的排气面积公差的相对值为 0.447%(WP6 发动机为 0.91%)。调整方法是选配在第 1 级导向器外环上特型孔内的偏心衬块,使叶片绕幅条轴线旋转,从而改变叶片后缘的角度,使排气面积改变。

图 3.51 所示为斯贝发动机的高压涡轮第 1 级导向叶片。它是由 3 片叶片利用真空电子束焊成的叶片组。在焊接前,可以通过改变单叶叶型安装角来调整排气面积。这种叶片组共有 20 组,构成第 1 级涡轮导向器的环形通道。显然,这种结构具有良好的刚性。

2. *第 2 级及其以后各级导向器*

第 2 级及其以后各级导向器都是位于两级工作轮之间,因此在结构设计时,应考虑其特殊性。

(1) 叶片的传力问题。由于这类导向器只能是一个外端固装的悬臂结构,作用在导

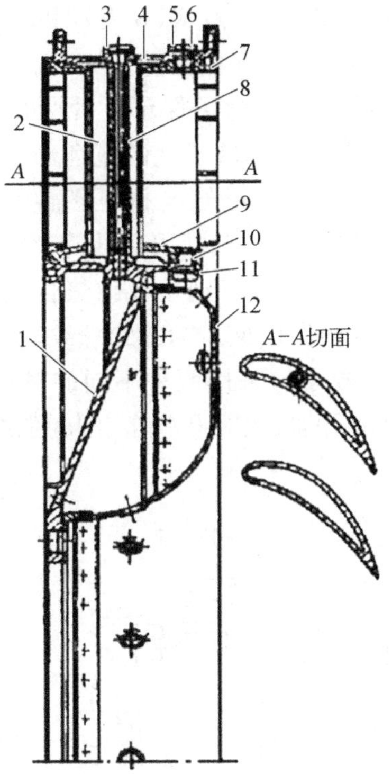

图 3.49 WP6 的第 1 级涡轮导向器

1. 内支承环;2. 导向叶片;3. 接紧螺杆;4. 一级导向器外环;5. 锁片;6. 螺钉;7. 外枕垫;8. 定距离衬筒;9. 内枕垫;10. 螺钉;11. 锁片;12. 隔热屏

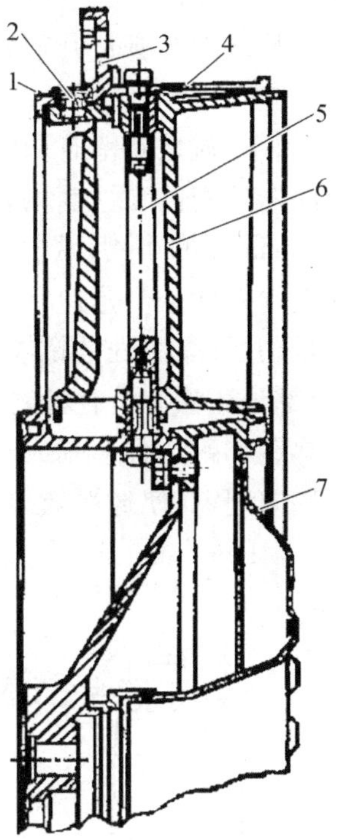

图 3.50 WP7 发动机的第 1 级导向器

1. 偏心衬块;2. 螺钉;3. 导向器壳体;4. 拉紧螺杆;5. 幅条;6. 导向叶片;7. 内支承

WP7 第一级涡轮导向器动画

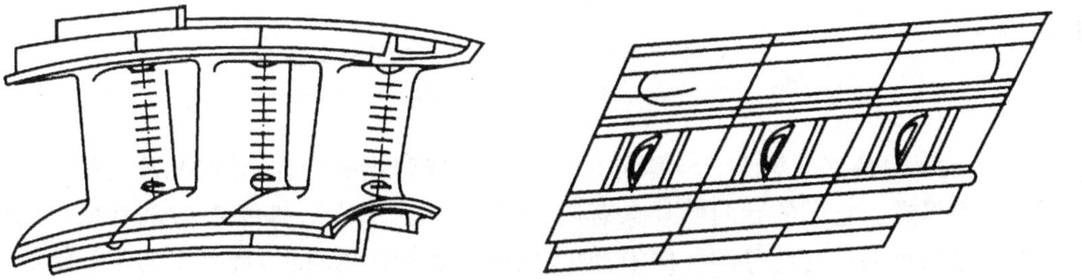

图 3.51 三叶片组(高压涡轮第 1 级导向叶片)

向器上的负荷只能通过叶片外端传到外环上去,因此叶片与外环的连接需要特别加强。由于叶片较长,刚性问题较为突出。在叶片内端装上内环,既构成气流通道内壁,又能提高叶片的刚性。

(2) 导向器内环与转子的封严问题。由于气流通过导向器时压力降较大,在导向器内环与转子间必须设置可靠的封严。封严装置要通过导向叶片在涡轮外环定中心,保证与转子具有良好的同心度、并允许叶片能自由膨胀。

(3) 装配问题。为了便于拆装,设计导向器时,应考虑到转子的结构特点。

一般来说,导向叶片几乎都做成可拆式的。图 3.52 所示为 WP6 发动机的第 2 级导向器。导向叶片外端带有长叶冠,并借两个螺钉将叶片固定在机匣上,叶片内端带有内叶冠,由各叶片的内叶冠围绕成一圆环,形成气流通道内壁。为了保证叶片受热后自由膨胀,在各叶片内、外冠之间留有周向间隙。内叶冠的内表面与转子上的篦齿环构成封严装置。这种导向器的刚性和强度均较好,装拆方便。由于在外叶冠与机匣接触的表面上制有凹槽与 0.5 mm 深的小槽,减少了导向叶片向机匣的传热,同时,可以通冷却空气构成内部冷却式的涡轮外环。但是这种导向器零件加工不太方便,特别是在耐热合金上加工螺纹孔比较困难,并且高温处的螺纹连接容易产生胶着剥伤现象。为此给螺纹表面镀铜,装配时,在螺纹部分还涂有特种油膏,或者使螺钉和连接零件采用两种不同的材料制成(例如分别用耐热钢和耐热合金制成)。此外,这种导向器的机匣开孔较多、削弱强度,并且各叶冠间留有周向间隙,使封严效果变差。

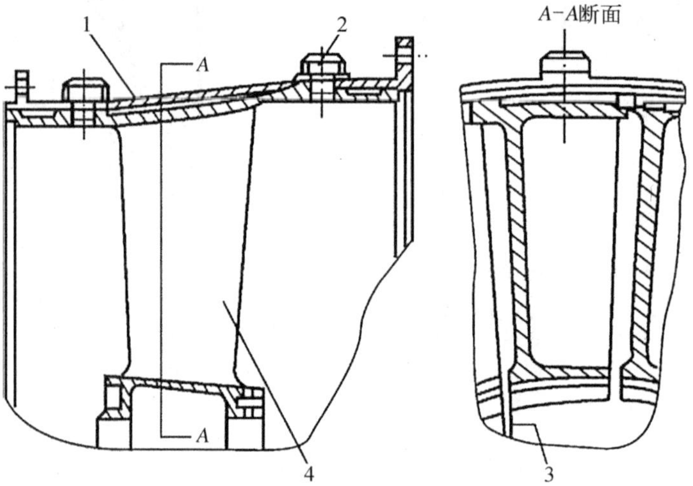

图 3.52　WP6 发动机的第 2 级涡轮导向器

1. 涡轮外环;2. 固定螺钉;3. 切向间隙;4. 导向叶片

JT3D 发动机的涡轮第 2、3、4 级导向器采用了挂钩式结构,由导向叶片与整体式的导向器内支承组成。它们的导向叶片具有内、外缘板(图 3.53),外缘板借铣有缺口的前凸边插入涡轮机匣上带有销钉的环槽中,使导向叶片悬钩在机匣上,环槽中的销钉恰好卡在导向叶片前凸边的缺口处,起周向定位作用。它的后凸边嵌入涡轮机匣相应的环槽中以限制其轴向活动(第 4 级导向叶片由第 4 级涡轮外封气环限制其轴向活动)。导向叶片内缘板也带有前后凸边,并且在中间又有一凸齿。前后凸边用于限制内支承的轴向活动,中间的凸齿用于嵌入内支承外缘的齿槽中,不仅使内支承获得周向定位,而且由于凸齿与齿槽间存在径向间隙,因此,可使内支承获得热定心,叶片能够自由膨胀,从而使固定在内支承上的封严圈获得良好的同心度。

这种挂钩式导向器的结构具有下述优点:

(1) 涡轮机匣既避免了开孔,又得到固定叶片用的环槽座的加强,这对涡轮机匣的强度、刚性均有利,同时省掉了紧固件,装拆方便,又可减轻重量;

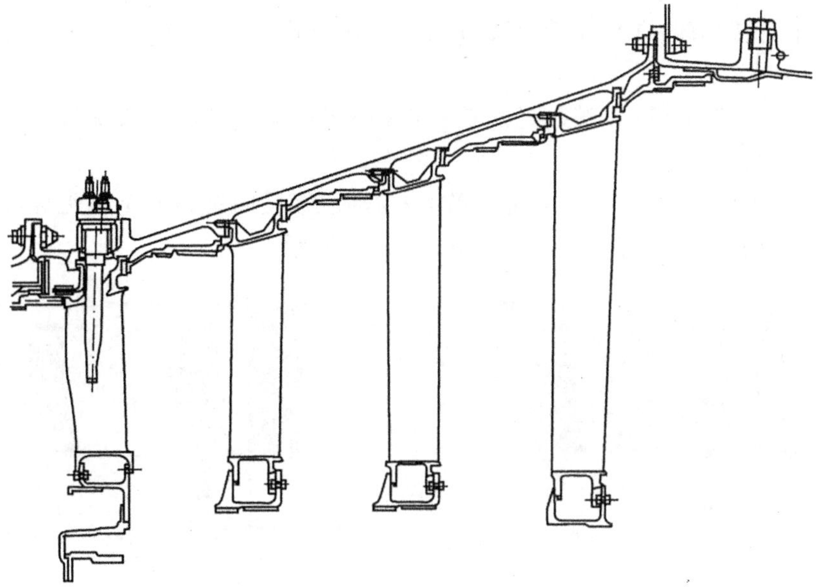

图 3.53 挂钩式低压涡轮导向器

(2) 导向叶片的固定可靠，由于气流的轴向力是向后的，促使导向叶片压紧在环槽内；

(3) 导向叶片外缘板与涡轮机匣之间具有较大的间隙，它与涡轮封严环一起与涡轮机匣形成双层壁结构；

(4) 导向叶片内端有内支承，从而提高了叶片的抗振刚性，减少了漏气损失，又保证了叶片的自由膨胀；

(5) 利用机匣的扩散形结构，很好地解决了多级低压涡轮的装配和拆卸问题，改善了工艺性和维修性。

由于导向器内支承是整体式的，因此，这种结构只适合于整级导向器的装拆，对于个别导向叶片的更换稍有不便。此外，过长的导向叶片可能使挂钩处的环槽受力较大而出现开裂。但是，这种挂钩式结构的优点是突出的，因此，在现代涡扇发动机的低压涡轮中，已得到广泛应用。

斯贝发动机第二级涡轮导向器模型动画

3.4 对转涡轮技术

近年来，对转涡轮技术在提高涡轮发动机推重比、降低耗油率以及提高飞机的整机性能方面的作用越来越受到重视。在美国的综合高性能涡轮发动机技术(IHPTET)和先进经济可承受通用涡轮发动机(Versatile Afford Advanced Turbine Engine, VAATE)计划中，很多验证机都采用了对转涡轮技术方案。

对转涡轮指的是在涡轮中，有两个排列在同一轴线上相对逆向转动的转子，工质相继交替流过这些转子上的动叶栅而做功。为便于阐述，以及了解对转涡轮发展的脉络，将实用的对转涡轮分类如下：

(1) 1+1 对转涡轮：1 级高压涡轮+与高压级反向旋转的 1 级低压涡轮，如图 3.54(a)所示；

(2) 1+1/2 对转涡轮：1 级高压涡轮+与高压级反向旋转的 1 级无导叶低压涡轮，如图 3.54(b)所示；

(3) 1+1/2+N 对转涡轮：1 级高压涡轮+与高压级反向旋转的 1 级无导叶低压涡轮+与高压级反向旋转的 N 级低压涡轮，如图 3.54(c)所示。

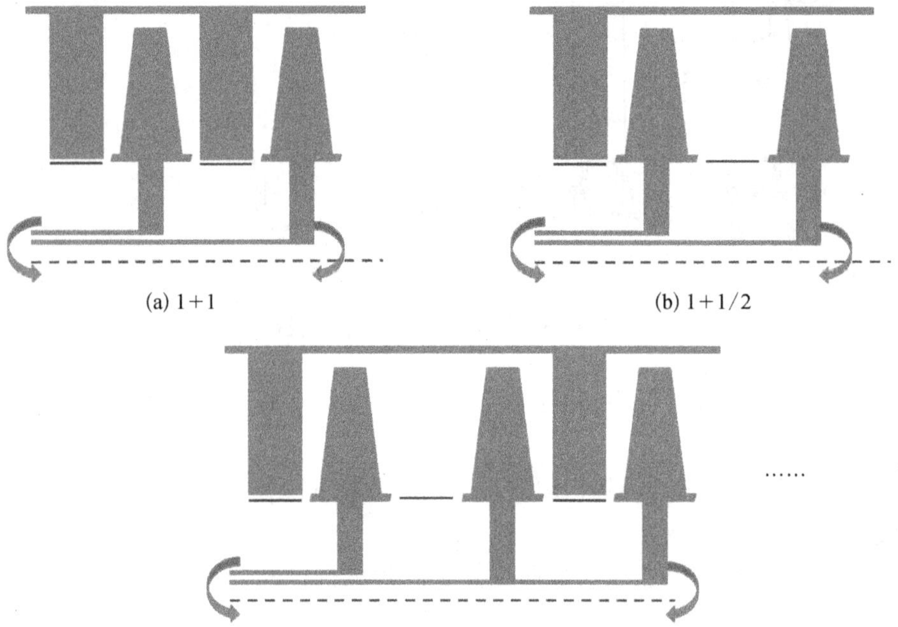

(a) 1+1

(b) 1+1/2

(c) 1+1/2+N

图 3.54 对转涡轮的分类

具体来说，对转涡轮具有以下技术优势：

(1) 在气动性能上，高、低压涡轮转子对转可使低压涡轮导叶的稠度减小，甚至可以取消导叶，从而减少了引发气动阻力的零件，提高了气动效率；

(2) 在冷却设计上，低压涡轮导叶低稠度或者根本无低压涡轮导叶的结构设计大大减少了对转涡轮所需的冷气用量，从而提高了发动机的推力、降低了耗油率；从另一角度来说，如果继续保持原有的冷气用量，在发动机上采用对转涡轮技术还可以进一步提高涡轮进口燃气温度，从而可以提高发动机的功率、效率及推重比；

(3) 在结构上，对转涡轮技术的采用进一步缩短了涡轮的轴向长度，减少了零件数，从而减轻了涡轮的重量，使涡轮的结构更为简化紧凑，提高了发动机的推重比；

(4) 在提高飞机机动性能上，由于高、低压涡轮转子对转使得飞机在飞行过程中作用于其上的陀螺力矩大幅减小甚至可以抵消，从而大大提高了飞机的机动性能、机身结构和飞行可靠性。

与 1+1 对转涡轮相比，1+1/2 对转涡轮由于从根本上取消了低压涡轮第 1 级导向器，使得其在以上诸方面上的优势更为明显。这一系列优势为快速提高涡轮发动机乃至飞机性能提供了一条捷径。

图 3.55 为遄达系列发动机同向转动高/低压涡轮（遄达 500/700/800）及反向转动高/中压涡轮（遄达 900/1000）叶栅结构示意。从中可以看出，采用 1+1 对转涡轮可大幅减小低压或中压涡轮第 1 级导叶折转角及稠度。图 3.55 中，中压涡轮导向叶片数量少，可降低整台发动机零件数及质量；而且，由于燃气在叶栅流动过程中转弯较少，效率也高。先进的民用航空发动机 GEnx、军用航空发动机 F119－PW－100 等均采用了 1+1 对转涡轮，而 F120（GE）、F135（PW）、F136（GE）等先进军用航空发动机则采用了 1+1/2 对转涡轮。

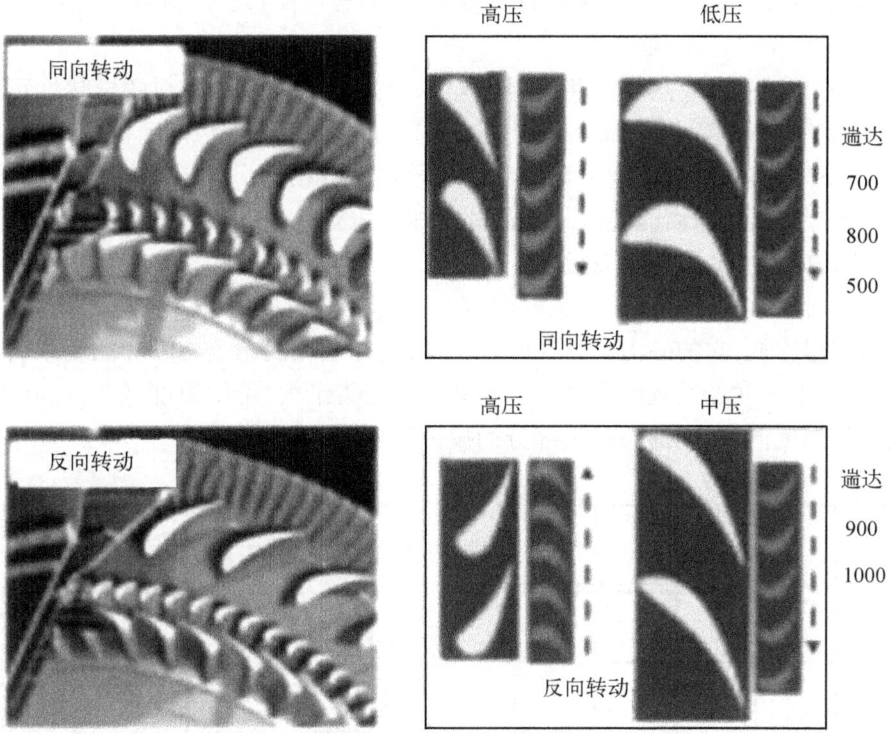

图 3.55　遄达系列发动机同向、反向转动涡轮示意

3.5　涡轮部件的冷却

涡轮是发动机中热负荷和动力负荷最大的部件。近年来，涡轮进口燃气温度的逐年提高和高温材料性能的改进以及涡轮的有效冷却，特别是叶片内部空气冷却技术的迅速提高分不开。采用有效的冷却措施是发动机安全可靠工作的有力保证，也是降低高温材料成本的有效措施。据统计，涡轮前燃气温度平均每年升高大约 25℃，其中 15℃左右是依靠冷却技术的进步取得的。为了研究有效的冷却技术，必须了解涡轮零件的温度分布与热应力，以及它们与冷却措施间的关系。

3.5.1 典型零件的温度分布与热应力

涡轮零件的工作温度及其分布是确定零件热应力大小、高温零件危险断面位置和安全系数、高温材料选用等的重要依据。有效的冷却技术可以降低零件的工作温度,而且能获得合理的温度分布。

了解零件温度有两种方法:计算法和试验法。由于各截面的燃气温度及流速不均匀、热传导系数不准确以及影响传热的各因素比较复杂,计算法并不能得出可靠的结果。而实地测量发动机工作状态下各零件的温度,在技术方面也还存在着很大困难,测量结果误差很大,在发动机设计时,通常采用的零件温度及其分布都是在一定简化的基础上做出的。它们主要取决于燃气温度、材料的物理性能(如导热性)及零件的冷却条件等。

1. *转子叶片的温度分布*

不冷却的转子叶片靠热传导将能量传至涡轮盘。高温耐热材料的导热性很差,因此可以认为沿大部分叶高,温度都是不变的,只有从距叶根 1/3 处开始,温度才向叶根方向按立方规律下降(图 3.56)。这主要与叶片的导热系数很低[λ = 24.45 ~ 32.6 W/(m·℃)]有关。叶片根部截面的温度与轮盘的冷却方式有关。应该指出,上述温度分布是在燃气温度沿径向不变的条件下获得的。

图 3.57 所示为实际发动机中燃气温度与叶片工作温度沿叶高的分布规律。可以看出,叶片两端温度低,它的最大值约在叶片中部,这是根据涡轮工作叶片的要求,合理设计燃烧室出口温度场并经过调整得到的。在叶根处应力最大,希望温度低些;在叶尖处叶型较薄,也希望温度低些,以提高叶尖部分的疲劳强度。

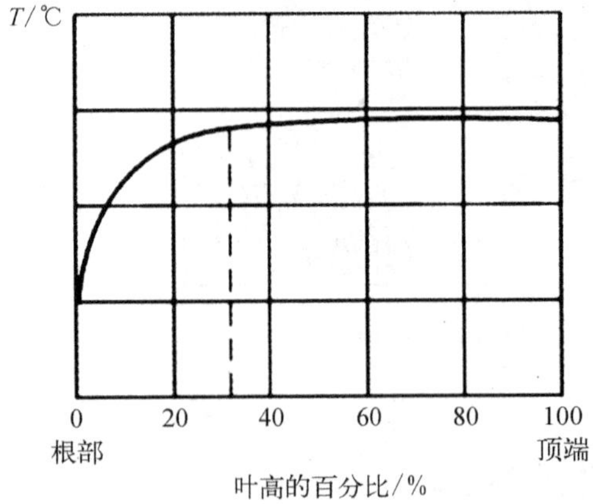

图 3.56 沿叶片高度的温度变化

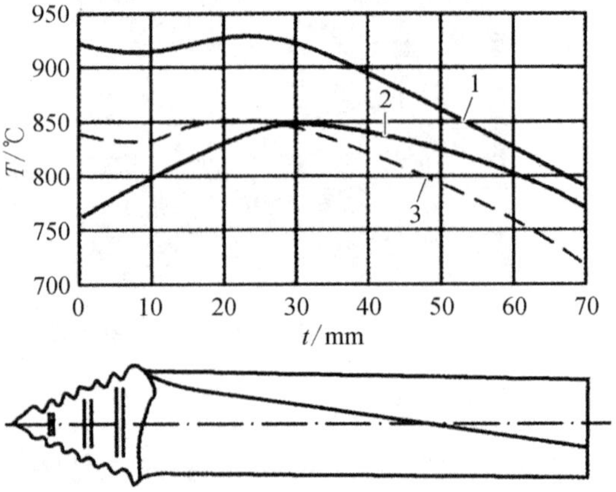

图 3.57 某型发动机的涡轮转子叶片沿叶高的温度变化

1. 导向器前的燃气平均温度;2. 由测量硬度求得的叶片前缘温度;3. 用计算导向器的温度求得的叶片前缘燃气温度

图 3.58 给出了康维涡扇发动机的气冷空心转子叶片的温度、应力、寿命的关系。图 3.58 中的应力是离心拉伸应力,叶根处应力较大,而温度分布是叶身中部最高,因此,蠕

变寿命最短的截面通常在叶根稍微向外一些的部位。由于采用空气冷却，叶片的温度（特别是较薄的叶尖温度）有明显的降低。

上述现象是在某一工作状态下（稳态），叶片截面上的平均温度沿叶高的分布情况。实际上，不仅在发动机起动-停车的过程中各个截面的温度是变化的，而且在同一时刻，各截面上的温度分布也是不均匀的。

图 3. 59 所示为一涡轮转子叶片在起动-运行-停车过程中温度及应力的变化情况。起动结合加载时，叶片的温度随燃气温度不断升高，其外表面由于和燃气接触而温升快，中心部分则慢，即表面温度高于中心温度，使叶片产生中心受拉，表面受压的热应力，显然，表面的热应力与叶片的离心拉伸应力抵消一部分，而中心部分的热应力与离心拉应力一致，加大了应力，从而形成图 3. 59 所示的应力变化。当加载完毕，燃气温度稳定不变后，叶片表面与中心部分温度逐渐趋于一致，热应力随之逐渐消失。在减载和停车时，温度与应力的变化规律恰好与加载时的相反。显然，这种热应力大小与发动机的加速性有关。根据操作流程，发动机在起动后与停车前要在较低功率状态稳定运行几分钟，使部件温度趋于均匀，以免形成过大的热应力。由于起动-停车过程形成的热应力是一种交变的应力循环，它的多次作用会引起热疲劳（低周疲劳）现象，尤其在叶片的前、后缘处，热惯性较小，容易产生裂纹。涡轮叶片温度分布不均匀的情况还存在于叶片的前缘与排气边之间，特别是起动和停车时温度梯度大。

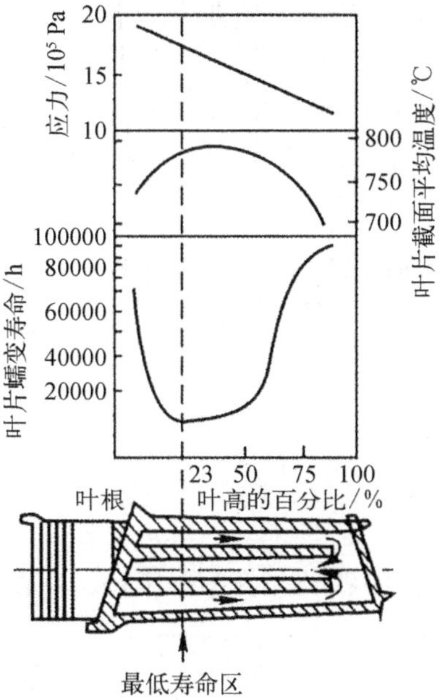

图 3. 58　涡轮转子叶片的温度应力和寿命

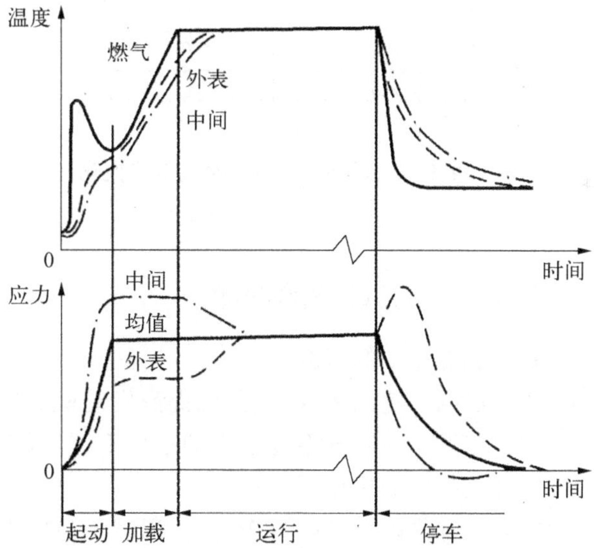

图 3. 59　涡轮转子叶片的温度、应力随时间的变化

2. 涡轮盘及叶片榫头的温度分布

燃气中的热量由转子叶片经过榫头传至涡轮盘，因此，轮盘边缘的温度很高，中心温度较低。

由计算和试验得知，当燃气温度为 820～900℃时，采用径向吹风冷却的轮盘，轮缘温度约为500~650℃,轮心温度约为200~400℃,温度随半径变化大致呈二次抛物线规律,如图3.60所示。

轮缘处的温度$t_{缘}$可由叶片根部截面的温度$t_{根}$和榫头中的温降Δt决定,即

$$t_{缘}=t_{根}-\Delta t$$

式中,温降Δt的大小由榫头的结构样式、材料的导热系数以及榫头是否进行冷却来决定。

由图3.61可知,根据实际测量,枞树式榫头在径向吹风冷却的情况下,榫头中的温降Δt约为150~200℃。

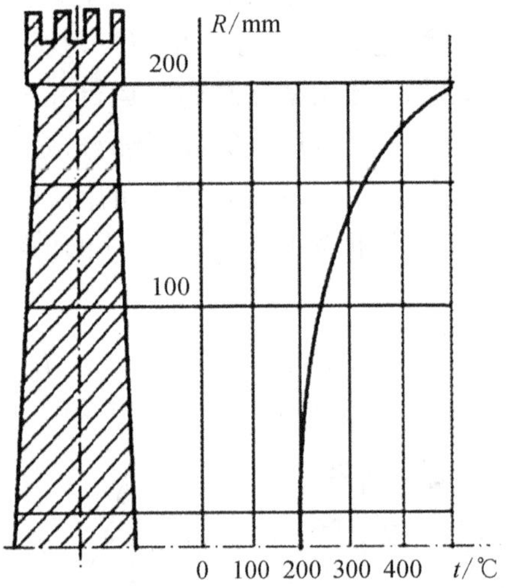

图3.60　涡轮盘内沿半径的温度变化

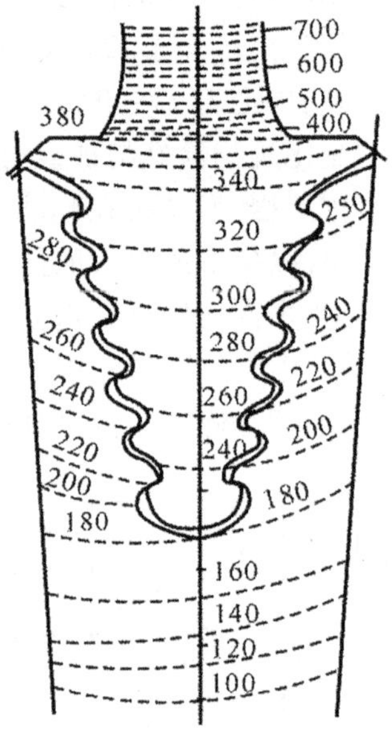

图3.61　涡轮枞树式榫头区域中的温度分布(单位:℃)

3.5.2　涡轮部件的冷却

涡轮部件冷却的目的:

(1) 提高涡轮前燃气温度,以提高发动机的性能;

(2) 在涡轮前燃气温度给定的条件下,降低零件工作温度到允许的范围内,以保证这些零件具有必要的机械强度;

(3) 使零件内的温度分布均匀,以减小热应力;

(4) 提高零件工作表面的耐蚀性,如果将零件与燃气流隔开,可以避免对零件工作表面的侵蚀;

(5) 有可能采用廉价的耐热材料。

现在对涡轮部件的冷却系统、涡轮盘与叶片的冷却方式分别进行分析。

1. 涡轮部件的空气冷却系统

整个涡轮是一个高温部件。由于各个零件的结构形状、工作条件不同,它们的冷却方

式也各不相同。除了轴承部分采用滑油作冷却介质外,其余都采用空气作为冷却介质。在设计冷却系统时,应该考虑下列因素。

(1) 对于所引用的冷却空气,要考虑冷却空气的压力、流量、温度和清洁,以保证冷却的有效性。冷却的有效性是指发动机的综合性能获得较大的增益。采用冷却,可以提高涡轮前燃气温度和降低成本,但是,冷却空气的引用又使压缩空气流失,致使发动机的性能降低,所以冷却的有效性表示了它们间的相对关系。

(2) 冷却系统对发动机主流道的流动影响应尽可能小,以免引起额外的气动损失。这些损失不仅包括叶片内安排空气流道而使叶片相对厚度增加带来的损失,而且还包括冷却空气在对高温叶片进行冷却时,从主流吸收热量、并与主流掺混,使主流产生热损失、掺混损失,以及从压气机将冷却空气引入空气系统、冷却气流完成任务后汇入主流引起的气流阻力损失。

(3) 力求构造简单,工作可靠。值得指出的是,冷却系统具有网络的特点,在可靠性方面则要注意到局部构件的损坏可能危及其他构件的正常工作。

(4) 转子轴向力的调整。如果冷却空气容腔的侧壁为转子的表面,可以通过空气压力与容腔侧壁面积的大小来调整转子的轴向力。

冷却气流一般引自风扇的出口、压气机中间级、燃烧室的二股气流等处。图3.62所示为PW4000发动机的高压涡轮冷却系统,其中涡轮机匣冷却空气引自风扇出口,高压涡轮一级导向器、高压涡轮一级盘及工作叶片冷却空气引自二股气流,高压涡轮二级导向器冷却空气引自12级压气机出口,高压涡轮二级盘及工作叶片冷却空气的引入较为复杂,由12级压气机出口引出的气流及15级压气机出口经两组篦齿密封结构流出的气流混合形成,且该股气流也为高压涡轮前轴承腔提供冷却。

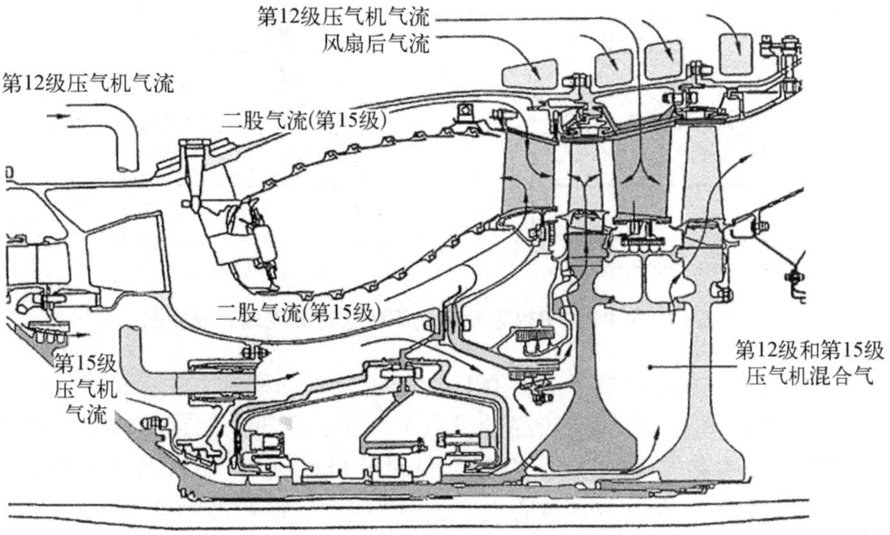

图3.62 PW4000高压涡轮冷却系统

冷却气流量可根据计算及试验确定;根据现有中、小型发动机的情况,对于带冷却叶片的双级涡轮及带后轴承的单级涡轮,所用冷却气流量约为发动机总空气流量的2%~

4%。随着涡轮前温度的增加，冷却气流量不断增加，如 CF6 高涵道比发动机，涡轮冷却空气总量占内涵空气流量的 14.49%。目前冷却空气用量已达到核心机总流量的 20%~25%。

2. 涡轮盘的冷却

要使冷却空气的冷却效果显著，除了合理地安排冷却系统外，涡轮与叶片等关键零件的冷却设计也至关重要。涡轮盘的受热主要来自燃气和转子叶片的热量，由轮缘传向轮毂。目前常用的冷却方式有以下两种。

(1) 空气沿轮盘侧面径向吹风冷却。径向吹风冷却是降低轮盘温度的重要措施。它的流动方向可分为由里向外与由外向里两种。由里向外流动引起轮缘与轮毂之间的温差偏大，热应力较大。

图 3.63(a)表示了 WP7 发动机的第一级涡轮盘的冷却流路简图，冷却空气沿盘的前端面，由里向外径向吹风，通过盘上小孔后，又沿后端面由外向里进行吹风，虽然这样的涡轮盘被冷却空气所包围，但是由于前后端面上的冷空气流动是串联着的，因此流路较长，使冷气产生较大温升，再加上轮盘甚厚，致使盘毂中心孔边前后端面的温差加大，因此，产生很大的热应力，容易形成前大后小的锥形永久变形，有的甚至反而缩小 0.12 mm。P29 发动机做了相应的改进，其冷却流路如图 3.63(b)所示。轮盘前后端面均采用由外向里的冷却流路，这样形成两股并联的流路，可以减小轮缘与轮毂之间以及盘孔前后端面之间的温差。

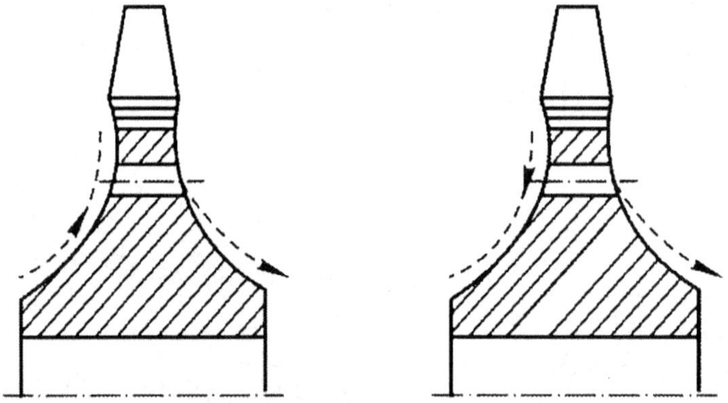

(a) WP7　　(b) P29

图 3.63　WP7 和 P29 发动机的涡轮盘冷却流路对照简图

(2) 空气吹过叶片根部或榫头的装配间隙。近代发动机常采用冷却转子叶片根部和榫头的方法来降低涡轮盘(特别是轮缘的温度)。由于冷却空气直接将叶片传来的热量带走，不仅降低了榫头和榫槽的温度，提高了材料的机械强度，而且减小了轮缘与盘心的温差，从而减小了轮盘的热应力。实验表明，在冷却空气量相同的情况下，采用榫头装配间隙吹风的涡轮盘，轮缘的温度比径向吹风的大约低 150℃。

3. 涡轮叶片的冷却

涡轮叶片是发动机冷却系统中最关键的零件之一。由于导向叶片、转子叶片工作条件与位置的不同，冷却空气的引入也相应地有所不同。导向叶片冷却空气的引入较为方便，第1级导向叶片通常用燃烧室二股气流的空气来冷却，冷却空气可以由叶片一端或两端引入；第2级导向叶片的温度较低，如果需要冷却，冷却空气只能从顶部缘板处流入。涡轮转子叶片由于装在旋转的轮盘上，因此冷却空气的引入较为复杂。

发动机在不同工作状态下，对冷却空气的需要量是不同的。P29发动机在最大与加力状态时冷却空气量为总空气流量的7.71%；在巡航状态时，由于 T_3^* 降低约200℃，所以冷却空气需要量降低为4.29%，为此设置了可调节流环，通过可转动的节流环，调节节气门，同时控制了冷却第1、2级导向器与第1级涡轮转子叶片的空气量。

目前，涡轮转子叶片冷却空气的引入，大都采用了预旋的方法，这样可以降低冷却空气的相对总温，提高冷却效果。图3.64所示为第1级涡轮冷却空气的引入结构。它利用预旋导流叶片将冷却空气折转，并加速到速度 c，在轮盘切线速度 u 的作用下，冷却空气以速度 W 射入叶根。显然，这种预旋得到的好处有：① 由于速度 c 值的增加以及 W 值的降低，使进入叶根的气体相对总温降低，有的发动机约降低40~60℃，相应的转子叶片温度可降低20~30℃；② 预旋后，空气正好顺着叶根榫槽的方向射入，减少了流动损失，使进入叶片的空气压力较高，保证冷却空气在叶片内流动顺畅。

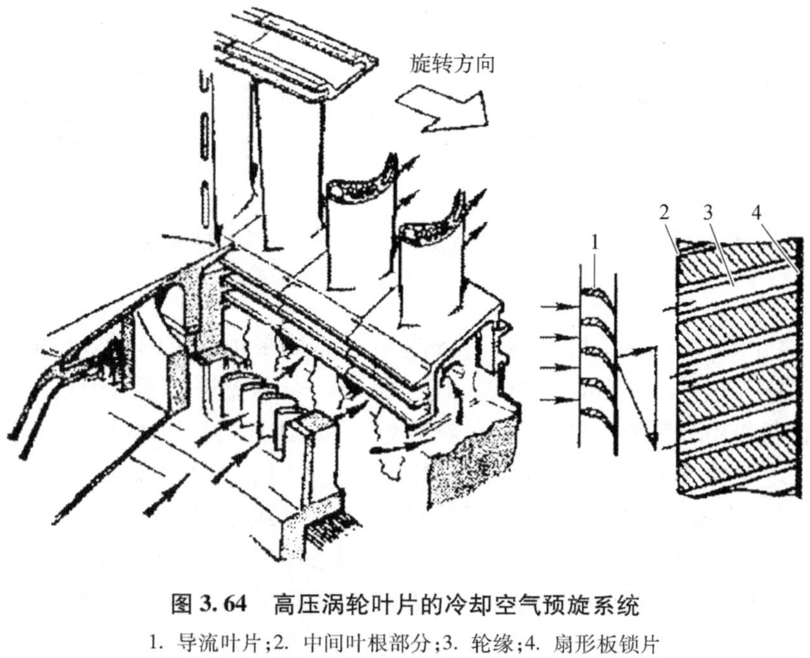

图3.64　高压涡轮叶片的冷却空气预旋系统

1. 导流叶片；2. 中间叶根部分；3. 轮缘；4. 扇形板锁片

涡轮叶片本身的冷却可以按冷却空气在叶片内部的流动状况与流出方式的不同而加以区分，通常有下述几种不同方式。

（1）对流冷却。这是目前广泛采用的一种气冷方式。冷却空气从叶片内若干专门的通道流过，通过与壁面的热交换，将热量带走，从而使叶片温度降低，达到冷却的目的。目前冷却效果一般为200~250℃。

冷却通道的断面可制成圆形、扁圆形和其他形状（图3.65），当通道截面的总面积不变（因而冷却空气量相同）时，周长越长，冷却表面越大，因而冷却效果越好。

图 3.66 所示为 WP7 甲发动机的第 1 级涡轮转子叶片。它是在 WP7 发动机的基础上改进的。为了提高发动机的性能，WP7 甲发动机的涡轮前燃气温度提高了 100 K（由 1 188 K 提高到 1 288 K）。第 1 级涡轮转子叶片采用高温合金 M17 精铸而成，顶部有叶冠，叶身有精铸出来的 9 个径向小圆孔。下缘板与榫头之间有一段伸根（中间叶根），冷却空气由伸根两侧小孔流入叶身内，进行对流冷却，可使叶根温度降低 140℃ 左右。

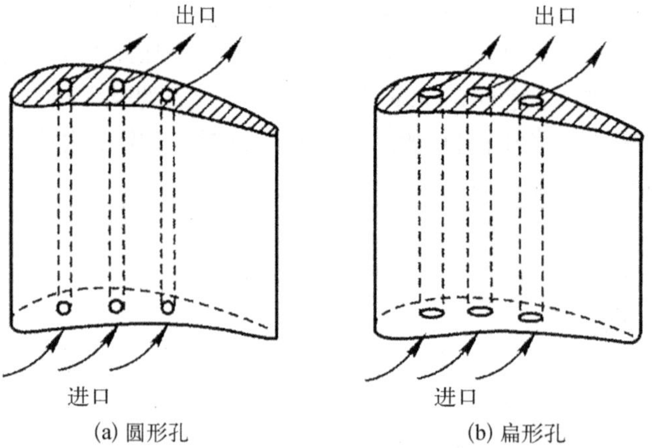

图 3.65　冷却叶片的流道形状

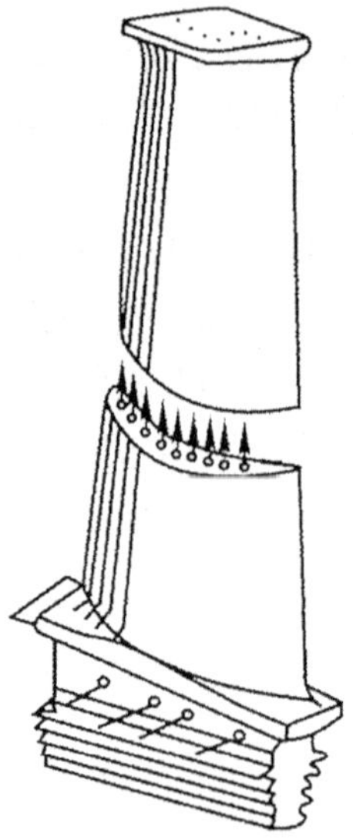

图 3.66　WP7 发动机的第 1 级涡轮转子叶片

根据资料介绍，斯贝发动机的第 1 级涡轮叶片开始采用 5 个椭圆形和扁形冷却孔，冷却空气占涡轮冷却空气总流量的 2%，可使叶身中间截面温度降低 220℃。如果不冷却，这种叶片（材料 N108）只能工作 12 min，采用冷却后，工作寿命为 10 000 h。为了进一步提高冷却效果，现在的 WS9 发动机的第一级涡轮叶片采用了 7 个冷却孔。

（2）喷射式冷却（或称冲击式冷却）。这是使一股或多股冷却空气射流正对着被冷却的表面，增强局部的换热能力，增强冷却效果，因此，它适用于局部高温区的强化冷却。如在叶片前缘，喷射冷却首先得到了采用，从换热的原理来看，喷射冷却实质上仍属于对流冷却，主要是由于冷却空气的流动方向不同而进行另行命名，所以采用喷射冷却，总会伴随着一般的对流冷却，但流速大，换热系数大。

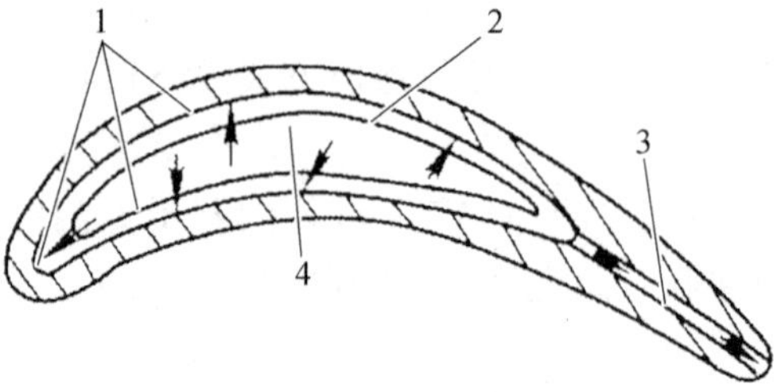

图 3.67　喷射式冷却涡轮叶片

1. 喷射冷却；2. 导流片；3. 对流片；4. 内壁面

图 3.67 所示的空心叶片中装有导流片，导流片上开有小孔与缝隙，以便对准叶片内表面特别需要冷却的部位喷射冷却空气，加强冷却效果。随后冷却空气顺着叶片内壁面进行对流冷却，最后由叶片后缘排入燃气通道。

图 3.68 所示为 WP7 甲发动机的第 1 级涡

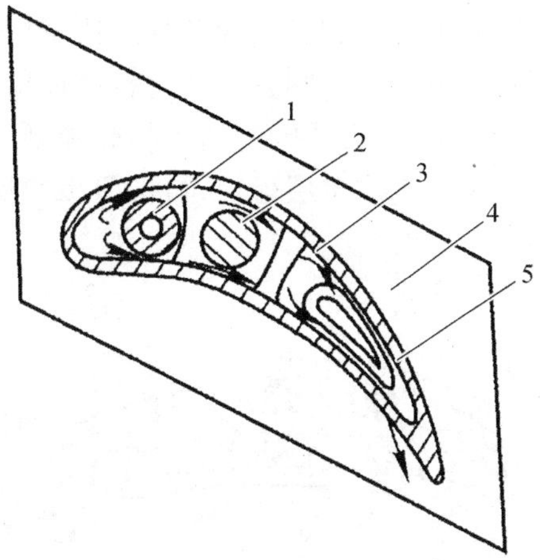

图 3.68 WP7 甲发动机的第 1 级涡轮导向叶片

1. 圆管;2. 幅条;3. 导向叶片(截面);4. 下缘板;5. 折流板

轮导向叶片的冷却结构。冷却空气自圆管两端进入,由圆管前缘小孔喷出,强化冷却叶片的前缘,随后沿叶片内腔表面流动,最后由叶盆小孔流入主燃气中,采用折流片是为了使冷却空气增速,加强换热效果。

(3) 气膜冷却。冷却空气由叶片端部进入叶片内腔,通过叶片壁面上的大量小孔流出,在叶片表面形成一层气膜,将叶片表面与炽热的燃气隔开,达到冷却叶片的目的(图 3.69)。气膜冷却兼具隔热和散热的双重作用。空气沿叶片的表面流动,由于与燃气之间的导热及湍流混合而被加热,到一定距离后气膜对叶片的表面就失去保护作用,必须再开小孔来吹以新的冷却空气。由于叶片外表面的静压分布很复杂,所以小孔直径和位置的确定通常都由实验获得。气膜冷却效果比对流冷却好,一般可达 400~600℃。但这种叶片因表面小孔太多(图 3.70),制造工艺复杂,叶片强度受到一定的影响。由于冷却空气在叶片内部有流动,因此存在着对流换热,故气膜冷却也伴随着对流冷却。

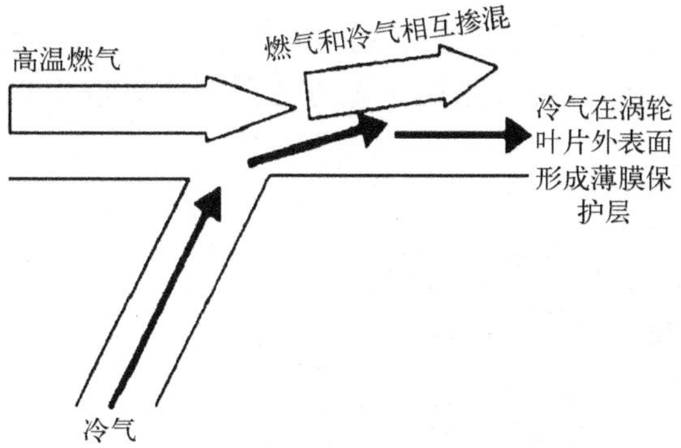

图 3.69 气膜冷却原理图

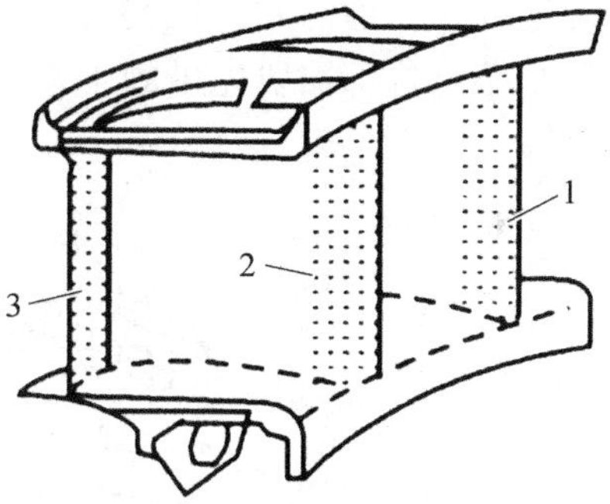

图 3.70 气膜冷却孔

1. 冷却空气孔;2. 螺孔;3. 尾缘槽

值得指出,冷却用的气膜会影响叶片表面的流动损失,因此,气膜冷却孔在叶片上位置的分布是很重要的,通常设置在叶片的压力面的情况居多。这样易于形成气膜,其附壁距离也较长,冷却面积较大。反之在吸力面上易使冷却脱流,致使流动损失增大,尤其靠近出气边的吸力面(叶背面),燃气流已接近或处于脱流状态,如果再吹以冷气很可能使脱流加剧,损失增大,故出气边气膜冷却都在压力面(即内弧处)或出气边缘。

(4) 发散冷却。这种冷却方式的叶片是用疏松多孔材料制成,冷却空气从叶片内腔通过叶片壁面上的无数微孔渗出,就像出汗一样,一方面从壁面上带走热量,另一方面在叶片表面形成一层气膜,将叶片与燃气隔开,达到冷却的目的。冷却效果在 500~800℃,

目前国内外制造这种叶片主要采用粉末冶金、丝网编制等方法。图 3.71 所示叶片的多孔壁是由一种丝网状多孔材料制成的,这种材料的制造方法有两种:一种是把金属丝缠到心轴上,然后压缩到所需的孔隙度,在约 85%的金属熔化温度下烧结而成;另一种是用金属丝编制成单层薄板,再把薄板叠层并压缩到所需的孔隙度,然后烧结而成。多孔壁制成后可用高温钎焊焊接到叶身承力骨架上,骨架和叶片榫头用精密铸造制成。这种冷却方式还存在许多技术问题,如多孔材料氧化后极易堵塞,导致叶片温度升高,并进一步加速氧化和限制气流透过。此外,因为发散叶片是多层结构,每层有很多小孔,孔位不易对准,工艺比较复杂。另外,在离心力作用下,多孔材料的高温强度也成问题。所以目前这种冷却方式尚处于研究阶段。如丝网编织叶片在 JT9D 发动机上试验过,涡轮前燃气温度达 1370℃,而叶身骨架温度为 670℃,叶型表面温度为 870℃。

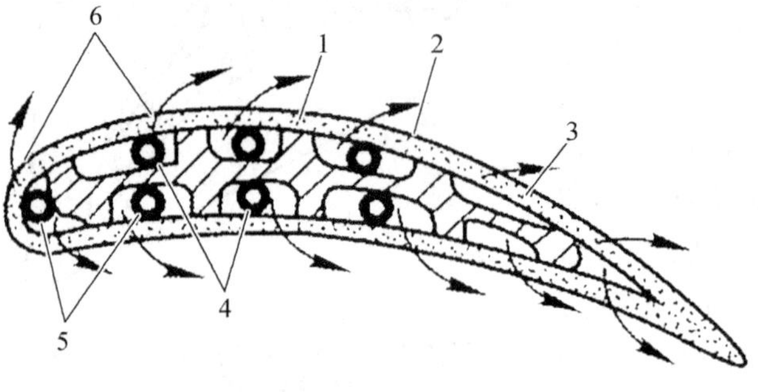

图 3.71　发散冷却

1. 承力骨架;2. 气膜(整个叶片表面的典型情况);3. 多孔丝网;4. 径向气流进入内腔;5. 定量供气孔;6. 发散冷却

图 3.72 所示为不同冷却方式的冷却效率和冷却空气百分比的关系。从图 3.72 中可以看出,采用先进冷却技术(如发散冷却)可以将冷却效果提高 1 倍以上,从而大大减少所需冷却空气量。但是先进的冷却方式都同复杂的结构相联系(如多通道/往返支板式),而这些复杂结构都需要先进的工艺才能实现,因此先进的工艺方法是实施先进冷却方式的关键。

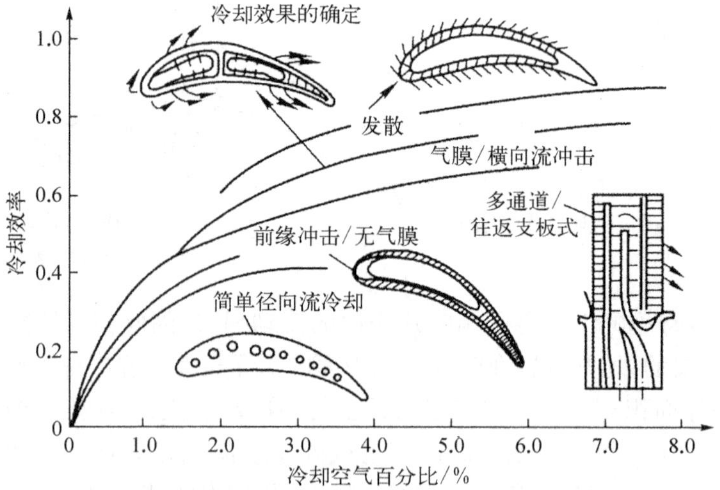

图 3.72　不同冷却方式的冷却效率和冷却空气百分比的关系

现代航空发动机涡轮叶片一般为空心结构,冷却形式分为外部冷却和内部冷却。在外部冷却中,气膜冷却是最重要的冷却形式。此外,热障涂层也是一种常见的外部冷却技术，将耐热材料喷涂在叶片表面以阻断高温燃气对叶片的侵蚀。在内部冷却中，冲击射流和对流冷却是两种主要形式，前者用于空间较大的叶片前缘，后者用于叶片中部和空间较小的叶片尾缘。为了强化对流冷却的效果，叶片内部通常设计有扰流肋、扰流柱。图 3.73 和图 3.74 分别展示了涡轮导向叶片和工作叶片典型冷却结构的组合。

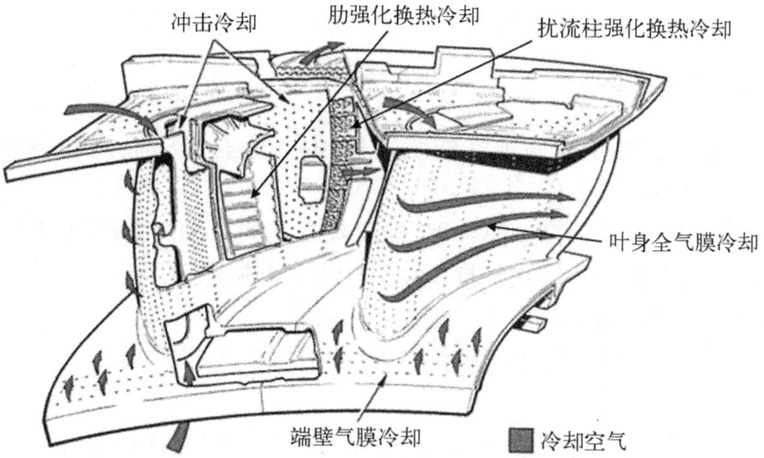

图 3.73　现代涡轮导向叶片典型冷却结构示意图

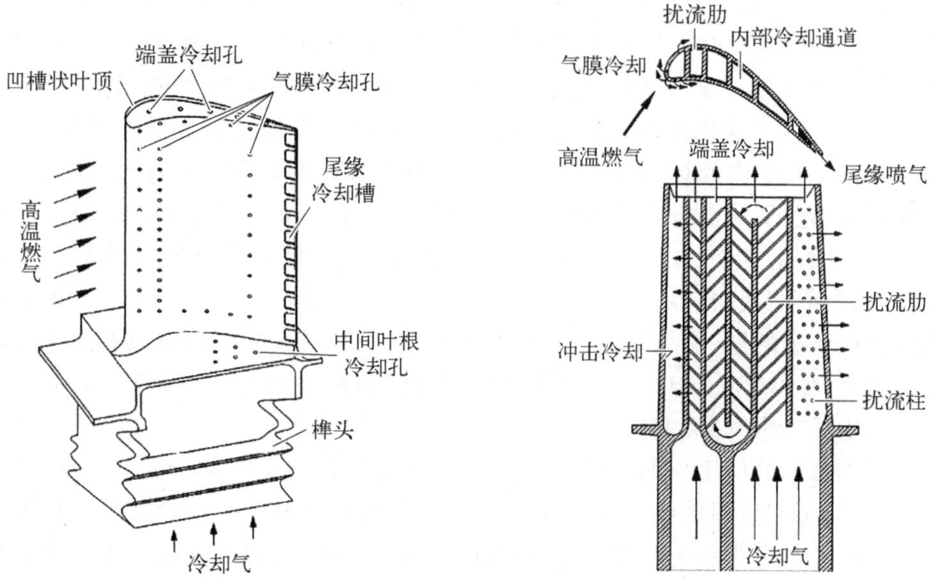

图 3.74　现代涡轮工作叶片典型冷却结构示意图

需要提醒，由于小型涡轮发动机的相对冷却表面（冷却表面积与容积之比）较大、换热效率降低，以及结构小型化带来的困难等影响因素，叶片冷却的有效性已大大降低，据资料表明，一般只有当发动机的功率超过 746 kW 时，叶片冷却才有使用价值。

3.6 涡轮主要零件的材料

涡轮部件是在十分恶劣的条件下工作，大部分的涡轮零件在高温燃气的冲击下承受较大的热负荷、气动负荷、振动负荷、热冲击等，转子零件还承受很大的离心负荷。同时，燃气的化学活泼性很强，对零件有腐蚀作用。因此，涡轮零件使用的材料在发展高性能、高温涡轮部件中占有特殊重要的地位。本节分别讨论各主要零件所使用的材料。

3.6.1 涡轮转子叶片

涡轮转子叶片不仅处于有腐蚀性的燃气包围中，而且还受高温和高应力的作用，因此，对材料有以下要求：

（1）在工作温度下，要求高的热强度，即要具有高的持久强度极限和蠕变极限；

（2）在高温下，有高的抗氧化及抗腐蚀的能力，即热安定性好；

（3）足够的塑性、好的抗热疲劳及机械疲劳性能；

（4）具有良好的物理性质，如导热性好、线膨胀系数小等；

（5）具有良好的工艺性。

在选择叶片材料时，首先考虑的是工作温度，而且常把它选得保守些，即工作温度比材料实际能承受的低一定数值，以保证有足够的寿命。目前由于铸造耐热合金及精铸工艺的迅速发展，解决了一般耐热合金难于机械加工的问题。

当温度在800℃以下时，可用镍基高温合金GH32、GH33等材料，在800~850℃时，可用GH37，在850~900℃时可用锻造镍基合金GH49，热强度较高。由于提高材料热强度的主要途径是增加合金元素，这势必给工艺性带来困难。目前GH49的铝、钛等合金元素含量已高达5%以上，其强化程度已使合金的塑性降低到变形加工最低要求的边缘，而铸造高温合金可以具有更高的热强度。我国自行研制的K5、M17等镍基铸造高温合金，在性能上已赶上和超过了锻造合金GH49，可用到950℃左右。M17是在IN100合金基础上发展起来的，它具有密度小（$\rho = 7.83\ g/cm^3$）、强度高、塑性好、组织稳定四大特点。它的耐热强度很高，目前在我国应用较多。

我国自行研制的铁-镍基高温合金如GH130、GH135、GH302等，可以有效地代替一些镍基高温合金，如GH33、GH37等，用作涡轮零件的材料。例如用GH130或GH302代替GH37，则每吨可节约镍300 kg。

定向凝固技术的应用是涡轮叶片材料的又一次变革。定向凝固叶片（又称定向结晶叶片）是使叶片上强度最大的方向与叶片受力最大的方向平行的一种叶片。在纵向上它比普通精铸叶片具有更高的断裂强度、更好的热疲劳强度、更好的塑性及更小的裂纹扩展率，因此，它能更好地满足高温长寿命涡轮的要求。目前，已经使用和正在研制的定向组织的叶片有以下几种：定向凝固的柱状晶叶片；定向凝固的单晶叶片；定向凝固的共晶叶片；定向再结晶的微晶叶片；定向再结晶的氧化物弥散强化合金；钨纤维增强的定向复合材料。其中应用最广的是柱状晶叶片，从1969年首次在美国的TF30发动机上应用以来，已先后在F100、JT9D、PT6、TFE731等发动机上使用。应用最成功的材料为PWA1422，英国和苏联分别在 RB211 及 HK12 等发动机上采用了这种叶片。我国也已研制出 DZ3、DZ5、DZ22 等一批定向合金。单晶叶片目前也已在 JT9D－7R4、PW2037、PW4000、F100 衍生型等发动机上得到应用,材料牌号是 PWA1480。经数百万飞行小时的实践,证明这种材料的叶片工作性能良好,并可取得明显的经济效益。如 JT9D－7 发动机涡轮前温度原为 1 204℃,采用了柱状晶叶片后,其涡轮进口温度提高到 1 315~1 350℃,而采用单晶叶片的 JT9D－7R4H1 型的涡轮进口温度提高到了 1 471℃。根据研究表明,在现代航空发动机中,涡轮进口温度每提高 50℃,可使燃油消耗率下降约 5%,推力提高约 5%。

氧化物弥散强化合金是用粉末冶金方法把惰性的氧化物质加入金属或合金中,使其在(0.7~1)T_m(熔点的绝对温度)范围内强化。它是工作温度在 1 000~1 300℃ 范围内使用的高温合金材料,除具有好的强度性能、抗腐蚀性能外,其焊接性能也很好。但目前这种材料还不够成熟,已研制出的材料 MAT54 合金,在 FIOL 及 F404 发动机上,用来作为涡轮导向叶片及环形件,工作温度约为 1 095℃。

高温陶瓷合金由于有耐高温(2 000℃左右)、抗腐蚀、抗磨损等特性,数十年来一直吸引着人们的注意力,近几年来也取得了较大的进展。用碳化硅和氧化硅陶瓷所制成的涡轮叶片和导向叶片已经在一些小型燃气涡轮发动机上进行试验、试车,但仍有一些重大的技术问题(如脆性等)需要研究解决。

图 3.75 所示为涡轮叶片材料趋势图。可以看出,金属基复合材料、陶瓷基复合材料和陶瓷,以及碳/碳复合材料将在发展高性能涡轮部件中占重要地位。

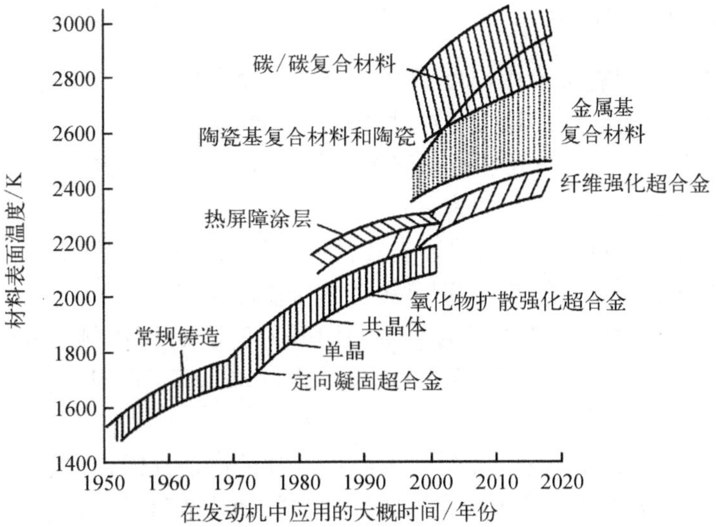

图 3.75 涡轮叶片材料趋势图

叶片表面的防护,一般采用铝化物涂层,使叶片外层形成 Al_2O_3,阻止氧向基体合金中扩散,借以提高叶片表面抗腐蚀和抗氧化的能力。但当燃气温度高于 1 000℃ 时,则要在铝涂料中添加 Cr、Si、Ta、Y 等元素,以防止铝化物涂层向基体合金扩散,损坏基体合金的机械性能。

转子叶片榫头与轮盘榫槽相互配合面一般涂 Cu - Ni - In 陶瓷涂层或镍加石墨涂层，可防止零件间互相胶着，并可起到一定密封和减振的作用。

带冠叶片的叶冠摩擦面一般涂碳化钨或碳化铬陶瓷涂层，以抗磨损。涂层的喷涂工艺一般采用爆炸喷涂或等离子喷涂。

3.6.2 涡轮盘与涡轮轴

常用的涡轮盘材料有 GH34、GH33、GH36、GH132、GH135 以及国外材料 A - 286、Incoloy901、Waspaloy、Inconel718、ЭH415、ЭH481、ЭH - 437 等。

近年来，很多发动机采用了粉末冶金热等静压制造的涡轮盘，不仅提高了强度及断裂性能，而且大大提高了材料的利用率(一般粉末冶金方法的材料利用率是 40%~45%，而普通锻造仅有 5%~10%)，降低了零件的成本。

有些发动机在轮盘非配合表面进行喷丸处理以提高疲劳强度并消除表面裂纹。

涡轮轴常用优质合金钢 40CrNiMoA 或 18CrNiWA、Incoloy901、Inconel718 等锻造制成。

为了改善材料的性能，提高材料利用率，降低成本，目前，英国和美国也将热等静压技术用于轴类零件。如在 CFM56 等发动机上采用 Marage250 马氏体时效钢并进行热等静压处理；在 AL - 31F 发动机中，为了减轻发动机质量，低压涡轮轴设计成三段组合轴，轴的两端由高强度合金钢制成，很长的中间段由钛合金制成，钛合金的长轴用径向销钉与两端钢轴连为一体，如图 3.4 所示。

3.6.3 涡轮导向叶片

涡轮导向叶片是涡轮部件中温度最高和承受热冲击最厉害的零件，但它不像转子叶片那样要承受巨大的离心力，因此，它对材料有以下要求：

(1) 在高温下有高的抗氧化和抗热腐蚀的能力，由于它工作温度很高，这一要求尤为突出；

(2) 具有良好的抗热疲劳与抗热冲击的性能，以及足够的耐热强度；

(3) 具有良好的铸造工艺性，特别是铸造的流动性能好。

原则上，转子叶片所用材料中适合铸造的均可用于导向叶片，例如 K3、M17 等。

我国导向叶片常用材料有 K10、K11、K12、K1、K2、K3 等，其中 K10 为钴基合金，K11 为铁基合金，其余均为镍基合金。

目前，为了进一步提高涡轮转子叶片与导向叶片的高温性能，发展涂层技术已成为重要措施之一，它既能防止基体的氧化腐蚀，又能起到良好的隔热作用。

3.6.4 涡轮机匣和导向器内外环

由于高温燃气的冲刷，要求这些零件的材料具有较高的耐热性、抗腐蚀性、抗氧化性，并要求零件在工作温度下变形小。

CFM56 发动机涡轮结构

根据工作温度与制造方法的不同，这些零件可采用 GH34、1Cr18Ni9TiA、22 - 11 - 2.5(Cr - Ni - W)等耐热钢制成。

随着涡轮前燃气温度的提高，发展新型的涡轮结构材料势在必行。目前主要方向是发展新型高温合金、高温复合材料及高温陶瓷材料。

思 考 题

1. 简述航空涡轮发动机中涡轮的作用。
2. 航空燃气涡轮发动机中，涡轮有哪两种基本类型？
3. 概括涡轮工作条件有哪“三高”？
4. 涡轮转子的连接结构有哪些形式？
5. 从截面叶形的厚薄、曲率、叶冠或凸台、榫头、材料、冷却的几方面看，涡轮工作叶片与压气机工作叶片的区别有哪些？
6. 涡轮工作叶片的叶冠有哪些功用，常见的叶冠形式有哪几种？
7. 简述枞树式榫头的优缺点。
8. 大多数发动机的涡轮机匣为什么采用整环形？
9. 为什么涡轮中要采用主动间隙控制？
10. 涡轮中受热最严重的零件是哪里？
11. 设计涡轮转子和设计压气机转子相比，其特殊要求主要有哪些？
12. 什么是涡轮径向间隙？涡轮径向间隙对涡轮性能有什么影响？减小径向间隙的措施有哪些？
13. 简述涡轮机匣的设计要求。
14. 涡轮机匣和压气机机匣相比的结构特点是什么？
15. 涡轮部件冷却的目的及对冷却气的要求是什么？在涡轮部件上采用的冷却、散热、隔热措施有哪些？
16. 挂钩式涡轮导向器有哪些优点？
17. 涡轮转子叶片的温度分布规律及危险截面位置是什么？
18. 简述涡轮盘上温度的分布情况。
19. 涡轮盘冷却方式有哪两种？
20. 涡轮叶片的冷却方式有哪几种？
21. 对转涡轮的技术优势有哪些，有哪几种基本类型？

第4章 燃烧室

4.1 概　　述

燃烧室(又称主燃烧室)是用来将燃油中的化学能转化为热能,将压气机增压后的高压空气加热到涡轮前允许的温度,以便进入涡轮和排气装置内膨胀做功的部件。这一任务必须以最小的压力损失来实现,并且在有限的可用空间内释放出最大的热量。

燃烧室是航空发动机的三大核心部件之一。在燃气涡轮发动机的热力循环中,燃烧室完成加热过程,其工作条件十分恶劣。燃烧室进口气流速度高达 120~180 m/s,余气系数一般为 1.4~4.5。当飞行条件和工作状态改变时,余气系数还有增大,如猛收油门时,余气系数 α 大于 40 甚至 50。燃烧室的基本功能是在十分恶劣的条件下组织高效燃烧,并满足航空发动机对燃烧室提出的一系列性能要求,因而发动机的可靠性、经济性和寿命很大程度上取决于燃烧室的可靠性和有效程度。尤其是在当今航空发动机正在向着高增压比、高涡轮前进口温度和高推重比发展的趋势下,对燃烧室的设计、工作可靠性和安全性提出了更高的要求,燃烧室的技术水平对发动机性能、结构方案和结构重量影响的重要性越发突出。

燃烧室的零件是在高温、高负荷下工作,承受着由气体力、惯性力产生的静载荷和振动负荷,还受到热应力和热腐蚀的作用。燃烧室机匣和扩压器是发动机主要承力件。燃烧室的零组件主要是薄壁件,工作时常出现翘曲、变形、裂纹、积炭、过热、烧穿等故障。为此,燃烧室的设计应满足以下主要要求:

(1) 在地面和空中的各种气象条件和飞行条件下,起动点火迅速可靠;

(2) 在飞行包线内,在发动机一切正常工作状态下,燃烧室应保证混合气稳定地燃烧,具有高的完全燃烧系数和低的压力损失系数;

(3) 保证混合气在尽可能短的范围内完全地燃烧,燃气的火舌要短,特别是不能有余焰流出燃烧室,还应减少排气污染物的产生;

(4) 出口的燃气温度场沿圆周要均匀,沿叶高应保证按涡轮要求的规律分布;

(5) 燃烧室的零组件及其连接处应具有足够的强度和刚性,以及良好的冷却和可靠的热补偿,减小热应力;

(6) 燃烧室的外廓尺寸要小,轴向尺寸要短,重量要轻,具有高的容热强度,燃烧室的结构要简单,有良好的使用性能,维护检查方便,使用期限长。

燃烧室是发动机中承受热负荷最大的部件,因而也是易出现故障的部件。燃烧室的故障不仅损坏其自身,而且危及热端部件,甚至危及飞机的安全。燃烧室故障多与燃烧、加热过程密切相关。但是由于燃烧室的工作条件、燃烧过程的组织不同,其故障性质、特点不同。了解这些已经发生过的故障,对于理解结构设计非常有益。

燃烧室的故障可以划分为受高温热应力引起的故障、机械振动引起的故障、积炭和热腐蚀引起的故障、燃烧过程组织不善引起的故障等。

受高温热应力引起的故障多发生在火焰筒头部、筒身、燃气导管及后安装边等部位。机械振动引起的故障多发生在传焰管上,如传焰管锁扣裂纹,火焰筒进气孔镶套松动等,另外一个重要的故障是喷嘴头部螺帽松动。积炭和热腐蚀也是高温引起的故障。在局部高温及富油的条件下容易产生积炭,在主燃区里高温燃气容易引起严重腐蚀。积炭及腐蚀对喷嘴影响最大。喷嘴故障会破坏燃油出口的结构形状,使燃油雾化受阻,火焰拖长,进而烧伤、烧毁导向叶片、工作叶片及尾喷管等。燃烧过程组织不善会引起燃油与空气不匹配或者其分布不均匀,引起燃烧室出口温度场及全台发动机的燃气温度场不均匀,使发动机的总体性能受影响,试车合格率降低。

4.2 燃烧室工作过程

从压气机来的空气以高达120~180 m/s的速度进入燃烧室。由于这一速度太高,不适合燃烧所以必须降低空气速度使空气扩压,即使之减速并提高静压。煤油和空气混合物在化学恰当比下的湍流火焰传播速度一般只有每秒几米到十几米。空气经过扩压器扩压后速度降低到进口速度的五分之一左右,仍大于火焰传播速度,使火焰不能稳定。因此,必须在燃烧室中创造出一个低的轴向速度区,以使火焰在发动机整个工作范围内都能稳定燃烧。

在发动机整个工作范围内,燃烧室总的油气比可能在0.015~0.047之间变化。然而,煤油只能处在或者接近0.067的比例下才能有效地燃烧。所以,燃油必须只和进入燃烧室的一部分空气在:“主燃区”中燃烧,这依赖火焰筒来实现。火焰筒有使气流沿着燃烧室按照要求分布的各种限流装置。

将近20%的空气质量流量从锥形进口即进气段(图4.1)进入火焰筒头部。紧靠此锥形口下游的是旋流叶片和多孔的扩张段,空气从这里进入主燃烧区。旋转的空气诱导火焰筒中心部位的气流向前流,促成气流再循环。未流入锥形口的空气流入火焰筒和机匣之间的环形通道。

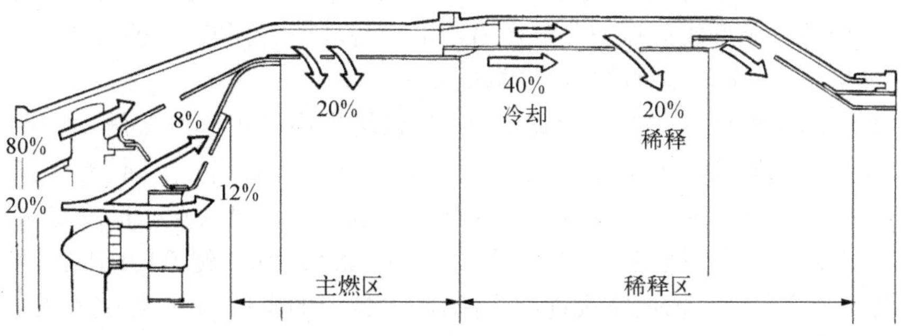

图4.1 主燃烧室空气流量分配

在燃烧区附近的火焰筒筒体壁面上有设定数量的主燃孔(图 4.1),有约 20%的空气穿过这些孔进入主燃区。从旋流叶片进来的空气和从主燃孔进来的空气相互作用,形成一个低速回流区。它呈回旋涡流形状,起稳定和驻留火焰的作用(图 4.2)。回流燃气将新喷入的燃油滴迅速加温到点燃温度,促进它们的燃烧。

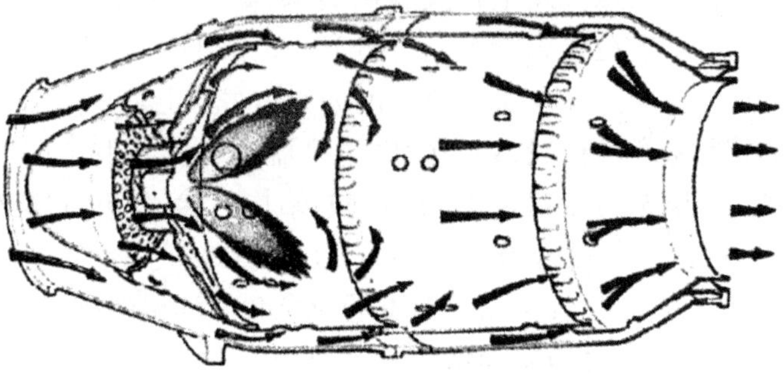

图 4.2 主燃烧室火焰稳定示意图

设计中应当使从喷嘴呈锥形喷出的燃油穿过回流区使燃油得到进一步雾化和蒸发,并与进入主燃区的空气充分混合,形成可燃混合物。在发动机起动时,由点火电嘴发出的电火花点着可燃混合物,回流区总是存在使火焰稳定的低速区,使火焰维持稳定。回流区的逆流区充满高温燃烧产物,为可燃混气提供自动点火源。燃烧后的燃气温度为 1 800~2 000℃。该温度太高,不适合进入涡轮导向叶片,因此,未用于燃烧的空气,大约占 60%的总空气流量,被逐渐引入火焰筒。这部分空气大约有 1/3 用来在掺混区降低燃气的温度,然后再进入涡轮,而其余的空气则用来冷却火焰筒的壁面。实现这一点借助于气膜冷却空气沿火焰筒壁的内表面流动,将火焰筒壁面与热燃气隔开。一般要求在掺混空气进入火焰筒之前完成燃烧,否则,进来的空气会使火焰降温,造成不完全燃烧。

燃烧室的设计和加入燃油的方式可有很大变化,但是,用来影响和维持燃烧的空气流分布却总是与描述的情形极其类似。

4.3 燃烧室基本类型

目前,燃烧室的形式虽然很多,但是,为了满足燃烧室的基本功能,都采用了扩压减速、空气分股、反向回流、非均匀混合气成分等基本措施。在燃烧室条件非常恶劣的情况下,在燃烧室局部区域形成低流速和略微富油的优势环境,再利用二股气流进行补燃和降温,以保证燃烧稳定、充分和对出口温度场的要求。

在结构上,为了保证上述基本措施的实现,燃烧室都是由进气装置(扩压器)、壳体、火焰筒、喷嘴和点火器等基本构件组成,根据主要构件结构形式的不同,燃烧室有分管、环管和环形三种基本类型,如图 4.3 所示。这基本与航空燃气涡轮发动机发展历史相对应,早期的燃烧室多为分管燃烧室,后来发展为环管燃烧室,20 世纪 60 年代后,环形燃烧室成为航空燃气涡轮发动机燃烧室设计的主流,随着技术的发展,环形燃烧室的长度日渐缩短,出现了短环形燃烧室。

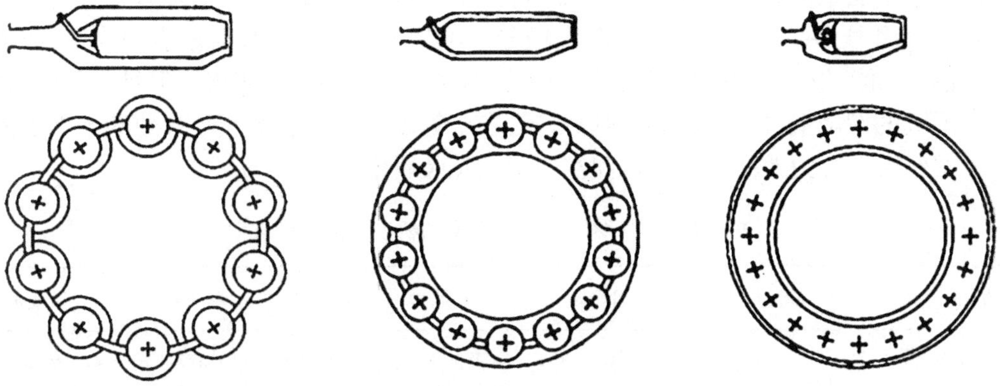

(a) 分管燃烧室　(b) 环管燃烧室　(c) 环形燃烧室

三种燃烧室结构模型动画

图 4.3　燃烧室的基本类型

4.3.1　分管燃烧室

分管燃烧室用于采用离心压气机的发动机和早期采用轴流压气机的发动机中，如图 4.4 所示。分管燃烧室的结构特点是：燃烧室由若干个(6~16 个)单管燃烧室组成，每一个管式火焰筒的外围都包有一个单独的外壳，所有的单管燃烧室沿发动机圆周均匀分布，各单管燃烧室之间用传焰管联通，传播火焰和均衡压力。

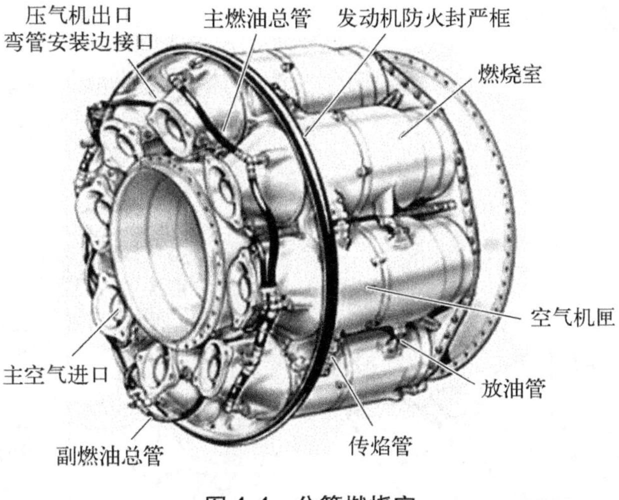

图 4.4　分管燃烧室

分管燃烧室的优点有：① 试验和修正比较容易，不需要庞大的试验设备；② 维护、检查和更换也比较方便，不需要分解整台发动机；③ 从发动机总体结构安排上，与离心式压气机的配合比较协调。因此，在早期发动机上，分管燃烧室得到了广泛的应用。表 4.1 给出了一些发动机上应用分管燃烧室的情况。

分管燃烧室的缺点有：① 环形截面积的利用率低，仅为 70%~80%，因而燃烧室内气流的平均速度大，这不利于稳定燃烧，总压损失也较大；② 在高空依靠传焰管传递起动火焰导致起动性能很差;③ 火焰筒表面积与燃烧室容积之比较大,因而火焰筒壁面气膜冷却所需空气量较多;④ 燃烧室出口温度场分布不均匀;⑤ 承受载荷依靠内壳体,故刚度差,燃烧室较重。这些缺点使得分管燃烧室已不在航空发动机上使用。但是,后来所使用的其他形式的燃烧室,特别是环管燃烧室,是在分管燃烧室大量实践经验的基础上发展起来的。其经验也可为地面燃气轮机和实验用加热装置借鉴。

表 4.1　分管燃烧室在航空发动机上的应用情况

发动机牌号	设计年代	单管个数	扩压器	旋流器	燃油喷嘴	压气机
勾布林(涡喷)	1942	16	一级扩压	叶片式	单路离心式	单级离心式
尼恩(涡喷)	1943	9	一级扩压	叶片式	双路离心式	单级离心式
德尔温特(涡喷)	1944	9	一级扩压	叶片式	单路离心式	单级离心式
达特(涡桨)	1945	7	一级扩压	叶片式	单路离心式	2 级离心式
普鲁鸠斯(涡桨)	1945	8	一级扩压	叶片式	单路离心式	12 级轴流式
J47(涡喷)	1946	8	一级扩压	多孔壁	单路离心式	12 级轴流式 1 级离心式
BK-1(涡喷)	20 世纪 40 年代末	9	一级扩压	叶片式	双路离心式	单级离心式
意兰德(涡桨)	1950	6	一级扩压	多孔壁	单路离心式	10 级轴流式
盖兹尔(涡轴)	1954	8	一级扩压	叶片式	单路离心式	11 级轴流式

4.3.2　环管燃烧室

环管燃烧室的结构特点是由燃烧室的内外壳体构成环形气流通道,若干个(6~14个)管式火焰筒,沿圆周均匀安装在同一个内外壳体的环形气流通道内,相邻火焰筒燃烧区之间用传焰管联通(图 4.5)。

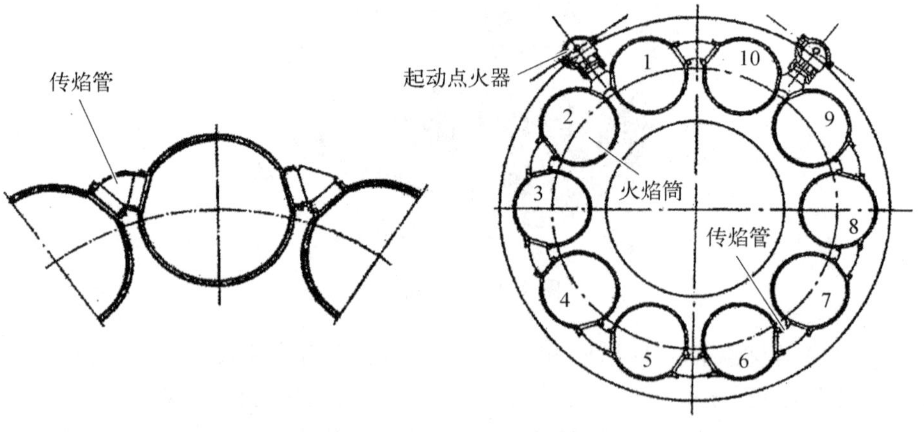

图 4.5　WP7 发动机的环管燃烧室

斯贝发动机的环管燃烧室如图 4.6 所示。它的外壳是两半对开的,10 个气膜式火焰筒由椭圆形截面的传焰管联通,火焰筒旋流器进口前装一个特殊型面的鱼嘴形进气口。

火焰筒利用了优越的进口条件(气流速度低,压力与温度高)和涡扇发动机径向尺寸较宽裕的条件,合理地分配气流,增大传焰面积,加强冷却,使火焰筒长度缩短,效率高,寿命长。据统计,斯贝发动机火焰筒的寿命,民用型达 6 500 h 以上,军用型也达 400~600 h,而长度仅 360 mm 左右,重量约 21 N。燃烧室采用直接点火方式。两个点火电嘴分别装在第 4 号和第 8 号火焰筒头部,点火能量不小于 2. 5 J。

J57 发动机环管燃烧室(图 4. 7)采用了二级扩压器和多喷嘴火焰筒,因而使得燃烧室的轴向尺寸大为缩短。扩压器的型面是由逐渐扩大和突然扩张两部分组成。整个燃烧室包含 8 个火焰筒。每个火焰筒头部沿圆周均布 6 个叶片式旋流器和喷嘴,喷嘴装在旋流器内环中。这样,整个燃烧室共有 48 个喷嘴,在相同供油量条件下,通过每个喷嘴的燃油量大大减小,火焰长度也缩短。在火焰筒中心还焊接了一个圆筒,使火焰筒的燃烧空间成为环形。二股气流经中心圆筒进入火焰筒中心,加速掺混过程。火焰筒壳体都是由若干段板料圆环焊接而成,焊接处有一圈小孔,空气通过小孔形成冷却气膜,有效地降低了壁温。燃烧室外壳可以向后退出。以便检查和更换火焰筒。这种燃烧室结构较复杂,重量也较大。

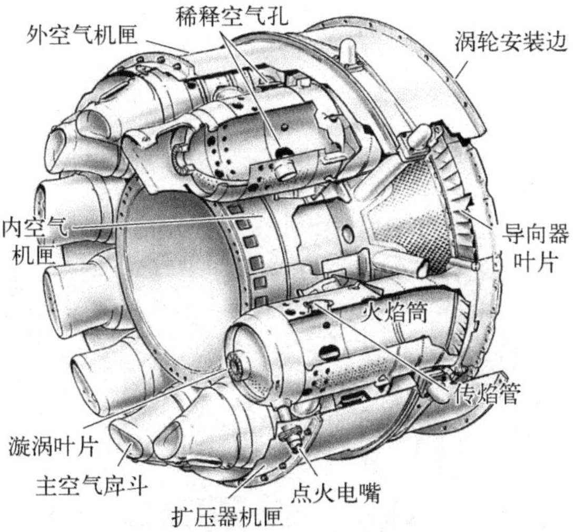

图 4. 6　斯贝发动机的环管燃烧室

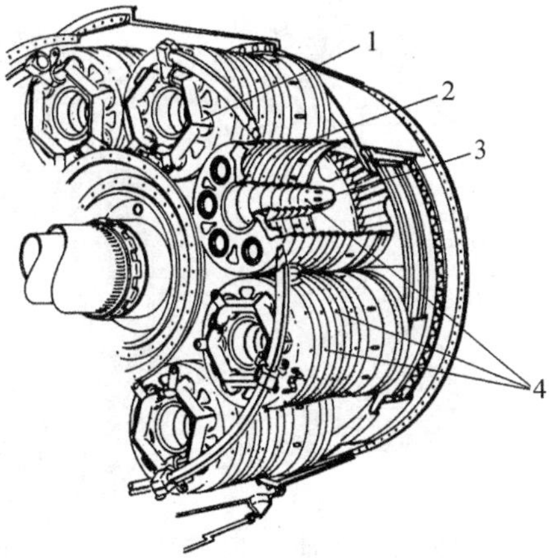

图 4. 7　J57 发动机环管燃烧室

1. 燃油喷嘴;2. 火焰筒外壁;3. 中心圆管;4. 冷却气膜小孔

环管式燃烧室保持了分管燃烧室的部分优点:试验和修正仍较方便,可以截取包括 1~3 个火焰筒的扇形段进行调试,所需的试验设备不是很大;若结构设计恰当,则检查和拆装燃烧室仍较方便,可以单独更换火焰筒,火焰筒的刚性也较好。环管燃烧室比分管燃烧室的外廓尺寸小,环形截面积利用率高,并能与轴流压气机和涡轮通道平滑地转接,流体损失小。因而环管燃烧室在 20 世纪 50~60 年代的燃气涡轮发动机上得到广泛应用。表 4. 2 给出了一些发动机上应用环管燃烧室的情况。

表 4.2 环管燃烧室在航空发动机上的应用情况

发动机牌号	设计年代	火焰筒个数	扩压器	旋流器	燃油喷嘴	火焰筒冷却	压气机
奥林普斯(涡喷)	1946	10	一级扩压	叶片式	双路离心式	气膜式	轴流式
J57(涡喷)	1948	8	二级扩压	叶片式	双路离心式	气膜式	轴流式
WP6(涡喷)	20 世纪 40 年代末	10	一级扩压	叶片式	双路离心式	散热片式	轴流式
WP7(涡喷)	20 世纪 50 年代	10	一级扩压	叶片式	双路离心式	气膜式	轴流式
Д-20П(涡扇)	20 世纪 50 年代	12	一级扩压	多孔壁	双路离心式	气膜式	轴流式
TF41(涡扇)	1966	10	二级扩压	叶片式	双路离心式	气膜式	轴流式
Д-30KY(涡扇)	1970	12	一级扩压	叶片式	双路离心式	气膜式	轴流式

4.3.3 环形燃烧室

环形燃烧室的结构特点是由燃烧室的内、外壳体构成环形气流通道，通道内安装一个由内、外壁构成的环形火焰筒，因而燃烧是在环形的燃烧区和掺混区内进行的(图 4.8 和图 4.9)。

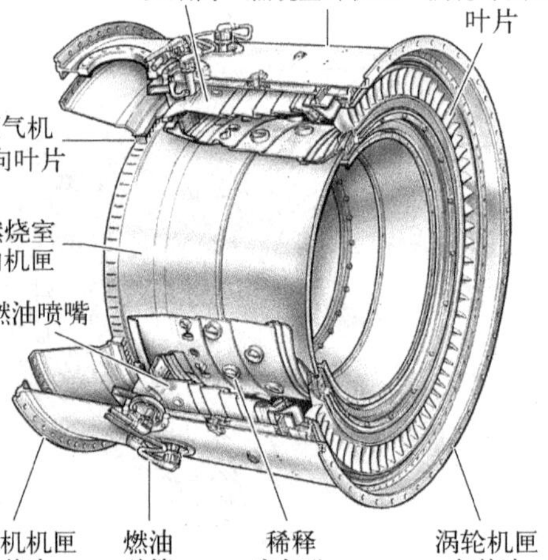

图 4.8 典型环形燃烧室的结构

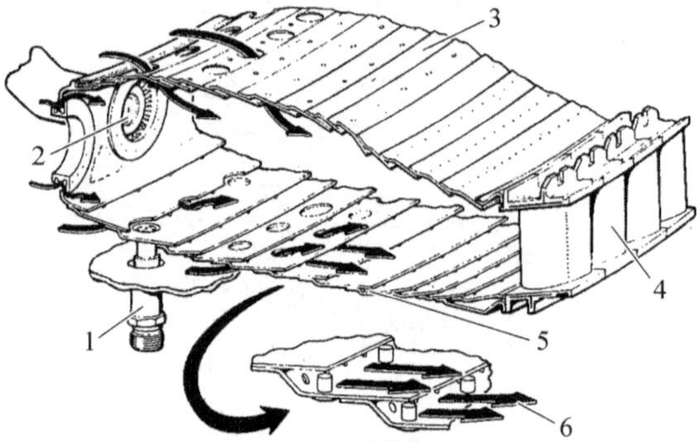

图 4.9 环形燃烧室的火焰筒

1. 点火电嘴;2. 燃油喷嘴;3. 火焰筒内壁;4. 涡轮导向器;5. 火焰筒外壁;6. 气膜

环形燃烧室的燃烧效率高，总压损失小，燃烧室出口流场及温度场分布均匀；燃烧室结构简单，重量轻，耐用性好；火焰筒表面积与容积之比较小，因而需要的冷却空气量比较少；燃烧室的轴向尺寸短，有利于减小转子的跨度和降低发动机的总体重量。但由于大型发动机环形燃烧室的研制需要大型实验设备，使得这种形式的燃烧室在大型发动机上应用最晚。

目前正在使用的环形燃烧室依火焰筒的不同形式，可分为直流式、折流式和回流式环形燃烧室。后两种燃烧室常用于采用离心式压气机的小型燃气涡轮发动机中。

1. 直流式环形燃烧室

1）带单独头部的环形燃烧室

为了便于在火焰筒头部组织燃烧，把环形火焰筒头部做成若干个类似环管燃烧室火焰筒的头部结构，在这些单独的头部后面再转接成环形的掺混区（图 4.10）。

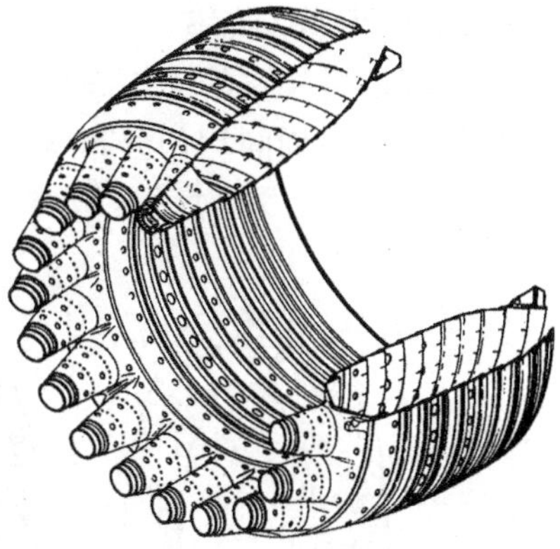

图 4.10　带单独头部的环形火焰筒

这种形式的燃烧室还保留着环管型燃烧室的某些特征，又称为混合式燃烧室。

JT9D 发动机的燃烧室是带有 20 个头部的环形燃烧室（图 4.11）。在头部旋流器中央安装有双路离心喷嘴。火焰筒头部与外壁做成一体，用三个定位销固定在燃烧室扩压机匣上。火焰筒内壁与燃烧室内壳体一起用螺栓固定在第 1 级涡轮导向器支座上。在燃烧室外壳上开有 5 个观察孔，可以用孔探仪观察火焰筒内的故障情况。若有需要，外壳可向前拉出，以便对火焰筒外壁直接进行目视检查或更换涡轮第 1 级导向器叶片。火焰筒头部布置在扩压器机匣内，缩短了燃烧室长度。采用 20 个单独头部使环形火焰筒刚性也有所加强。目前，在 JT9D－7R4 发动机上已经改为全环形燃烧室。表 4.3 给出了一些带单独头部的环形燃烧室在航空发动机上的应用情况。

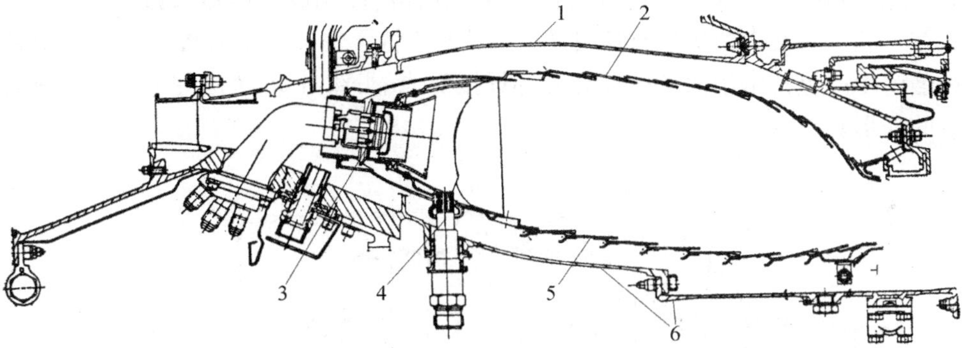

图 4.11　JT9D 发动机的环形燃烧室

1. 燃烧室内壳体；2. 火焰筒内壁；3. 燃油喷嘴；4. 点火电嘴；5. 火焰筒外壁；6. 燃烧室外壳体

表 4.3　带单独头部的环形燃烧室在航空发动机上的应用情况

发动机牌号	设计年代	头部个数	扩压器	旋流器	燃油喷嘴	点火方式
НК－4（涡桨）	1950	12	一级扩压	叶片式	单路离心式	间接
АИ－20М（涡桨）	1957	10	一级扩压	喇叭形	双路离心式	间接
АИ－24（涡桨）	1962	8	一级扩压	斜孔整体式	单路离心式	间接
JT9D（涡扇）	1961	20	一级扩压	斜孔整体式	双路离心式	直接
АИ－25（涡扇）	1968	12	一级扩压	斜孔整体式	单路离心式	间接
CF6（涡扇）	1968	30	突然扩张式	斜孔整体式	双路离心式	直接

2）全环形燃烧室

全环形燃烧室的火焰筒由内、外壁和环形头部构成。若干个（8~28 个）燃油喷嘴在火焰筒头部沿周向均匀分布。采用2~4 个点火器。图4.12 所示为F100 发动机的环形火焰筒。

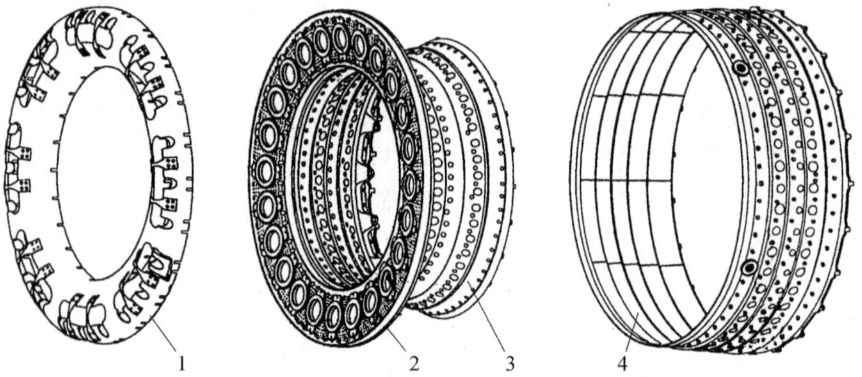

图 4.12　F100 发动机的环形火焰筒

1. 整流罩；2. 环形头部；3. 火焰筒内壁；4. 火焰筒外壁

图4.13 是AL－31F 发动机的全环形燃烧室。由外壳体、内壳体、火焰筒、主副输油圈、28 个燃油喷嘴、2 个点火装置等组成。内外壳体前端构成扩压器，通过14 块空心整流支板连在一起。在其中的7 块整流支板上，用支架将火焰筒和输油圈固定在燃烧室机匣上。火焰筒由一组特定型面的内环和外环焊接而成，头部由28 个圆柱形混合室和叶片式旋流器的环形套组成。

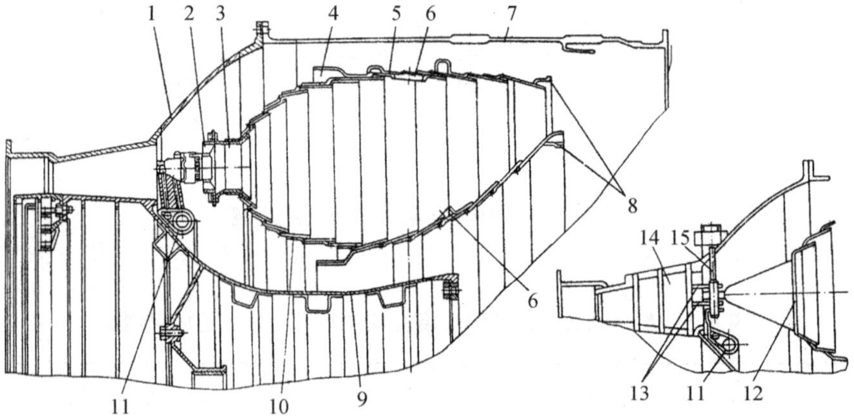

图 4.13　AL－31F 发动机的全环形燃烧室

1. 外壳体；2. 旋流器；3. 混合室；4. 进气口；5. 火焰筒；6. 掺混孔；7. 空气热交换器壳体；8. 安装边；9. 内壳体；10. 圆孔；11. 输油圈；12. 环形套；13. 支架；14. 支板；15. 拉杆

CFM56－3 的燃烧室（图4.14）为短环形燃烧室，有20 个低压喷嘴。火焰筒（图4.15）外壳、内壳在前端装有20 个球状的头部，并装有外、内整流罩。每个头部的前端均为旋流器,它是由前端的主旋流器,后端的副旋流器组成,两者间由一文氏管相连,旋流器的叶片不同于一般发动机中的轴向安排的,而是制成径向安排的。

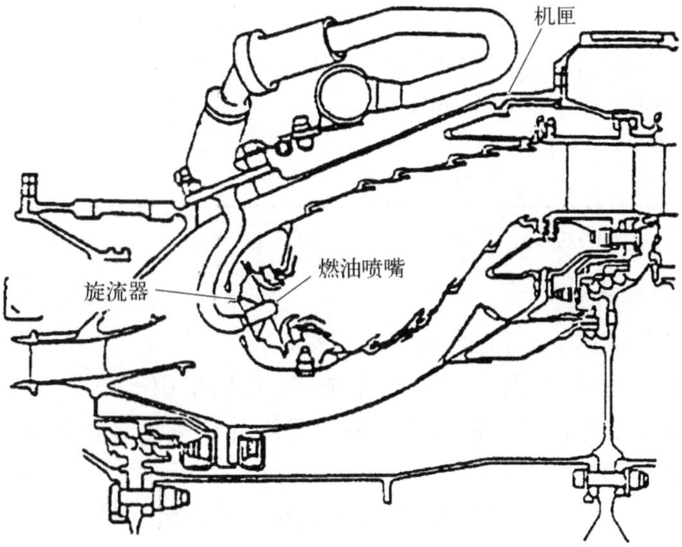

图 4.14　CFM56－3 燃烧室

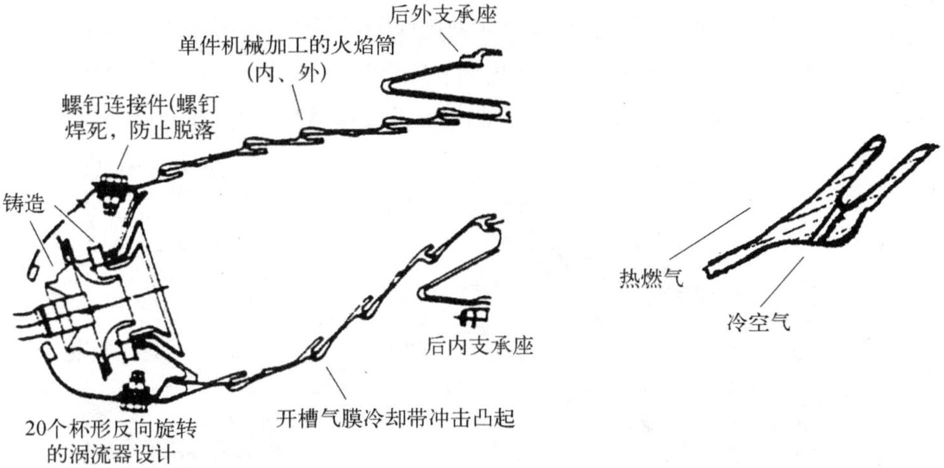

图 4.15　CFM56－3 火焰筒

现代先进的大型涡扇发动机已普遍采用全环形燃烧室。表 4.4 给出了全环形燃烧室在发动机上的应用情况。

表 4.4　几种典型的全环形燃烧室

发动机牌号	设计年代	结构特点	火焰筒制造技术	喷嘴数目	燃油喷嘴	点火方式
CF6－80C2	1985 适	短环形	机械加工	30	离心式	直接
PW4000	1986 适	短环形	滚轧成型	24	气动式	直接

续 表

发动机牌号	设计年代	结构特点	火焰筒制造技术	喷嘴数目	燃油喷嘴	点火方式
CFM56－3	1984 适	短环形	锻环机械加工	20	气动式	间接
RB199	1978 定	突然扩张式扩压器	锻造+化学铣	—	T 形蒸发管	直接
V2500	1988 适	浮动壁火焰筒	—	20	气动式	直接
GE90	1995 适	双环腔火焰筒	激光加工气膜孔	30	双锥喷嘴	直接
F100	1975	短环形	钣金焊接	24	双路离心	直接

注：适为通过适航认证时间；定为定型时间。

2. 折流式环形燃烧室

折流式环形燃烧室的火焰筒由内、外壁组成。

对小型燃气涡轮发动机，因其流量小、转速高，可以采用离心式压气机和燃油从发动机轴内腔经甩油盘离心甩出的供油方式。为了充分利用空间尺寸，缩短转子支点的距离，所以常采用折流式环形燃烧室。

图 4.16 是 WP11 发动机的折流式环形燃烧室。离心压气机出来的空气分三路折流进入火焰筒：第 1 路约占总气量的 12.5%，由前进气盘壁上的孔和缝隙流入；第 2 路约占总气量的 12.5%，经涡轮空心导向叶片，由内、后进气盘上的孔流入；其余经火焰筒外壁的进气斗流入。燃烧室内、外壁后端，沿圆周分别用螺钉和螺栓固定在第 1 级涡轮导向器的内、外环上。环绕在涡轮轴上的挡气环套内有前、后两组密封槽，在两组槽间引入第 2 路气体以保证涡轮轴的冷却。燃油从发动机轴内腔经甩油盘离心甩出，当转速很高时，能良

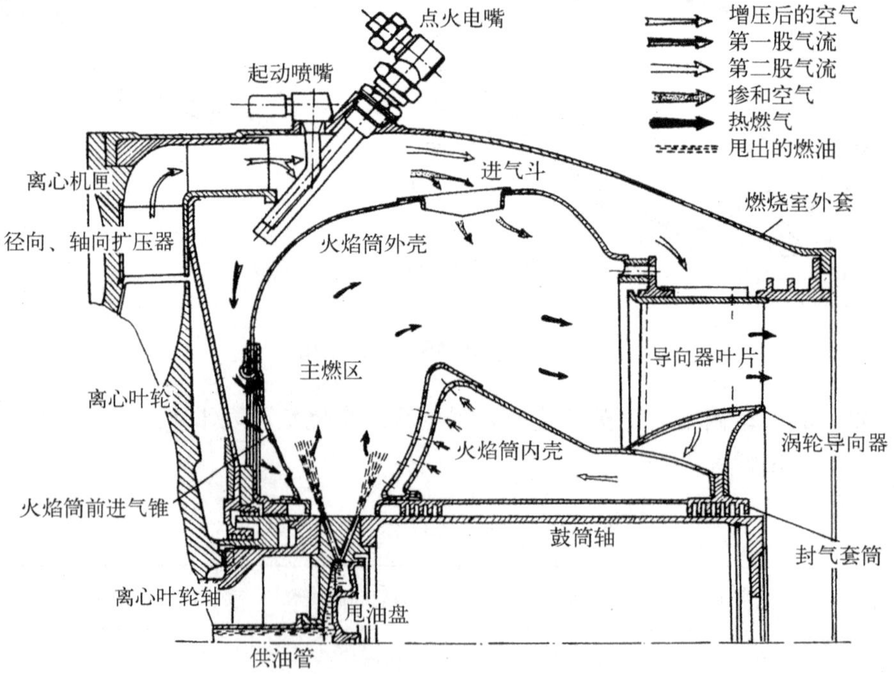

折流式环形燃烧室动画

图 4.16 WP11 发动机的折流式环形燃烧室

好雾化和均匀分布，但在起动和低转速工作时，燃油雾化较差。

3. 回流式环形燃烧室

回流式环形燃烧室的火焰筒由环形头部，内、外壁，内、外排气弯管组成。不同于直流式环形燃烧室中气流从压气机出来后，进入燃烧室，之后经过涡轮而排出的流动特征，气流在回流式燃烧室中流动时须经两次 180°的转折，才能流过燃烧室而到达涡轮。

这种燃烧室也用在采用离心压气机的燃气涡轮发动机中。燃烧室的燃油是由位于环形圆顶部的喷嘴提供。图 4.17 是 JT15D 发动机的回流式环形燃烧室。它由燃烧室机匣、火焰筒、排气弯管前壁、排气弯管后壁及低压涡轮静子支承组合件等组成。火焰筒前端是开口的，后端是圆顶形的。在环形圆顶的前端面上焊有 6 个沿圆周均布的径向凸耳，用径向销将火焰筒后端径向固定在低压涡轮支座上。燃油喷嘴通过浮动衬套内的浮动垫圈插入火焰筒圆顶。浮动衬套可以补偿火焰筒在发动机工作时的轴向伸缩。

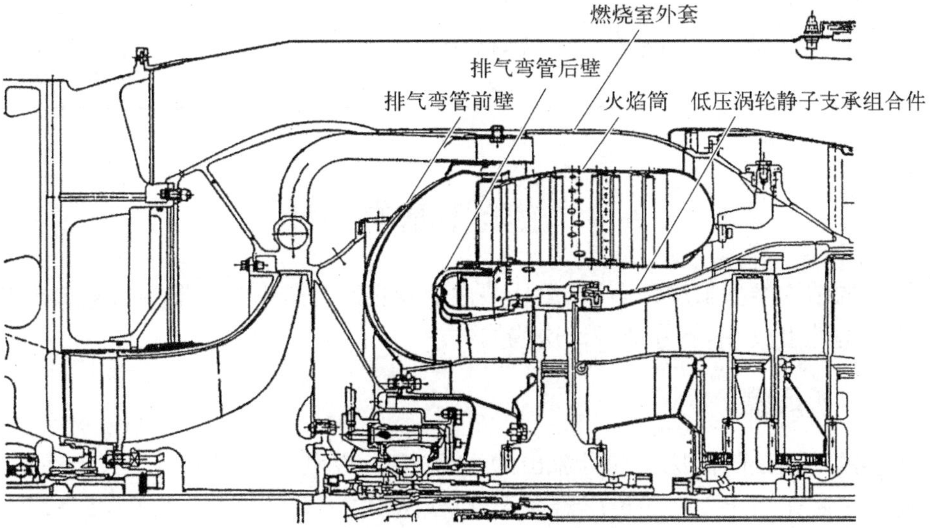

图 4.17　JT15D－4 发动机的回流式环形燃烧室

表 4.5 给出了一些折流式和回流式环形燃烧室在发动机上的应用情况。

表 4.5　折流式和回流式环形燃烧室的应用情况

发动机牌号	设计年代	类　型	功率/kW （推力/daN）	燃油喷嘴	压 气 机
马基拉（涡轴）	1981	折流式	1 118～1 566	甩油盘	3 级轴流+1 级离心
阿都斯特（涡轴）	1961	折流式	373～420	甩油盘	1 级轴流+1 级离心
阿赫耶（涡轴）	1977	折流式	447～559	甩油盘	1 级轴流+1 级离心
透默（涡轴）	1951	折流式	—	甩油盘	1 级轴流+1 级离心
J65（涡轴）	1961	折流式	—	甩油盘	1 级轴流+1 级离心
奥比斯克（涡扇）	—	折流式	—	甩油盘	1 级轴流+1 级离心
J69（涡喷）	1951	折流式	（410～850）	甩油盘	1 级轴流+1 级离心

续　表

发动机牌号	设计年代	类　型	功率/kW (推力/daN)	燃油喷嘴	压气机
PT6A(涡桨)	1963	回流式	354~1 061	14 个单路离心式	3 级轴流+1 级离心
PW100(涡桨)	1983	回流式	1 118~2 237	14 个气动式	双转子 1 级离心+1 级离心
PW200(涡轴)	1991	回流式	447~559	12 个气动式	单级离心式
TM319(涡轴)	1986	回流式	340~550	T 形蒸发管式	单级离心式
TM333	1986	回流式	596~820	T 形蒸发管式	2 级轴流+1 级离心
RTM322(涡轴)	1990	回流式	1 566~2 237	T 形蒸发管式	3 级轴流+1 级离心
TB7-117(涡桨)	1992	回流式	1 728~1 840	18 个双路离心式	5 级轴流+1 级离心
TBД-1500	1995	回流式	970	—	3 级轴流+1 级离心
JT15D(涡扇)	1967	回流式	978~1 420	12 个双路离心式	1 级风扇+1 级轴流 1 级离心
PW500	1995	回流式	(1 156~1 726)	—	1 级风扇 1 级轴流+1 级离心

4.4　燃烧室基本构件

燃烧室的结构类型虽多种多样,但从共性上看它们都是由扩压器、壳体、火焰筒、燃油喷嘴等基本构件组成,本节分别讨论这些构件。

4.4.1　扩压器

扩压器的功用是降低从压气机流出的气流速度,以利于组织燃烧。气流在扩压器的扩张形通道里减速增压。一般扩压器进、出口截面积之比 $F_{out}/F_{in}=3.0\sim5.5$,使气流速度由压气机出口处的 120~180 m/s 降低到 30~50 m/s。环形燃烧室扩压器还起内外侧的两股气流分配作用。此外,飞机或发动机所需的引气,通常也取自扩压器。现代大涵道比涡扇发动机的扩压器也是发动机的主要承力构件之一。

气流在扩压器中的压力损失约占燃烧室总压力损失的 1/3,扩压器长度约占燃烧室总长度的 1/4。因此,合理设计扩压器对于改善燃烧条件、改进燃烧室性能,减少燃烧室尺寸和重量有着重要意义。

根据扩压器内气流通道型面的不同,目前常见的扩压器主要有一级扩压式、二级扩压式和突然扩张式三种基本型式。

1. 一级扩压式扩压器

在 20 世纪 50~60 年代的燃气涡轮发动机上,扩压器大都采用一级扩压,如 WP6、WP7、WP8(图 4.18)。一级扩压的气流通道截面积按一定规律变化,使压力较均匀地增加,流速均匀下降。这些变化规律有等压力梯度、等速度梯度及两者兼有的混合造型规律。用等压力梯度造型压力损失最小,但加工比较困难。在扩压比不大的情况下,可用双纽线造型代替。等速度梯度型面变化平缓,便于与燃烧室转接,出口流场好,但压力损失较大。

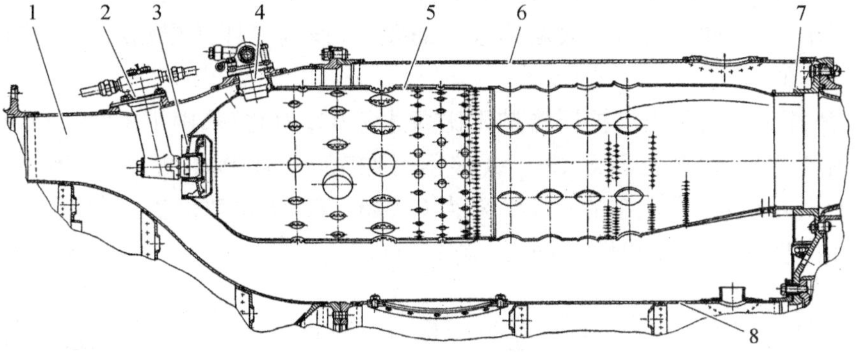

图 4.18 WP8 发动机燃烧室

1. 压气机后机匣扩压器;2. 工作喷嘴;3. 旋流器;4. 起动喷油点火器;5. 火焰筒;6. 燃烧室外套;7. 第 1 级涡轮导向器框架;8. 涡轮轴壳体

图 4.19 所示为斯贝发动机扩压器的验算情况。从图 4.19 中可以看出它是等压力梯度型面,它的总压恢复系数为 0.985~0.99。图 4.20 所示为斯贝发动机扩压器的实际结构图。

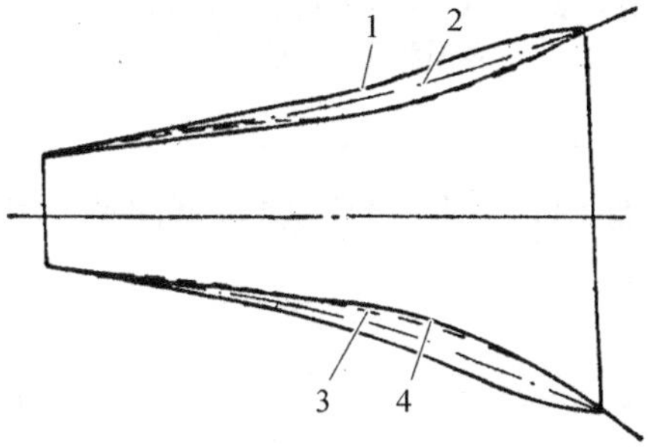

图 4.19 斯贝发动机扩压器的通道型面

1. 等扩张角;2. 等速度梯度;3. 等压力梯度;4. 实测

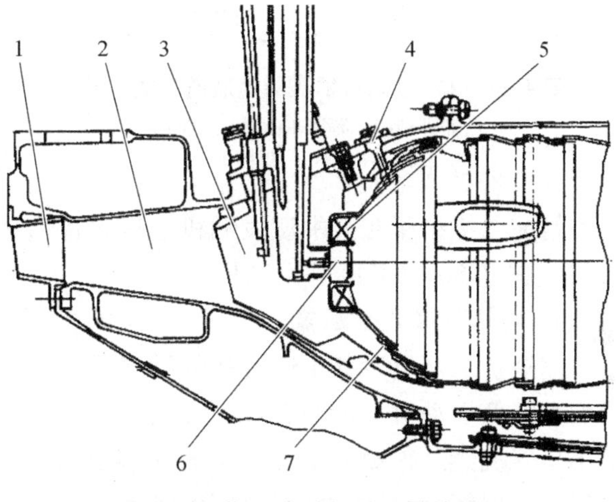

图 4.20 斯贝发动机扩压器的结构

1. 整流叶片;2. 扩压器;3. 鱼嘴形进气口;4. 火焰筒固定销;5. 旋流器;6. 燃油喷嘴;7. 火焰筒头部锥体

2. 二级扩压式扩压器

当扩压器进、出口面积相差很大时,为了缩短扩压器长度,可采用二级扩压器。

J57 发动机的燃烧室就是采用二级扩压(图 4.21)。压气机出口气流经扩压比不大的一级扩压段后,再进入扩压比很大或突然扩张的第二级扩压段。由于第一级扩压比不大和第二级进口气流 Ma 下降,因此扩压器的总压损失也不致过大。J57 发动机压气机出口气流速度为 140.5 m/s,经过扩张角为 32°30′的第一级扩压段后,流速下降为 60 m/s 左右,然后进入突然扩压段,至火焰筒进口处流速降为 18.7 m/s。据估算,在同样长度的扩压器中,一级扩压较二级扩压的流体损失大 2.65%。为了从扩压器中均匀引气,在突然扩压段的外壁上开有孔，把气引到集气环中汇合，然后引出发动机。扩压器内的凸环是用来调整扩压器出口流场的，以适应火焰筒进口的要求，该调整环是根据实际工作的需要，在试验过程中加的。

JT3D 涡扇发动机燃烧室扩压器扩压比高达 7.62，为此，采用了两级扩压方案。其通道尺寸见图 4.22。该扩压器若按一级扩压，则扩压长度将由现在的 363 mm 增加到 706 mm，总压恢复系数由现在的 0.977 降为 0.946。JT3D 发动机扩压器上还采用了凸尖环。凸尖环位于进口截面 201.5 mm 处，高 8 mm。

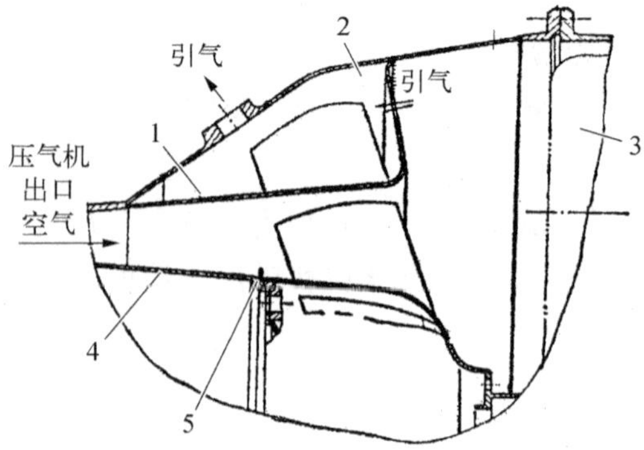

图 4.21　J57 发动机扩压器的通道形式

1. 扩压器外壁；2. 集气环；3. 火焰筒；4. 扩压器内壁；5. 凸环

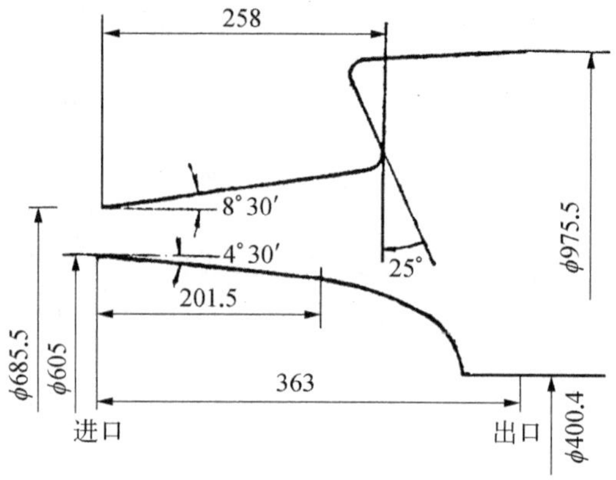

图 4.22　JT3D 发动机二级扩压器通道型面（单位：mm）

目前二级扩压在大中型发动机上得到普遍采用，如 F119、AL－31F、CFM56、PW4000、V2500、遄达 800、GE90 等发动机。

3. 突然扩张式扩压器

缩短扩压器可以减小燃烧室的轴向尺寸，亦即缩短了轴、机匣等许多结构件的尺寸，因而是降低发动机重量的有效途径之一。目前最短的扩压器是突然扩张式扩压器，压气机出口气流经过很短的略为扩张的环形通道，使气流速度略为下降后就突然扩张。这种扩压器不但短，而且燃烧室工作较少受压气机出口流场变化的干扰，但其总压损失要大些。这种扩压器方案在短环形燃烧室上有所使用，如 RB199（图 4.23）、F100 等发动机。

在扩压器中，当扩张角和扩压比增加时，由附面层分离逐步形成涡流，并随着流动逐步扩大分离区，这使流动不稳定，流阻增加，出口速度不均匀，压力损失增加。为了减少突然扩张式扩压器中的压力损失，在扩压器中，可采用放气、分流环、凸尖环等措施。JT9D 发动机采用了凸尖环，使气流在其后形成稳定的涡流，造成不扩散的环流区，即将涡流限制在凸尖环后，减少其后的附面层分离，如图 4.24 所示。而 F100 发动机燃烧室的突然扩张段内，采用了分流环（图 4.25），消除了由于突然扩张而产生的涡流，防止气流分离，使燃烧室压力损失减小。

扩压器是燃烧室部件中结构复杂且重量较大的组件，同时它又是发动机的主要承力构件，压气机后的轴承一般安装在支承于扩压器上的承力结构中，如 WP6、WP7 等发动机

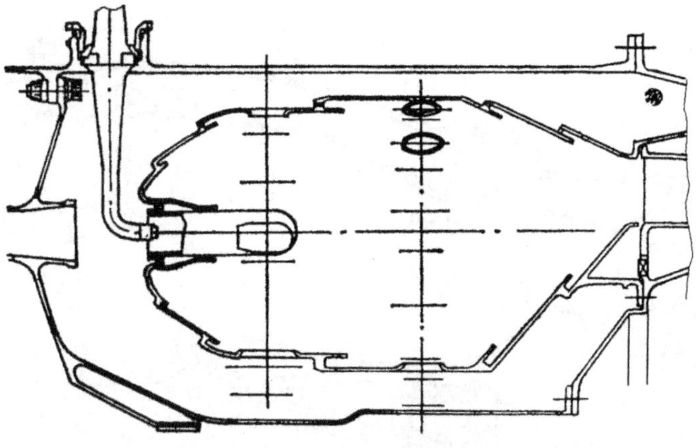

图 4. 23　**RB199 发动机燃烧室**

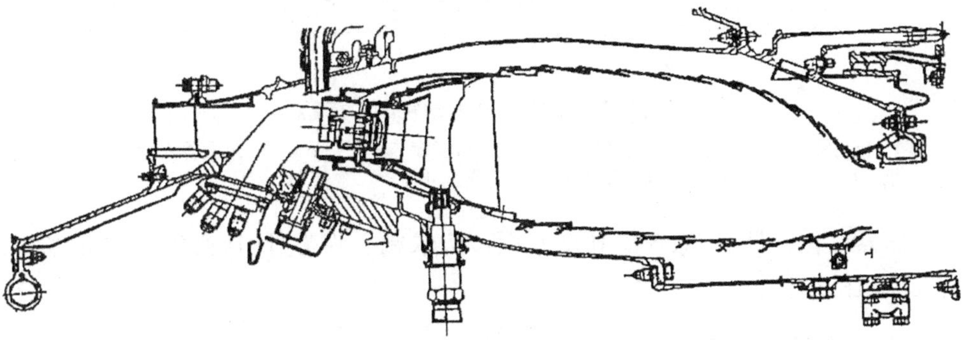

图 4. 24　**JT9D 发动机燃烧室**

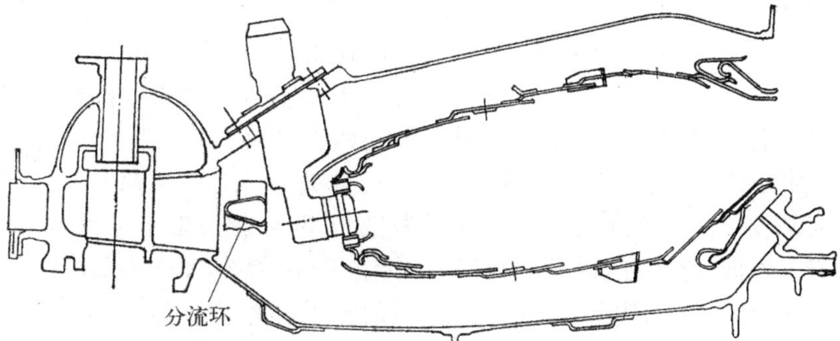

图 4. 25　**F100 发动机燃烧室**

中轴承的载荷，是通过与扩压器内壳相联的压气机末级整流叶片，传到发动机主安装节。而 PW4000、V2500 等发动机，在其扩压器内均有支柱叶栅，将高压转子后支承上的径向力传给压气机机匣(图 4. 26)。这种结构方案除需解决传力问题外，也要考虑轴承润滑、封油和封气等问题。

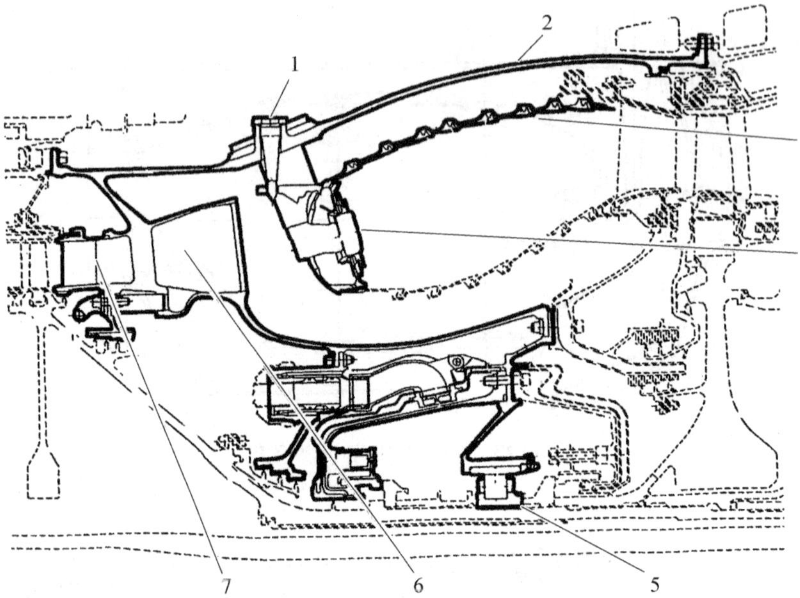

图 4.26　PW4000 发动机的扩压器

1. 止动销;2. 扩压机匣;3. 火焰筒外壁;4. 燃油喷嘴(24 个);5. 高压转子后支承(3 号轴承);6. 24 个扩压器支柱叶栅;7. 高压压气机整流叶片

在扩压器结构设计中,除考虑其型面设计力求减少损失外,还必须考虑其强度、刚性和全台发动机的结构特点。

4.4.2　燃烧室机匣

燃烧室机匣用来与火焰筒壁面一同构成二股气流通道。在环管和环形燃烧室中,燃烧室机匣由内、外壳体组成。在一级扩压式的燃烧室中,扩压器是燃烧室机匣的一部分。

环管和环形燃烧室的内、外壳体是薄壁零件,通常都是发动机的主要承力构件,承受轴向力、径向力、横向力、扭矩、振动载荷和热应力等,受力非常复杂。因此在结构设计中,必须保证壳体具有足够的强度和刚性。由于外壳体直径很大,抗横向弯曲的刚度一般较强,所以考虑刚度时要注意保证径向刚度,防止壳体失稳。对于超薄壁的内壳体,要特别注意保证径向刚度。因为受压的壳体更容易失稳,实践中就曾发生过轴承机匣被压扁造成的严重故障。目前,除了在选择壳体材料和确定适当的壳体厚度方面的保证以外,还要对壳体中刚性差的部位采用加强措施,采用径向加强筋是一种常用的有效方法。图 4.27 所示为一些发动机燃烧室内机匣的径向加强筋实例,这些加强肋主要是径向加强刚度,因而用在圆柱段上。

若需要在径向和轴向都有加强作用时,可采用封闭式的加强筋,如图 4.28 所示。这种类型的加强筋可用在同时承受轴向力和内压力的曲线形壳体的转接段上。但在封闭腔上要开通气小孔,以均衡腔内外气体压力。加强筋通常用钣材焊接在燃烧室内机匣的内表面,在加强筋腹板上开的孔,是为了减轻重量。许多发动机燃烧室的内、外壳体的前、后端都有安装边,用专门的连接件连接起来,组成盒状结构,对保证刚性也有很好的作用。

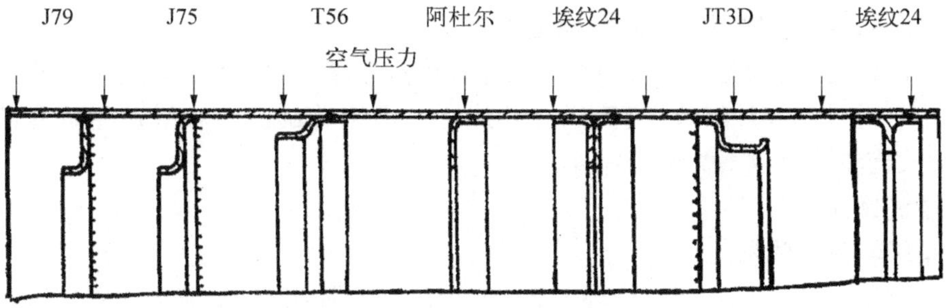

图 4.27　燃烧室内机匣圆柱段各种形式的径向加强筋

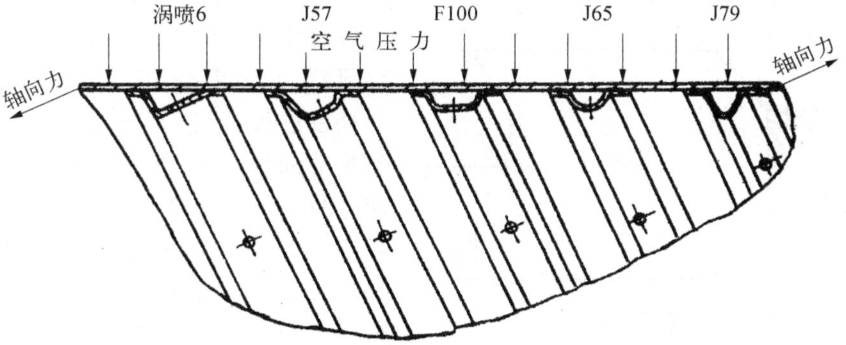

图 4.28　燃烧室内机匣圆锥段的各种封闭型加强筋

另外,对高温部位还应采取隔热和散热措施。

在发动机上,燃烧室机匣往往是管路及各种安装座最集中的地方(图 4.29)。由于燃烧室工作在高压、高温气体中,又有许多管路、支杆和点火器等组件穿过壳体与燃烧室内部相通,在贯穿处应防止过定位,保证热补偿和密封。为了防止在起动过程和停放期间燃烧室内积油,燃烧室机匣下部一般要有漏油装置。

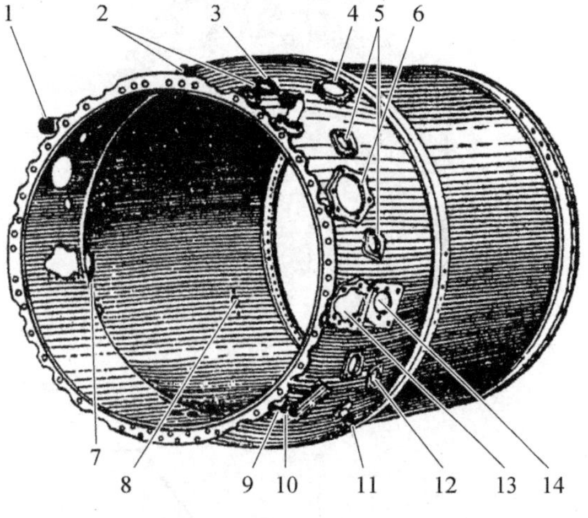

图 4.29　WP7 发动机燃烧室扩压器外壳

1. 去主泵、加力泵;2. P_2 测量接头;3. 去整流罩加温;4. 起动点火器安装座;5. 工作喷嘴安装座;6. 放气活门安装座;7. 涡轮散热通气;8. 去加力预燃室;9. 去座舱增压;10. 去滑油箱;11. 去油箱增压;12. 加力预燃喷嘴;13. 减荷腔;14. 滑油通气

4.4.3　火焰筒

火焰筒是燃烧室的主要构件,是组织燃烧的场所,它由旋流器和火焰筒筒体等部分组成。

1. 旋流器

旋流器在火焰筒前端,其功用是:① 在火焰筒头部产生高速旋转射流,形成低压区,从而造成热回流区以保证火焰稳定;② 高速旋转射流,增加了气流与油滴的相对速度,改善了燃油雾化和混气形成,提高燃烧效率;③ 为头部提供适量的空气,以保证头部具有适合的余气系数;④ 保证燃烧室高效、稳定工作。

旋流器有叶片式和无叶片式两种。叶片式旋流器在非蒸发管式燃烧室中得到广泛采用。它由内、外环和叶片组成,气流经过叶片之后围绕着旋流器轴线产生强烈的切向旋转。叶片式旋流器有以下类型:

1）轴流旋流器

a）单级轴流旋流器

这种旋流器由旋流器外环、内环及5~12个旋流叶片组成,旋流器轴线与来流方向一致,故称轴流式旋流器。这种旋流器结构简单、加工方便、也可以产生比较好的旋流效果,广为燃烧室采用,如图4.30、图4.31所示。在发展过程中,为改善性能及工艺,又演化出多种旋流器结构。例如带预混段的轴流式旋流器,如图4.32所示。旋流器后有一段等径预混段,燃油与旋流空气在进入燃烧室头部前可以先进行预混,以改善燃烧性能,CF6发动机就采用了这种结构。图4.33所示的旋流器结构是将外环出口直径稍作收敛,以增加出口气流旋转强度,WP8发动机采用了这种结构。

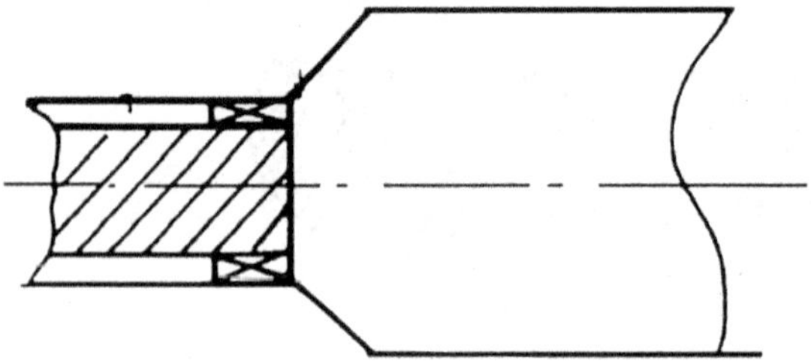

图4.30　轴流式旋流器

单级轴流旋流器动画

图4.31　单级轴流旋流器示意图

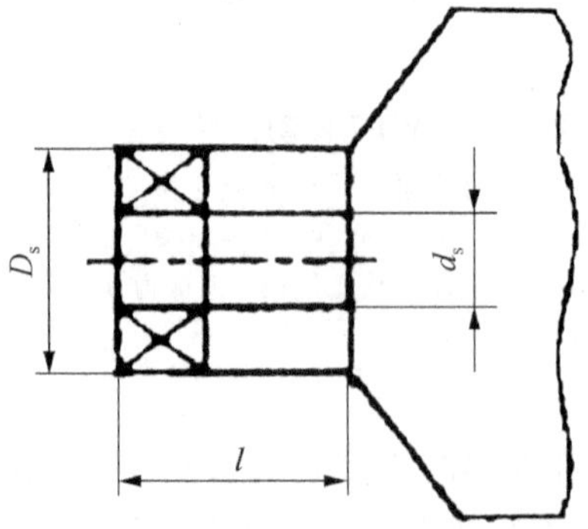

图4.32　带预混的轴流旋流器

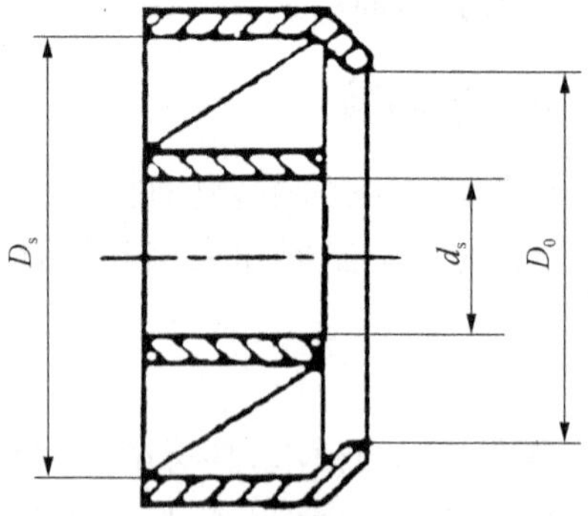

图4.33　出口收敛式轴流旋流器

b）双级轴流旋流器

为适应高温升大热负荷燃烧室头部设计，既保证头部的空气流量又要具有足够强的回流区和良好的气动雾化性能，采用双级轴流式旋流器。图 4. 34 给出了两种常用的典型结构。内旋流主要用于燃油雾化，外旋流用于形成适当的头部回流。

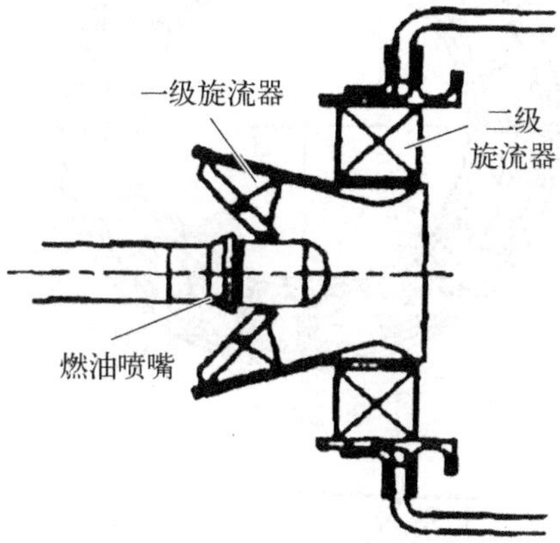

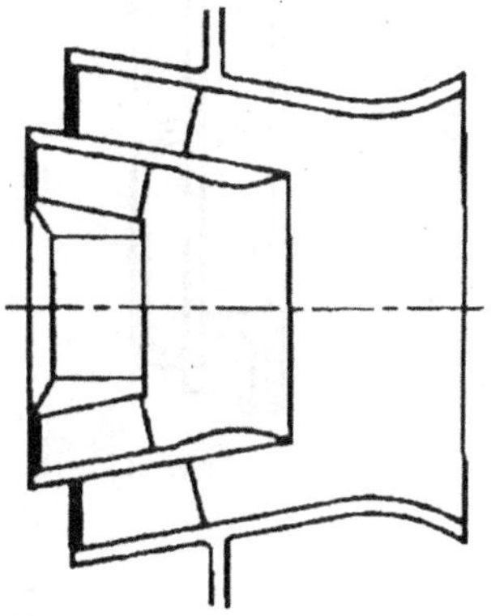

图 4. 34　两种典型双级轴流旋流器

2）径向旋流器

a）单级径向旋流器

典型的单级径向旋流器结构如图 4. 35 所示。JT3D 发动机火焰筒的旋流器是径向叶片式的。它是精密铸件，由内、外环叶片和折流环组成（图 4. 36）。喷嘴装在内环中，折流环位于叶片后缘，将旋流器出口的一部分空气引向喷嘴附近，使靠近喷嘴的周围形成贫油区。试验证明，碳粒主要在喷嘴附近的局部富油区内生成，因此，带有折流环的旋流器可以减少发动机的冒烟和对大气的污染。为了减少热应力，在折流环上加工有四条周向均匀分布的膨胀槽。

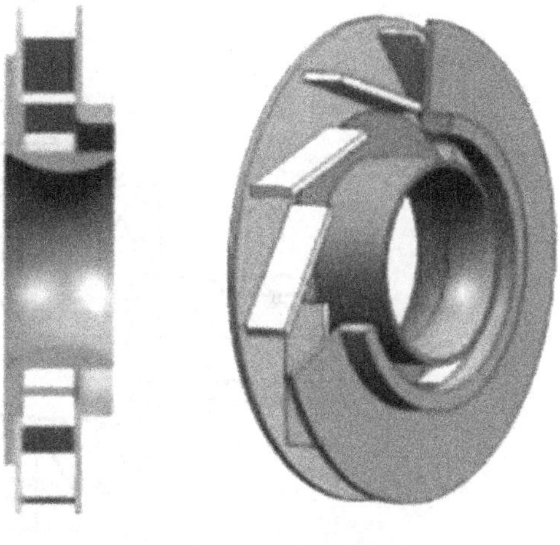

图 4. 35　单级径向旋流器示意图

b）双级径向旋流器

双级径向旋流器是当代发动机一种较为先进的主燃烧室头部进气装置。这种双级径向旋流器具有较好的气动雾化、可燃混气形成和火焰稳定性能。这种结构的主要优点如下：和常规轴流旋流器相比压力损失小；通过旋流器叶片宽度的调整，可使旋流器预混空气或主旋流器空气在较大幅度内调整，适用于高温升燃烧室主燃区及头部设计；气动雾化、可燃混气形成和实现回流区及火焰稳定一体化设计，工作可靠，具有比较宽的工作油气比，这点对解决高温升燃烧室设计存在的困难具有重要意义；和常规轴流式旋流器相比，旋流数 S_N（表征回流区强度）和空气流通能力相容性好、调整幅度宽，便于解决轴流式旋流器要求高 S_N 数、大 β 角（叶片安装角）必然引起流通能力减小的矛盾。双级径向旋流器如图 4. 37 所示，但这种结构一般是薄壁无余量精铸件，工艺复杂、技术要求高。图 4. 38 是 CFM56 发动机一级斜切孔和二级径向旋流器组合形式。

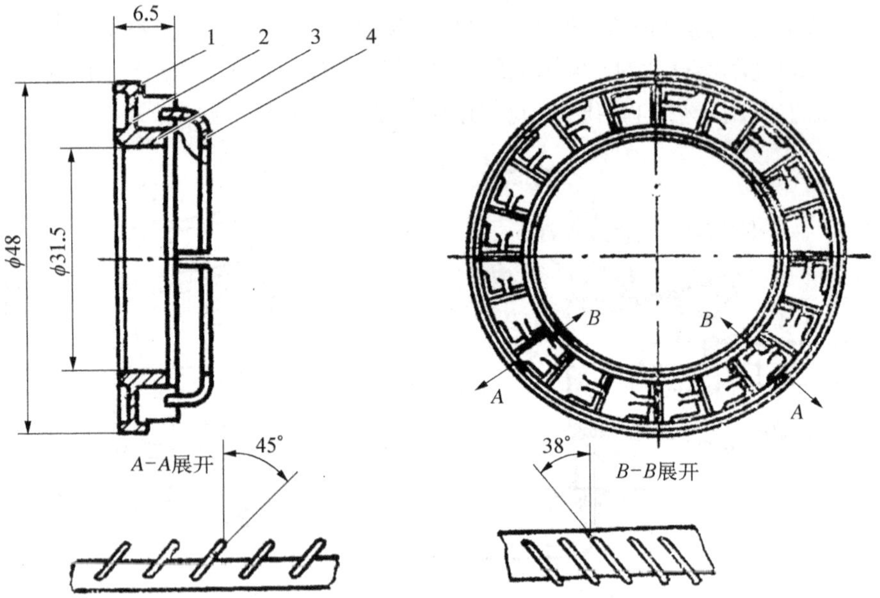

图 4.36　JT3D 发动机火焰筒的旋流器（单位：mm）

1. 外环；2. 叶片；3. 内环；4. 折流片

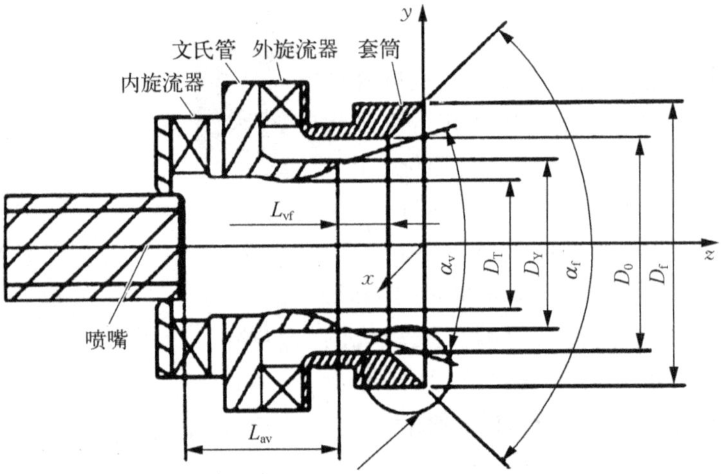

图 4.37　叶片双级径向旋流器

3）塔式旋流器

图 4.39 这种旋流器结构基本介于轴流与径流式之间。当叶片倾角 θ 为 0，即为轴流式，当 $\theta = 90°$ 时，即为径流式。因此，它兼有两者的优点，通过改变叶片安装角 β 及倾角 θ，可同时满足流量及旋流特性的要求。JR100 发动机采用了这种结构。

4）非叶片式旋流器

a）斜切孔旋流器

这种旋流器形成的旋转射流不是用叶片，而是用有一定偏心距的斜切孔。如图

4.38 CFM56 发动机的一级旋流器。这种结构加工工艺方便,进口面积易保证、刚性好、工作可靠。缺点是重量稍重、迎面进气面积利用率不高。

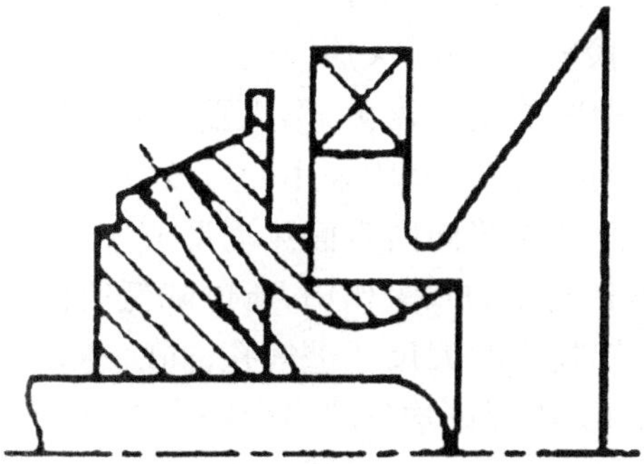

图 4.38 斜切双级径向旋流器

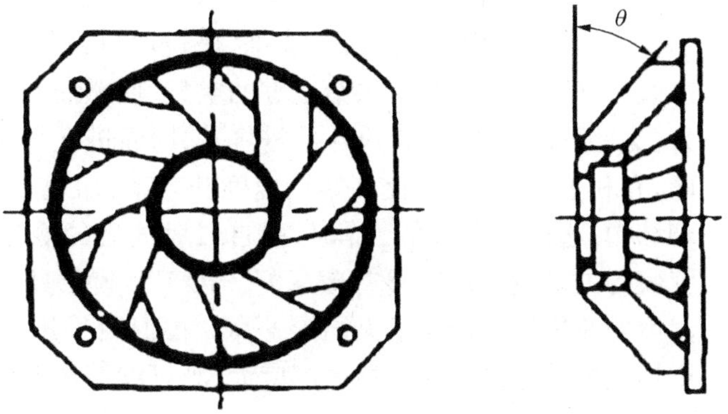

图 4.39 塔式旋流器

b)钝体式旋流器

这种旋流器是利用气流经过非流线通道(非流线体,如喇叭形钝体、V 形钝体等)之后产生低速回流区,或经过多孔壁后产生低速回流区。与叶片式旋流器相比,气流无切向速度或切向速度很小。图 4.40 给出了 V 形钝体产生回流区的原理示意图。当气流流过 V 形钝体后,钝体后面的气体就会被气流带走,而在 V 形钝体后面形成一个低压区。这样就使钝体下游处部分气体在压力差的作用下,以与主气流相反的方向流回钝体后面的低压区,从而在钝体后面产生一个回流区。在实际发动机上应用的钝体有各种形式,如喇叭形、折流板等。

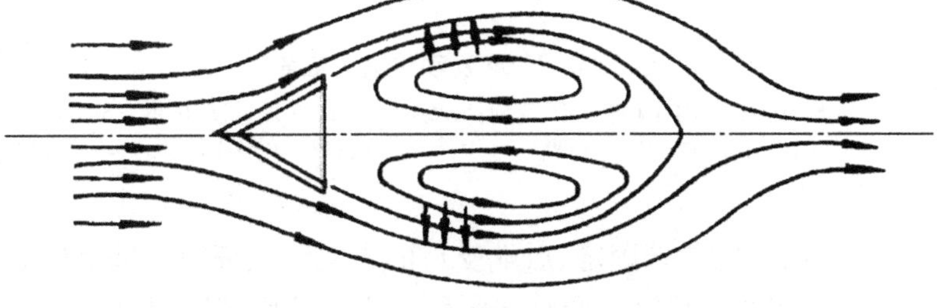

图 4.40 V 形钝体后回流区的生成原理

非叶片式旋流器还有另一种形式,称为多孔壁式旋流器。它没有专门的旋流器零件,在火焰筒头部冲制出专门的缝隙和孔,起着旋流器的作用。这种旋流器除用在 J85、J79 等发动机外,还广泛用在带离心甩油盘喷嘴的折流式环形燃烧室中。

2. 火焰筒筒体

火焰筒按其制造方法可分为钣金焊接、机械加工和增材制造三种类型;按其冷却散热方式又可分为散热片式和气膜式。

早期的 WP6 发动机,采用的是散热片式的火焰筒。这种火焰筒是在铸造或锻造毛坯外表面上机械加工出纵向的散热片,通过增加火焰筒筒体与火焰筒外二股气流的接触面积来加强筒体的散热,降低筒体温度。实践表明,这种类型的散热方式效果非常有限,而且重量大、费工、费料,因而已经被淘汰。

WS9 发动机的火焰筒是气膜式火焰筒,是由若干段钣金原材焊接而成,如图 4.41 所示。火焰筒由鱼嘴形进气口、头部、燃烧段、掺混段和燃气导管等组成。鱼嘴形进气口用来改善进气条件。为了供给足够的空气,使燃油在燃烧段充分燃烧,火焰筒前部的进气量大,头部采用了 10 个带风斗的进气孔,因而进气量大、集中,穿透深度大,形成强烈的回流区,有利于稳定燃烧,提高燃烧速度和效率,缩短火焰筒长度。燃烧段采用 4 道波纹式冷却结构,这种火焰筒在工作时,引自二股气流的冷却空气沿火焰筒内表面流动形成气膜,气膜均匀,射程较长,冷却效果好。由于气膜兼具隔热和散热的双重作用,所以降低筒体温度的效果好。延长了火焰筒寿命。掺混段采用 7 个带翻边的大尺寸进气孔,同时还采用挡气板,使进气均匀,穿透深度大,既可缩短掺混过程,又能保证均匀的温度场。

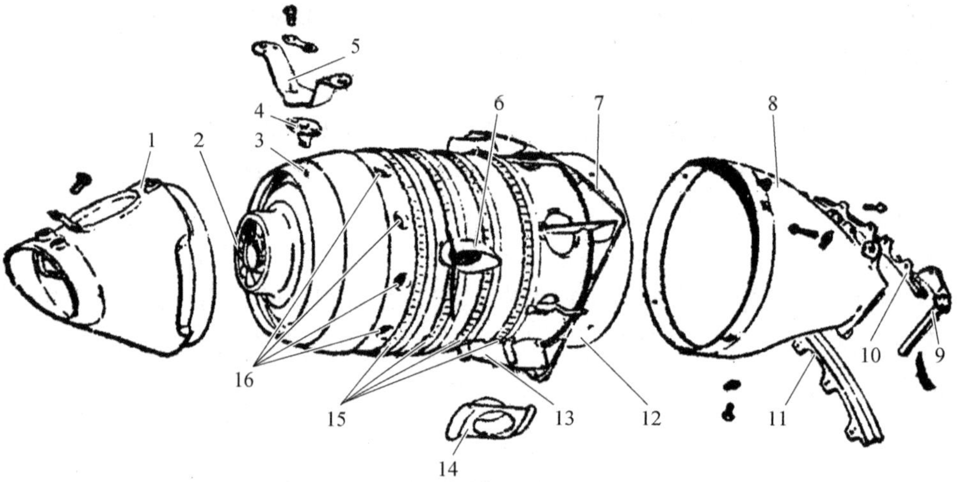

图 4.41 WS9 发动机的火焰筒

1. 鱼嘴形进气口;2. 旋流器;3. 固定槽;4. 固定销;5. 6#火焰筒(在发动机下部);6. 传焰管固定部分;7. 挡气板;8. 燃气导管;9. 止动销;10. 外扇形板;11. 内扇形板;12. 火焰筒筒体;13. 导流片;14. 传焰管滑动部分;15. 波纹隔圈;16. 进气孔

WS9 发动机火焰筒采用前端固定、后端支持的方案。火焰筒头部呈球形,借定位环支靠在进气口上,用固定销使火焰筒前端轴向定位。火焰筒后端用螺钉与燃气导管相联,燃气导管后端的扇形安装边用螺栓连接有内、外扇形板,借此扇形板与涡轮导向器机匣前安装边配合,使火焰筒组合件后部径向和周向定位,但允许轴向自由热膨胀。

目前在大中型发动机的环形燃烧室上,已经广泛采用机械加工成型的气膜式火焰筒(图 4.42)。这种类型的火焰筒可以更合理自如地设计二股气流的流动通道,进一步提高气膜式火焰筒的散热效果,满足现代发动机燃烧室高容热强度的要求(图 4.43),同时火焰筒壁面的周向刚度均匀且得到了加强。

有一种新型火焰筒已被许多先进发动机采用,这就是 V2500 发动机的浮动壁式火焰筒。这种火焰筒将承力件和承热件分开,外层为整体环件,承受气动和机械负荷;内层轴向和周向分成单独的浮动片安装在外层承力结构上,承受热负荷,可明显改善火焰筒壁面

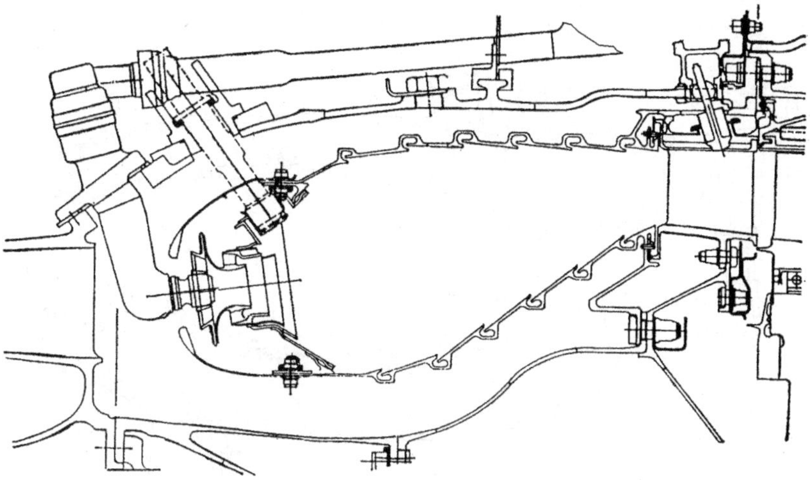

图 4.42　CF6－80A 机械加工的火焰筒

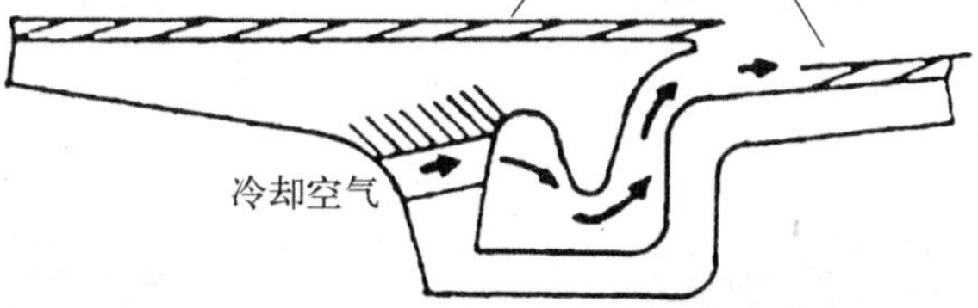

图 4.43　机械加工火焰筒的加强冷却效果

的受力状况，从而大幅延长使用寿命。同时浮动壁的分层结构特点给采用先进的复合冷却技术带来便利和可行性，可减少冷却空气用量，提高冷却效果。

V2500 发动机的燃烧室如图 4.44 所示，其主要特点有：采用整体式铸造扩压机匣；扩压器为二级扩压，一级扩压段内有 20 片支柱叶栅；20 个气动雾化喷嘴，能使燃油均匀雾化；火焰筒的内、外壁的内侧分别有 5 圈由蝶形浮动片组成的浮动环，将高温燃气与火焰筒的内、外壁隔开，火焰筒的内、外壁与浮动片之间是冷却气流通道。目前，在 PW4000、F119 等先进发动机上，都已经采用了这种形式的火焰筒。

浮动壁结构动画

罗罗公司的新一代富油燃烧-淬熄-贫油燃烧（RQL）低污染燃烧室在进行全环燃烧室试验加工时使用了一种增材制造技术。由于该技术设备的加工尺寸限制，全环燃烧室被分为了 8 个组件进行加工，最后通过自动化激光焊接技术进行装配，如图 4.45 所示。

对于使用增材制造技术制造的火焰筒，其主要优势在于复杂型面的处理和壁面小孔的直接加工。火焰筒上的大量冷却小孔，都可以在制造火焰筒时一并完成，而不需要传统加工中专门的钻孔工序。

此外，随着火焰筒材料的发展，非金属复合材料在耐热性、降低能耗和减少污染方面体现出明显优势，在工程领域的广泛应用前景，使其成为当前的研究重点。但传统的加工方法无法较好地融合金属与非金属材料，使其紧密地结合在部件表面。这一问题有望通

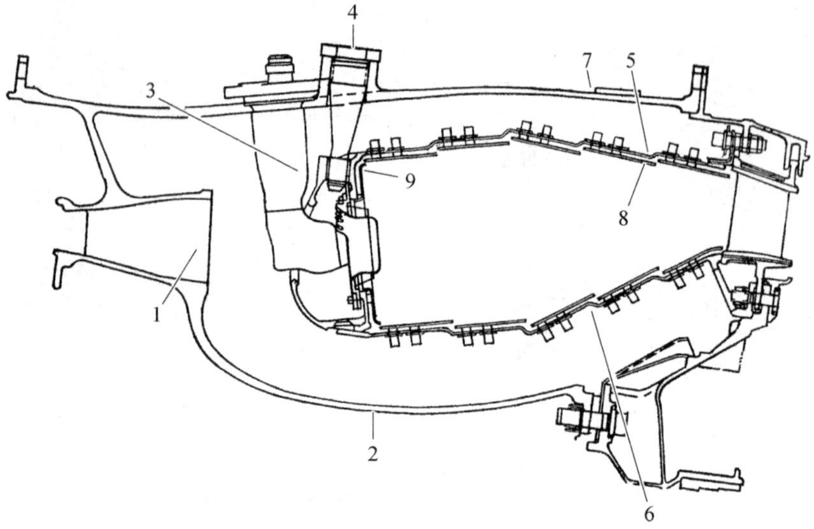

图 4.44　V2500 发动机的燃烧室

1. 20 片支柱叶栅;2. 整体式铸造扩压机匣;3. 20 个气动式燃油喷嘴;4. 定位销;5. 火焰筒外壁;6. 火焰筒内壁;7. 孔探口;8. 蝶形浮动片;9. 全屏蔽头部

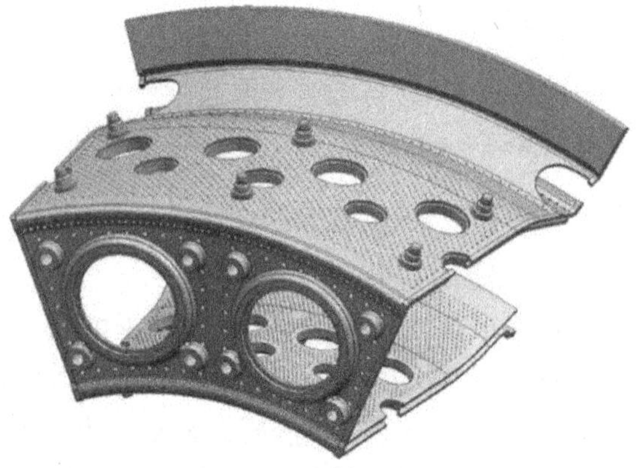

图 4.45　RQL 燃烧室火焰筒部件几何模型和全环成品实物

过增材制造技术解决。

3. 火焰筒筒体的冷却

火焰筒筒体按其功能可分为三段,即头部、筒体和燃气导管。

火焰筒往往是发动机寿命比较短的部件。为了延长火焰筒的寿命,对火焰筒进行有效和省气的冷却始终是一项非常重要的设计要求。

筒体上的进气孔和冷却气膜孔有不同的型式,如图 4.46 和图 4.47 所示,其形状、大小、数量和分布,取决于组织燃烧的需要和涡轮前燃气温度的要求。火焰筒是燃气涡轮发动机中局部温度最高的部件,工作中还要解决高温热强度、热应力、热腐蚀、热变形和热稳定性等诸多问题。为提高抗振和抗热疲劳强度,孔边应抛光和加强,如加箍套或做成弯边。为加大进气深度,可采用弯边孔和进气斗;为改善受热不均匀,可给大进气孔镶边或在筒壁上大孔之间开若干小孔。

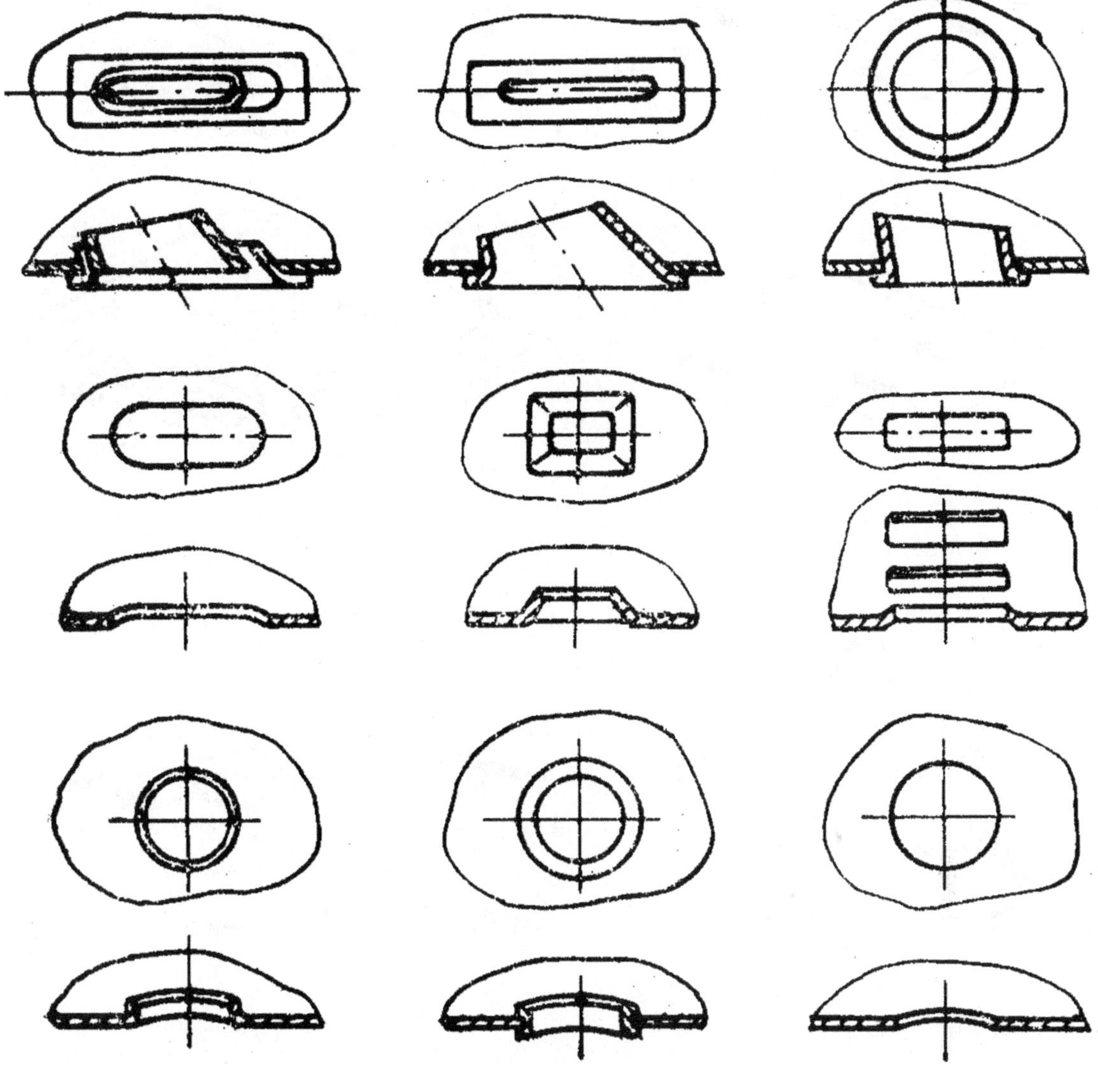

图 4.46 火焰筒壁上进气孔型式

关于火焰筒筒体各部分热变形协调问题有两种情况:一是相互固定的零件,要允许在受热时能同时膨胀而不互相约束,这可采取增加零件柔性的措施。二是固定零件与受热件之间,应保证受热件能自由膨胀,而不被固定件所卡住,整个火焰筒的固定问题必须保证在受热时能自由膨胀,因此只能有一个轴向定位面,其他的连接只起支持作用。

有的发动机的燃烧室采用了带表面陶瓷涂层的浮动片式结构,如 V2500 发动机。图 4.47 给出了其冷却结构示意图。浮动片靠螺桩固定在火焰筒壁上,火焰筒壁上开有进气孔,冷却空气进来后,即可在浮动片与筒壁之间的夹层流动,进行对流换热,又可在浮动片

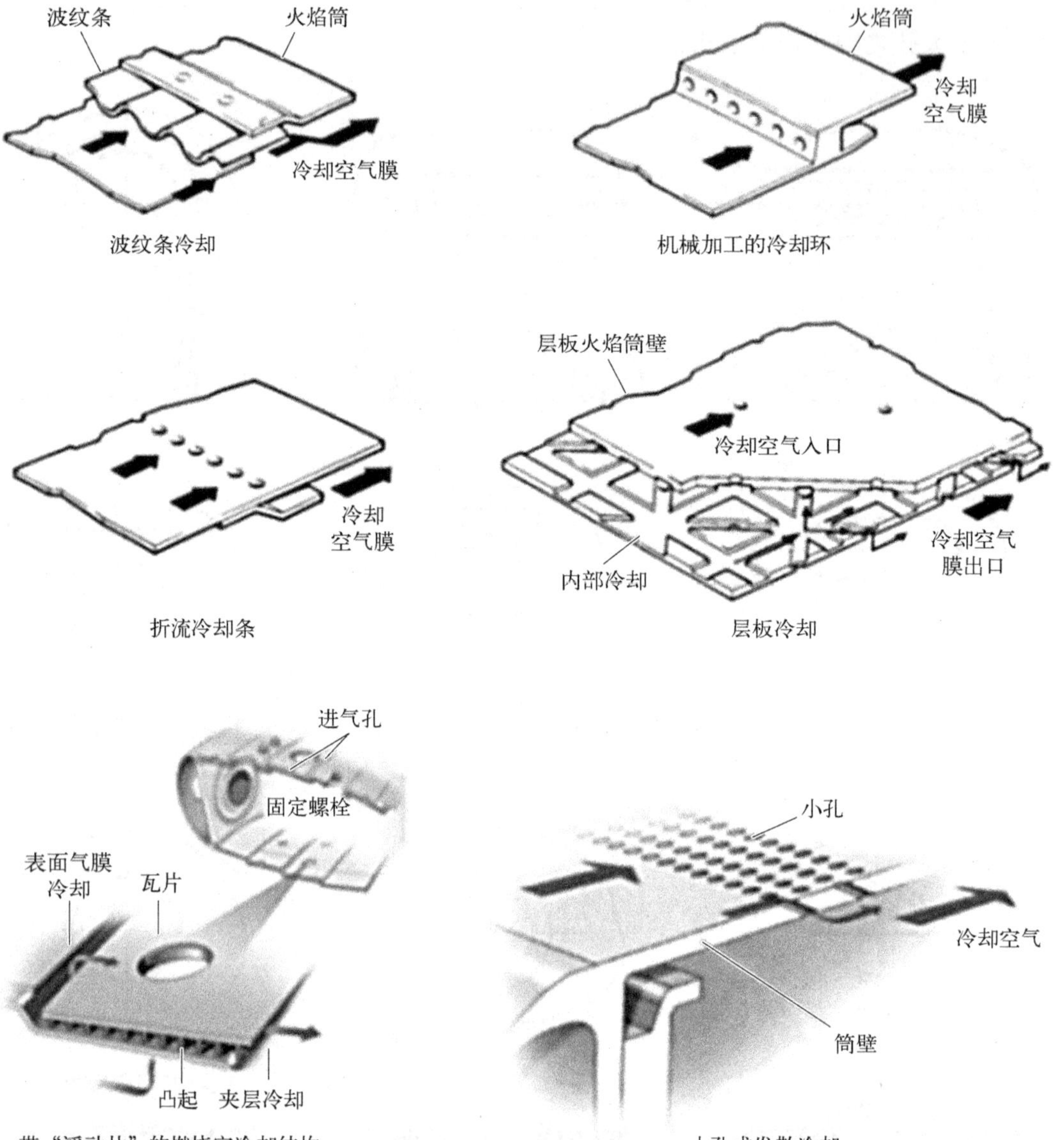

图 4.47　火焰筒壁的冷却结构

表面流过,形成气膜冷却,把燃气与浮动片表面隔开。为了增加浮动片表面的散热面积,其背面加工有很多细小的圆柱形凸起。采用这种冷却结构,可减少冷却空气量,使更多的空气参与燃烧,降低燃烧温度,从而可降低 NO_x 的排放。

有些发动机在火焰筒壁上加工有大量的小孔,小孔一般采用电子束打孔或电火花打孔,孔径一般在 0.5~1.0 mm。二股气流从这些小孔进入火焰筒内部。由于孔很小,所以,气流穿入深度很小,进入火焰筒后很快形成紧贴内壁的冷气层。由于小孔分布均匀,密度大,所以冷却空气层能均匀覆盖火焰筒内表面,可有效降低燃气对壁面的对流换热,并不断把燃气对筒壁的热辐射带走。小孔有直孔和斜孔两种。斜孔可以更多地抑制通过孔壁的对流换热,从而可获得更低的壁温。冷却示意图见图4.47,GE90发动机燃烧室火焰筒就采用了这种结构,见图4.48。

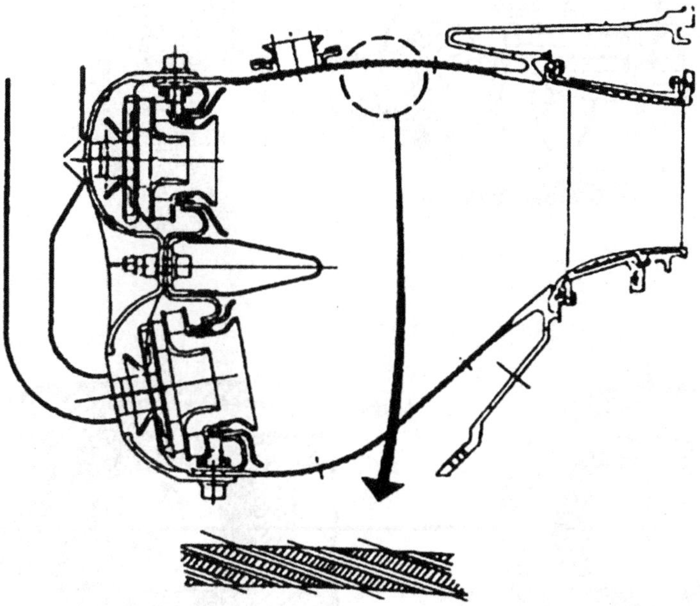

图4.48 GE90发动机燃烧室火焰筒

4.4.4 燃油喷嘴

燃油喷嘴的功用是将燃油雾化(或汽化),加速混合气形成,保证稳定燃烧和提高燃烧效率。航空发动机上采用的燃油喷嘴有离心喷嘴、气动喷嘴、蒸发喷嘴(又称蒸发管)和甩油盘式喷嘴等。

1. 离心喷嘴

燃油在油压作用下沿切线方向孔进入喷嘴内腔,高速旋转,从喷口喷出时,在离心力作用下雾化,形成旋转的圆锥油雾层(图4.49),与来自旋流器的旋转气流相撞、混合,形成油气混合气。

喷嘴的流量计算公式:

$$\dot{m}_{\mathrm{f}} = \mu A_{\mathrm{c}}\sqrt{2\rho_{\mathrm{f}}\Delta p_{\mathrm{f}}}$$

式中,$\dot{m}_{\mathrm{f}}$ 为燃油流量;μ 为流量系数;A_{c} 为喷嘴出口小孔面积;ρ_{f} 为燃油密度;Δp_{f} 为供油压差。

在喷嘴喷油口面积不变的条件下,喷嘴出油量与供油压差的平方根成正比。目前喷嘴进出口最大压差约为60 bar(6 MPa),若保证燃油雾化的最低压差为2 bar(0.2 MPa),则喷嘴允许的最大供油量约为最小供油量的五倍多。然而,发动机在各种飞行条件和工作状态下,需用油量的变化范围比上述范围大得多。例如以低空最大速度飞行(或起飞时),其供油量约等于在高空以最小速度飞行时的10~20倍;如果把起动状态也估计在

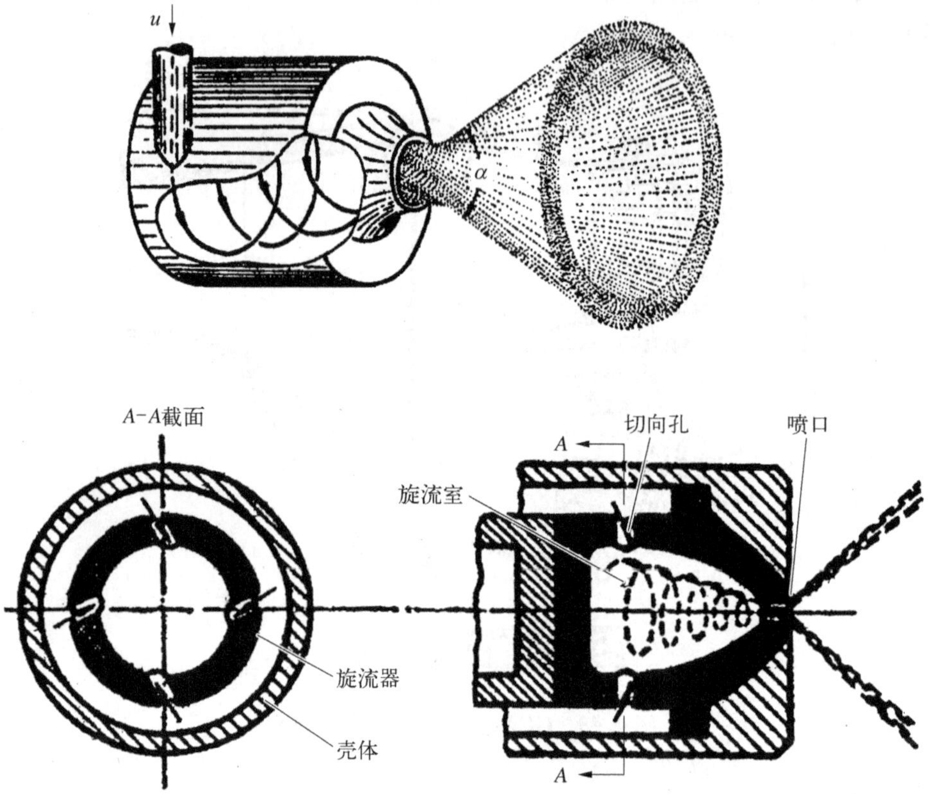

图 4.49　离心式喷嘴工作原理及构造

内，则供油量的变化可达 40~50 倍之多。因此单油路离心喷嘴不能满足要求，所以在航空发动机上广泛采用双油路离心喷嘴。

双路离心喷嘴的工作原理如图 4.50 所示。喷嘴内有主、副两条油路及相应的环形主喷嘴和中心副喷嘴。当供油量较小时，供油压力较低，仅副油路供油，从面积较小的中心喷嘴喷出；当供油量较大时，供油压力升高，主、副油路同时供油，燃油从主、副喷嘴同时喷出。由于每条油路都有自己的涡流室和喷口，所以，主、副油路互不干扰。如斯贝发动机在 1 000 r/min 时，副油路打开供油；3 000 r/min 时，主、副油路同时供油。

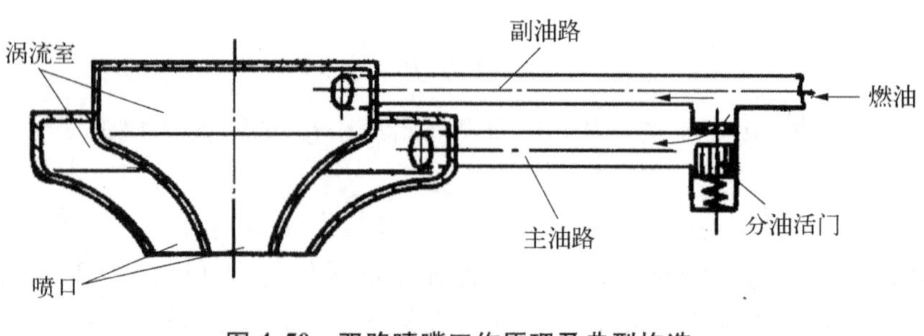

图 4.50　双路喷嘴工作原理及典型构造

AL－31F 发动机的燃油喷嘴为双路离心式喷嘴(图 4.51)。喷嘴壳体内有主、副两条油路,相互独立,并有各自的旋流器和喷嘴。当供油量较小时,供油压力较低,仅副油路供油,从面积较小的中心喷嘴喷出;当供油量较大时,供油压力升高,主、副油路同时供油,从环形主喷嘴和中心喷嘴同时喷出。因而使供油量的变化范围大大提高,既可满足大功率状态供油的需要,又可以防止低功率状态燃油雾化不良。为了防止喷嘴积炭,在防积炭外罩上开有小孔,从压气机后来的气体经小孔,产生预旋,从喷嘴喷出。这样,一方面有助于燃油的雾化,又可以吹除粘附在喷嘴上的燃油,防止积炭的发生。

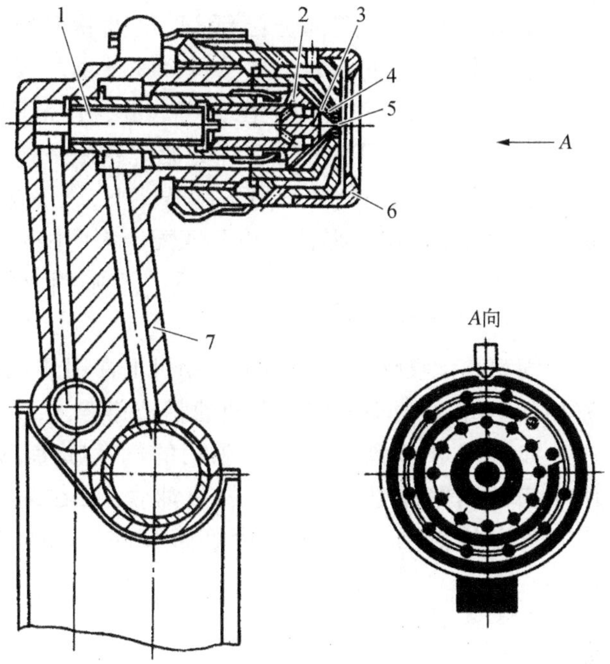

图 4.51 AL-31F 发动机燃油喷嘴

1. 油滤;2. 主油路旋流器;3. 副油路旋流器;4. 主油路喷嘴;5. 副油路喷嘴;6. 防积炭外罩;7. 壳体

由于航空发动机燃烧室存在多个燃油喷嘴,在燃油供入喷嘴前需通过燃油分配活门进行流量分配。燃油分配活门装在供油路上,来自燃油调节器的燃油先到达此分配活门,然后再被送往各个喷油嘴。图 4.52 是某型号发动机燃油系统的分配活门示意图。活门主要包括一个油滤、旁通活门、单向活门和十个供油出口。来自燃油调节器的燃油从分配活门的进口进入活门内,先流过油滤,进行过滤,防止杂质颗粒堵塞喷嘴。过滤后的燃油顶开单向活门,进入 10 个出油口,每个出口连接一根供油管,每根供油管给两个喷嘴供油(图 4.53),从而保证每个喷嘴的供油是一样的。当停车时,油压下降,单向活门靠弹簧力关闭,切断向喷嘴的供油,并把管路中的余油放掉。万一油滤发生堵塞,旁通活门打开,以保证继续供油。油滤可拆下来进行清洗。

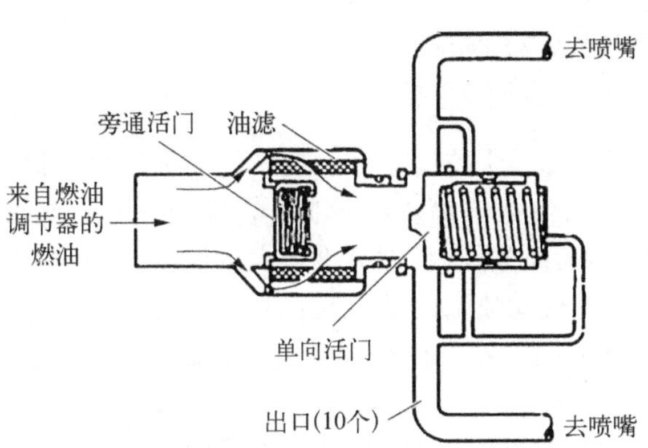

图 4.52 燃油分配活门

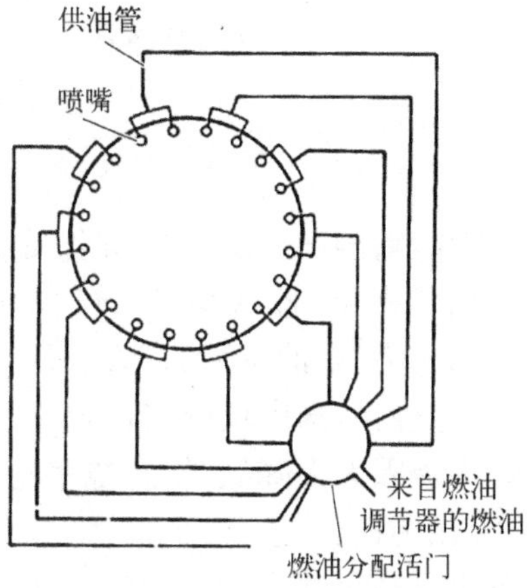

图 4.53 燃油分配活门与喷嘴之间的连接

图 4.53 给出了燃油分配活门、供油管和燃油喷嘴的连接关系。燃油分配活门与10 根供油管相连,每根供油管给两个喷嘴供油,燃烧室上一共有 20 个喷嘴。

离心喷嘴可以使燃烧室在宽广的混合比范围内稳定燃烧、工作可靠、结构坚固、易于调试,所以广泛使用在分管和环管燃烧室上。但它要求供油压力高,存在高温富油区,容易造成发烟污染,而且在不同飞行条件下,燃烧室出口温度场变化较大,环形燃烧室的环形通道与喷嘴的圆锥形油雾也不匹配。因此随着环形燃烧室的普遍采用和对环境问题的日益重视,这类喷嘴有被蒸发喷嘴和气动喷嘴取代的趋势。

2. 气动喷嘴

气动雾化喷嘴是现代涡轮发动机上常用的一种喷嘴。其工作原理是使油膜与高速气流相互作用,在气动力作用下使油膜破碎雾化,快速形成均匀良好的油气混合气。

如 RB211 发动机燃烧室采用的气动喷嘴,见图 4.54(a)。燃油经 6 个切向孔,在喇叭口的内壁面上形成旋转的薄油膜层,在内、外两股高速气流的作用下,碎裂成与空气充分掺混的油雾,进入火焰筒头部。图 4.54(b)所示为 PW4000 发动机的气动喷嘴。

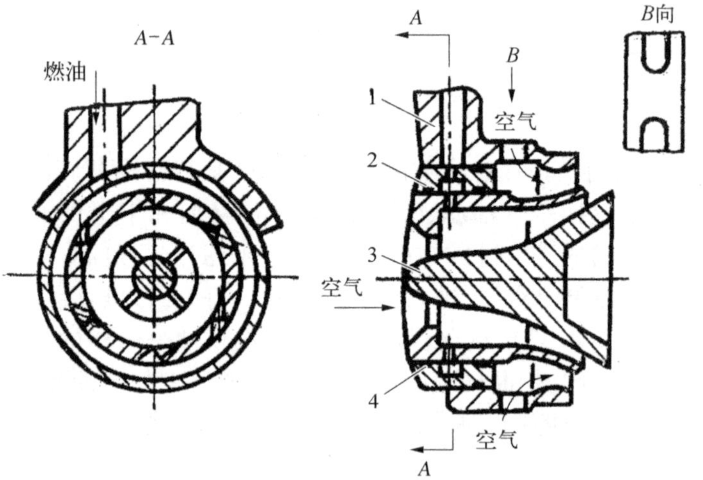

(a) RB211发动机

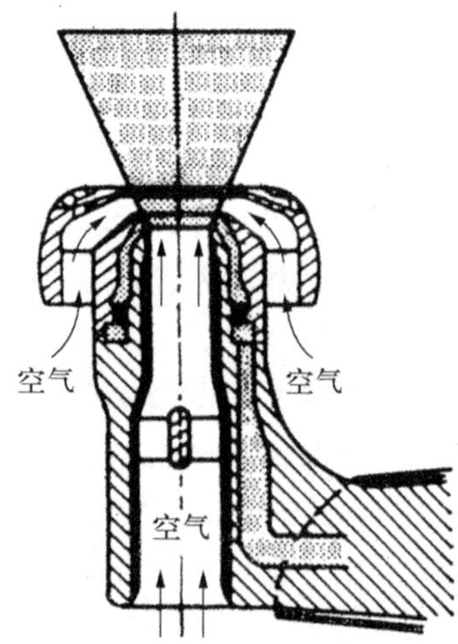

(b) PW4000发动机

气动式燃油喷嘴动画

图 4.54　两种气动式燃油喷嘴

1. 外壳;2. 分油环;3. 内锥;4. 密封圈

气动喷嘴的优点是:① 雾化质量好,油气混合均匀,避免了主燃区的局部富油区,减少了冒烟和积炭;② 火焰呈蓝色,辐射热量少,使火焰筒壁温较低;③ 气动喷嘴不要求很高的供油压力,供油系统简单,而且在较宽的工作范围内,喷雾锥角大致保持不变,所以容易使燃烧室出口温度场分布比较均匀、稳定。气动喷嘴的缺点是:① 由于油气充分掺混,贫油熄火极限大大降低,使燃烧室稳定工作范围变窄;② 在起动时,气流速度较低,压力较小,雾化不良。

对于直径尺寸大的燃烧室来说,当燃油压力低时,由于喷嘴位置不同,燃油重力所产生的静压的影响就可能导致送到不同位置的喷嘴的油量不同,从而引起燃油不规则分配,影响燃烧室的燃烧和温度分布。为了避免这一现象的出现,一般都设置燃油分配活门,来保证各个喷嘴流过的燃油量相同。图4.55是罗罗公司气动雾化喷嘴中常用的一种燃油分配活门,即重量块式燃油分配活门,它包括重量块和弹簧。燃油压力顶开弹簧和重量块后,才能到达喷嘴的涡流室。由于喷嘴在燃烧室机匣上均匀分布一圈,这样一来重量块的重力可弥补不同位置的重力所引起的静压差。以位于燃烧室顶部和最底部的两个喷嘴为例(供油接口在燃油总管最底部),当喷嘴在顶部时,燃油自上向下流,重量块的重力也压缩弹簧,有利于扩大流通面积;当喷嘴在最底部时,燃油是从下向上流,即油压要克服重量块的重力和弹簧力才能进入涡流室,即重量块可使分配活门开口关小,从而使这两个喷嘴的进油量相同。

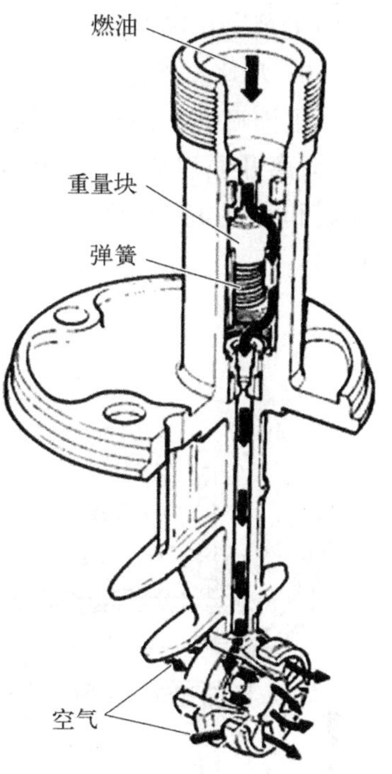

图4.55 带燃油分配活门的喷嘴

3. *蒸发喷嘴*

在蒸发式燃烧室内,油气的混合提前在蒸发管内进行。燃油首先喷入处于高温燃气流中炽热的蒸发管内,迅速吸热并蒸发为燃油蒸气,并与进入蒸发管内的少量空气初步混合成油气,然后从蒸发管喷入火焰筒的主燃区内,与大量空气混合后燃烧。

蒸发式喷嘴有两种形式,即“Γ”形和“T”形,如图4.56和图4.57所示。“Γ”形蒸发管的出口往往分布在火焰筒的两个主燃孔之间。这种结构不及“T”形蒸发管有两个出口,分别对应布置在火焰筒上主燃孔的位置,可以避免产生局部高温区并能更好组织燃烧。因此在“Γ”形蒸发管基础上发展而来的“T”形蒸发管得到更广泛的应用。奥林帕斯593、F101、TF34、M53以及RB199等发动机的环形燃烧室中均采用了蒸发喷嘴,除F101采用蜗壳形蒸发管外,其余均为“T”形蒸发管。

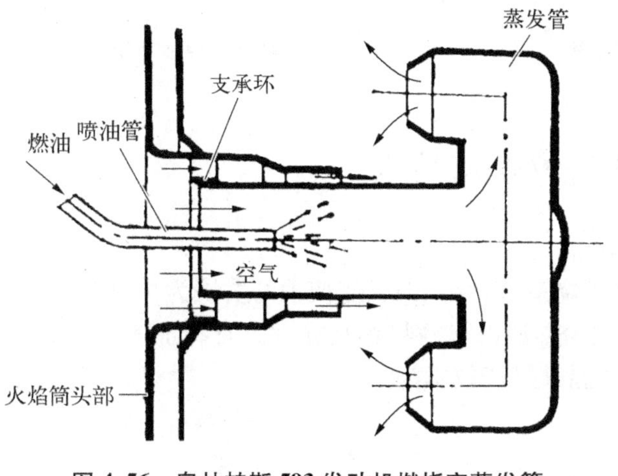

图4.56 奥林帕斯593发动机燃烧室蒸发管

蒸发喷嘴具有结构简单、造价便宜和重量轻的优点。它的缺点是:① 燃烧室稳定工作范围较窄;② 蒸发管本身冷却较困难;③ 管内预混油气存在自燃问题;④ 需要辅助起动供油系统;⑤ 在耐久性和污染物排放方面性能较差等。因此在主燃烧室上的应用一度发展缓慢。随着高增压比、高涡轮前燃气温度发动机的日益发展,在整个飞行范围内,在提高燃烧效率、缩短燃烧室长度、解决发动机冒烟等问题上,环形蒸发燃烧室具有显著的优势。所以近年来这类燃烧室的研究又有了较大的进展,不少发动机上采用了蒸发式燃烧室。

4. 甩油喷嘴

甩油喷嘴在高转速、小流量的折流式环形燃烧室中使用。燃油在甩油盘油孔中形成油膜，离开喷口后，由于突然膨胀，使油膜破裂成油滴，在气动力作用下，油滴变成更小的油雾和空气混合，进入燃烧区燃烧。J69、阿赫耶等发动机采用了这种喷嘴装置(图 4.58)。

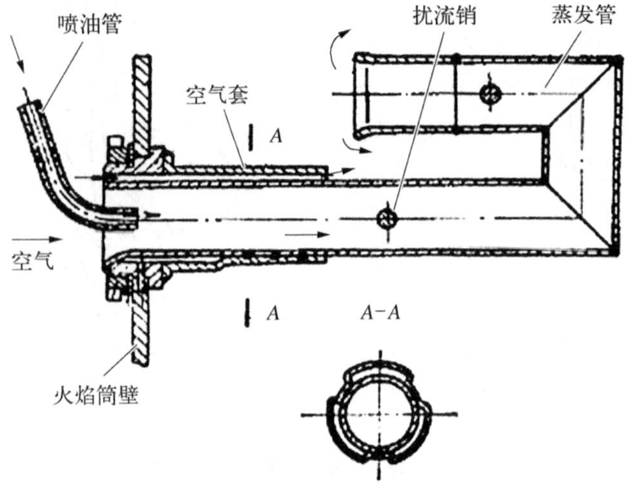

图 4.57　威派尔发动机燃烧室蒸发管

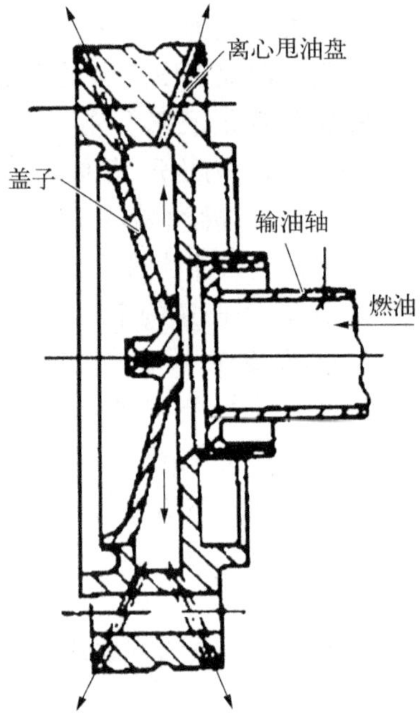

图 4.58　甩油喷嘴

4.5　先进燃烧室技术

当今，燃烧室的发展趋势可归纳如下。

(1) 对民航发动机和工业燃气轮机燃烧室，以低污染燃烧技术的发展为主，同时要减少燃油(或燃料)消耗。值得说明的是，减少燃油(或燃料)消耗亦大大有利于减少污染。

(2) 对军用发动机燃烧室，以发展高温升燃烧技术为主。

4.5.1　低污染燃烧室

燃烧室污染物排放

世界各大航空发动机生产商所采用的燃烧室技术各不相同。不论是通过在现有的发动机燃烧室设计基础上的改进来获取解决方案，还是采取全新技术和全新设计来解决燃烧室排放问题，都将低排放燃烧室技术(降低 NO_x 的排放)作为其发展方向。目前常见的低污染燃烧组织技术主要有：双环腔燃烧室(double annular combustor, DAC)、富油燃烧–淬熄–贫油燃烧(rich burn/quick quench/lean burn, RQL)、贫油直接混合燃烧(lean direct mixed, LDM)以及贫油预混预蒸发燃烧(lean premixed prevaporized, LPP)等。

GE公司在低排放燃烧室设计中采用了全新的技术和设计理念,在CFM56-5发动机核心机的研发中采用了全新设计的双环腔燃烧室(DAC),这是一种径向分级燃烧技术,如图4.59所示。此外,GE90也采用了DAC燃烧室,如图4.60。

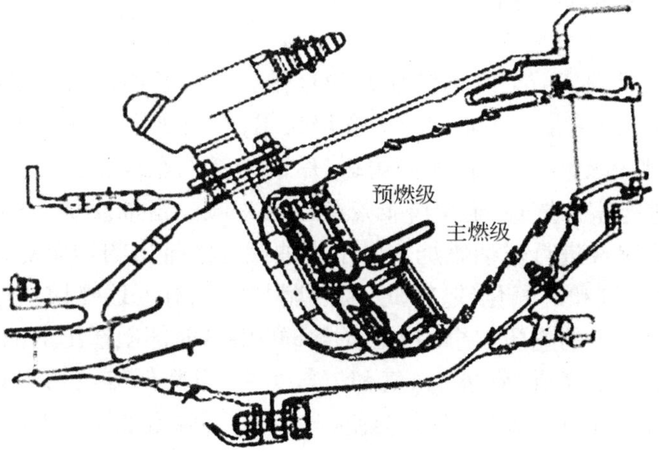

图4.59 CFM56发动机双环腔燃烧室

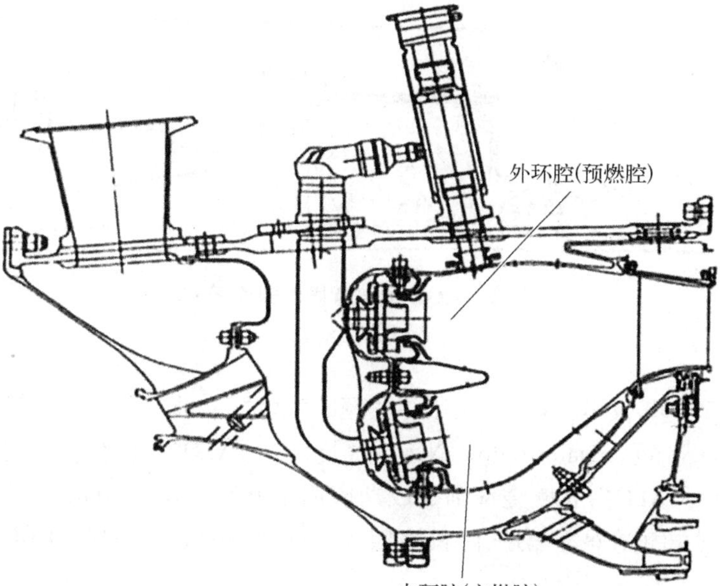

图4.60 GE90发动机双环腔燃烧室

DAC燃烧室的主要结构特点是其火焰筒沿径向有两个并行燃烧区,外侧为预燃级,内侧为主燃级。其组织燃烧特点是不改变空气分配比例,而是根据发动机工况调节从一个区到另一个区的燃油分配来改变油气比,从而控制燃烧温度。低工况下,仅预燃级工作;高工况下,预燃级和主燃级同时工作。在低工况时,预燃级内气流速度较低,油气比接近于化学当量比,火焰稳定性能好,燃烧效率高。尽管停留时间长、火焰温度高对控制

NO_x 生成不利，但此时工作状态低，NO_x 排放量非常有限。在高工况时，主燃级内气流速度较高，油气比小于化学当量比，能有效控制 NO_x 生成，尽管停留时间短对燃烧效率不利，但此时燃烧室进口条件对燃烧十分有利，因此主燃级的燃烧效率仍可保持在很高水平，从而保证 CO 和 UHC 排放量不增加。通过分区燃烧，双环腔燃烧室兼顾了性能及排放，使二者达到更佳。

RQL 燃烧技术是现代航空发动机减少 NO_x 排放的最基本的燃烧策略之一，其概念在 20 世纪 80 年代提出。这是一种轴向分级燃烧技术，燃料和空气在燃油喷嘴中混合，燃烧室的前面是富油燃烧级，中间为快速淬熄级，后面为贫油燃烧级。在燃烧室中，先将全部燃油和部分空气进行富油燃烧，通过降低燃烧温度来减少富油燃烧区的 NO_x，然后富油燃气快速与两股气流混合进行贫油燃烧。由于富油燃烧区排出的物质富集了大量部分氧化和部分烃化的物质、氮和一氧化碳，因此，需要附加氧气对上述物质作进一步燃烧。补充氧气与富油燃烧区排出的物质混合，并在燃烧室的出口前部创造出贫油燃烧环境，使燃烧室排出的物质成分以二氧化碳、水、氮气和氧气为主，以降低排放物中的污染物。当空气从快速掺混气流进气孔进入火焰筒时，会使燃烧室的高温富油燃烧区减小，并使火焰的温度急剧下降，形成所谓的淬熄(quench)效应，这就是 RQL 燃烧技术。图 4.61 是 RQL 燃烧室概念剖面示意图。

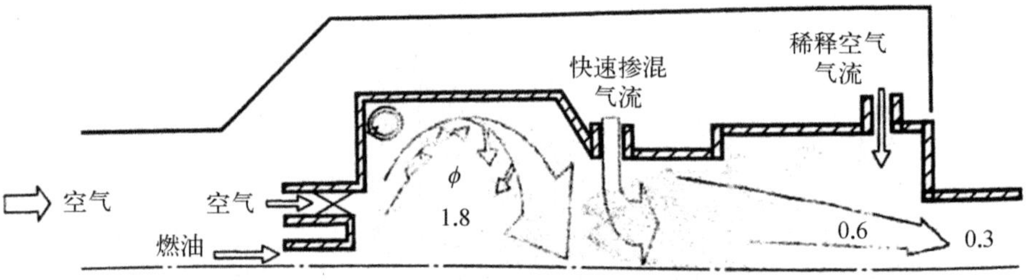

图 4.61　RQL 燃烧室概念剖面示意图

ϕ. 油气混合比

普惠公司在 RQL 技术基础上，利用浮动壁式燃烧室技术，结合气动雾化喷嘴，研发了 TALON(technology for advanced low NO_x)燃烧室。TALON Ⅰ燃烧室于 1999 年用于 PW4098 发动机。TALON Ⅱ燃烧室则被成功应用于 PW4158、PW4168 和 PW6000 发动机上。同时，普惠公司正在研发第三代和第四代 TALON 燃烧室。PW1000G 发动机所使用的燃烧室也是 TALON 燃烧室。

LDM 燃烧技术的基本原理是尽可能保证燃料能够在贫油状态下的低污染燃烧区域里燃烧。如图 4.62 所示，通过多点直接喷射把燃油喷入燃烧室内，在喷射点处为局部富油燃烧，以增加燃烧稳定性，然后与空气快速混合形成均匀贫油混气进行燃烧，从而降低 NO_x 的排放。该种燃烧室的主要特点是火焰筒壁面上没有主燃孔，空气全部从头部进入燃烧区。

罗罗公司在 RQL 技术的基础上，结合 LDM 燃烧技术研发了第五阶段燃烧室。

燃烧区的当量比越小越能够降低 NO_x 的排放，当然，其下限是贫油熄火极限。LPP 燃

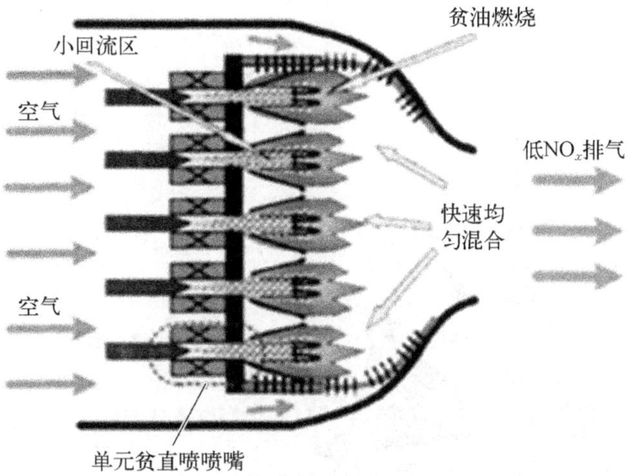

图 4.62 贫油直接混合燃烧室

烧技术是当前较为先进的低排放燃烧技术，它是在燃烧之前把燃油预先蒸发，并与空气掺混形成可燃混气，其油气比比较低，在燃烧室主燃区域内实现贫油燃烧，从而有效降低主燃区火焰燃烧温度，且燃烧效率高，油气反应快，因此由高温产生的 NO_x 量显著减少。除了能有效降低燃烧室 NO_x 的生成，并对降低其他如 UHC、CO 等大气污染物也具有显著的效果，贫油预混预蒸发燃烧室的流场结构如图 4.63 所示。

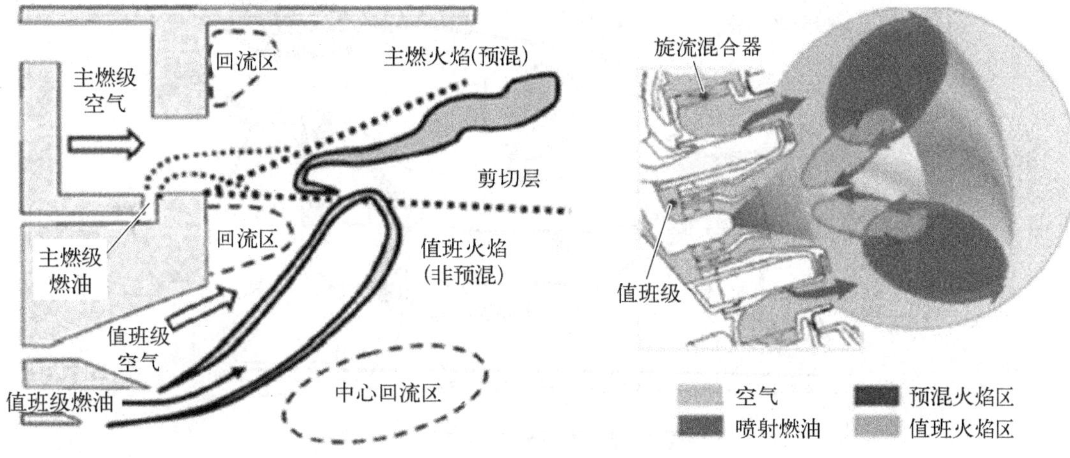

图 4.63 贫油预混预蒸发燃烧室

GE 公司在 DAC 燃烧室成功经验的基础上，融合分级分区燃烧和 LPP 燃烧技术的理念，研制了双环预混旋流器(twin annular premixing swirler, TAPS)燃烧室。

TAPS 燃烧室在燃烧室头部设置了两个同心、旋流方向相反的旋流器，燃油分别喷入两个旋流器中的气流中，与空气混合形成油气混合气，然后由内、外旋流器反方向旋转喷出，从而创造出理想的预混环境，在燃烧室头部形成极易点燃的油气混合气体，如图 4.64 所示。这种预混技术是 TAPS 燃烧室的关键，此外，图 4.65 还给出了该燃烧室的其他特点。

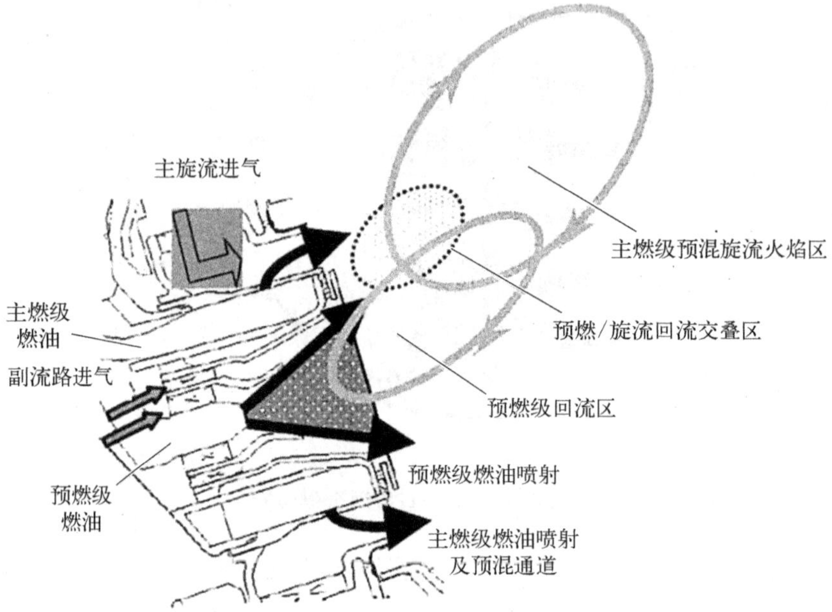

图 4.64 TAPS 燃烧室燃油喷嘴的气流及油路示意图

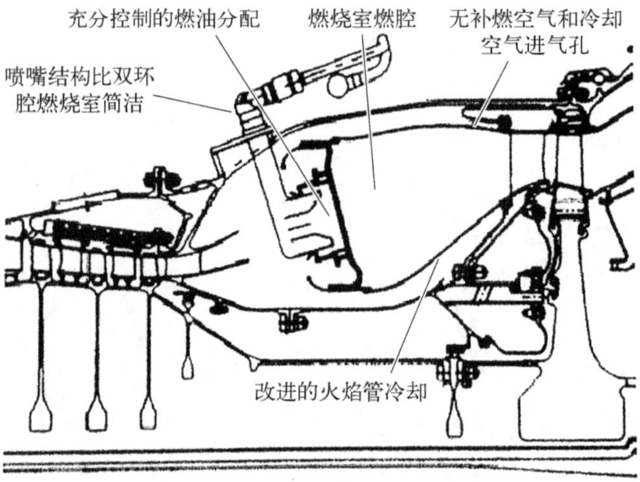

图 4.65 TAPS 燃烧室特点

TAPS 燃烧室低污染燃烧原理的核心是采用一个中心扩散火焰的预燃级和同心的外旋流器的预混燃烧的主级构成。中心预燃级采用扩散燃烧方式有利于起动和火焰稳定。主燃级采用预混燃烧模式,燃油喷入主燃级旋转空气中,混合后进入燃烧区燃烧。由于燃油预先与空气混合后喷入燃烧区进行燃烧,燃烧区也处于贫油状态。从燃烧室的燃烧区分布来看,TAPS 燃烧室的燃烧分区更合理,可实现发动机全工况的贫油燃烧。就燃油燃烧效率而言,TAPS 燃烧室的燃油燃烧效率更高,火焰温度更低,燃烧室出口温度场也更均匀,污染物排放更低。因此,TAPS 燃烧室是更为先进、结构更为简洁的燃烧室,并大大降低了氮氧化物的排放。

目前,TAPS燃烧室已经发展了三代,分别为TAPS1、TAPS2和TAPS3。TAPS1成功地用于GEnx发动机上,TAPS2用于LEAP系列发动机上。

4.5.2 高温升燃烧室

高温升燃烧室是航空发动机领域当前具有研究价值和挑战性的课题之一。欧美国家制订了一系列的发动机研制计划进行高温升燃烧室的研发,研究成果已成功转移到型号应用中。例如,美国在综合高性能涡轮发动机技术(IHPTET)计划中专门针对涡轴、涡桨和中小型涡扇发动机开展了联合涡轮先进燃气发生器(JTAGG)计划,采用RQL技术,使燃烧室的出口温度提高了340 K和550 K,涡轮前燃气温度达到了1 922 K,在总油气比大幅提高的情况下保持了较低的出口温度分布系数,具有优异的燃烧性能。

高温升燃烧室设计中存在的矛盾

实现高温升燃烧总体上采用分区、分级燃烧技术,除了RQL燃烧室外,具有发展前景的还有驻涡燃烧室(trapped vortex combustor, TVC)和三旋流燃烧室等,这些燃烧室技术也是当前研究的热点。

1998~2005年,赖特帕特森(Wright-Patterson)空气动力基地开展了驻涡燃烧室试验研究。驻涡燃烧组织方式属于径向分级燃烧(分级供油),依靠驻涡腔中形成涡流来实现火焰稳定,与常规燃烧组织方式有很大的差别,图4.66给出了常规燃烧室与驻涡燃烧室对比。在低功率状态,只有值班级(驻涡腔)富油工作,以降低CO和UHC的排放量,同时提高点火和贫油熄火裕度;在较高功率(30%功率以上)状态下,值班级和主燃级将同时工作。驻涡腔中形成涡流来实现火焰稳定。通过值班级和主燃级、掺混区的油/气匹配,可以实现改善出口温度分布质量的目标。

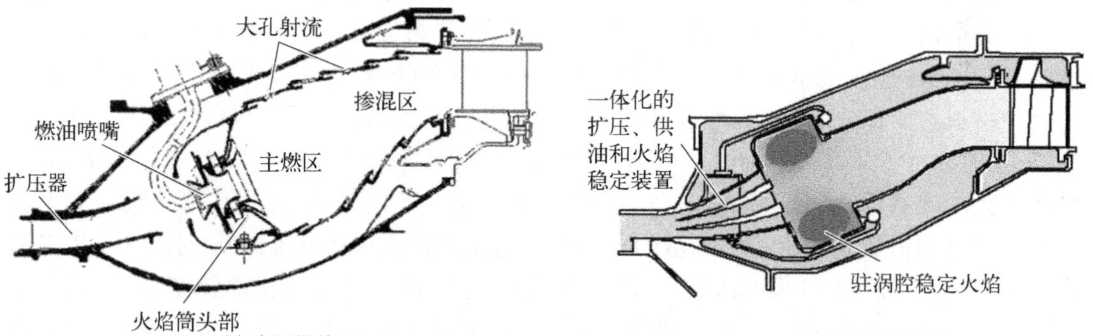

(a) 常规燃烧室　　(b) 驻涡燃烧室

图4.66 常规燃烧室与驻涡燃烧室对比

1994~2004年,罗罗公司美国分部,即原来的艾利逊公司在高温升主燃烧室(FAR=0.045~0.05)的研发过程中,应用了三旋流燃烧室技术。三旋流燃烧室是在常规的双旋流头部基础上,增加了第三股头部旋流空气,实现慢车熄火和大状态下冒烟的性能折中。在低工况时,第三股旋流器气流远离值班燃烧区,不会对燃烧区的火焰产生淬熄作用;在高工况时,第三股旋流器气流在燃烧区偏后的位置进入,大大降低了燃烧区综合当量比,以保证燃烧区不会因太富而冒烟，图 4.67 给出了三旋流燃烧室燃烧组织原理。三旋流燃烧模式下可实现 FAR = 0.035 以上的高温升燃烧。

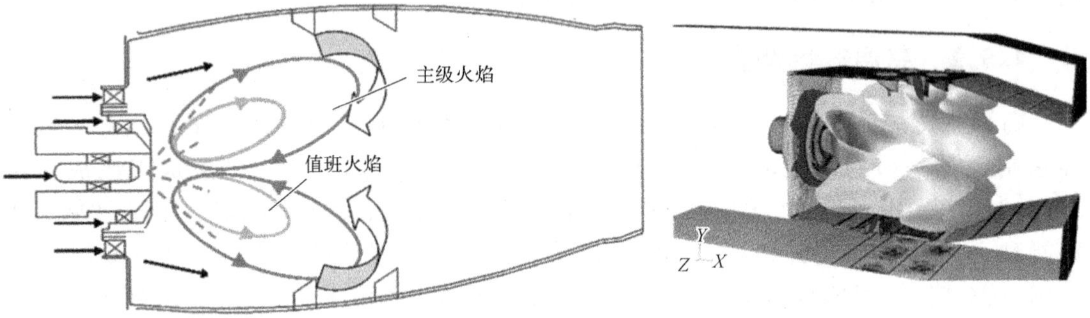

图 4.67　三旋流燃烧室燃烧组织原理及数值模拟

4.6　燃烧室主要零件常用材料及防护涂层

4.6.1　燃烧室主要零件常用材料

燃烧室零件的材料应根据作用在零件上的负荷、零件的工件温度及零件的制造工艺特点进行选择。扩压器和外壳等零、构件工作温度较低，多采用碳钢（10 号钢）、结构钢（30CrMnSiA）及不锈钢（1Cr18Ni9Ti）等材料。工作温度很高的零件，如火焰筒、传焰管、燃气导管等，则采用热强度高、热安定性好、耐腐蚀能力强、热塑性好的镍基高温合金 GH30、GH39、GH44、Hastelloy X、C263、Inconel625、Reney 等。GH30 是以少量的钛强化的镍基合金，其热强度不高，但抗氧化腐蚀性能好，线膨胀系数较小，可在 800℃以下工作。早期的火焰筒以及目前燃烧室的次要零件采用这种材料较多。Hastelloy X 是以钼强化的镍基合金，工作温度为 850～900 ℃，J79、JT3D、JT9D、CF6 等发动机燃烧室的火焰筒均采用这种材料。GH39、Inconel625 含有钼和铌，耐热强度较高，可用于 900℃以下工作的火焰筒。GH44 中含有 13%～16%的钨，耐热性能更好，可用于 1 100 ℃以下工作的火焰筒。弥散强化的镍基合金，是由化学冶金和粉末冶金方法生产的粉末，经过压型、烧结、包套挤压等加工过程最后轧制成材。弥散强化的镍基合金其高温强度优于一般的铁、钴、镍基高温合金，在航空发动机上得到应用。TD－Ni 是用二氧化钍弥散强化的镍基合金，其熔点为 1 454℃，TF－30 发动机的燃气导管就是用这种材料制成的。为改善 TD－Ni 的抗氧化性能，加入了铬、铝、钇等成分，形成了 TD－NiCrAlY 合金，这种合金不仅高温抗氧化性能好，而且还具有抗高速气流冲刷的能力。

随着涡轮前进口燃气温度的不断提高，对燃烧室材料的要求更加苛刻。未来推重比 15 甚至 20 以上的发动机，其燃烧室温度将高达 2 000 ℃甚至大于 2 200 ℃，燃烧室机匣温度将大于 1 204 ℃甚至 1 538 ℃（进口温度），火焰筒承受的温度将大于 1 538 ℃甚至大于 1 750 ℃。因此，传统材料的渐进式提高将不能满足未来先进发动机性能对材料的要求，要求开辟新的材料系统和工艺领域。先进发动机材料的选择、研究和开发应当建立在充分认识其服役基本环境与要求的基础上，即高温、高载荷、高氧化腐蚀、高性能重量比、高可靠性与长寿命。针对这些特点，以下基本性能是选择材料的出发点：① 可承受的最高温度；② 高温比强度与比寿命；③ 高温抗氧化能力；④ 韧性；⑤ 导热性；⑥ 加工性。

据分析，新型钛合金、陶瓷基复合材料（CMC）、金属基复合材料（MMC）、金属间化合物复合材料（IMC）和碳-碳基复合材料（C/C）等，将成为未来先进发动机热端部件的重要材料。陶瓷材料可以在很高的温度下工作，但其韧性和可加工性较弱。正在发展的用各种长纤维（Si_3N_4、SiC、Al_2O_3 等）增韧的陶瓷基复合材料，具有优异的耐高温、高抗氧化和高比强等特性。美国为实现综合高性能发动机技术（IHPTET）计划，提出采用陶瓷基复合材料（CMC）制造出口温度均匀、变流量结构火焰筒；用钛基复合材料制造燃烧室机匣。

4.6.2 燃烧室的防护涂层

燃烧室零、构件表面的防护层是减少零件变形和裂纹故障比较简便而有效的方法。采用耐热、耐腐蚀涂层能够显著提高材料的抗氧化、抗腐蚀性能；采用耐热、隔热涂层可以有效地降低基体的工作温度，提高材料的热强度和热疲劳性能；在易于磨损的部位，敷以耐磨涂层能大大延长零件的使用寿命。C/C 复合材料虽然具有优异的高温性能，但它的抗氧化性能差，作为结构材料使用时，需要搭配 1 650℃以上长寿命抗氧化涂层。因此，防护涂层在航空发动机燃烧室上的作用至关重要，并得到广泛应用。

按涂层的工艺分类，燃烧室涂层主要包括下列几种。

（1）高温珐琅涂层：它是由玻璃加耐火氧化物经高温熔炼，在基体上形成玻璃态的无机涂层。涂层与基体结合牢固，表面光洁。涂层厚度一般为 0.04～0.10 mm，其生产工艺与普通搪瓷相似。例如：WP7 发动机的火焰筒在采用高温珐琅涂层后，不仅提高了材料的抗氧化能力，而且提高了高温持久强度和高温蠕变性能。

（2）热扩散涂层：它是将 Cr、Al、Cr+Ta、Cr+Al+Ta 等成分制成均匀细微粉末，将基体材料埋在其中，通过一定工艺加热，由于扩散作用，在基体表面形成一层热扩散涂层。其中铬涂层对一般含硫的燃气有保护作用，铝涂层对高温氧化有防护作用。例如："阿塔"发动机燃烧室的火焰筒表面就渗有 Al+Cr 的热扩散涂层。

（3）热喷涂涂层：它是利用一定的热源（气体燃烧火焰、气体爆炸火焰、电弧、电弧等离子体等），将涂层材料加热到熔融状态，然后用高温气流雾化，并以一定的速度喷涂于工作表面形成各种防护涂层。例如：JT9D 发动机燃烧室曾采用了等离子喷涂 24%MgO－76%ZrO_2 涂层，以镍包铝作为中间层，提高了材料的耐热、耐腐蚀、抗氧化和抗火焰冲刷性能。JT3D 发动机燃烧室火焰筒内壁采用了爆炸喷涂 Cr_3C_2 涂层，提高了材料的抗腐蚀性能。

（4）烘烤涂层：它是将涂层的粉末与某种无机或者有机黏结剂制成料浆，然后涂在基体表面，加温到 400℃左右的温度烘干。这种涂层生产工艺简便，涂层的性能可以根据需要进行调节，并具有良好的耐高温腐蚀性能，在燃烧室罩等零件上得到较为广泛的应用。

高温珐琅涂层要与基体一起高温熔烧，可能使基体材料的某些性能降低；珐琅涂层比其他涂层要脆，因而容易剥落。热扩散涂层要改变基体材料表面的组成，有时对材料的某

CFM56
发动机燃
烧室结构

些性能会产生不利影响。热喷涂涂层主要用于难熔材料的喷涂，并且必须注意避免喷涂过程中涂料的氧化。烘烤涂层的采用受到黏结剂性能的限制。合理地选用防护涂层和不断改进涂层的性能和工艺，对于进一步发挥材料的性能，满足涡轮前进口燃气温度不断提高的要求，有着日益重要的意义。

思 考 题

1. 简述燃烧室的主要设计要求。
2. 燃烧室有哪几种基本类型？各有什么优缺点？
3. 环形燃烧室有哪几种类型？
4. 说明燃烧室主要组成构件及其基本功能。
5. 列举扩压器的3种结构形式及其优缺点。
6. 简述火焰筒的组成及各部分的功用。
7. 燃油喷嘴的作用是什么？主要有哪几种类型？简述各种类型的雾化原理。
8. 燃烧室燃烧产生的污染物主要有哪些？各自的产生条件是什么？
9. 列举低污染、高温升燃烧室设计的新技术。
10. 在高温下工作的燃烧室零件，其材料有哪些基本要求？

第5章 加力燃烧室

5.1 概　　述

燃气涡轮发动机从它诞生之日起,追求的目标就是获得更高推力。但是由于材料、结构强度及技术水平等的制约,尤其是迫于安全工作的要求,它只能在巡航/额定状态长期运行。在这种状态下提供的推力称为最大连续/额定推力。然而飞机又要求发动机能在短时间内提供最大推力以满足起飞、爬高、加速、追击,取得高度和速度优势,扩大飞行包线和其他机动作战之需。这样,发动机又出现了一个最大状态,也称作全加力状态。这时提供的推力称之为最大推力,也称为全加力推力。

实现加力的方法有很多种,最早用的是外部加力,如用火箭助推,只能一次使用,且不方便。以后用的都是内部加力,即让发动机自身短期内增加推力,常见的两种办法是喷水加力和复燃加力。前者是在发动机进气道内或压气机入口处,喷入水或水与甲醇(也有用乙醇)的混合液,可提高压气机出口压力,进而增加推力,这在大气温度较高条件下是很有效的。也有在主燃烧室内喷射上述液体的(但必须是高压水),然而采用这种加力方法,推力的增加有限。因此,现代发动机都不采用喷水加力,真正得到广泛应用的是复燃加力。

喷水增推原理

复燃加力的工作原理很简单,就是在加力燃烧室中组织燃烧,提高排气温度,增加推力。加力燃烧室后没有高速旋转的涡轮部件,其出口工作温度仅受材料的高温强度限制,可以很高。复燃加力分为外涵加力和加力燃烧室加力两类。前者如装于"鹞式"垂直起落歼击机上的"飞马"发动机,其风扇的外涵道前喷管中即采用了该种装置,见图5.1,加力燃烧室设置在涡轮和喷管之间。从20世纪50年代末以来,几乎所有喷气式战斗机的喷气式发动机上都装上了这种加力系统,甚至英法合作研制的超声速民航机协和号上的奥林普斯593发动机也装有加力燃烧室。当使用复燃加力时,为了保持涡轮前各部件的最大工作状态不变,就必须同时加大尾喷管出口的排

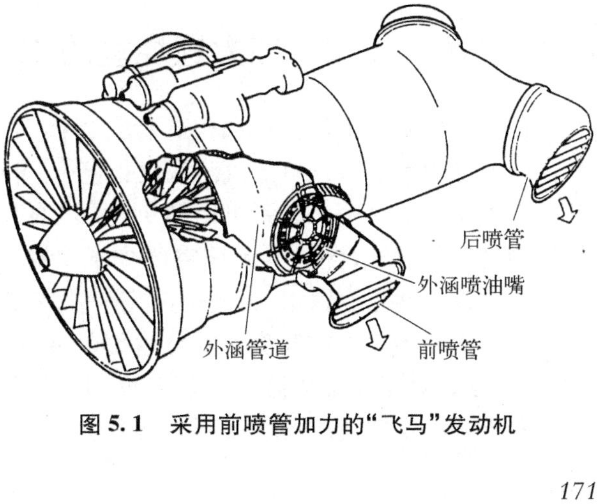

图5.1　采用前喷管加力的"飞马"发动机

气面积,以适应燃气比体积的增加。因此,凡是带有加力燃烧室的发动机都必须有面积可调节的尾喷管配合工作。

这种复燃加力方案,可以在不加大发动机径向尺寸和对前面各部件不作改变的条件下,仅增加一个结构相对简单的加力燃烧室就可以显著地增大发动机的推力,特别在高速飞行时增加的推力会更多。斯贝发动机的军用型就是在积累了大量使用经验的民用型发动机的基础上,略加修改,增加了一个加力燃烧室发展而成的。

军用型斯贝发动机(WS9)的加力燃烧室如图 5.2 所示,它由扩压器、点火装置、火焰稳定器、喷嘴和加力输油圈、加力燃烧室壳体等组成。

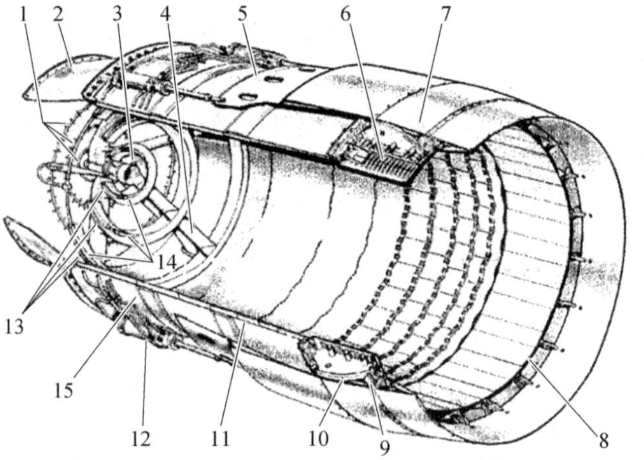

图 5.2　WS9 发动机的加力燃烧室

1. 输油圈;2. 扩压器;3. 催化点火器;4. 传焰肋;5. 喷口作动环;6. 密封片;7. 引射喷管;8. 可调喷口;9. 喷口运动滚轮;10. 凸轮导轨;11. 隔热屏;12. 作动筒;13. 火焰稳定器;14. 稳定器输油管;15. 加力燃烧室外壳

但是,由于在加力燃烧室中燃油是在压力较低的燃气中燃烧的,因此,加力燃烧室燃烧效率不高,加力状态排气损失急剧增大,发动机热循环效率较低,进而引起了耗油率成倍地增加。考虑材料的高温强度及加力耗油率大等问题,加力燃烧室的连续工作时间受到严格限制。

5.2　加力燃烧室的工作特点和构造要求

加力燃烧室的工作特点和构造要求如下。

(1) 加力燃烧室进口的气流温度很高,达 950~1 200 K,同时它是经过涡轮叶片扰动后的强烈湍流。这两个因素可以加快混合气的形成,提高燃烧的速度。但是,进入加力燃烧室的气流是燃气,含氧量比纯空气少了 1/4 左右,而且流速高。这两个因素不利于燃烧。综合以上两方面因素,为使燃油完全燃烧,加力燃烧室需要有足够的燃烧段长度。

(2) 涡轮出口处的气流速度高达 350~450 m/s,这对点火燃烧和稳定火焰十分不利。因此,必须设计扩压器以降低气流速度,并采用火焰稳定器保证稳定燃烧,不致熄火。扩压器和火焰稳定器造成的气流压力损失应尽可能小。

(3) 加力燃烧室进口处气体的压力较低,随着飞机飞行速度和高度的变化,压力的变化范围很大。在高空和低马赫数飞行时,压力下降十分显著。例如：在2万米高空、飞行马赫数为1时,加力燃烧室进口处总压只有 3×10^4 Pa。这使得加力燃烧室混合气的燃烧组织条件恶化,燃烧完全度降低。为此,在构造上须采取措施保证在各种飞行条件下能可靠起动,如采用专门的点火装置——预燃室等,并使加力燃烧室的热阻损失(对气流加热引起的总压损失)尽可能减小。

(4) 由于薄壁圆柱形或圆锥形的加力燃烧室外壳尺寸大,且受一定的静载荷和动载荷作用,处在高温环境下工作,且温度场不均匀,因此应保证它具有足够的强度和刚度,防止薄壁壳体失去稳定性,并应力求重量轻。

(5) 加力燃烧室起动要迅速,推力增加要平稳,加力燃烧室工作时对发动机的空气流量和其他部件的工作应影响小。为此,必须有可调节尾喷口(管)与其协同工作,保证加力起动后不对风扇等部件产生不利影响。

(6) 加力燃烧室下游没有转动部件,燃气温度不像主燃烧室受到涡轮叶片材料的限制,因此加力后燃气温度可达2 000 K,高温的燃气直接从尾喷管高速排出。所以只需对加力燃烧室壳体及尾喷管进行冷却、并对机舱进行隔热。对于处于高温下的零组件,和主燃烧室的零组件一样,应注意它们的热应力和热变形问题,允许相邻连接零件的自由热膨胀或偏摆。

5.3 加力燃烧室基本构件

加力燃烧室由扩压器、混合器、火焰稳定器、供油和点火装置、加力燃烧室壳体等部分组成。

5.3.1 扩压器

扩压器的功用是降低进入加力燃烧室的气流速度,为稳定燃烧创造条件。目前扩压器出口的气流速度在120~180 m/s之间。设计扩压器时,应使气流的流动损失尽可能小,且不产生气流分离。与设计主燃烧室的扩压器一样,最好按照等压力梯度来设计通道。因为加工困难,通常以几段直线近似地代替等压力梯度型面的曲母线。扩压器的结构参数有扩压比 n(扩压器出口截面积与进口截面积之比)和当量扩张角 θ,扩压器可制成图5.3所示的几种形式。

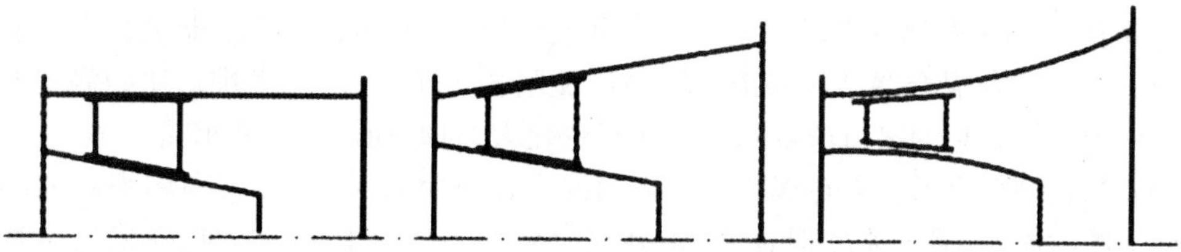

(a) 圆柱形　　(b) 圆锥形　　(c) 等压力梯度

图5.3　扩压器的几种形式

当扩压比 $n \leqslant 2$，当量扩张角 $\theta = 12° \sim 18°$ 时，扩压器的外壳可制成圆柱形，如图 5.3(a)所示；当扩压比 $n>2$，当量扩张角 $\theta = 20° \sim 25°$ 时，扩压器的外壳应制成圆锥形或曲母线圆锥形，如图 5.3(b)、(c)所示；当 $\theta>25°$ 时，最好采用等压力梯度变化的扩压器，为了便于加工，可以采用母线为几段直线的接近于等压梯度型面的扩压器。

加力燃烧室的扩压器一般由外壁、整流锥、整流支板和隔热罩等组成。图 5.4 所示为 WP6 发动机加力燃烧室的扩压器。

扩压器内锥体主要起扩压减速及整流作用，通常制成截锥形式，这样可缩短锥体的长度。内锥体锥面的母线可以是直线的，也可以是曲线的。内锥体亦有不是截锥形式的，这都要视发动机的具体情况而定。

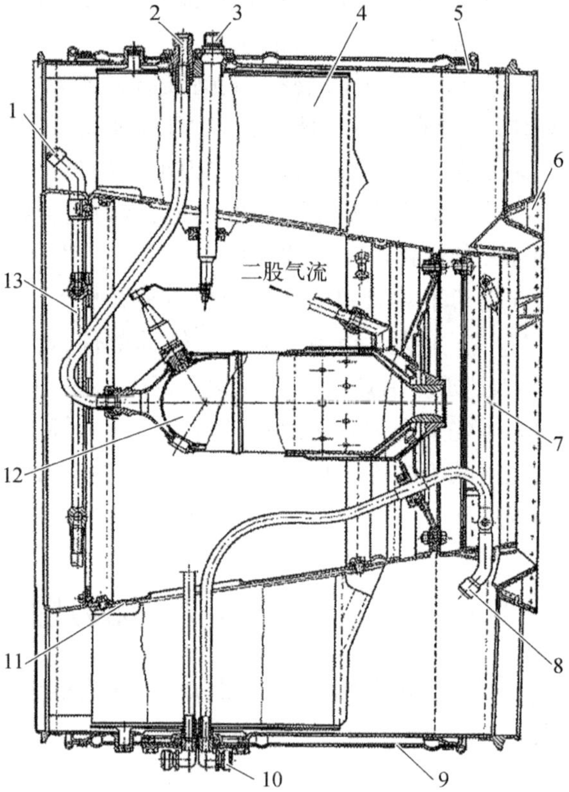

图 5.4　WP6 发动机加力燃烧室的扩压器

1. 喷嘴；2. 混合气导管；3. 导电杆；4. 整流支板；5. 加力燃烧室壳体；6. 火焰稳定器；7. 输油管；8. 喷嘴；9. 隔热罩；10. 后燃油总管；11. 整流锥；12. 预燃室；13. 前输油圈

5.3.2　混合器

在混合加力涡扇发动机中，加力燃烧室还有一个组件称作混合器。它的功用是将涡扇发动机外涵道空气平稳地引入内涵道，保证两股气流混合后压力、温度和速度比较均匀。对混合器的要求是：气流混合损失要小、气流稳定、出口流场均匀并有一定的速度，同时长度短、重量轻、结构简单。目前主要有三种类型的混合器(图 5.5)。

(1) 漏斗混合器。它由许多插入内涵的漏斗组成。外涵气流通过漏斗以一定的角度射入内涵。斯贝 MK202 发动机就采用这种混合器，在混合器筒体上分布有 10 个很短的、带翻边开孔的浅漏斗。这种混合器使内、外涵气流在较短的混合器长度内得到充分混合，但其压力损失大，结构重而复杂。

(2) 环形混合器(又称平行进气混合器)。它主要依靠内、外涵两股同轴平行射流的表面湍流混合。F100 涡扇发动机就采用这种混合器，环形的火焰稳定器设在平行射流表面的湍流中。这种混合器结构简单、重量轻、流阻损失小，目前在大推重比的涡扇发动机中广泛采用。但是它的出口流场随飞行状态变化大，对燃油调节器要求高。

(3) 菊花槽混合器。它也属于同轴表面混合，利用沿外涵气流方向越来越大的波形菊花槽来增大内、外涵气流的混合面，提高混合效率。F101 涡扇发动机就采用这种混合器。其混合度及压力损失随菊花槽的数目和大小而改变，一般情况下介于漏斗与环形混合器之间。

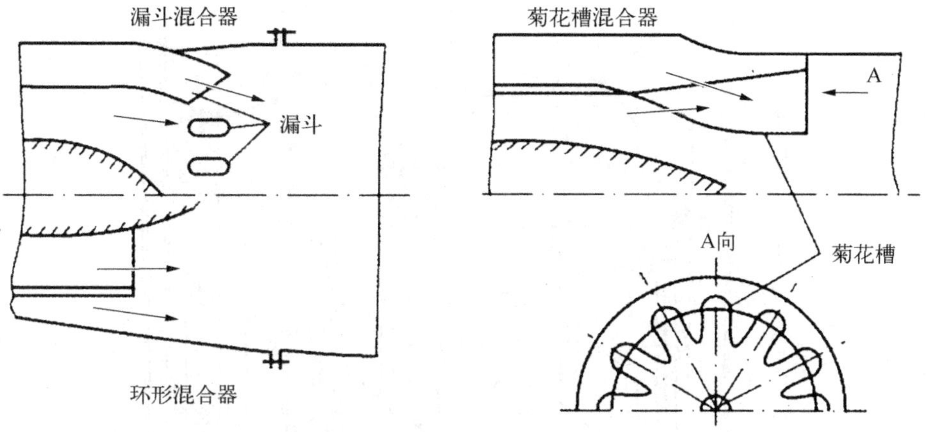

图 5.5 三种类型的混合器简图

5.3.3 火焰稳定器

火焰稳定器的功用是使气流产生湍流，形成回流区，加速混气的形成和加强燃烧过程，稳定火焰和提高完全燃烧度。目前有机械火焰稳定器和气动火焰稳定器。

1. 机械火焰稳定器

在加力燃烧室中，通常采用钝体作为火焰稳定器，最常见的是V形槽。它具有结构简单、重量轻、损失小、发展较成熟、性能较好的优点。V形槽稳定器又分为环形的和径向的两种。

环形稳定器在涡喷发动机中首先得到应用，WP7发动机即采用双排环形稳定器（图5.6）。

在混排加力的涡扇发动机中，加力的主要特点是外涵冷空气参加燃烧。为了解决低温稳定燃烧问题，广泛采用V形槽式的径向稳定器。在平行进气的F100涡扇发动机中，稳定器由环形主稳定器和径向火焰稳定器组成（图5.7）。主稳定器为单排环形，置于内涵高温燃气流中，用于建立稳定高温热源；主稳定器的内外都是径向稳定器，利用内涵高温热源加热径向V形槽，促进外涵稳定器上的油膜蒸发和混合，并用内涵高温燃气引燃，提高外涵冷混气燃烧的稳定性。不加力时，这些径向稳定器又能促进内、外涵气流的混合。

图5.8所示为沙丘驻涡火焰稳定器，它由多个船形薄壳体沿圆周连成一个环组成。这种沙丘驻涡稳定器的外形接近于流线型，因而流动阻力和损失小；同时由于沙丘后面的旋涡非常稳定，因此沙丘驻涡还具有顽强的抗干扰性能。沙丘后面的旋涡十分稳定的原因有两个，首先沙丘两端有旋风抽气现象，从而使旋涡非常稳定；其次沙丘后面的旋涡形成了一个拱桥结构，前面宽，后面窄，一个个的旋涡挤在一起，就特别坚固，无法脱落。实验结果表明，在同样阻塞比的条件下，这种稳定器与V形槽相比，阻力下降75%~80%，涡流内燃烧的贫油熄火极限扩展了4~5倍，点火风速提高了将近1倍。

在WS9发动机加力燃烧室由于有外涵道冷空气参加燃烧，为了解决低温燃烧问题，

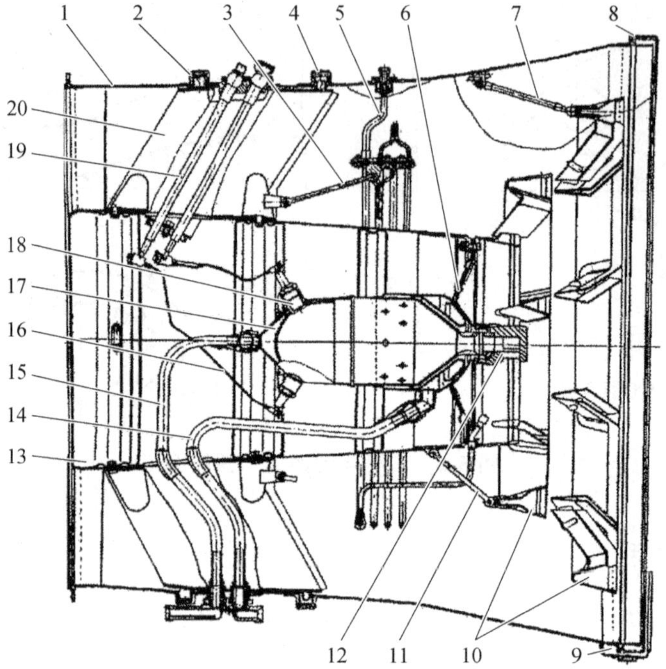

图 5.6　WP7 发动机加力燃烧室

1. 外壁；2. 前销；3，7，11. 拉杆；4. 后销；5. 加力燃油总管；6. 隔热屏；8. 套管快卸环；9. 燃油收集器；10. 火焰稳定器；12. 预燃室喷口；13. 内壁；14. 二股进气管；15. 混合气管；16. 导电片；17. 涡流器；18. 点火电嘴；19. 导电杆；20. 整流支板

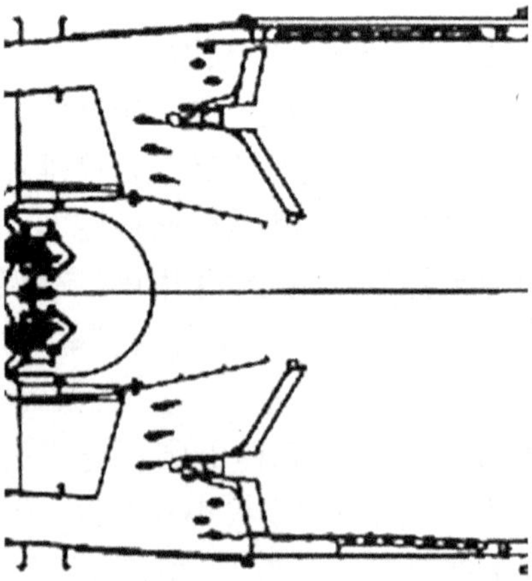

图 5.7　F100 发动机加力燃烧室火焰稳定器

它采用了蒸发式火焰稳定器（图 5.9）。蒸发式火焰稳定器由蒸发管和顶部开进气槽孔的 V 形稳定器组成。蒸发管中喷射附加燃油，并与引入少量的燃气混合形成富油混合气，又与从 V 形稳定器顶部进气槽孔进入的气体混合形成可燃混合气。蒸发式混气圈本身又成

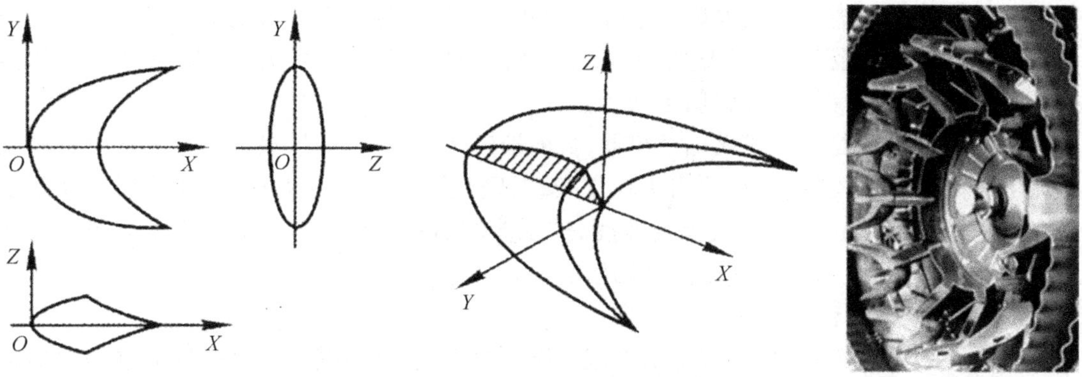

(a) 沙丘稳定器　　(b) 沙丘后斜视图　　(c) 实物图

图 5.8　沙丘驻涡稳定器单元模型

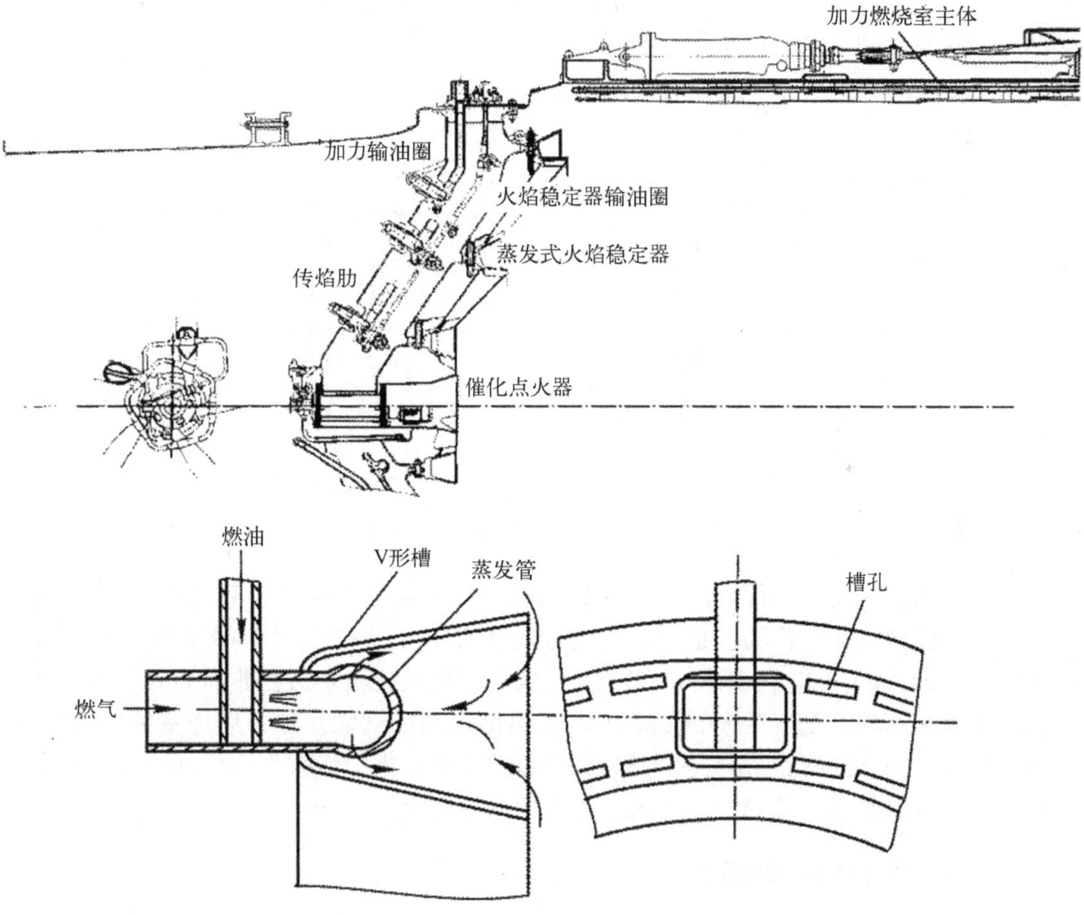

图 5.9　WS9 发动机的蒸发式火焰稳定器

为一个小的钝体稳定器，在 V 形槽内形成一圈内回流区，当内回流区中的可燃混合气与 V 形稳定器后的大回流区中的燃气相遇就可立即点燃。由于附加的燃油量是可以单独控制的，所以无论主气流条件如何不利，总可在蒸发式稳定器内保持适当的油气比，从而保证能在各种情况下点燃和稳定火焰。这种蒸发式火焰稳定器可以显著地扩大加力稳定工作范围,这样就有可能根据飞行需要,在很宽的范围内平稳地调节加力比,因此,其适合作为涡扇发动机的加力燃烧室火焰稳定器。

以上介绍的都是机械式火焰稳定器,目前被广泛采用。但是,在气流通道中设置非流线形物体及其连接构件,一则结构比较复杂,二则气流的压力损失较大,此项损失与稳定器的堵塞比、形状、位置以及气流的速度、扩压器的当量扩压角等有关。为了克服这些缺点,在某些发动机上采用了气动式火焰稳定器。

2. 气动式火焰稳定器

气动式火焰稳定器,是通过专用管道自压气机引气,经喷嘴将高压空气喷进加力燃烧室,与主气流相遇形成非流线型的气柱,借此气柱稳定火焰。这些空气喷嘴位于通常安装机械稳定器的截面,沿圆周均匀分布,喷嘴数目不宜太少。小型高效的气动火焰稳定器是未来发展的一个方向,是现代加力燃烧室设计的关键技术之一。图 5.10 展示了逆喷和侧喷两种形式的气动式火焰稳定器。

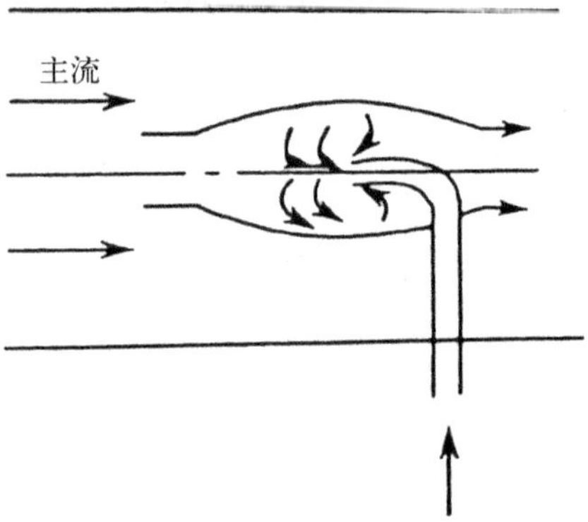

(a) 逆喷

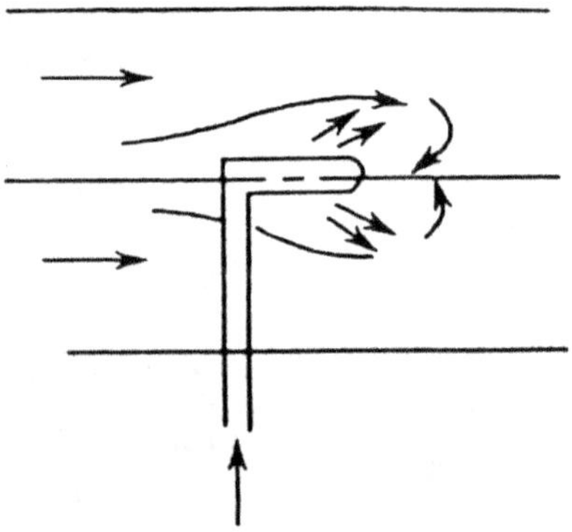

(b) 侧喷

图 5.10　气动式火焰稳定器示意图

气动式火焰稳定器的优点是:可根据不同的工作状态控制供气量,改变射流气量或压力调节回流区大小和强弱。也可改变喷射气体的成分(如添加燃料或氧气),达到改善回流区功能的目的,并有利于消除振荡燃烧,避免了机械式稳定器在非加力时所造成的气流压力损失。其缺点是:要从压气机中引气,虽然引出的气体在加力燃烧室参加燃烧,使发动机获得推力,能补偿一部分推力损失,但总的发动机推力将减少一些;此外,控制系统比较复杂。这是目前气动稳定器尚未广泛采用的原因之一。

5.3.4　供油和点火装置

1. 供油系统

加力燃烧室的燃油管道及喷射装置应与火焰稳定器相适应,通常有如下三种安排方式。

(1) 燃油经穿过加力燃烧室壳体的燃油总管,进入处在燃气流中,在环形稳定器之前,并与环形稳定器同心安装的环形输油管,从环形输油管上周向均布的喷嘴逆燃气流方向喷出,WP7 发动机加力燃烧室的燃油管路和喷射装置就是这种方式。有些发动机的环形输油管置于环形稳定器的 V 形槽内,以减小气流的流动损失。这种安排方式不存在由于燃油从管道连接处渗漏而引起火灾的问题,但应防止渗漏出来的燃油燃烧后造成零件局部过热而变形损坏的情况。

(2) 燃油总管穿过扩压器外壳,经整流支板内腔引入内锥体内,并与位于锥体内的输油圈相连接,燃油经输油圈上的喷嘴向燃气流中喷出。这种方式应该注意渗漏出来的燃油在内锥体内燃烧后,造成内锥体局部过热而变形损坏的问题。

(3) 环形的燃油管配置在加力燃烧室壳体外壁,并与沿周向均布的燃油分管相连接,这些燃油分管分别穿过加力燃烧室壳体,燃油经燃油分管上的喷嘴或喷油杆向加力燃烧室喷出。

燃油管穿过壳体的安装连接处应防止燃气逸漏,保证密封,受热后壳体、油管之间应容许偏摆,使热变形协调,可采用球形座的结构(图 5.11)。

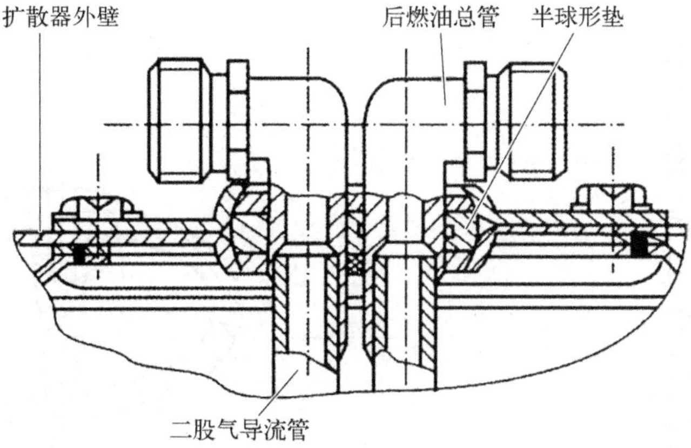

图 5.11 燃油总管在外壳上的固定

加力燃烧室通常用离心式喷嘴和射流喷嘴来喷油。

工作喷嘴和起动喷嘴常采用单油路离心式喷嘴。喷嘴的数目和配置根据加力燃烧室的供油量和稳定器的形式、位置而确定。通常采用双排或多排喷嘴供油。喷嘴沿圆周均匀排列,应有足够的数量。喷油方向常取逆气流或与气流倾斜一个角度。在调节范围较大,长时间连续工作的加力燃烧室上,常采用两组工作喷嘴。在最大加力状态,两组喷嘴都工作;在小加力状态,其中一组喷嘴不供油。

J57 - F13 发动机加力燃烧室采用喷油杆射流式喷嘴供油。杆的内孔是等直径的,内端有一螺塞,以备分解时拧开螺塞,清洗内孔。喷油杆壁较厚,并向固定端逐渐加粗,呈锥形,刚性较好。喷油杆两侧交错地钻有 8 个 0.75 mm 孔径的射流喷油孔(图 5.12),喷油方向与气流垂直。所以,处在距第一个环形稳定器 210 mm 同一截面上的 24 根喷油杆沿径向构成 8 圈总共 192 个喷射点同时供油,与燃气组成均匀的混气。喷油杆的调整和维修比较方便,但需较高的供油压力,否则燃油雾化较差。喷油杆需整体锻造,深孔和小孔加工较困难。由于喷油杆数目多,重量也大一些。近来,采用在喷油圈上直接钻孔的喷嘴环供油结构,可以比喷油杆产生更为均匀的周向燃油分布,用分圈的办法易于分区。在高加力比的涡扇发动机中,为了满足推力连续调节的要求,一般都有 3~5 个油区按一定顺序供油,因此,这种喷油圈喷嘴在涡扇发动机上得到采用。

F100 发动机加力燃烧室的喷油圈呈椭圆形截面,沿喷油圈圆周在垂直气流的方向上分布有许多小针塞。针塞一端固定,另一端正好堵住圈上的喷孔。当打开加力供油时,进入喷油圈的燃油压力提高,迫使油圈的椭圆形截面向圆形截面变化,使喷孔唇口离开针塞,其间形成了一个小环形通道,燃油由此喷出,并在溅板上雾化后进入加力燃烧室(图 5.13)。这种可变喷口截面的针塞喷嘴简化了燃油系统及调节器,同时又能在宽广的流量变化范围内,保证燃油分布稳定,雾化良好。但是它要求变截面管材在高温(700℃)下能保持良好的弹性,在制造工艺上也有较大的困难。

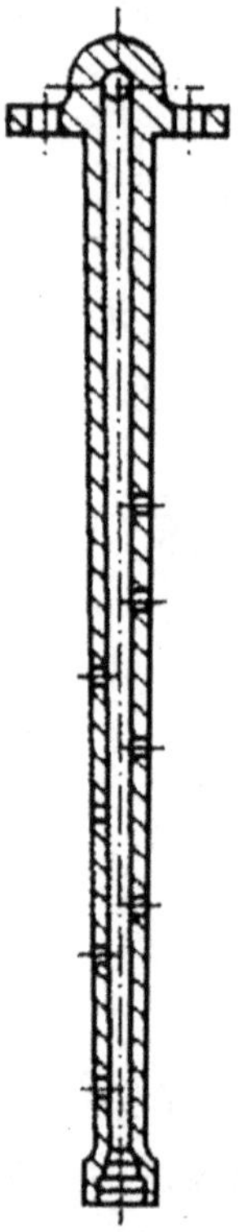

图 5.12　J57－F13 发动机的输油杆

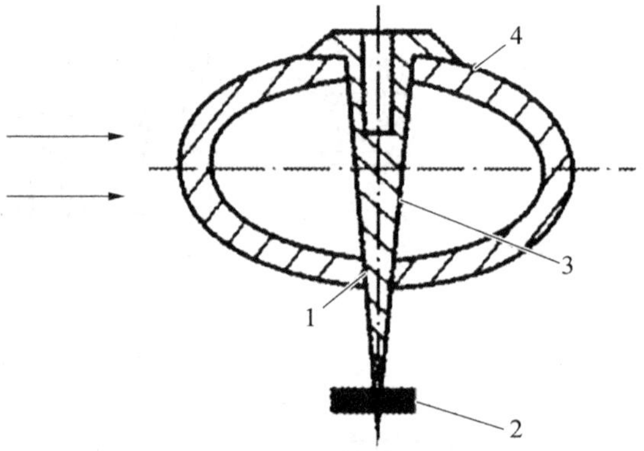

图 5.13　针塞式喷油嘴简图

1. 喷孔唇口;2. 溅板;3. 针塞;4. 椭圆截面喷油圈

2. 点火装置

为了确保加力燃烧室在飞行中,尤其在高空起动时迅速可靠,需安装保证点燃混合气的点火装置。加力燃烧室点火方式一般有电嘴点火、催化点火、热射流点火 3 种。

在 F100 发动机加力燃烧室的火焰稳定器中,直接插入高能电嘴点火,省去了专门的点火器及附加燃油喷嘴,也不需要引气系统,点火迅速可靠。其缺点是电嘴易于烧蚀和污染。

军用斯贝发动机的加力燃烧室采用催化点火方式。由于铂铑丝表面在吸附燃油后会产生电离现象,铂-铑产生催化作用,可燃气体会自发点火,形成火舌从点火器喷出,将加力燃烧室点燃。

斯贝发动机的催化点火器位于扩压器中心(图 5.14)。它包括文氏管及其喉部的喷油装置、催化元件和整流锥。当接通加力时,点火用的燃油分为两路,一路约占有 1/300(因流量很小,故蒸发为油气),从喷口喷出,与空气混合成约 400℃的油气,经扩压减速后,沿陶瓷圆盘上的小孔,通过多层铂铑丝网构成的杯形催化层,形成火焰,并点燃第二路燃油,形成强大的火舌,借联通各稳定器的传焰肋点燃稳定器后的混合气,形成稳定的火焰。

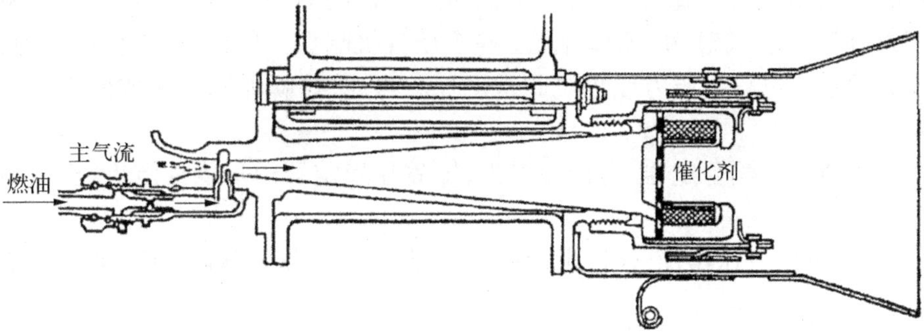

图 5.14　斯贝发动机的催化点火器

这种点火装置结构简单,重量较轻,点火方便,但铂铑丝价格昂贵,易受污染而失效,影响其工作可靠性。

热射流点火又称为火舌点火(图 5.15)。当开动加力燃烧室时,由专门的附件将附加的燃油喷入主燃烧室中的某个火焰筒内,这股附加燃油形成的火焰穿过涡轮,点燃加力燃烧室的混合气。这种点火方式的优点是:点火能量大,高空性能好,迅速可靠,不增添附加构件,只要主燃烧室不熄火就总能可靠点燃。缺点是:火舌传递路程远,流程复杂,尤其在穿过多级涡轮时,受到强烈的扰动,在调试加力燃烧室时相应地要做大量的点火试验。

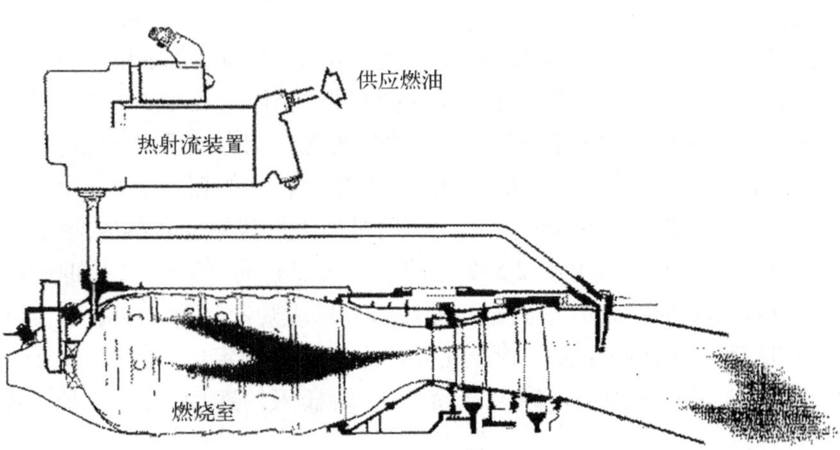

图 5.15　热射流点燃方式

AL－31F 发动机的热射流点火系统

AL－31F 发动机的加力预燃装置采用火舌点火系统。由于 AL－31F 发动机是双涵道发动机,有内外涵道混合器。气流混合后,加力燃烧室进口的燃气温度大大降低,给加力燃烧室的起动增加了很大困难。如果仍然采用电嘴点火,则所需的电嘴功率特别大,并需要笨重的大功率设备支持。另外,如在混合器后设加力预燃室,会额外增加流通阻力;气流必须绕流,增加了流动损失。但是火舌点火时,火焰要穿过涡轮,所以对涡轮叶片的强度有影响。AL－31F 发动机的涡轮静子和转子叶片是定向凝固的单晶叶片,因而具有足够的强度储备作保证。火舌点火系统采用脉冲点火,脉冲作用时间很短,仅为 0.3±0.1 s。

与涡喷发动机加力相比,混合加力的涡扇发动机的另一个特点是加力燃烧室的压力脉动会通过外涵传至风扇,引起风扇甚至整个压气机喘振。因此,要求使用加力,以及加力由小变大的整个过程中压力变化要非常平稳。为此,在喷油和点火方面采用了以下结构措施:

(1) 采用值班火焰稳定器,实行软点火,即先在稳定器内部供油点火,再在整个加力燃烧室分区起动;

(2) 采用分区、分压供油,保证供油量均匀变化,避免压力脉动,并可使发动机推力连续可调;

(3) 为了防止点火成功前就大量供油,在有些发动机上采用了点火检测器和喷口随动机构,前者是加力燃烧室喷油的联锁装置,后者是当加力燃烧室内出现压力脉动时,迅速改变喷口面积,消除扰动。

5.3.5 加力燃烧室壳体

加力燃烧室的燃烧段实际上是一个筒体。它可以是收敛的圆锥形,也可以是圆柱形的。加力燃烧室壳体前端与扩压器外壳相连接,后端与尾喷管相连接,其长度应保证燃烧过程进行完毕。

加力燃烧室壳体是由几段薄壁筒体滚焊而成,因此要特别注意它的刚性。可在壳体两端焊上圆环或安装边,在壳体上加几道箍圈以增加刚性。为改善焊缝的受力状况,板料搭接焊缝常倾斜布置。

由于加力燃烧室的燃气温度很高,所以加力燃烧室壳体的冷却和隔热十分重要。可以引涡轮后的燃气流过波纹形衬筒与壳体间的空隙对壳体进行冷却;也可以引压气机某一级的空气冷却壳体内壁,利用流动空气冷却壳体外壁。必须着重指出,这一段多孔的波纹板,造成乱反射和气体阻尼,可以有效地防止加力燃烧室的振荡燃烧,所以又把这一段波纹形衬管称作"防振屏"(图 5.16)。WS9 发动机加力燃烧室壳体内安装有 7 段波纹段,构成隔热屏。在前两段波纹板上有 2 592 个直径为 6.35 mm 的小孔,起抑制振荡燃烧的作用。波纹板在壳体上靠多根管子固定。波纹板外壁上焊有搭片,前端搭片与管子焊死,后端搭片上有孔,管子从孔中穿过。管子在壳体内壁上的固定依靠管座,管子一端焊死在管座上,另一端插入管座孔内。这种一端固定、一端插入的连接方案,保证了零件间轴向热补偿。

为了减少加力燃烧部位的飞机构件受热,还对加力燃烧室壳体进行隔热。在壳体外

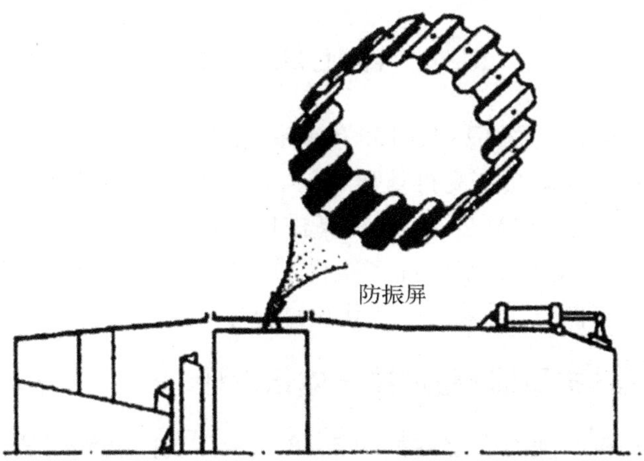

图 5.16　防振屏示意图

壁加一层隔热材料，如石棉、玻璃棉等，或采取隔热套结构，利用加力燃烧室壳体与隔热套间的空气层隔热，这些都是有效的隔热方法。

加力燃烧室壳体通过快卸环与扩压器外壁相连接。快卸环连接方式具有结构简单，拆装方便的优点，但只能用在同心度要求不高，不传递扭矩的连接处。

图 5.17(a)所示的前快卸环由两个半环组成，套在相连接的安装边上，在两个半环的接合处用螺栓连接成一个整环，利用锥面将两安装边夹紧。为了防止它沿周向转动，在环上装一定位螺栓，螺栓头卡在两安装边上的槽内。这种快卸环广泛用在没有相对转动的连接处。

图 5.17(b)所示的后快卸环也是由两个半环组成，其连接、定位方法与前快卸环相同。它所连接的两安装边之间留有较大的轴向间隙，并将加力燃烧室壳体的前安装边凸缘制成圆弧面，连接后相当于一个铰接支承，允许壳体相对于发动机轴线少许偏斜，并允许轴向错移。这是因为发动机较长，在飞机上有 3 个固定平面。为了消除由于飞机机身弯曲变形以及由于机身与发动机壳体轴向热变形不一致而在发动机上产生的应力，所以采用了这种连接方式。支承面制成圆弧面，还可保证良好密封。

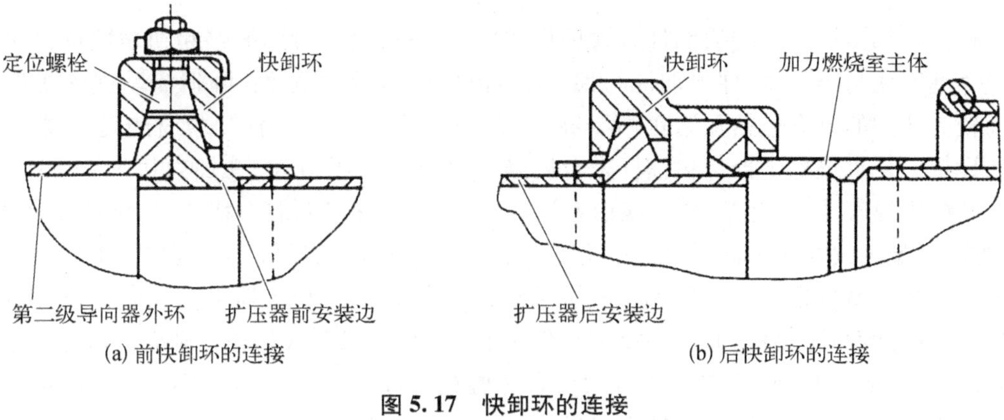

(a) 前快卸环的连接　　(b) 后快卸环的连接

图 5.17　快卸环的连接

5.4 一体化加力燃烧室

从 20 世纪末开始，以美国 F119、F135 发动机为代表的第 4 代军用航空发动机相继问世。由于第 4 代发动机要求具有高推重比、推力矢量能力、隐身特性、低耗油率、高可靠性等，加力燃烧室也要满足一些新要求，如提高进口气流温度、压力，大幅度降低流体损失、减轻质量，这些需求使加力燃烧室中许多组件的一体化设计和整体式造型成为必要。因此，先进加力燃烧室设计中广泛采用一体化设计技术。

5.4.1 混合器+扩压器+稳定器一体化设计

欧洲 EJ200 发动机的加力燃烧室如图 5.18 所示。其内外涵气流混合、扩压和组织燃烧采用一体化设计，即将环形稳定器前移到混合截面，稳定器内、外侧分别流过内、外涵气流，内涵气流在稳定器前进行扩压，在稳定器后与外涵气流边混合边燃烧，从而缩短了加力燃烧室长度、减轻质量、减小流体损失。

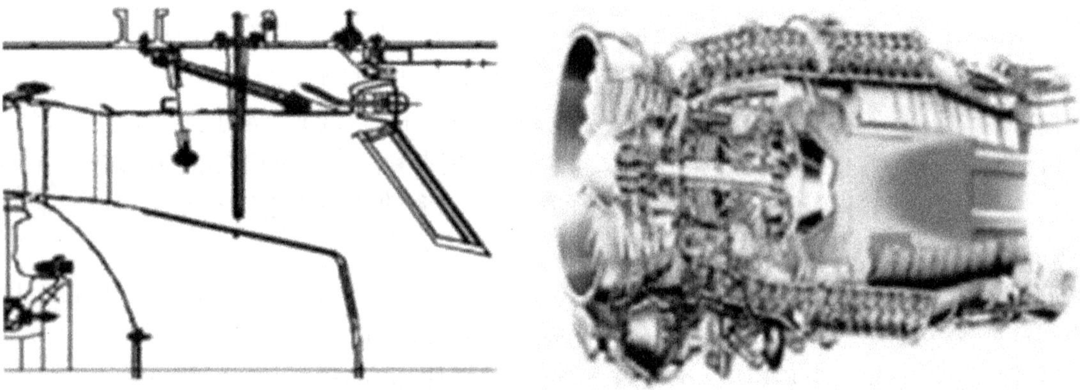

图 5.18 EJ200 发动机燃烧室

5.4.2 喷油杆+稳定器一体化设计

将传统加力燃烧室的喷油杆和火焰稳定器进行一体化设计，能够起到缩短点火时间、加快燃油雾化与蒸发、增加喷油杆与稳定器的使用寿命和可靠性、降低流动损失等作用。目前较为典型的方案包括瓦迪亚(Wadia)等在 2001 年提出的一种“喷油杆+稳定器”一体化的设想。该火焰稳定器与喷油杆融合后采用径向 V 形槽分布，在加力状态下可以充分引出已燃高温气体，使得整体气流在燃烧室内稳定燃烧；在无加力状态下，能起到掺混作用，加强外涵道气流与内涵道气流的混合。此外，法国斯奈克玛公司研制的 M88－3 发动机的加力燃烧室也采用了“喷油杆+稳定器”一体化设计，其稳定器采用径向分布，内置喷油杆、空气导管与隔热板，通过外涵道空气进行冷却，在稳定火焰以及避免振荡燃烧方面都有较好成效。日本宇宙航空研究开发机构(Japan Aerospace Exploration Agency, JAXA)近些年在研发的预冷却涡轮发动机(precooled turbojet, PCTJ)加力燃烧室(图

5.19)也采用了“喷油杆+稳定器”的一体化设计,该方案将喷油杆安装于火焰稳定器中,缩短了加力燃烧室的长度,提高了燃烧效率,该发动机拟用于马赫数为2的飞机上。

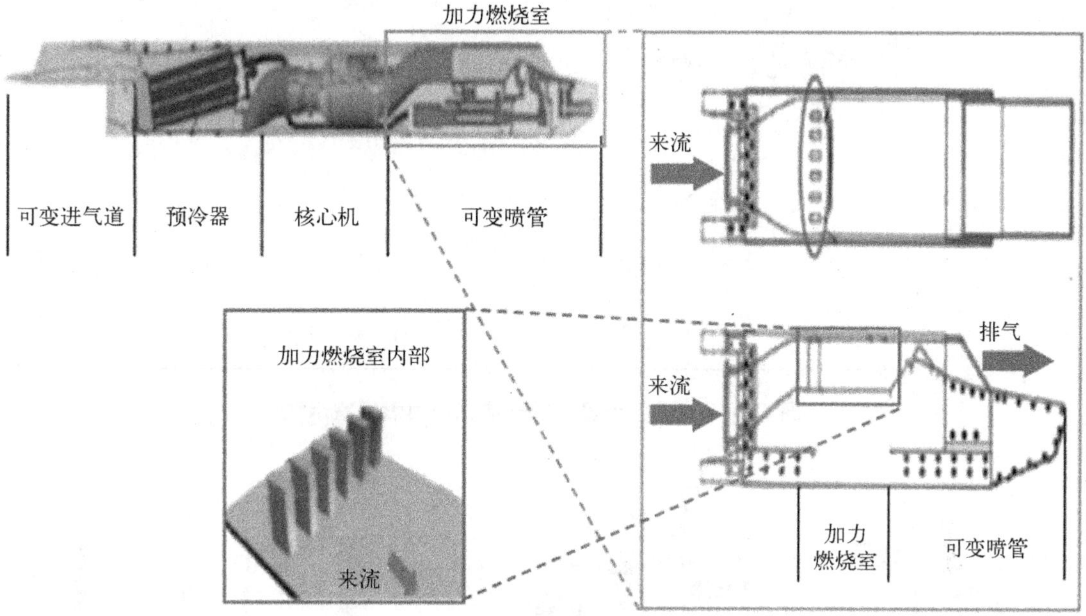

图5.19 预冷却涡轮发动机与其加力燃烧室示意

5.4.3 涡轮后框架+加力燃烧室一体化设计

将发动机“涡轮后框架+加力燃烧室”一体化设计是目前较为主流的一种设计方案。该方案最早是在美国国防部综合高性能涡轮发动机(IHPTET)计划中被提出,其特点在于取消了扩压器和稳定器,在涡轮后框架上设置多功能整流支板,提高了发动机的结构紧凑性,使得发动机的长度减小、质量减轻。20世纪90年代,克莱门茨(Clements)提出了“涡轮后框架+加力燃烧室”一体化的具体设计(图5.20)。该方案将整流支板置于涡轮后框架中,支板外表面呈流线型,内部分布燃油管道,支板后方安装壁式稳定器。流线型支板/稳定器能够降低冷压损失并通过形成回流稳定火焰,喷油杆在支板内部向外喷油使气流燃烧,辅以壁式稳定器对燃烧加以稳定。此设计开创了“涡轮后框架+加力燃烧室”一体设计的先河,显著减少了零件数量,第三代、第四代发动机加力燃烧室大多采用此方案进行改进。

美国GE航空集团基于上述方案设计了F110-GE-132发动机的加力燃烧室。将“涡轮后框架+扩压器+稳定器+喷油杆”进行一体化设计,多功能整流支板既能对气流增压减速,又能稳定火焰,还能充分混合已燃气体与新鲜油气掺混气体,并且对涡轮最后一级导向叶片进行改造,发挥导向叶片掺混和稳焰作用。该设计不仅降低总压损失和提高飞机推力质量比,还提高了加力燃烧室材料耐久性和使用寿命。美国普惠公司设计的F119-PW-100发动机加力燃烧室也采用了涡轮后框架一体化设计方案(图5.21),其布局与F110相似。多功能整流支板前端曲线设计以整流气体,后端平整设计以稳定火焰;

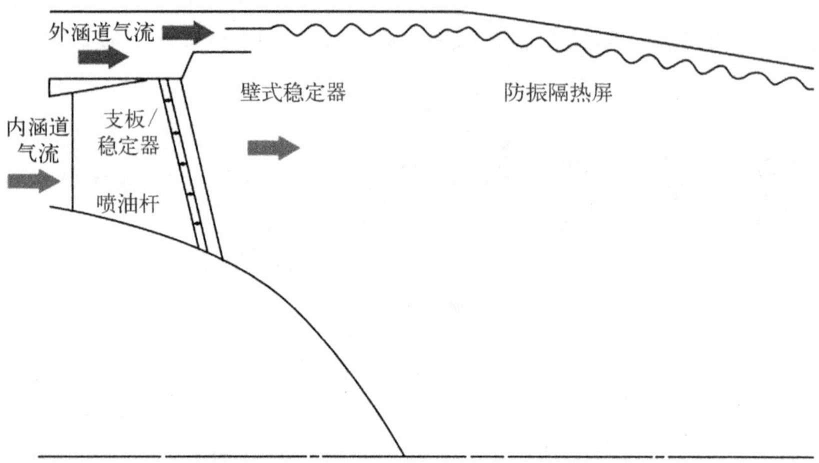

图 5.20　克莱门茨设计的一体化加力燃烧室示意

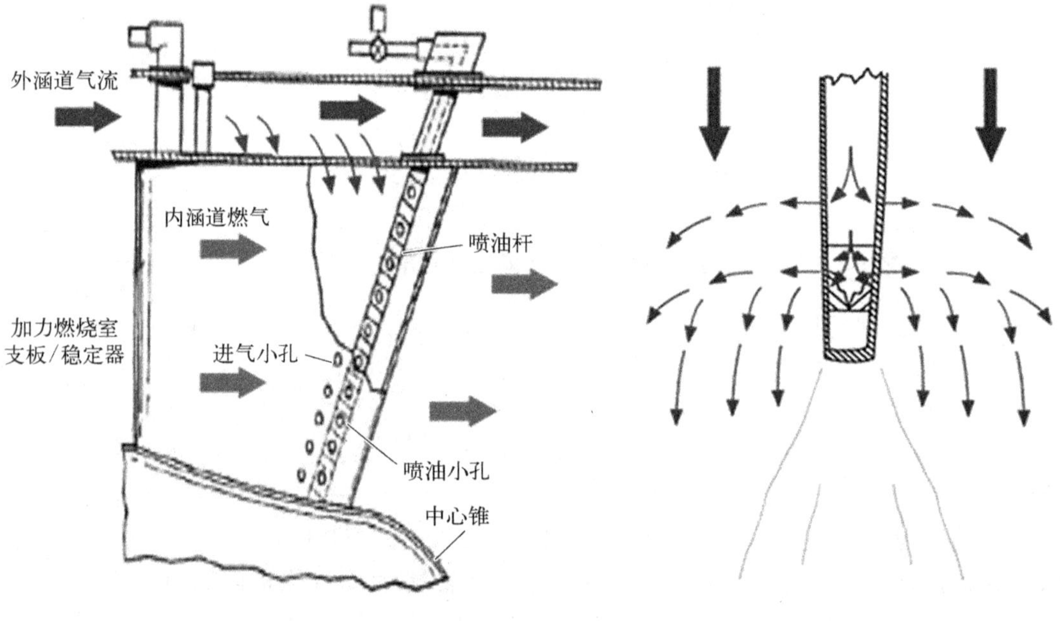

图 5.21　F119－PW－100 发动机一体化加力燃烧室示意

支板开孔与喷油孔的前后位置相对应,使得燃油射流的穿透性和质量分数分布得到进一步改善;外涵道空气可以对位于支板中喷油杆进行冷却,并使用阻燃钛合金(Alloy C)制造加力燃烧室的壳体,增强了结构稳定性。

5.5　加力燃烧室主要零件的常用材料

加力燃烧室的零构件都处在高温下工作,其材料应根据工作温度和受力情况来选择。扩压器和加力燃烧室外壳可用耐热不锈钢制成。扩压器的内锥体、整流支板、预燃室和火焰稳定器等构件所承受的温度更高，目前都采用 GH30、GH39 等高温合金制造。在目前先进的涡扇发动机上，由于采用了先进的冷却技术，壳体的壁温一般不超过 400℃，因此可以采用钛合金。为了减少零件表面的受热和腐蚀，常在与燃气接触的零件表面涂耐高温陶瓷材料。表 5.1 列举了几台发动机加力燃烧室和排气装置主要零件所采用的材料。它们的化学成分、物理及机械性能可从有关的材料手册中查得。

表 5.1　加力燃烧室和排气装置主要零件采用的材料

<table>
<tr><th colspan="2">发动机
零件</th><th>WP6</th><th>WP7</th><th>WS9</th></tr>
<tr><td rowspan="3">扩压器</td><td>外壳</td><td>GH39(GH140)</td><td rowspan="3">GH30</td><td rowspan="3">C263</td></tr>
<tr><td>内锥</td><td>1Cr18Ni9Ti</td></tr>
<tr><td>整流支板</td><td>GH30</td></tr>
<tr><td colspan="2">稳定器</td><td>GH39(GH140)</td><td>GH30</td><td>GH30</td></tr>
<tr><td colspan="2">预燃室</td><td>GH39(GH140)</td><td>GH30</td><td>C263</td></tr>
<tr><td colspan="2">壳体</td><td>GH39(GH140)</td><td>GH39(GH140)
GH44</td><td>GH30</td></tr>
<tr><td rowspan="2">喷管</td><td>鱼鳞片</td><td>GH44</td><td>—</td><td>C263</td></tr>
<tr><td>调节圆环</td><td>1Cr18Ni9Ti</td><td>—</td><td>T/Cu
N75</td></tr>
</table>

未来先进发动机加力燃烧室的单位推力将比 F110 高 70% ~ 80%，对所用材料也要提出更高要求。高温陶瓷材料具有熔点高、密度低、耐腐蚀、抗氧化和抗烧蚀等优异性能，最适合在加力燃烧室中使用。高温陶瓷通常是指熔点超过 2 000℃，并在高温极端环境中物理和化学性质保持稳定的一类特殊的陶瓷材料，通常包括过渡金属的难熔硼化物、碳化物、氮化物及其复合材料。在推重比为 15 ~ 20 的发动机加力燃烧室中，火焰稳定器将采用工作温度 1 200℃ 以上的高温陶瓷材料，加力燃油喷嘴将采用工作温度 1 530℃ 以上的高温陶瓷材料。高温陶瓷材料与高温合金相比具有以下优势：

（1）密度仅为 2.0~2.5 g/cm^3，与高温合金和铝合金等金属材料相比，可大大减轻结构质量；

（2）能承受更高的温度，可以取消或减少冷却系统，从而提高发动机热效率，产生更大的推力；

（3）因为所需冷却气流更少且燃烧室有更高的燃烧温度，所以燃料燃烧更为充分，可以相对减少燃料负载量，同时尾气更为洁净。

但是，作为一种新型材料，也存在一些问题，如材料的成本是传统高温合金的几倍，目前还缺少在特定应用条件下对其预期寿命进行评估的数据与工具等。

思 考 题

1. 加力燃烧室由哪些基本构件组成?
2. 火焰稳定器的作用是什么? 有哪几种类型?
3. 加力燃烧室点火方式有哪几种类型?
4. 涡扇发动机的加力燃烧室常采用哪几种预燃方式? 为什么?
5. 为什么加力燃烧室的输油圈常有主副之分?
6. 加力燃烧室的喷嘴有哪几种类型?
7. 列举一体化加力燃烧室的几种构型。
8. 为什么说高温陶瓷材料适合用于未来加力燃烧室?

第 6 章
排气装置

发动机的排气装置是指涡轮或加力燃烧室以后组织排气的构件。

排气装置的主要作用是使涡轮或加力燃烧室排出的燃气以一定的速度和要求的方向排入大气。排气装置的组成和结构方案取决于发动机和飞机的类别及用途。排气装置包括尾喷管、反推力装置、消声装置等。尾喷管是发动机必不可少的一个部件，其他的排气装置则是根据发动机和飞机的特殊需要而设置的。

对涡扇发动机来说有两种形式的排气装置，即长外涵道（即内外涵道出口共面）和短外涵道。长外涵道排气装置又可分为内、外涵道分别排气和混合排气两种形式。采用混合排气一般可使涡轮风扇发动机的耗油率和噪声有所降低（最大排气速度减小）。

6.1 尾喷管

尾喷管的作用主要是使涡轮后的燃气继续膨胀，将燃气的部分热能（可用功）转变为动能，以高速向后喷出。一方面排出燃烧后的废气，另一方面喷射时产生的反作用力来推动飞机，为飞行提供部分或全部动力。

根据使用条件的不同，发动机尾喷管的通道可以是收敛形或收敛扩张形的，喷口面积可做成可调或不可调的。

根据燃气排出方向的不同，可以分为直流式尾喷管和推力矢量尾喷管。

6.1.1 直流式尾喷管

早期的发动机一般都采用直流式尾喷管，它使燃气向发动机正后方排出，一般产生平行于发动机轴线的推力。主要有不可调节的收敛形尾喷管、可调节的收敛形尾喷管和可调节的收敛扩张形尾喷管。

1. 不可调节的收敛形尾喷管

亚声速及低超声速飞机的不带加力燃烧室的涡喷发动机，以及涡轮后燃气的焓降较小的涡桨发动机和高涵道比涡扇发动机，都广泛采用不可调节的收敛形尾喷管。WP8、WJ6、JT3D 和 CFM56、PW4000、RB211、GE90 等几乎所有的民用涡扇发动机都是采用这种简单的收敛形尾喷管。

在设计尾喷管时应注意喷口与外壳（或延长管）的连接、冷却与隔热、加强刚性和减少热应力与热变形。

2. 可调节的收敛形尾喷管

采用喷口可调节的尾喷管,能使发动机在各种工作状态都获得良好的性能。带加力燃烧室的发动机必须采用可调节的尾喷管,保证在加力状态相应地加大喷口面积。带加力燃烧室的发动机,其加力燃烧室扩压器起到了排气管的作用,且加力燃烧室的长度也较长,可以与飞机的布局相协调,因此不再有专门的排气管和延伸管。

在飞行速度不大($Ma \leqslant 1.5$)情况下,可采用收敛形的可调节尾喷管,图 6.1 是几种可调节收敛形尾喷管的示意图。目前广泛采用多鱼鳞片(又称调节片)式机械调节的收敛形尾喷管,可以是双位、多位,或无级调节的。

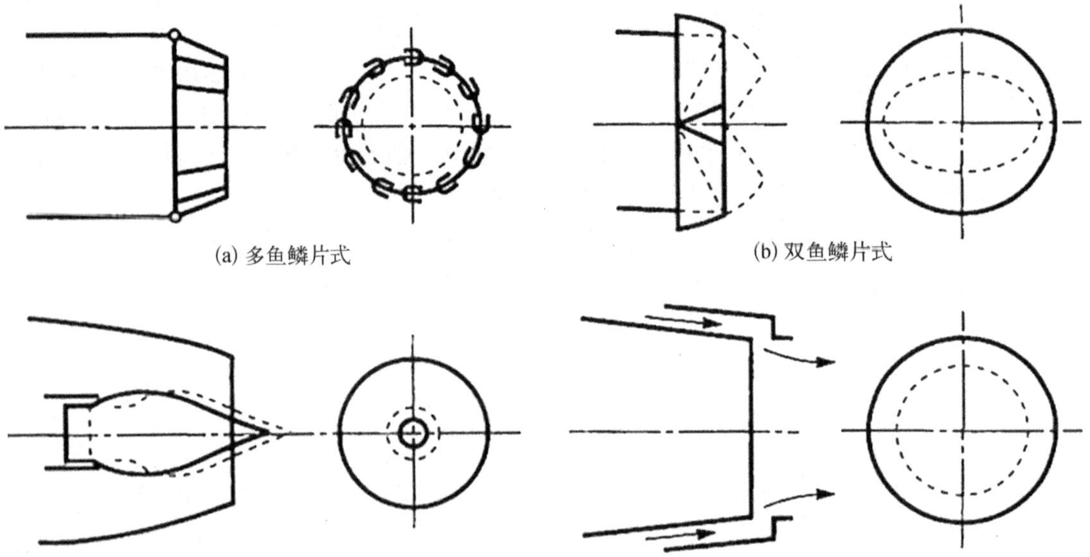

(a) 多鱼鳞片式　　(b) 双鱼鳞片式

(c) 移动尾锥体式　　(d) 气动调节式

收敛喷管适用的马赫数范围

图 6.1　可调节收敛形尾喷管示意图

双鱼鳞片式可调节收敛形尾喷管,因靠两个可转动的半圆形或半球形鱼鳞片形成的喷口截面难以保证是圆形,且密封性差,因而已被多鱼鳞片式取代。

多鱼鳞片式可调节收敛形尾喷管,它借作动筒内的活塞,通过控制活塞腔中的油压来带动调节圆环,实现喷口位置的无级调节,WP7 发动机即采用此结构。

早期的发动机曾采用移动尾锥体式可调节收敛形尾喷管,如 RD－10 发动机的尾喷管(图 6.2),它是靠机械传动特种型面的尾锥体沿发动机轴线移动,从而改变喷口面积。这种尾喷管构造复杂,质量大,机械传动构件处在高温下工作不可靠,故目前已不采用。近年来,随着多电发动机研制的发展,在一些小型燃气轮机的喷口设计中,这种结构仍具有鲜明的特点,十分适合电动控制。

气动调节式收敛形尾喷管,从压气机抽气引至喷口截面,调节这股气流的压力、流量,从而改变燃气流实际的流通面积,相当于调节了喷口大小。这种尾喷管构造简单,质量轻,可以无级调节,但由于抽取压气机的气体掺进燃气,将造成较大的推力损失,且不易控制,因此也未得到广泛采用。

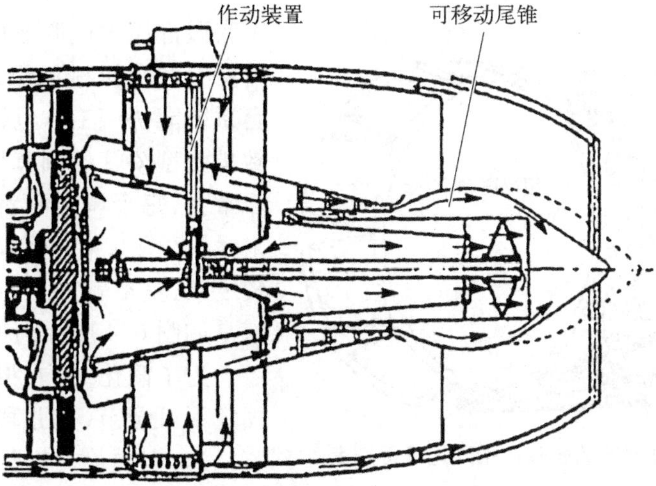

图 6.2 RD-10 发动机移动尾锥体式可调节收敛形尾喷管

3. 可调节的收敛扩张形尾喷管

超声速飞机用的发动机，燃气在尾喷管中的总膨胀比可达 10~20 甚至更高，如果仍采用收敛形尾喷管，则燃气不完全膨胀所造成的推力损失将很大。因此，当飞行速度 Ma>1.5 时，为了保证燃气能充分膨胀，以减少推力损失，不论有无加力燃烧室，发动机都应采用收敛扩张形的可调节超声速尾喷管。

图 6.3(a) 所示方案是靠移动尾锥体调节喉部，操纵多调节片调节出口截面。图

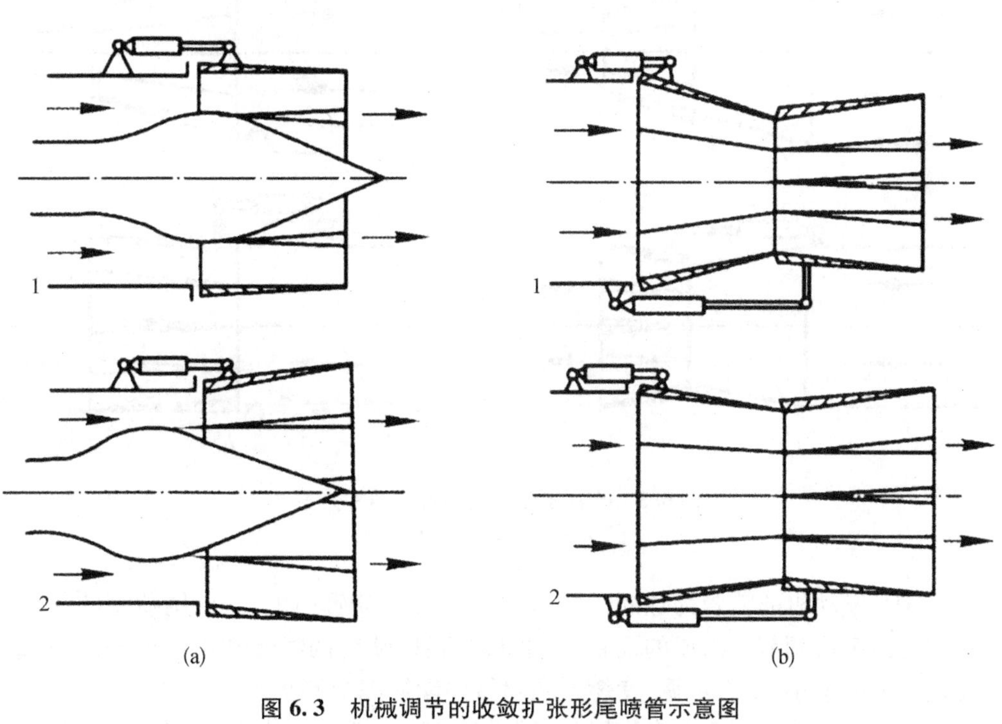

图 6.3 机械调节的收敛扩张形尾喷管示意图

1. 不加力状态；2. 加力状态图

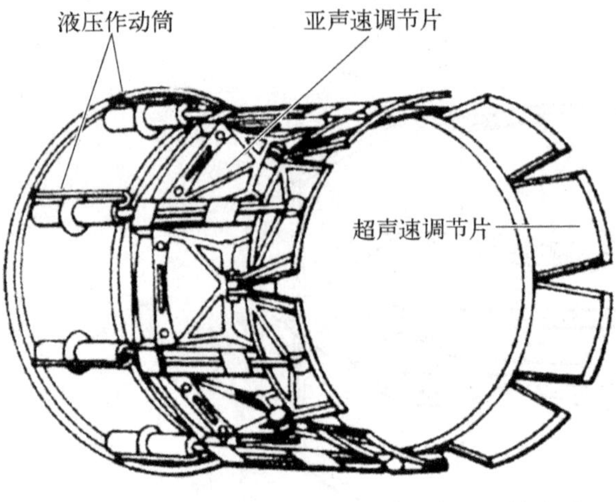

图 6.4　一种机械调节的收敛扩张形尾喷管构造

6.3(b)所示方案是尾喷管的收敛段和扩张段都用多块调节片进行调节。前者需要有两套机械操纵系统,并且要使两套系统能协调工作也较为困难。由于收敛扩张型喷管的调节片上受到的气体力非常大,每个调节片都要有一个作动筒来操纵(图 6.4),所以这种喷管的构造较复杂,重量较大。F100 发动机采用的就是如图 6.4 所示的喷管结构。

为了简化结构,将尾喷管的收敛段固定不可调节,扩张段靠多块调节片调节。这种收敛扩张形尾喷管如图 6.5(a)所示,只要收敛段设计得合理,尾喷管的性能还较好。如 J57－F13 发动机的尾喷管就是这种形式。它是将收敛形的加力燃烧室壳体作为收敛段,多调节片式喷口在加力状态张开形成扩张段。图 6.5(b)所示是一种用气动方法调节喉部截面,调节片式喷口在加力状态时张开形成扩张段的收敛扩张形尾喷管。

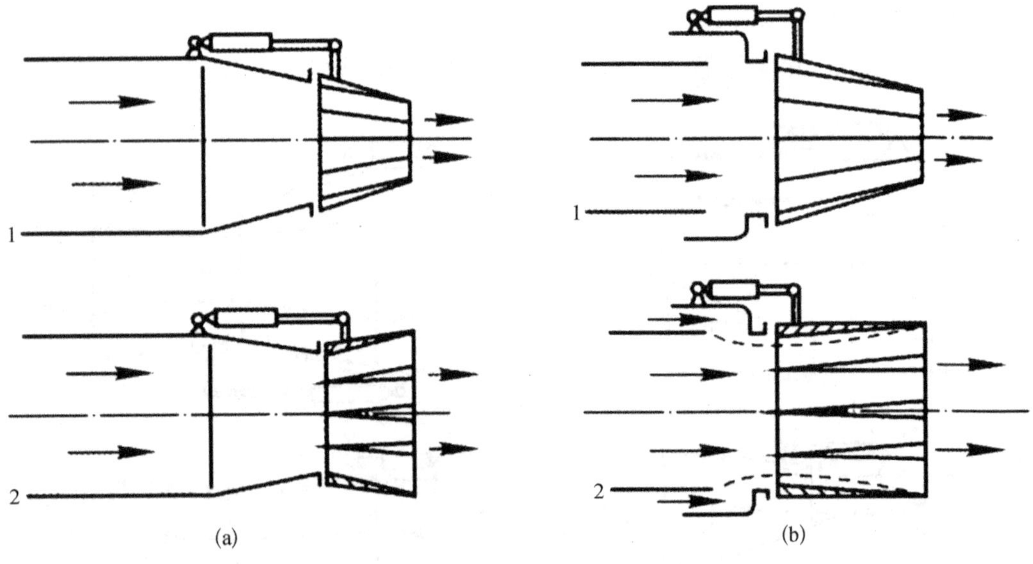

图 6.5　收敛扩张形尾喷管的两种方案

1. 不加力状态;2. 加力状态

AL－31F 发动机的喷管为鱼鳞片式收敛扩张形尾喷管(图 6.6),尾喷管的收敛段和扩张段均为由多块调节片组成的面积可调节的喷管,喷管的喉部和出口面积随燃气膨胀比的变化放大或缩小,全态可调,使燃气在喷管内能够完全膨胀。

在超声速飞行的发动机上常采用(我国涡喷 13/14 系列)引射式收敛扩张形尾喷管。

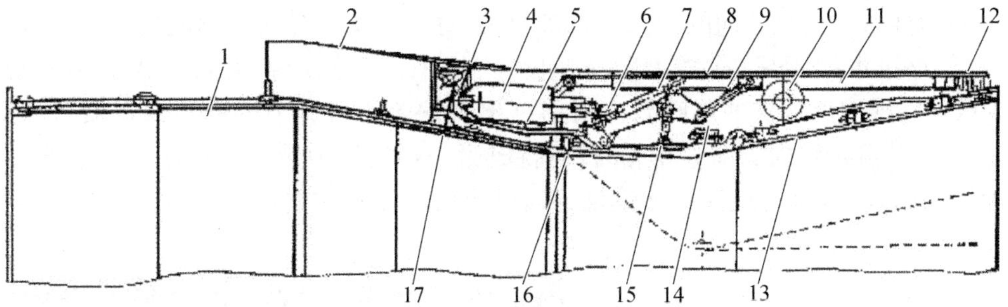

图 6.6 AL-31F 发动机的带外调节片的超声速可调喷管

1. 加力燃烧室主体;2. 飞机尾部外壳体;3. 拉杆(16个);4. 液压作动筒(16个);5. 横撑;6. 杠杆(16个);
7. 套筒式限动器;8. 摇臂;9. 拉杆(32个);10. 外调节片固定支点;11. 外调节片;12. 外调节片尾端凸耳;
13. 超声速调节片;14. 亚声速调节片(最大截面限制器);15. 压杆(32个);16. 铰接壳体;17. 活动承力环

图 6.7 所示的引射喷管是由一个可调节的收敛形主喷管和一个罩在主喷管后部的收敛扩张形引射套管所组成。引射套管出口截面可以是固定不变的,也可以是可调节的。气动调节用的气流取自发动机主进气道或专门的辅助进气道。这股气流通过主喷管与引射喷管之间的环形通道后,沿着引射套管内壁被主气流引射。主气流的膨胀比借引射气流的压力与流量进行调节。引射喷管工作时,从收敛喷管排出的燃气射流达到临界速度(声速),外环腔道内的被引射气体是外界大气或是从进气道或压气机引出的空气。从收敛喷管排出的燃气射流在周围亚声速气流包围中继续膨胀加速,引射喷管成了"主燃气射流"以"流体"为壁面的扩张段。从而将燃气主流的内能充分转化为飞机的推力。除此之外,引射气流还具有冷却、抑制红外辐射等作用。

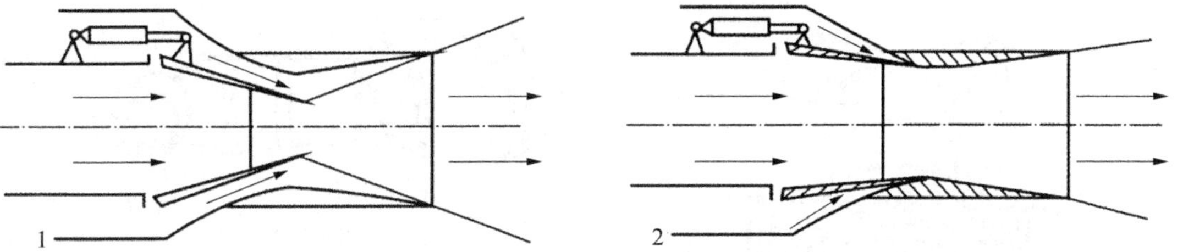

图 6.7 引射式收敛扩张形尾喷管

1. 不加力状态;2. 加力状态

以上介绍的尾喷管都属于直流式的,它使燃气向发动机的正后方排出,产生平行于发动机轴线的推力。发动机一般都采用直流式喷管。

6.1.2 推力矢量尾喷管

推力矢量喷管是指可以根据飞机对推力大小和方向的要求,在发动机工作状态下改变排气方向的喷管。矢量喷管技术的使用对战斗机的隐身、减阻、减重都有重要作用。

推力矢量技术的优势

推力矢量喷管的方案主要分为如下几种。

1. *偏流式尾喷管*

它引导燃气斜向往后排出,产生与发动机轴线呈一锐角的偏推力。偏推力可分解为水平方向的推力和垂直方向的升力。飞机起飞、着陆或爬高时使用偏流式尾喷管，可降低着陆速度，缩短滑跑距离，或增大爬高速度，飞机平飞时使用直流式板式的尾喷管。图6.8所示是一种偏流板式的尾喷管。目前已出现偏流角可调节的偏流式尾喷管，当偏流角大于90°，气流折转向斜前方排出时，也就成为一种反推力装置。由于偏流会产生非对称的推力，所以在设计时应注意使偏推力通过或接近飞机的重心。

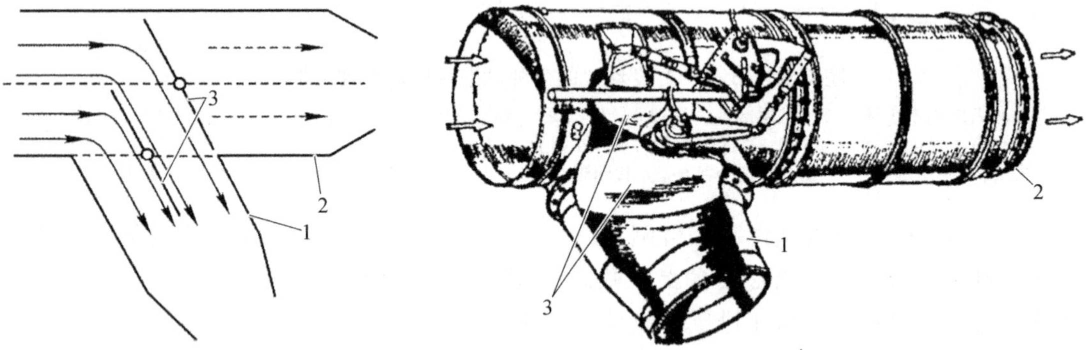

图6.8　一种偏流板式的尾喷管

1. 偏流尾喷管；2. 直接式尾喷管；3. 折流板

图6.9所示的“飞马”发动机具有4个转向喷管，采取两侧对称分叉排气，前后各装一对可转向喷管，根据喷管的不同排气位置，可产生推力、升力、偏推力或反推力。它装在垂直短距起落“鹞式”战斗机上，增加了飞机的机动性。

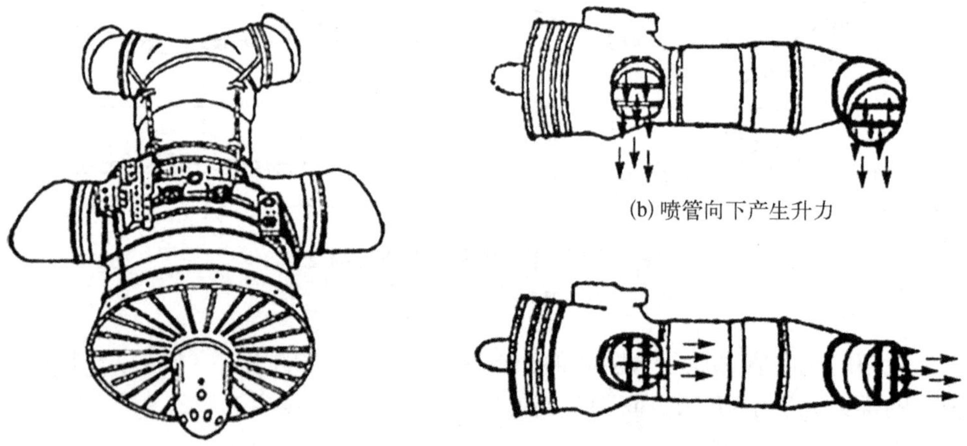

(a) 发动机外形　(b) 喷管向下产生升力　(c) 喷管向后产生推力

图6.9　具有4个转向喷管的“飞马”发动机

2. 折流板

20世纪70年代中期，德国MBB公司的飞机设计师沃尔夫岗·赫尔伯斯提出利用控制发动机尾喷流的方向来提高飞机的机动能力。1985年美国国防预研局和MBB公司联合进行了可行性研究。1990年3月，美国罗克韦尔公司、波音公司和德国MBB公司共同

图 6.10 X-31 折流板矢量喷管

研制的在发动机尾喷口装有可改变推力方向的3块碳纤维复合材料舵面的试验验证飞机X-31(图6.10)出厂,并进行了试飞。其舵面可相对发动机轴线偏转±10°,在飞机迎角为70°时仍能操纵自如,并具有过失速机动能力。

一般来说,折流板方案是在飞机的机尾罩外侧加装3或4块可作向内、向外径向转动的尾板,靠尾板的转向来改变飞机尾气流的方向,实现推力矢量。这种方案的特点是发动机无须做任何改装,适于在现役飞机上进行试验。其优点是结构简单,成本较低,作为试验研究有一定的价值。缺点是重量和外廓尺寸较大,推力矢量工作时效率低,对飞机隐身和超声速巡航不利,所以它仅是发展推力矢量技术的一种试验验证方案。

3. 二元矢量喷管

二元矢量喷管是飞机的尾喷管能在俯仰和偏航方向偏转,使飞机能在俯仰和偏航方向上产生垂直于飞机轴线的附加力矩,因而使飞机具有推力矢量控制能力。二元矢量喷管通常是矩形的,或者是4块可以配套转动的调节板。二元矢量喷管的种类有:二元收敛-扩张喷管(2D convergent-divergent nozzle, 2DCDN)、纯膨胀斜坡喷管(single expansion ramp nozzle, SERN)、二元楔体式喷管(2D wedge nozzle, 2DWN)、滑动喉道式喷管(silding throat vectoring nozzle, STVN)和球面收敛调节片喷管(spherical convergent flap nozzle, SCFN)等。

通过研究证实,二元矢量喷管易于实现推力矢量化。在20世纪80年代末,美国两架预研战斗机YF-22/F119和YF-23/F120均采用了这种矢量喷管。

图6.11所示是普惠公司研制的二元矩形推力矢量喷管。这种喷管通过收敛-扩张壁

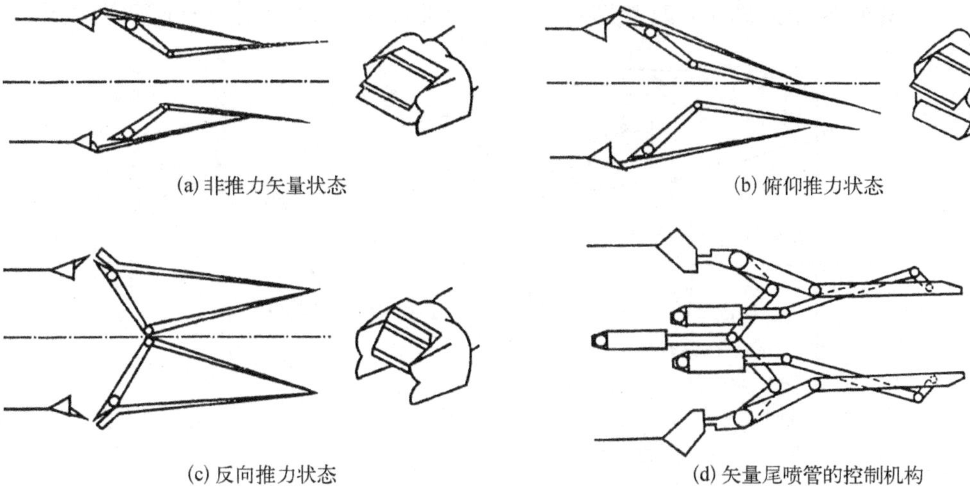

(a) 非推力矢量状态　(b) 俯仰推力状态

(c) 反向推力状态　(d) 矢量尾喷管的控制机构

图 6.11 二元矩形推力矢量喷管

图 6.12　F22 二元矢量喷管

面，改变气流的方向，可在俯仰平面内控制推力的方向和大小，另外还可以实现推力反向。

美国 F－22 战斗机就采用了具有俯仰推力矢量控制的二元收扩矢量喷管（图 6.12），它的最大俯仰转角达 20°，最大偏转速率为 40°/s，可以稳定地飞行到过失速迎角 60°。机身尾部扁平的外轮廓形状，降低了飞行中的空气阻力，从而使 F－22 具有极好的过失速机动性、超声速巡航能力、短距起降能力和隐身能力。该矢量喷管结构上比轴对称喷管简单，能实现较大的矢量角，易于实现反推力。缺点在于结构笨重，且在单发情况下，只能提供俯仰力矩而不能提供偏航力矩。

二元矢量喷管的优点是易于与飞机一体化、提高升阻比和隐身能力强。缺点是结构比较笨重，内流特性较差。

4. 轴对称矢量喷管

推力矢量技术的研究最初集中在二元矢量喷管，但随着研究的深入发现二元喷管优点虽多但缺点也很明显，尤其是移植到现役飞机上相当困难，因此又发展了轴对称推力矢量喷管。

轴对称矢量喷管（图 6.13）利用作动装置带动喷管的收敛段和扩张段在一定范围内偏转，产生矢量推力。它由机匣、作动筒、喷口转向调节环等组成。通用公司在 F110 发动机上安装的轴对称矢量喷管，喷管的整体偏转由三个互成 120°的作动筒完成，喉道面积的调节由四个作动筒完成，它在加力时能达到的最大矢量偏角为 17°，不加力时为 15°，最大偏转角速度为 60°/s。普惠公司在 F100 发动机上安装的轴对称矢量喷管也采用类似的结构，只是喉道面积的调节由空气作动筒完成。与其他喷管相比，轴对称矢量喷管的主要优势在于：① 飞机不需要做较大改装即可实施矢量推进；② 偏转机构设计简便，推力损失

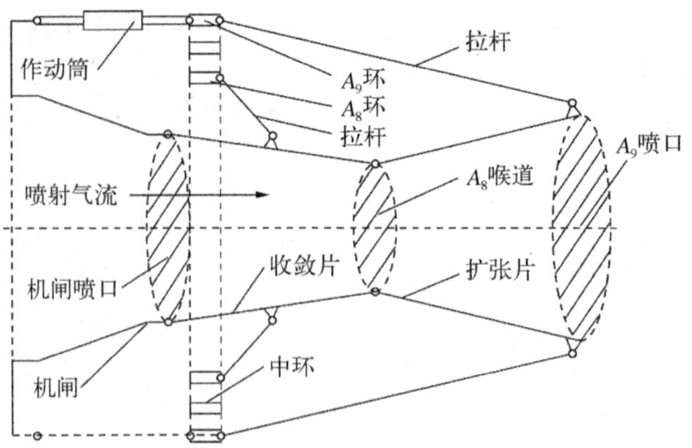

图 6.13　轴对称矢量喷管

小,且气流偏转在扩张段内实现,气动负荷较小,易密封;③ 因偏转是在出口截面实现的,相对飞机的安装质心最远,新增力矩最大,矢量作用效果明显。缺点是可以提供的矢量偏角相对较小。

GE 公司在 20 世纪 80 年代中期开始轴对称推力矢量喷管的研制,其研制的喷管由 3 个 A_9/转向调节作动筒、4 个 A_8/喉道面积调节作动筒、3 个调节环支承机构、喷管控制阀以及一组耐热密封片等构成。

5. 三轴承矢量喷管

早在 20 世纪 50 年代,美国就已经开始了对三轴承矢量喷管的研究。三轴承矢量喷管主要应用于短距/垂直起降飞机,飞机在垂直起降时利用喷气流的偏转产生垂直于地面方向的升力,喷管偏转过程中要保证飞机机身平稳。三轴承矢量喷管还可以满足飞机的俯仰和偏航控制需求,在实现飞机俯仰控制过程中,应保证飞机只受到俯仰面内的矢量力作用;在实现飞机偏航控制过程中,喷管可产生沿周向任意角度的矢量推力。基于飞机的性能需求对三轴承矢量喷管提出如下设计要求: ① 偏转过程中喷管矢量角保持连续变化;② 飞机俯仰操纵及短距/垂直起降工况下,喷管矢量角保持在同一俯仰面内;③ 喷管巡航状态工作时,性能与常规喷管相似。基于上述三轴承矢量喷管的特殊设计要求可对三轴承矢量喷管进行几何型面设计及运动规律研究。

三轴承矢量喷管由三段可互相旋转的筒体构成(图 6.14),通过改变三段筒体的旋转角度并将三段筒体进行组合从而实现改变喷管的偏转角度,相邻两段筒体之间通过轴承连接以减小各段筒体旋转时的摩擦力。喷管偏转过程中,第一、三段筒体旋转方向相同,第二段筒体相对第一、三段筒体的旋转方向相反,且三段筒体的轴线时刻保持在同一俯仰面内,即喷管偏转过程中仅产生俯仰力,不产生侧向力,图 6.15 为 F－35B 战斗机三轴承矢量喷管。

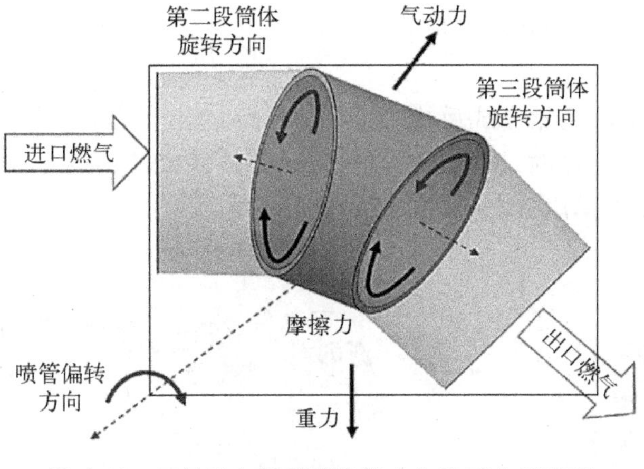

图 6.14 三轴承矢量喷管偏转方向及受力示意图

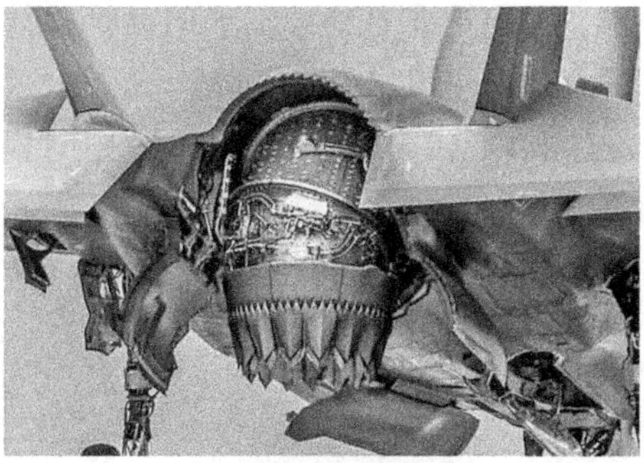

图 6.15 F－35B 战斗机三轴承矢量喷管

6.2 反推力装置

为了缩短飞机着陆时的滑跑距离、飞行中的减速和提高飞行的机动性,飞机常采用减速装置。这些装置有刹车、阻力伞、阻力板、螺旋桨的反桨(提供反向拉力)和反推力装置。反推力装置减速效果明显,空中机动性好,着陆时复飞迅速,大多用在民用飞机和舰载机飞机上,歼击机也有采用的。

反推力装置是将涡扇发动机内涵道或外涵道的气流、涡轮或加力燃烧室后的燃气(全部或部分)折转向斜前方排出而产生反推力。反推力的大小与折转的气流流量、排气速度、折转角和飞行速度等有关。

反推力装置的设计要求是:

(1) 在保证发动机安全正常工作的情况下获得最大的反推力;

(2) 力求结构简单,重量轻;

(3) 操纵灵活,发动机正常工作状态与反推力状态相互转换所需的时间要短;

(4) 合理选择排气方向,力求不产生非对称的反推力,保证飞机的操纵稳定性,不使高温燃气喷射飞机机体;

(5) 反推力装置的构件在高温大负荷的条件下工作可靠;

(6) 反推力装置不工作时,不增大飞机的阻力,不减小发动机的推力;

(7) 排气口应良好的封严。

目前带反推力装置的发动机一般能在 1~2 s 的时间内完成正常工作状态与反推力状态的相互转换。反推力装置将喷管排出的燃气(或风扇后的冷气流)向前折转大于 90°的角度而产生反推力。由于实际上难以将气流折转 180°,因此反向推力的大小只是该转速下正向推力的 45%左右。

根据应用情况,反推力装置可分为内涵反推和外涵反推两大类。

6.2.1 内涵反推

内涵反推力装置有蛤壳形门式和戽斗式门式两种形式。

1. 蛤壳形门式

这种反推力装置位于尾喷管之前,由两扇蛤壳式反推力门、壳体、转向出口、出口叶栅和操纵机构组成(图 6.16)。反推力装置工作时,两扇反推力门关闭,迫使气流折转分别通过上、下转向出口,从出口叶栅向斜前方排出,产生反推力。

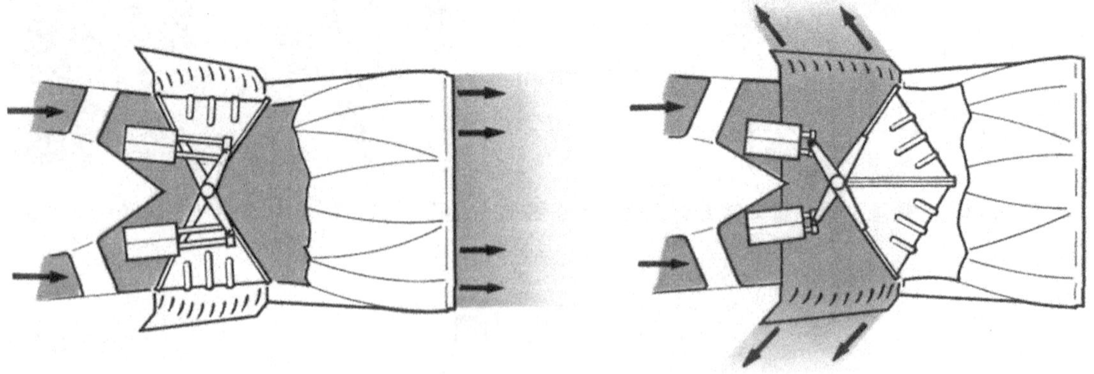

图 6.16 蛤壳形门式反推力装置工作原理

在尾喷管折转气流的优点是气流压力高,易将气流分出,反推力大,但反推力要通过发动机上的零件来传递,需要相应加强发动机有关零件的强度。反推力装置处于高温下工作,需要有效地冷却。图 6. 17 所示为斯贝发动机蛤壳形门式反推力装置。

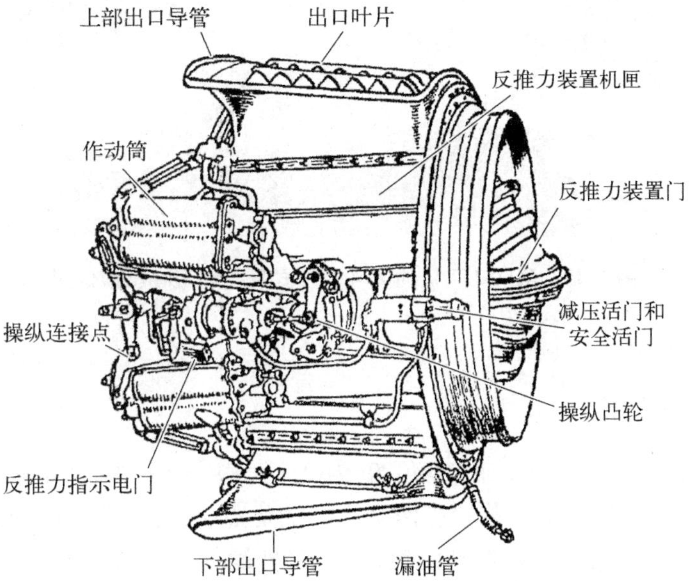

图 6. 17　斯贝发动机蛤壳形门式反推力装置

2. 戽斗式门式

戽斗式门式反推力装置用伸缩式作动器操纵,使气流反向排出(图 6. 18、图 6. 19)。作动器装在燃烧室向后伸到喷管的一根导轨上,接通反推力时,液压力把作动器向后推入喷管中。当作动器向后移动锁住时,气动作动器操纵戽斗转到燃气流中,阻止气流向后的

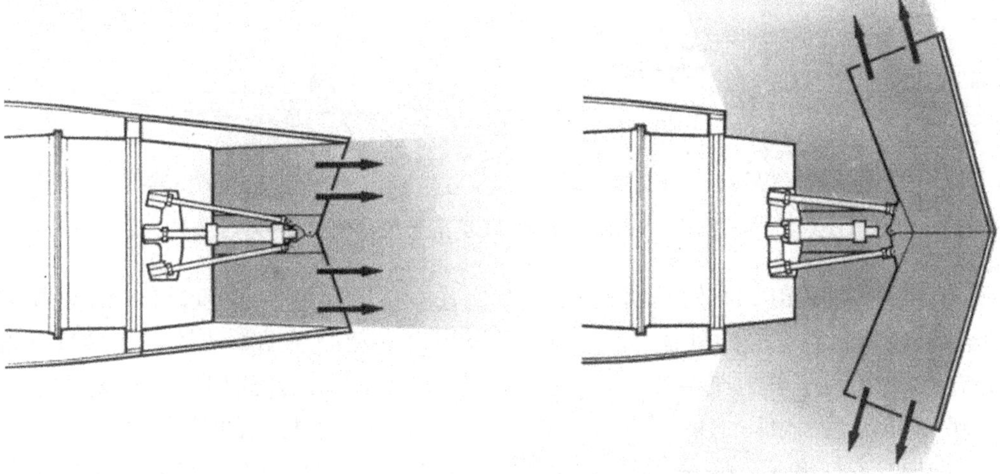

图 6. 18　戽斗式门式反推装置

图 6.19　MD82 飞机的戽斗式门式反推装置在反推位置

流动，使气流向前喷出。

6.2.2　外涵反推

在大涵道比的涡扇发动机（如 PW4000、RB211、CFM－56）中，通常采用外涵道反推力装置（图 6.20）。外涵道反推力装置有两个主要的优点，一是有效：因为大涵道比涡扇发动机 80%以上的推力来自风扇，即外涵道，所以将外涵气流折反，既可获得足够大的反推力；二是可行：因为将外涵气流折反时对内涵气流的影响很小，因此对发动机工作状态的影响也小。先进民航飞机发动机大多采用这种形式的反推装置。

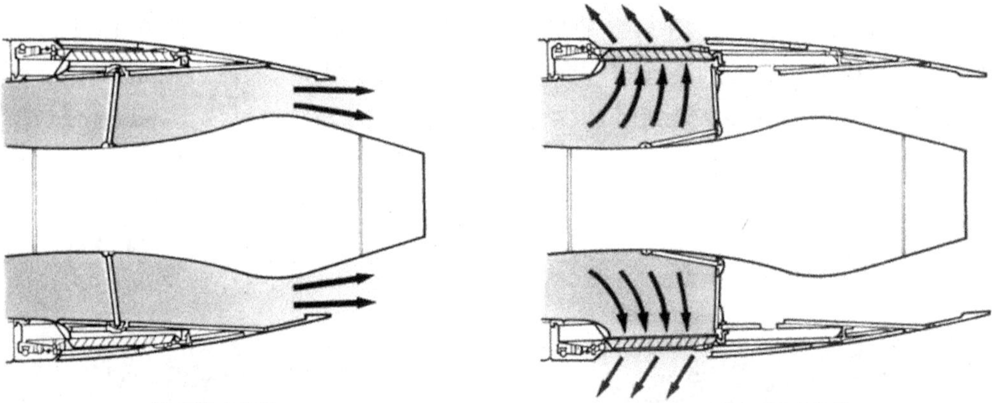

(a) 正推力位置　　(b) 反推力位置

图 6.20　外涵反推装置

图 6.21 所示是 RB211 发动机的反推力装置。在风扇气流通道后部，沿圆周装有 20 块导流叶栅板，在它们的外面，罩上一个可以前后移动的活动整流罩。在导流叶栅板内，装有 14 片可以折叠的堵塞片，堵塞片由前、后两片组成，两片间用铰链连接，并且后片的后端用铰链与壳体相联，前片的前端也是铰链与套在操纵丝杠上的螺母相联。使用反推力时，6 根操纵丝杠将活动整流罩后推，打开了叶栅的出口；与此同时，前堵塞片也被后推，绕其后片的铰链点向内折叠，挡住风扇出口，外涵气流通过叶栅，向斜前方流出产生反推力。

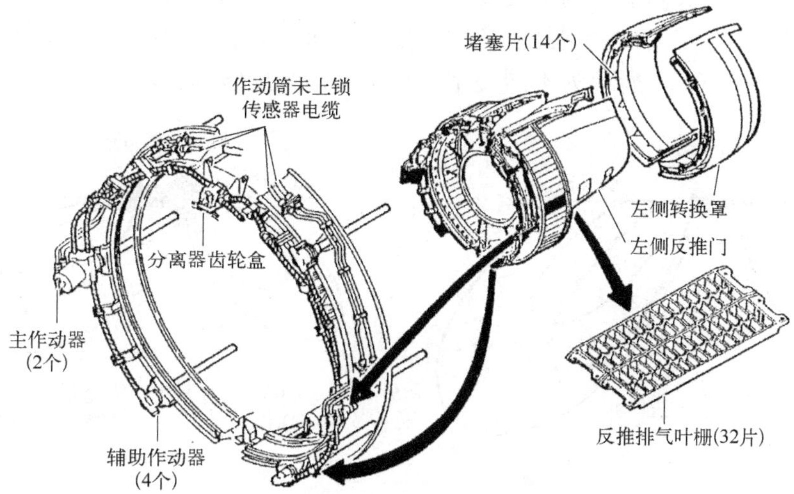

图 6.21 RB211 反推力装置的主要构件

CFM56 发动机反推力装置

6.3 噪声及消声措施

6.3.1 概述

虽然长期以来飞机噪声对大机场的居民影响很大,但它成为主要问题却是在 20 世纪 50 年代喷气式飞机的使用以后。特别是到了 20 世纪 60 年代,在大城市机场附近产生了无法接受的噪声。现在,机场条例和发动机的适航取证都强烈约束飞机的最大噪声水平,这也使燃气涡轮发动机的噪声抑制成为最重要的研究领域之一。喷气飞机安装消声装置,在重量、推力和燃料消耗上都要付出相当大的代价。

噪声是由速度和频率都不稳定的气流产生的。喷气发动机的噪声源主要有 4 个:风扇/压气机、燃烧、涡轮和排气流。噪声可分为内部噪声和外部噪声两大类。内部噪声主要是风扇、压气机和涡轮工作时产生,可在气流通道内采用声学处理方法衰减;外部噪声是高速排气流与周围大气混合时,由于大的速度差而产生强烈的湍流,一部分能量以声能形式辐射产生,可以通过增大涵道比和降低喷流速度的方式降低其噪声。图 6.22 所示为发动机噪声源简图。

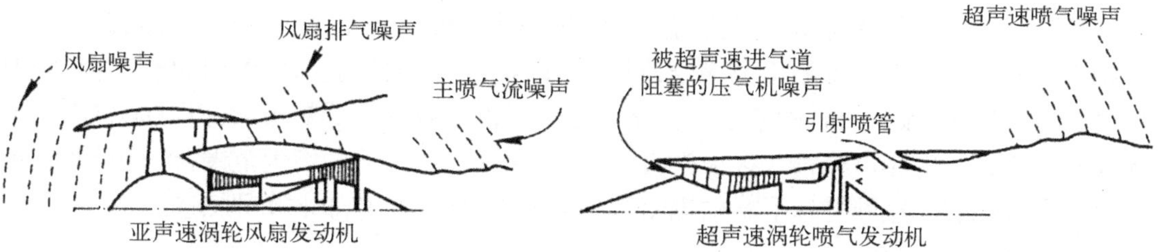

图 6.22 发动机噪声源简图

图 6. 23 给出了低涵道比涡扇发动机与高涵道比涡扇发动机各部件声源强度变化的对比。可以看出,对于当代大型高涵道比涡扇发动机而言,排气噪声已经降低到与风扇噪声相当的量级。图 6. 24 所示为不同类型发动机噪声强度级的比较。

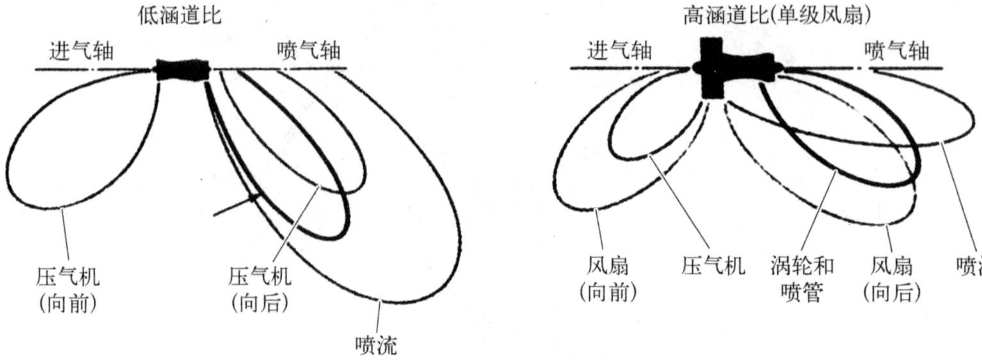

图 6. 23　低和高涵道比发动机噪声源比较

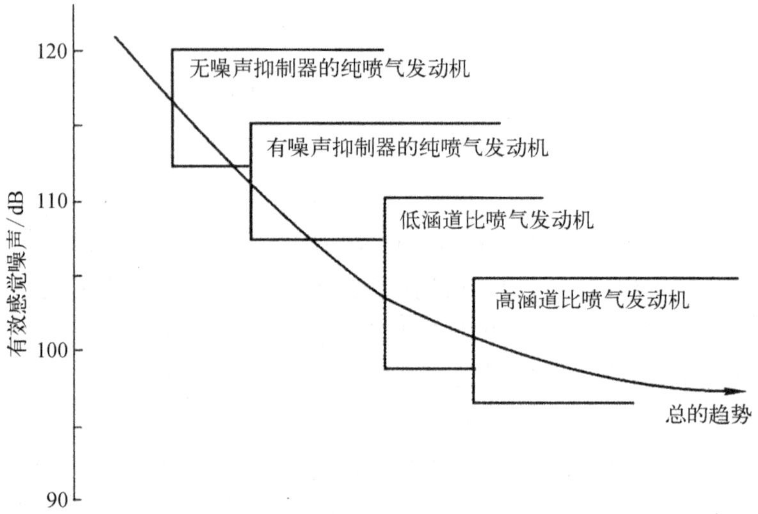

图 6. 24　不同类型发动机噪声强度的比较

发动机噪声产生原因

6. 3. 2　消声降噪措施

现在常采取的排气消声装置是一些特殊形状的尾喷管,在喷口面积一定的条件下,增大了喷口的周长。它使排出的气流与周围空气的接触面积增加,减弱湍流位移的剪力,加速排出的气流与周围空气的均匀混合,同时利用高速排出的气流引射周围的空气,使周围空气的流速增大,减少两者的速度差。这种方法可以有效减小低频噪声,但可能会增大高频噪声。不过高频噪声会很快被大气吸收,有些频率已超出人的听觉范围,传给听者的噪声仍然大大减弱。这种特殊形状的尾喷管称为消声喷管,它有如下几种构造形式。

1. *波纹式尾喷管*

此种消声喷管的外壁开有若干个沿圆周均布的半椭圆形孔,各孔相应地焊一个同样的波形罩。罩子出口均在喷口截面,这样形成具有特殊出口截面的收敛形尾喷管。燃气喷出时,引射周围的空气通过波形罩,提高了周围空气的流速,增大了燃气与周围空气的接触面积,加速燃气与周围空气的混合,能达到降低排气噪声的目的。图6.25所示为发动机的波纹式消声喷管,它有6个波形罩。

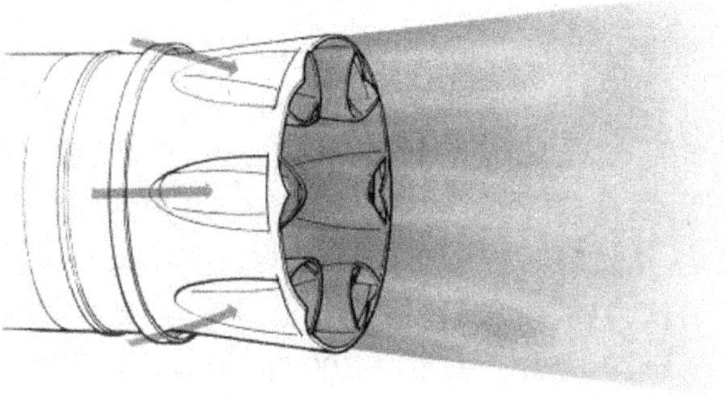

图6.25 发动机的波纹式消声喷管

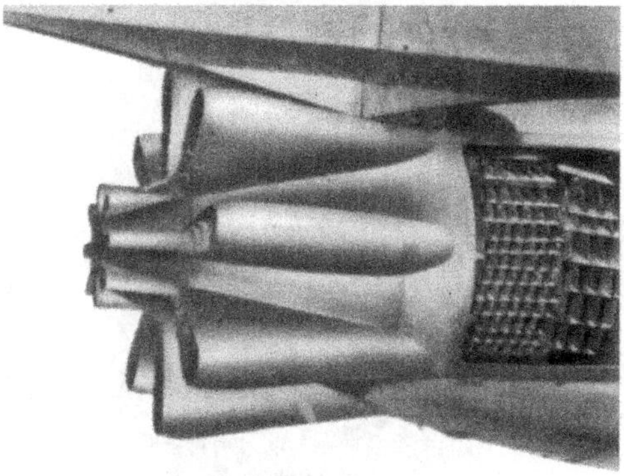

图6.26 星形尾喷管

2. 星形尾喷管

这种尾喷管由一组沿流路为特殊形状的通道构成(图6.26),尾喷管通道首先是全圆形截面,逐渐收敛成星形或花瓣形,在此特殊形状的通道中还置有隔板,使燃气排出时的扰动增加,提高消声效果。图6.27所示为"康维"发动机的星形消声尾喷管,这种消声喷管的消声效果比波纹式消声喷管好一些,但构造较复杂,加工较难。有的发动机采用星形尾喷管时,具有中心尾锥体。因此,在喷口中央设有一股单独的燃气流,它的消声效果更好一些。

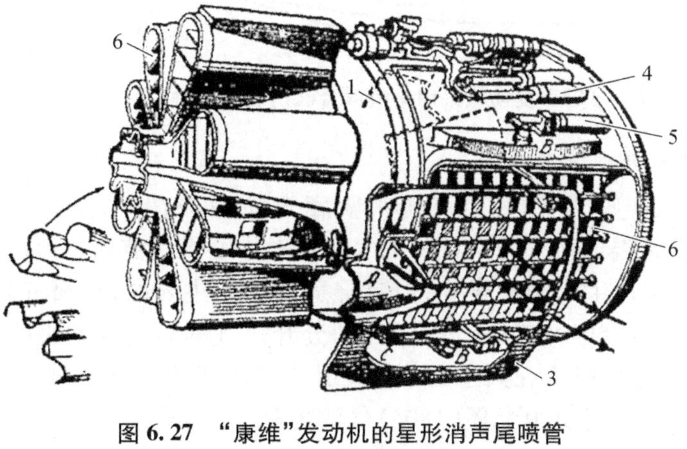

图6.27 "康维"发动机的星形消声尾喷管

1. 活门;2. 侧面环形格栅;3. 外盖板;4、5. 作动筒;6. 消声喷口

3. 分管式尾喷管

分管式尾喷管由一组单个的管式喷管组成,这些单个的喷管位于中心喷管四周。所有单个喷管的前端会合转接成圆截面的总管道。喷管周围的空气被吸引到各单个喷管之

间，加快燃气流与大气的混合。这种尾喷管消声效果能使噪声减小 10 dB 左右。

4. 内、外涵道排气混合器

有些大涵道比涡扇发动机采用内、外涵道排气混合器来消声。如 A340 飞机上的 CFM56－5 发动机为长外涵道排气装置，内、外涵道混合排气，就采用了内、外涵道排气混合器。内、外涵道排气混合器可以在发动机内完成内、外涵道热的高速气流与冷的低速气流的混合过程，降低排气气流的最高速度，达到降噪的目的。

图 6.28　内、外涵道排气混合器

如图 6.28 所示为 12 瓣机械式内、外涵道排气混合器，混合器使外涵排气向内涵流动，内涵燃气向外流动，并利用回转形通道使内外涵排气速度混合过程加快，JT8D 发动机采用就是这种类型的混合器。图 6.29 给出了 JT8D－209 和 JT8D－9 发动机尾喷管出口处排气速度分布比较，后者没有采用机械混合器。

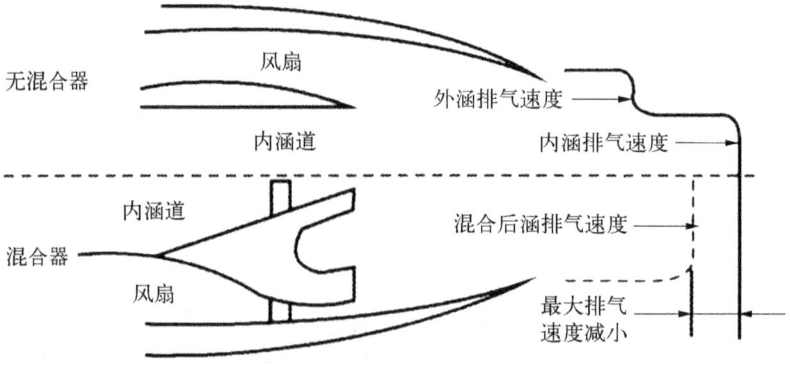

图 6.29　JT8D 发动机采用排气混合器前后出口排气速度分布的比较

5. 气流屏蔽和几何偏置喷管

喷气噪声取决于喷气流的速度分布和温度分布，如果在高速燃气流外包围着一股高温低速气流（甚至常温低速气流），则外围气流将对中心燃气流所产生的强噪声起屏蔽作用，尽管附加气流也产生了附加噪声，但是屏蔽作用是主要的，故喷气总噪声是降低的。不过，这种整个环面（360°）包围的气流（例如分开排气的涡扇发动机的同轴外涵气流），由于核心燃气流产生的噪声在其中的对称反射、屏蔽效果相对差一些，从降低地面观测点的噪声考虑，自然地想到使用半环（180°）气流屏障，它的降噪得益于吸声和反射两个方面，图 6.30 示出这种屏蔽结构的实例。通过计算分析所有极方向角位置频谱的影响表明，使用这种屏蔽结构后高频噪声均有降低。可以预计，通过结构优化设计，降噪量还可以进一步增大，国外一些研究机构正在对这项技术进行系统的研究。

与气流屏蔽喷管的降噪思想类似，近年来还出现了几何偏置设计的喷管形状，用于减小喷管噪声向地面的辐射，如图 6.31 所示。尽管还没有总结出通用的准则，但分析和试验表明,主流喷管和外涵喷管形状及位置的优化设计,以及不同排气系统设计,对喷流噪声的影响在±2 dB 左右。

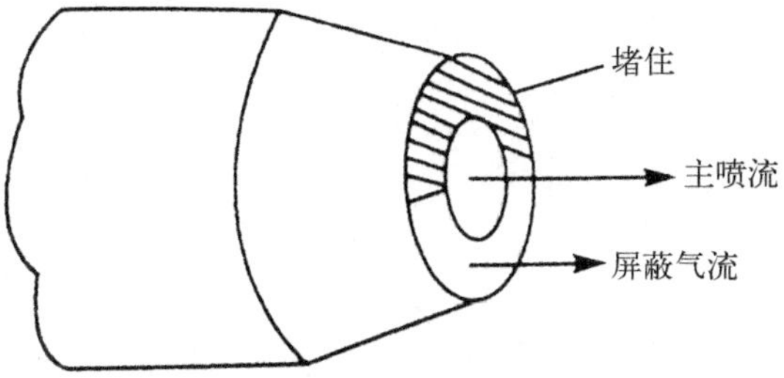

图 6.30 半圆环屏蔽结构示意图

图 6.31 几何偏置喷管

合理地选择飞机起飞和进场程序也是降低噪声的重要措施之一。起飞时尽量降低起飞推力,并以较大迎角起飞,爬高时尽量飞越无人居住区,进场时以较高的速度和较窄的航迹角迅速下降,这样可以减少发动机噪声对居民的危害。

思考题

1. 航空发动机排气装置的功能有哪些?
2. 尾喷管的基本类型有哪些?
3. 简述推力矢量技术的优势。
4. 简述矢量喷管的主要类型。
5. 航空发动机反推力装置有哪些类型?
6. 航空发动机的主要噪声源有哪些?
7. 简述航空发动机降噪的基本原理及降噪措施。

第 7 章
总体结构

前面章节分析了各主要部件(压气机、涡轮、燃烧室、加力燃烧室和排气装置等)的结构,本章将分析发动机总体结构设计方面的问题,包括作用于主要零组件的负荷、转子的支承方案、支承结构以及静子承力系统等。

对总体结构设计的主要要求是: 发动机各大部件承受负荷的方式和传递负荷的路线合理;在保证零部件刚度、强度条件下,重量轻、尺寸小;同时要考虑发动机各大部件装拆方便;随着发动机维修工作的发展,应考虑设计成单元体结构。

7.1 发动机受力分析

发动机工作时,作用在各零部件上的负荷按其性质可以分为以下三类。

(1) 气体力: 气流在发动机内部流动时,作用在各个零件表面上的压力和速度不同,因此与气体相接触的这些零、组件上作用有气体力或气体力矩。

(2) 惯性力: 惯性力是指当物体有加速度时,物体具有的惯性会使物体有保持原有运动状态的倾向。对航空发动机而言,惯性力表现在,当转子零件旋转时,产生离心惯性力;当飞机直线加速或减速、曲线飞行时,作用在发动机的零、组件上有惯性力和惯性力矩。

(3) 热应力: 在发动机工作时,由于各零件受热不均匀或者材料不同(线膨胀系数不同),当热膨胀受到约束时会产生热应力。

发动机上的这些负荷有的在零件或组合件内自身平衡而不向外传,如轮盘热应力在盘内平衡。有的负荷要传给相邻的部件,如飞机飞行时转子的惯性力和惯性力矩都要通过支承传出;尾喷管上的气体力要传给涡轮机匣。这时不仅要注意零件本身的受力,还要注意力的传递路线和作用点,传力路线所经过的零件均有力的作用。

本节主要分析外传的零、组件上的气体力及其力矩和惯性力及其力矩。

7.1.1 发动机零、组件上的气体轴向力

在发动机气流通道表壁上作用有气体力。除通道外,与气体相接触的表面上也都作用有气体力。作用在发动机机匣外表面上的气体轴向力算在飞机的阻力中,由飞机的气动力计算考虑。此处只考虑作用在发动机机匣内部的气体轴向力。因此,在分析发动机的零件或组合件上的气体力时,必须分别计算出在组合件或零件的各个表面上的气体力,

最后再求出总的气体力。

下面以进气装置和涡轮转子为例,介绍组合件上气体力的分析方法和计算公式。

1. 进气装置上气体轴向力的计算

如图7.1(a)所示,进气截面 ($o-o'$) 处气流压力为 p_0,轴向流速为 c_0;出口截面 ($\mathrm{I}-\mathrm{I}'$) 处气流压力为 p_i,轴向流速为 c_i,气流的流量为 q_m。

如果将进气装置的进、出口截面当作是发动机的进、出口截面,根据发动机原理中的推力公式,可以写出气流作用在进气装置通道内壁上的作用力 $P_{内}$ 为

$$P_{内} = q_m(c_1 - c_0) + p_1A_1 - p_0A_0 \tag{7.1}$$

式中,A_0、A_1 为进气装置的进、出口截面积。

以推力方向为正,将式(7.1)整理,可写成

$$P_{内} = (q_mc_1 + p_1A_1) - (q_mc_0 + p_0A_0) \tag{7.2}$$

可见,若将 q_mc_0 和 q_mc_1 看作是两个分别作用在进、出口截面上的动压力,其方向分别指向进、出口,则式(7.2)说明:作用在管道截面上的气体力为该截面上气流的动压力和静压力的总和。对于进气装置这类直管道来讲,总的气体力为进、出口截面气体力的代数和;对于弯曲管道来说,总的气体力应为进、出口截面上气体力的矢量和,方向指向管道的离心方向[见图7.1(b)]。

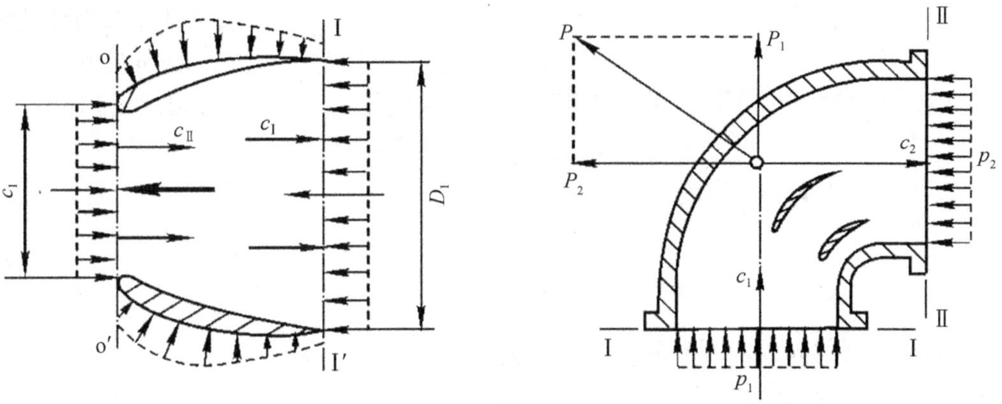

(a) 直管　　(b) 弯管

图7.1　管道上气体力计算简图

若进气装置外表面上的空气压力 p 的所产生的轴向力为 P_{0s}。则整个进气装置部件上的气体力为

$$P_{进} = P_{内} - P_{0s} \tag{7.3}$$

在地面试车情况下,进气装置外表面的大气压力为 p_a,这时,外表面上空气压力所产生的轴向力应为

$$P_{0s} = p_a \frac{\pi}{4}(D_1^2 - D_0^2) \tag{7.4}$$

可见，扩散通道上的作用力向前，收敛通道上的作用力向后。对于改变方向通道上的作用力为离心力方向。

2. 涡轮转子上的气体轴向力计算

涡轮转子上的气体轴向力不仅包括叶片上的气体力，而且也包括轮盘前后两侧各部分气体压力所产生的气体轴向力。因此，计算时应按具体结构将转子前后两侧分成不同的部分，分别求出其气体力，然后求得总的气体轴向力。

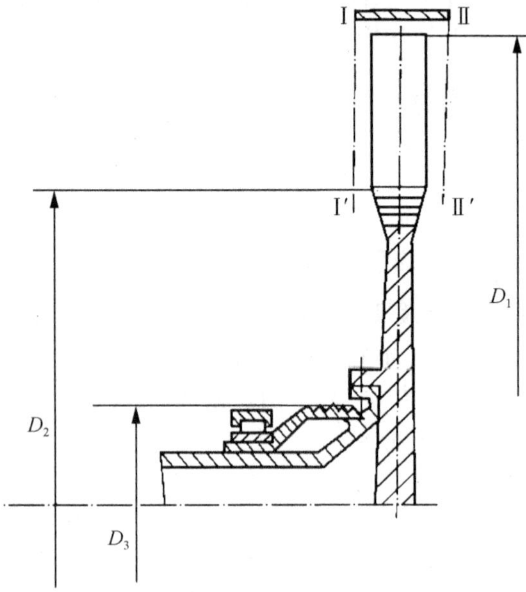

图 7.2 涡轮转子上的气体轴向力计算简图

图 7.2 为单级涡轮转子简图。盘前密封齿以外部分气体压力为 p_a，内部气体压力为 p_b，盘后气体压力为 p_c。该结构可分为四部分计算气体轴向力。假设气体轴向力的方向仍以推力方向为正。

(1) 叶片上的气体力 F_1。如已知Ⅰ－Ⅰ′截面Ⅱ－Ⅱ′截面的气流参数及几何尺寸，按式(7.1)，可得

$$F_1 = q_{mg}(c_{2a} - c_{1a}) + p_2 A_2 - p_1 A_1 \tag{7.5}$$

式中，c_{1a}、c_{2a}、p_1、p_2 和 A_1、A_2 分别为涡轮进、出口截面(Ⅰ－Ⅰ′，Ⅱ－Ⅱ′)平均半径处气流的轴向分速、压力和截面积；q_{mg} 为燃气质量流量。

(2) 盘前密封齿以外部分的气体力 F_2：

$$F_2 = \frac{\pi}{4}(D_2^2 - D_3^2)p_a \tag{7.6}$$

(3) 盘前密封齿以内部分的气体力 F_3：

$$F_3 = \frac{\pi}{4}D_3^2 p_b \tag{7.7}$$

(4) 盘后端面的气体力 F_4：

$$F_4 = \frac{\pi}{4}D_2^2 p_c \tag{7.8}$$

(5) 单级涡轮转子总的气体轴向力 $F_{涡轮}$：

$$F_{涡轮} = F_1 - F_2 - F_3 + F_4 \tag{7.9}$$

将式(7.5)~式(7.8)代入式(7.9)中，可得 $F_{涡轮}$，一般为负值，表示它与推力方向相反，即作用力方向向后。

单级轴流式压气机转子上的气体轴向力的计算方法也和上述方法相同,作用力的方向向前。多级涡轮或多级压气机转子的气体轴向力应是各单级转子气体轴向力的总和。

3. 典型发动机各部件上的气体轴向力分布及转子轴向力的减荷

根据上述方法可以计算出各组合件上的气体轴向力的大小和方向。各组合件上气体轴向力的代数和,即为发动机的推力。

由于发动机的各截面气流参数是随着飞行高度、速度以及发动机的工作状态的变化而改变。在计算各部件的轴向力时,应对不同的工作状态分别进行计算。通常取地面试车台条件、转子为最大转速时,以及当外界大气温度最低(一般为-40℃)、飞机靠近地面以最大速度飞行时(此时空气质量流量最大)的两种情况作为计算状态。所得的有关数据供结构设计时进行强度校核。

图 7.3 给出 AM3 发动机在地面工作状态时,各组合件上轴向力的分布情况。可以看出,在中等推力以上的燃气涡轮发动机上,压气机转子及涡轮转子上的轴向力都是很大的,如果这两个转子都单独通过自己的止推轴承来承受轴向负荷,将使止推轴承负荷很大。一般每个球轴承可承受 10~20 kN 的轴向力,这样就需要大大地增加止推轴承的数量,使发动机的结构复杂,重量增加,并难以保证每个轴承的负荷均匀。实际上两个以上多排轴承的结构很少采用。为了减少该发动机转子的轴向力,采用以下措施:

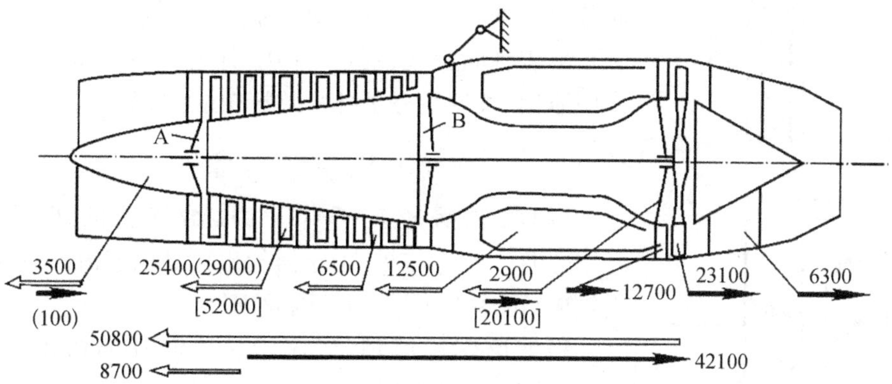

图 7.3　AM3 发动机各部件上的气体轴向力(单位: daN)

无括号的数字表示空腔 A 中通有高压气体,B 腔通大气时的气体轴向力;圆括弧内数字表示空腔 A 中未通入高压气体,B 腔通大气时的气体轴向力;中括弧内数字表示空腔 A 中未通入高压气体,B 腔不与大气相通时的气体轴向力

(1) 由于涡轮转子的气体轴向力与压气机转子的气体轴向力相反,把两个组合件轴向相连以抵消大部分轴向力,这时整个转子剩余的轴向力为 254 000 - 231 000 = 23 000 N;

(2) 将渗入 B 腔的高压空气通入大气中,使该腔的气体压力下降至 130~160 kPa,此时压气机转子的轴向力可从 520 000 N 降低到 290 000 N;

(3) 从第 5 级压气机后引气到 A 腔,使压气机转子的轴向力从 290 000 N 降为 254 000 N。上面以 AM3 发动机地面工作状态的气体轴向力为例,说明了发动机转子减荷的必要性,以及采用各种措施的具体效果。

在实际考虑发动机转子减荷时,不仅要考虑地面工作状态的轴向力数值,还要注意到在其他工作状态下的气体轴向力数值均不得超过止推轴承所允许的负荷,但也不能使轴向力太小,以防止滚球与内外环产生滑动,造成滑蹭损伤,也不能使轴向力改变方向,以防止球轴承遭受冲击负荷。在选用具体减荷措施时,通常先将两个转子轴向相联算出地面工作状态的剩余轴向力,然后选择前后两减荷腔的气体压力,并确定承受此压力的面积大小,以使整个转子的轴向力负荷低于止推轴承允许承受的负荷(一般选用球轴承不超过两个),最后再校验其他状态下的轴向力数值。

7.1.2 发动机零、组件上的气动力扭矩

气流在发动机通道内流动时,并不总是沿轴向的。如当气流流过压气机静子叶片或涡轮静子叶片时,气流的方向沿周向就有变化,因此对发动机轴线的动量矩有变化。这一现象说明静子叶片有力矩(扭矩)作用于气流。

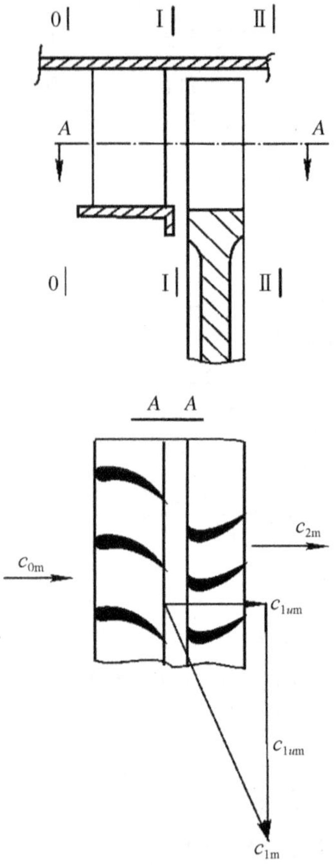

图 7.4 涡轮静子上气体力扭矩的计算简图

例如在涡轮静子叶栅(图 7.4)中,根据气体动量矩方程,作用于气流的扭矩为

$$M'_{\mathrm{I}} = q_{mg}(c_{1um}r_{1m} - c_{0um}r_{0m})$$

式中,c_{1um}、c_{0um}、r_{1m}、r_{0m} 分别为 Ⅰ-Ⅰ′、0-0′ 两个截面周向分速的平均值和平均半径;q_{mg} 为燃气质量流量。

由于轴向进气,则 $c_{0um}=0$,因此 $M'_{\mathrm{I}}=q_{mg}c_{1um}r_{1m}$,根据反作用原理,气流给静子叶片的扭矩应为 $M_{涡静}=-M'_{\mathrm{I}}$,即

$$M_{涡静} = -q_{mg}c_{1um}r_{1m} \tag{7.10}$$

同理,在涡轮转子叶片中,给气流的扭矩为 $M'_2=q_{mg}(c_{2um}r_{2m}-c_{1um}r_{1m})$,由于涡轮出口截面气流的方向一般接近轴向,可认为 $c_{2um}\approx 0$,因此 $M'_2=-q_{mg}c_{1um}r_{1m}$

根据反作用原理、气流给转子叶片的扭矩为 $M_{涡转}=-M'_2$,即

$$M_{涡转} = q_{mg}c_{1um}r_{1m} \tag{7.11}$$

比较式(7.10)、式(7.11),可得

$$M_{涡转} = -M_{涡静} \tag{7.12}$$

从式(7.12)可知:涡轮静子叶片与转子叶片所承受的扭矩大小相等、方向相反。

按照同样的道理,分析作用于轴流式压气机的扭矩。压气机进口气流是轴向的,经过各级转子叶片及静子叶片,气流的方向来回折转,至压气机的出口也是接近轴向的。从整个压气机来看,进口气流速度 $c_{1u}\approx 0$,出口气流速度 $c_{2u}\approx 0$,因此气流在压气机内的流动中无动量矩的变化,即作用于压气机的总扭矩等于零。也就是说作用于各级静子叶片扭矩的总和与作用于各级转子叶

片的扭矩总和大小相等、方向相反,即

$$M_{压静} = - M_{压转} \tag{7.13}$$

在涡喷发动机中,涡轮转子带动压气机转子工作。如果略去机械损失,不计传动附件的扭矩,那么在发动机稳定工作状态下,涡轮转子的扭矩大约等于压气机转子的反扭矩,即

$$M_{压转} \approx - M_{涡转} \tag{7.14}$$

比较式(7.12)、式(7.13)、式(7.14),可得

$$M_{压静} \approx - M_{涡静} \tag{7.15}$$

从式(7.15)可以看出,涡轮机匣的扭矩经过燃烧室机匣与压气机机匣的扭矩相平衡,因此传递到飞机上的总扭矩接近于零。但在结构设计时,要注意处于传力路线中的各段机匣的扭矩并不等于零,因此机匣是重要的承扭构件。应根据各段机匣作用的扭矩大小,保证它们的强度和刚性。作用于AM3发动机主要构件的扭矩数值如图7.5所示。在涡桨发动机中,涡轮转子发出的扭矩等于压气机转子及螺桨扭矩之和,因此涡轮静子上的扭矩不再等于压气机静子的扭矩,发动机机匣上承受的总扭矩也不再为零,剩余的扭矩通过安装节传递到飞机上,其数值大约等于螺桨的扭矩。

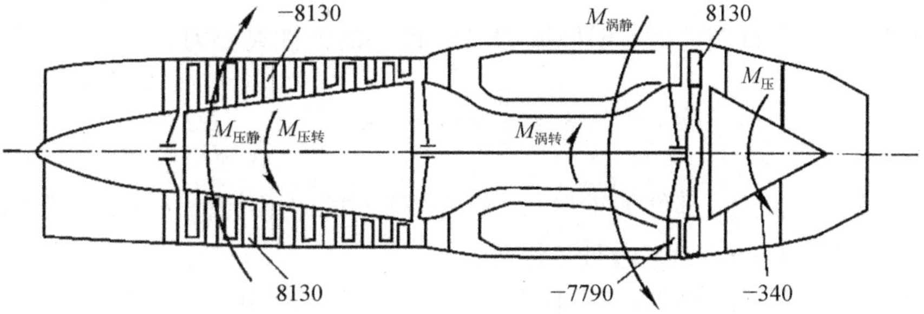

图7.5 AM3发动机主要构件的扭矩数值(单位: daN·m)

7.1.3 发动机零、组件上的惯性力和惯性力矩

在飞机飞行时,由于飞机的不等速直线飞行或曲线飞行,在发动机上产生了惯性力和惯性力矩。

飞机在机动飞行时,以角速度 Ω 旋转,如发动机转子的角速度为 ω,转子上有作用力矩(外力矩),则静子机匣上有陀螺力矩。两者大小相等,但方向相反。当 ω 与 Ω 的方向成90°时,其值最大,为

$$M_G = J_0 \omega \Omega \tag{7.16}$$

式中,J_0 为发动机转子对旋转轴线的转动惯量。

陀螺力矩的方向,应根据 ω 与 Ω 的方向而定。如用右螺旋矢量表示 ω 与 Ω 的方向,那么陀螺力矩作用在 ω 与 Ω 两矢量组成的平面内,力矩的方向是使 ω 矢量转到 Ω 矢量的

方向(图 7.6)。Ω 的数值可根据飞机的过载系数来确定。

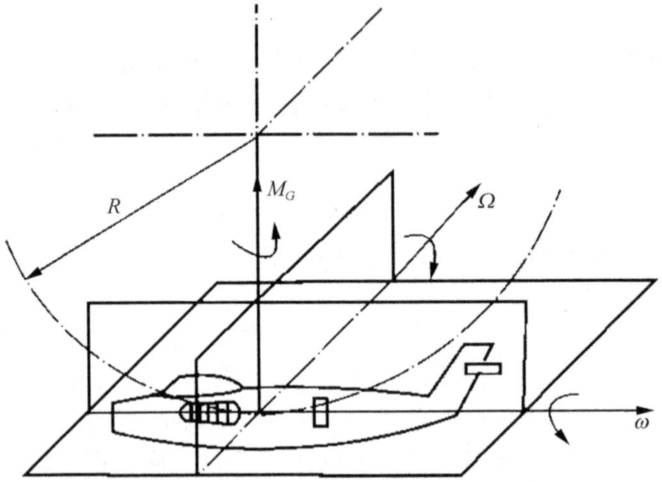

图 7.6　陀螺力矩方向

过载系数 n 表示飞机或飞机零、部件的质量惯性力为飞机或零、部件重量的 n 倍；n 是飞机飞行加速度的一种表示形式，它取决于飞机的强度规范。飞机从俯冲拉起时的过载系数最大。

当飞机以角速度 Ω 转弯时，飞机或飞机零、部件的惯性离心力：

$$F = \frac{W}{g}R\Omega^2 = nW \tag{7.17}$$

式中，W 为飞机或飞机零、部件的重量；R 为飞行航迹的曲率半径；n 为某一飞行状态的过载系数，对歼击机，$n = 7 \sim 8$；而对轰炸机，$n \approx 3$。

根据飞机强度规范给定的 n，可利用式(7.17)求出 Ω，由式(7.17)可得

$$n = \frac{R}{g}\Omega^2 \tag{7.18}$$

又由

$$R\Omega = V \tag{7.19}$$

式中，V 为飞机的飞行速度。

从式(7.19)，得

$$R = \frac{V}{\Omega},\ n = \frac{V\Omega}{g}$$

因此

$$\Omega = \frac{ng}{V} \tag{7.20}$$

利用式(7.20)求出Ω后,代入式(7.16)即可计算陀螺力矩的数值。

7.2 总体结构设计要求

7.2.1 总体结构设计原则

对军机而言,从飞行器的作战任务和技/战术指标出发,在飞/发一体化分析的基础上,确定发动机的性能需求;对民机而言,需从市场分析出发,首先确定市场对飞机的需求,进而通过飞/发一体化分析确定发动机的性能需求。有了性能需求,通过设计点和非设计点性能计算可以确定发动机的总体性能方案(含总体流路方案、各部件的循环参数、重量分析等),进而完成各部件设计。在确定了各部件的结构参数后,进行总体结构设计。总体结构设计需完成转子系统结构设计(含转子结构、支承方案、支承结构设计等)和承力系统设计,以及相关辅助系统的设计和各部件之间的协调。此外,还包括连接结构的设计,以及结构系统质量、刚度的分布设计等丰富的内容。

进行总体结构设计时,应遵循以下基本原则:

(1) 重视国内外以往设计、使用、维修等方面经验,以指导新机研制;

(2) 广泛采用经过验证的、成熟的高、新技术,并考虑各方面的因素,从而达到一种平衡的设计,以减少风险;

(3) 在保证工作可靠的前提下,力求结构简单,零件数目少,强度储备合理,重量轻;

(4) 在整个设计过程中,对发动机的可靠性,可维护性,可保障性应给予足够的重视。

7.2.2 转子系统结构设计要求

1. 转子结构设计要求

转子结构设计应考虑转子刚度/质量分布和连接结构两方面。

1) 转子刚度/质量分布要求

航空发动机压气机、涡轮转子的基本结构形式有三种: 鼓式、盘式和鼓盘式。进行转子结构设计的基本原则是,要求轴段的抗弯刚度尽量接近等刚度设计,这样可使轴系的动力特性最优(共振点少),无局部振动,轴的振动变形易于控制。

对于现代高性能航空燃气涡轮发动机轴系的结构设计,根据航空发动机总体性能参数和部件的结构特征(级数和结构类型),应合理设计转子的结构形式和沿轴向质量、弯曲刚度的分布,使转子具有最优的力学特征,有效保证部件间隙控制,提高效率。

对于航空发动机高压转子系统,一般要求采用刚性转子设计,转子应具有较高的弯曲刚度,而且刚度和质量沿轴向的分布应协调,以保证轴系在工作转速范围内无弯曲临界转速。

对于航空发动机低压转子系统,由于轴系支承间距跨度较大,轴的弯曲刚度较低,在风扇和低压涡轮部位应具有较高的局部刚性,尽量减小风扇和低压涡轮处的径向和角向变形。

对工作转速在多阶临界转速以上的转子系统,应尽量压缩临界转速共振区域,使共振转速处于低转速区和最小的范围。

2）转子连接结构设计要求

在航空发动机转子系统中，轴一般是由多段通过连接结构（或联轴器）组合而成。连接结构的设计是指确定轴系结构形式和连接结构方案的设计。在连接结构设计中，不仅需要满足传递扭矩和传递轴向负荷的需要，在动力学设计方面还要求连接结构具有足够的连接刚性和稳定性，即应保证连接结构在环境载荷作用下因接触疲劳损伤引起的附加不平衡量，不会对转子系统的运动产生不良影响。此外，连接结构还要求具有合理的装配工艺。

在离心载荷、温度载荷、气动载荷和机动载荷作用下，连接结构的接触面间会产生一定的接触应力和接触损伤。这种损伤会破坏连接结构的连接状态，损伤积累到一定程度会产生附加不平衡量，破坏转子系统的平衡，导致转子振动过大。因此，在结构设计中，需要考虑通过支点的设置和连接结构参数的优化，使连接结构的连接状态稳定，不产生过大的接触应力和接触损伤。

对于热端部件的转子连接结构，可以在连接处增加封严或侧板来减少热燃气的侵蚀，以减小连接处的温度负荷。

由于飞行循环引起的载荷改变，导致连接配合面接触载荷过大或消失，这将引起接触面的磨损，可能造成微动磨损和止口损伤，进而引起转子振动加大。在连接结构设计中，对止口的配合紧度、热响应速率的分析和优化可以有效避免过大的接触载荷和变形。

2. *支承方案设计要求*

转子支承方案是根据转子系统的结构设计方案和总体结构布局，确定各转子轴承的分布和位置。它对整机结构变形、动力特性和结构质量分布具有重大影响。

随着现代高推重比/功重比航空发动机设计一体化发展的要求，在总体结构设计中，所要求设计的内容在不断细化和具体。根据整机结构优化设计的需要，总体结构设计对相关的部件设计提出了更为明确的设计要求。其中，最重要的就是转子系统支承方案确定和对各部件结构设计的均衡。

转子支承方案设计的主要内容是确定转子轴承位置、轴承类型和联轴器。在现代航空发动机支承方案设计中，由于转子动力学的发展和材料工艺的不断进步，一般情况下，高压转子采用 2 支点的支承方案，低压转子采用 3 支点的支承方案，这样可以尽量简化结构。在轴承的安排上，每个转子只能具有一个止推轴承，即滚珠轴承。为了缩短承力路线和提高寿命，一般将止推轴承安排在安装节附近，即风扇与高压压气机之间。

转子支承方案的确定是一项综合和复杂的结构决策，既有技术上的选优，又有设计经验的继承。但是，在决策中也有一些重要的基本原则是必须重视的，根据对现代航空发动机常采用的总体方案的研究分析，在选取总体支承方案上应该注意以下几个方面的问题：

（1）支承方案的选取应有利于发动机载荷的分布和传递；

（2）支承方案的选取应有利于转子变形、转静件间间隙的控制；

（3）支承方案的选取应有利于结构间的振动隔离；

（4）中介轴承的使用应注意在设计技术和工艺方面利弊的平衡；

（5）采用最少的支承保证转子系统的动力特性可以满足动力学设计要求；

（6）支承方案的确定可以使关键截面具有良好的抗变形能力；

（7）轴承类型和位置的确定应满足装配的要求。

7.2.3 承力系统结构设计要求

承力系统结构设计是为转子、静子上的机械和气动负荷提供合理的传递路径，确保内力平衡，外力传到安装节上。所设计的承力框架和承力机匣承受和传递各种负荷，从而组成发动机的承力系统。

在静子结构设计中，除了对承力系统静刚度和变形进行分析外，还应考虑由于转子振动激励下支承/机匣结构动力响应分析，即动刚度分析。

现代高推重比燃气涡轮发动机的承力系统设计，承担着更大的减重任务，因为减重不能降低结构的应力安全裕度，因此，减重的直接影响是降低了结构的刚性。

在航空发动机承力系统设计中，由于支承刚度的下降，所带来的影响有两个方面：一是静子结构的质量分布对整机动力特性的影响进一步加大；二是静子与转子结构的振动耦合程度越来越大，使得在承力系统设计中必须考虑支承刚度和质量的分布特征。结构的动刚度就是描述其质量和刚度分布的综合力学参数。

在高推重比发动机结构中，为减轻质量均采用减少支承和承力框架数量的技术途径。主要结构措施是采用中介轴承和多个轴承共同使用一个承力框架。因此，在支承框架的设计中除了要保证支承刚度的要求外，还要满足支点间和对机匣的振动隔离性能的要求，以减少振动耦合。

总之，在结构设计中要求考虑对整机结构动力学的影响。对于航空发动机总体结构设计，在其力学特征方面的设计目标是：具有良好的整机及转子系统振动特性；静子与轴系变形协调；径向/轴向间隙协调；各转子轴向力分布合理。

7.3 转子支承方案及联轴器

在燃气涡轮发动机中，压气机（或风扇）转子与涡轮转子和连接这些转子的零、组件组成了发动机的转子。转子通过支承结构支承在发动机机匣上，转子上所受的各种负荷（如气体轴向力、重力、惯性力及惯性力矩等）都由支承结构承受并传到发动机机匣上，最后由机匣上的安装节传到飞机构件上。

7.3.1 转子支承方案

发动机中，转子采用几个支承结构（简称支点）、支点形式、安排在何处，这些就是转子支承方案设计时需要解决的重要问题。

转子支承方案对发动机的总体性能有较大影响，在发动机总体设计时，应从性能、重量、可靠性、结构复杂程度、性能衰退率等多方面考虑。在转子支承方案的设计时，不仅应保证转子的横向刚性和可靠地承受转子的负荷，还应使发动机的结构简单、装拆方便。

为表示转子支点数目型式和位置，常用两条横线和三个数字表示，如 $a—b—c$。前、后两条横线分别代表压气机转子和涡轮转子，两条横线前、后及中间的数字表示支点的数目。例如1—3—0的转子支承方案，表示压气机转子前有一个支点，涡轮转子后无支点，压气机与涡轮之间有三个支点，整个转子支承在四个支点上。双转子燃气涡轮发动机高、低压转子支承方案按上述方法分开表示。在研究转子支承方案时，一般均将复杂的转子简化成能表征其特点的简图，在简图中用小圆圈表示滚珠轴承，小方块表示滚棒轴承。

1. 单转子支承方案

1）四支点支承方案

图7.7所示为1—3—0四支点的支承方案。它是早期发动机中采用的支承方案，是基于最简单的工作机理设计的。即压气机转子及涡轮转子分别由两个支点支承，且各自有承受轴向负荷的止推支点（滚珠轴承），二转子间采用浮动套齿A传递扭矩。压气机转子前、后各有一个支点，承受轴向负荷的支点（止推支点）置于前端，由于压气机转子的轴向力较大，仅用一个滚珠轴承承受不了，因此采用了并列的三个滚珠轴承。涡轮转子的向后轴向力较小，因此涡轮转子止推支点处仅用一个滚珠轴承。

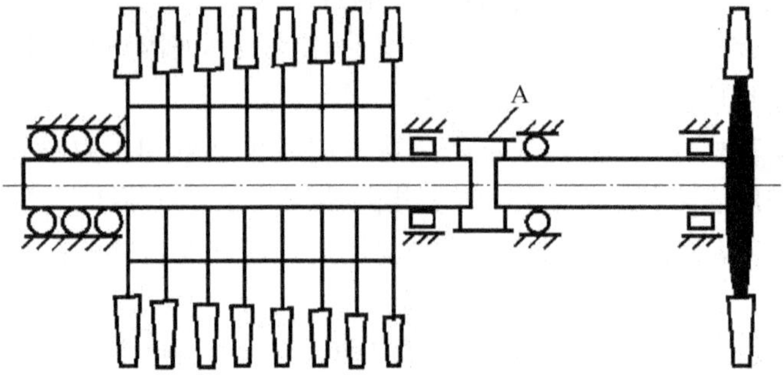

图7.7　1—3—0四支点支承方案

在这种支承方案中，涡轮转子与压气机转子间的联轴器仅传递扭矩，考虑到两个转子的四个支点很难做到同心，因此采用了浮动套齿联轴器。

这种支承方案由结构设计到装拆等均较简单，但是，涡轮、压气机转子的轴向负荷分别由各自的滚珠轴承承受，在空气流量与增压比稍大一些的发动机中，由于两转子特别是压气机转子的气体轴向负荷很大而根本无法采用，它只是在早期的小推力发动机上采用过。

图7.8所示的1—3—0支承方案，就是为克服压气机转子需用多个滚珠轴承的缺点

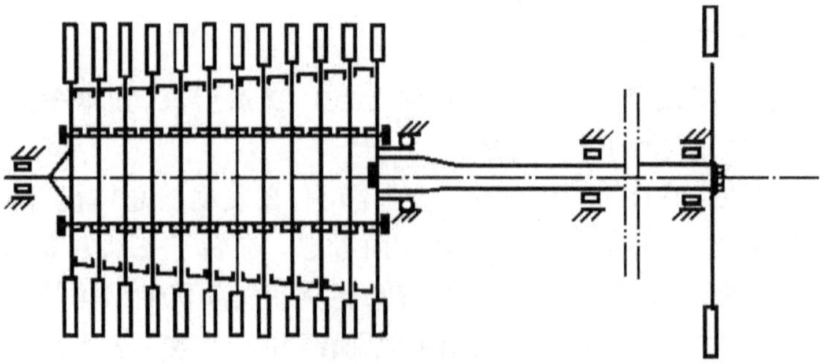

图7.8　1—3—0转子支承方案（J47）

而采用的一种修正的支承方案。在这个方案中，用于连接压气机与涡轮转子的联轴器不仅传递扭矩而且传递轴向负荷。因此，四个支点中仅需一个止推支点来传递两个转子轴向负荷之差，此支点置于压气机后。由于两个转子共有四个支点，很难做到四个支点同心。为此，联轴器除了要传递轴向负荷、扭矩外，还要在两转子轴心不同轴时（即不同心时）也能适应，联轴器需做成柔性的。

这个支承方案虽比前一方案较好，但它的支点数目多（四个）。因此，除J47发动机采用过外，以后未被其他发动机采用。

2）三支点支承方案

在很多单转子发动机和双转子发动机的低压转子中，采用了三支点支承方案。图7.9为WP6发动机支承方案，是典型的三支点支承方案。在该方案中，压气机转子前、后各有一个支点，涡轮盘前有一个支点，称为1—2—0支承方案，涡轮轴前端通过联轴器与压气机转子连接。在此，联轴器不仅传递扭矩、轴向力，而且也作为涡轮转子的前支点（即传递径向力）；当涡轮支点与前面两个支点不同心时（主要是工作时后支承结构可能发生的变形造成的），要求联轴器能正常地工作，即二轴线间允许有一个偏斜角。因此，联轴器做成铰接形式，不承受弯矩。这种支承方案，不仅只有一个支点承受较小的轴向负荷，而且每个转子均支承在两个支点上，刚性较好，所以得到广泛应用。

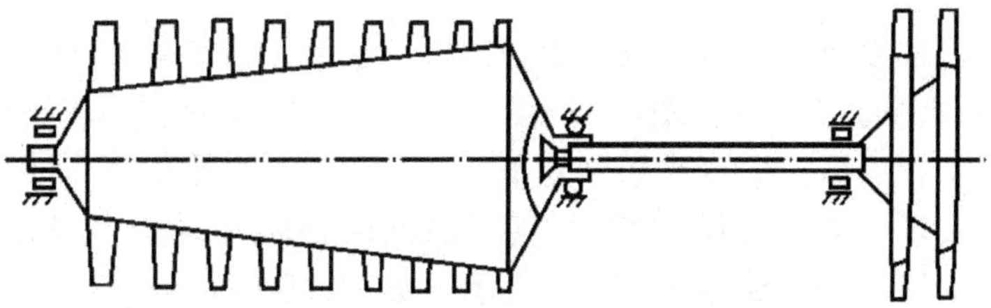

图7.9　WP6发动机转子支承方案简图

当涡轮级数较多时，为了改善涡轮转子悬臂状态，可以采用如图7.10所示的1—1—1支承方案。在三支点支承方案中，三个支点很难做到同心，因此在早期的发动机中，涡轮与压气机转子间的联轴器采用柔性联轴器。而采用三支点支承方案的先进大涵道比涡扇发动机低压转子，风扇（及低压压气机）轴与涡轮轴的连接采用套齿联轴器（图7.11）。

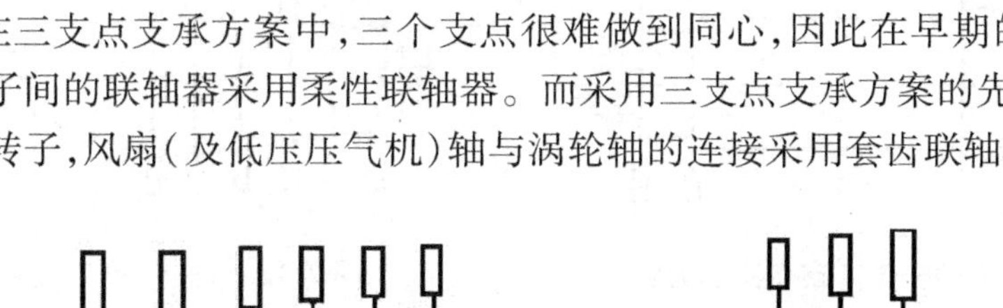

图7.10　1—1—1三支点支承方案

3）二支点支承方案

在发动机转子刚性足够的条件下（压气机级数少，燃烧室轴向尺寸短、转子跨度小且

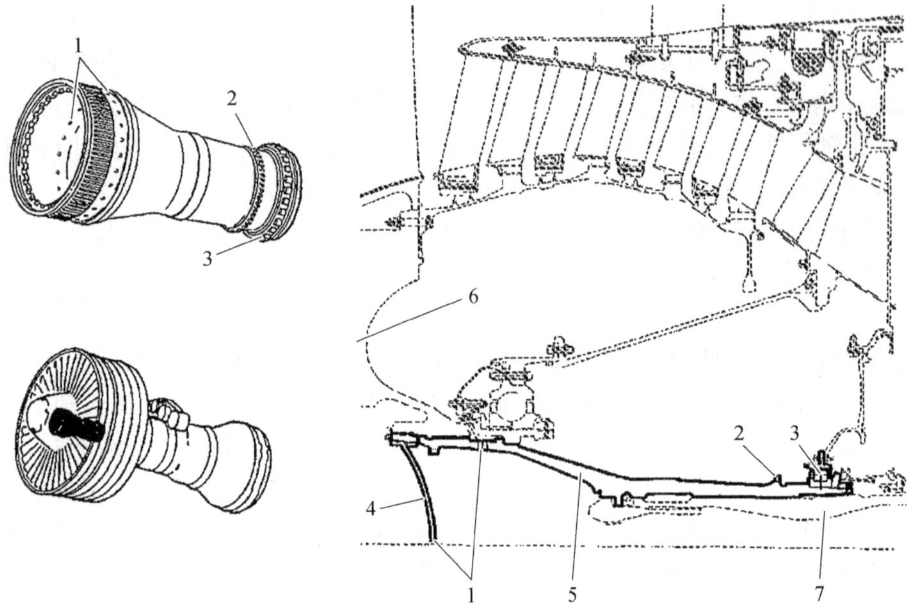

图 7.11　PW4000 发动机低压涡轮轴与低压气机转子的连接

1. 防冰空气孔;2. 音轮;3. 滚棒轴承内环及滚子;4. 涡轮轴堵盖;5. 套齿联轴器;6. 风扇;7. 低压涡轮轴

轴足够粗),可以只需要支承在两个支点上,形成二支点支承方案,这样可以简化结构,减少承力构件,减轻重量。图 7.12、图 7.13、图 7.14、图 7.15 都是在单转子中采用的二支点支承方案。支点位置可以根据需要和可能布置。在图 7.12、图 7.15 的 1—0—1 支承方案中,压气机、涡轮转子均无悬臂结构,整个转子纵向刚性较好,但支点间距离较大。在图 7.13、图 7.14 所示的 1—1—0 与 0—2—0 支承方案中,两个支点距离较近,转子处于悬臂状态;另外,为了安装轴承,处于压气机与涡轮间轴的直径也会受到限制。

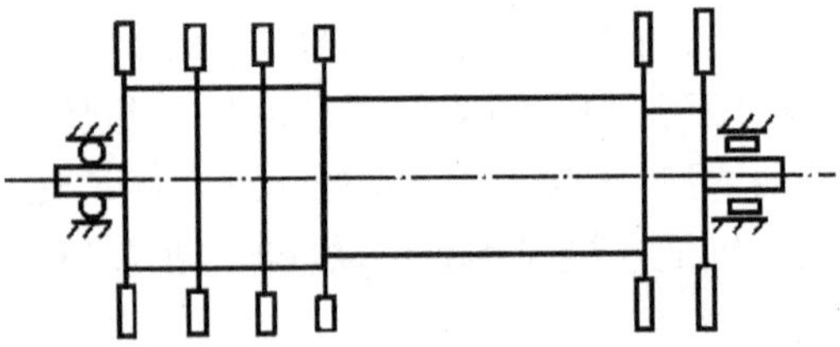

图 7.12　1—0—1 二支点支承方案

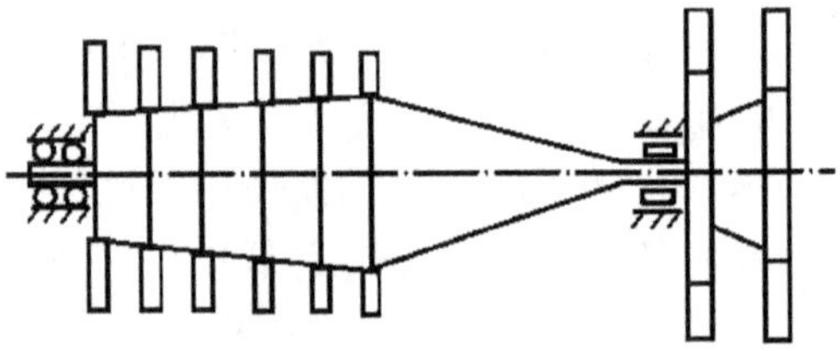

图 7.13　1—1—0 二支点支承方案

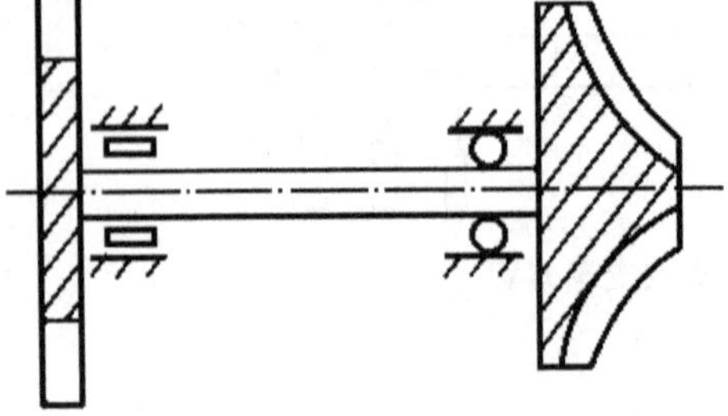

图 7.14　0—2—0 二支点支承方案

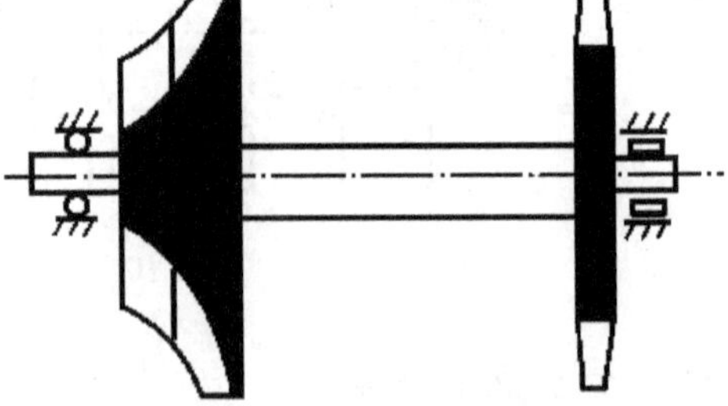

图 7.15　1—0—1 二支点支承方案

2. 双转子支承方案

双转子燃气涡轮发动机与单转子相比，首先是转子数目多，支承数目多，而且低压转子要由高压转子中心穿过，结构复杂。但原则上可以将发动机的各转子（低、高压转子）分割出来，每个转子按前述方法，分别进行处理。

其次是有些支点不直接支承在承力机匣上，而是支承在另一个转子上，通过另一转子的支点将负荷外传。由于这个支点是介于两个转子间的，所以称为中介支点。中介支点中的轴承则称为中介轴承。在多数发动机中，采用中介支点可使发动机长度缩小，承力机匣数目减少；但是中介轴承的润滑和冷却较为困难，轴承工作条件较差，而且装拆也比较复杂。

双转子发动机的支承方案的确定，需要根据气流通道设计、高低压转子结构形式和长度以及支承框架设计等诸多约束条件综合评定。虽然各种不同的支承方案各具千秋，但由于航空发动机结构设计的复杂性，各设计公司均根据以往的经验，对结构的整体支承方案重视其继承性。在各类支承方案中最主要的区别就是是否采用中介轴承。

1）无中介轴承的支承方案

美国普惠公司在其发展的涡扇发动机中，主要采用的是不带中介轴承的支承方案。

图7.16所示为JT9D发动机的支承方案。这是1962年开始研制的高涵道比涡扇发动机。发动机长度较大，由风扇前安装边到涡轮后轴承机匣后安装边的长度为3.38 m，这样长的发动机转子支承方案却采用了较简单的形式；低、高压转子各支承在两个支点上，低压转子为0—1—1方案，高压转子为1—1—0方案。四个支点支承于三个承力机匣上，无中介支点，因而结构简单，但却需要有近3 m长的低压轴，加工较困难。另外，在使用过程中发现低压转子支点距离太远，转子刚性相对较差，易于变形而造成转子与机匣相碰，使发动机性能衰退变快。因此，在1982年底，着手发展PW4000发动机时，在低压转子上，增加了一个支点，即在风扇后滚珠轴承后面，增加了一个滚棒轴承，即低压转子为0—2—1方案。这样很好地解决了低压转子刚度不足的问题，而整体的支承方案与20年前没有变化，如图7.17所示。

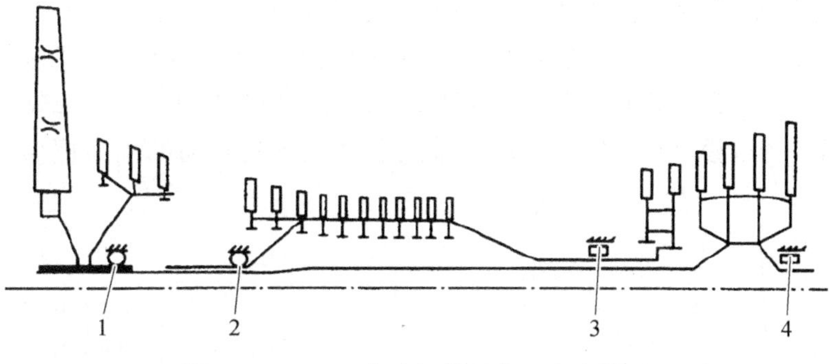

图7.16 JT9D发动机转子支承方案简图

对于现代双转子涡扇发动机低压轴，虽然轴较为细长（要穿过高压轴），支点间的跨度也较大，但是由于加工精度的不断提高以及转子系统动力设计水平的提高，目前大多数涡扇发动机的低压转子采用三支点支承，并用刚性联轴器连接（图7.17、图7.18）。

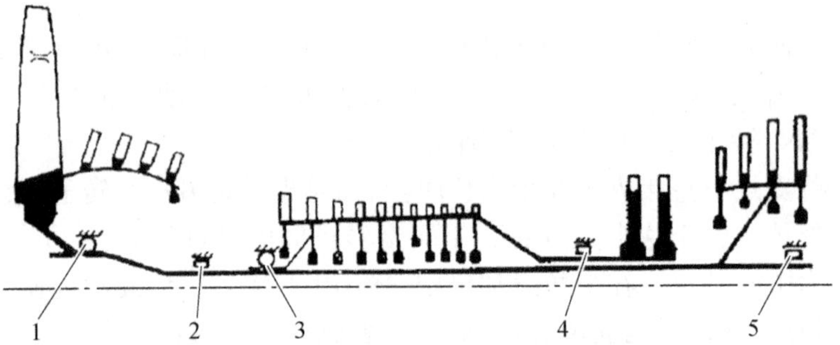

图 7.17　PW4000 发动机转子支承方案简图

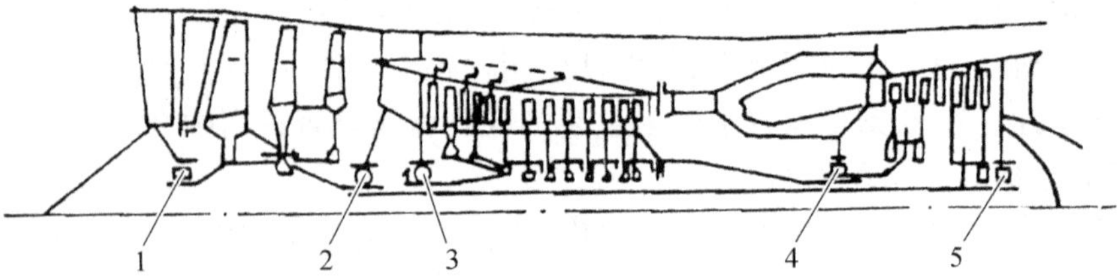

图 7.18　F100 发动机转子支承方案简图

在现代双转子(或三转子)燃气涡轮发动机的高压转子支承方案中;虽然转子级数较多,长度较大,但由于通过特殊结构设计(如框架结构)或采用焊接工艺,增大了轴的弯曲刚性,加之弹性支承技术的应用,高压轴的结构可以满足二支点刚性转子的动力学设计要求,因此常采用 1—1—0 或 1—0—1 二支点支承方案。

1—1—0 二支点支承方案是普惠公司核心机一直使用的传统方案(图 7.16、图 7.17、图 7.18),具有高低压转子间无耦合振动的特点。由于将涡轮后支点放在涡轮前,缩短了高压轴的长度,给低压转子提供了一定的设计裕度。此外,为了尽量减小低压轴系在工作状态下的变形,普惠公司在支承结构和轴系动力优化方面进行了深入研究,试验证明,此支承方案对具有两级高压涡轮的发动机具有良好的振动特性。

GE 公司 20 世纪 90 年代研制的 GE90 和 21 世纪初研制的 GEnx 都是大推力涡扇发动机,其高压转子均采用了 1—0—1 二支点支承方案,但高压涡轮支承结构设计中,均未采用 GE 公司的传统设计(中介支点),而采用了高低压涡轮间的承力框架,如图 7.19 所

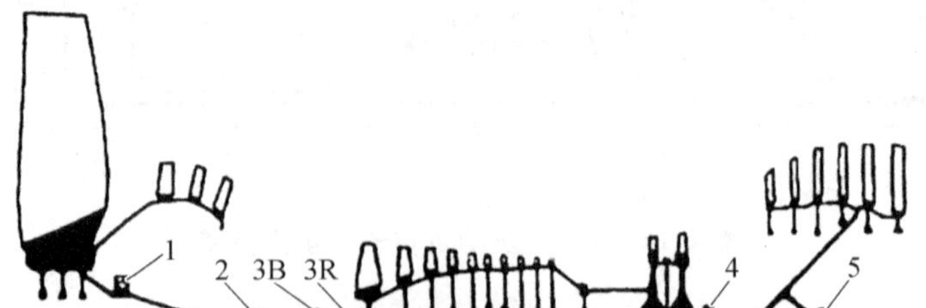

图 7.19　GE90 发动机转子支承方案简图

3 号支点为滚珠轴承与滚棒轴承并用

示。这是因为GE90和GEnx高、低压涡轮间间距很大,如果仍采用中介支点,则中介支点距5号支点(低压涡轮后支点)远,使得高、低压转子间耦合振动影响加大,这对高压转子工作极为不利(一般中介支点应尽可能靠近5号支点)。另一方面,由于高、低压涡轮间存在较长的过渡段,即扩张机匣(由于高低压涡轮径向尺寸变化较大,为保证气流的损失最小不得已而为之),因此采用了高低压涡轮间的级间承力框架。即将承力支板穿过空心的导流叶片,将高压转子后支点负荷外传。这种支承结构由于没有高压涡轮前轴承的限制,涡轮轴直径加大,提高了转子的刚性,但高压转子的1—0—1支承方案增加了支点间的跨度。为保证在这样大跨度两支点支承方案下,高压转子轴系具有良好的抗弯曲变形能力,在轴的结构尺寸和连接结构的设计上,通用公司都进行了深入细致的研究,有力地保证了这种支承方案可靠使用。

现代高推重比航空发动机要求发动机支承系统具有良好的振动隔离性能和最少、最轻的支承框架。在欧洲最先进的战斗机EF2000用的推重比为10一级的小涵道比涡扇发动机EJ200的总体结构设计中,罗罗公司在高低压涡轮之间的承力框架上设置了两个支点,用于支承高低压涡轮,并结合该公司传统的中介机匣承力框架结构,在不使用中介轴承情况下,实现了5个支点、2个承力框架的支承方案,如图7.20所示。

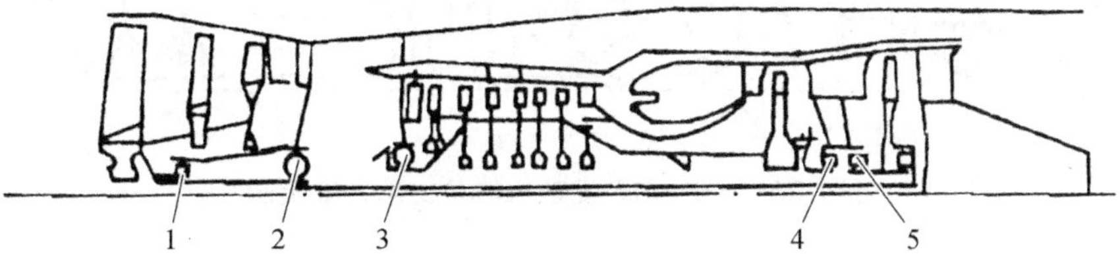

图7.20 EJ200发动机转子支承方案简图

2)带中介轴承的支承方案

中介支承位于两个套在一起的轴之间,轴承的内、外环分别随内外转子旋转,其工作转速是两个转子的转速差,结构上的特殊问题是如何解决轴承的润滑。

由于中介轴承使两个转子间产生了机械连接,其主要影响是将两个转子的振动相互耦合, 在使用中介轴承时应注意尽量减小转子之间的动力学影响。在结构设计中,一般只用于高压转子具有单级高压涡轮的发动机中。应用中介轴承时,位置应尽量靠近低压涡轮后支点,并且要采取局部加强低压涡轮轴刚性的结构措施,以降低转子间的耦合振动和振动变形。

美国GE公司设计的绝大多数具有单级高压涡轮的发动机,如CFM56、F101、F110(图7.21)和F404,以及PW公司的F119均采用此类型支承方案。此外,法国SNECMA公司的M88,俄罗斯的AL-31F、RD-33也采用了中介支点支承高压转子的支承方案。

俄罗斯研制的用于第3代战斗机米格-29与苏-27的发动机RD-33与AL-31F时,也采用了高压转子后端通过中介轴承支承于低压转子上的设计。但是由于当时机械加工水平保证不了低压转子三个支点与发动机机匣中三个支承低压转子的三个轴承的高同轴度,这两型发动机采用了不同的措施,来解决加工精度不高,低压转子不能采用刚性联轴器的问题。

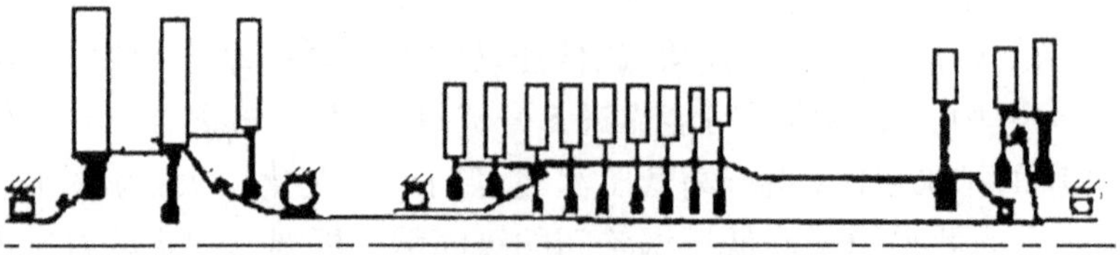

图 7.21　F110 发动机转子支承方案简图

为了解决低压转子工作时振动响应对高压转子的影响，AL－31F 低压转子的支承方案采用了最原始的 1—2—1 四支点支承方案，即风扇转子支承于两个支点（图 7.22 中 1、2），低压涡轮也支承于两个支点（图 7.22 中 3、6），两转子间采用传递扭矩与轴向力的柔性联轴器。高压转子仍采用 1—0—1 二支点方案，且后支点为中介支点。由于低压涡轮转子支承于两个支点上，工作时非常平稳，因而通过中介轴承支承于低压涡轮转子上的高压转子，工作也非常稳定。但是这种支承方案却使低压转子的联轴器及涡轮转子前支点（图 7.22 中 3）的结构变得复杂。

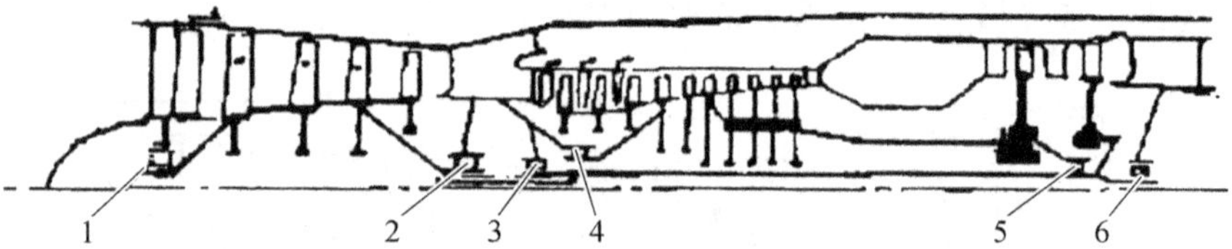

图 7.22　AL－31F 发动机转子支承方案简图

RD－33 发动机高压转子也采用了后端通过中介轴承支承于低压转子上的 1—0—1 支承方案，低压转子则采用 1—1—1 三支点支承方案，采用柔性联轴器。为避免低压转子不正常工作对高压转子的影响，将高压转子和低压转子的后轴承 4、5 置于同一轴线位置上，见图 7.23。这种布局在众多的发动机中确实少有，但试验证明，这种结构对控制发动机的振动却是十分有效的。

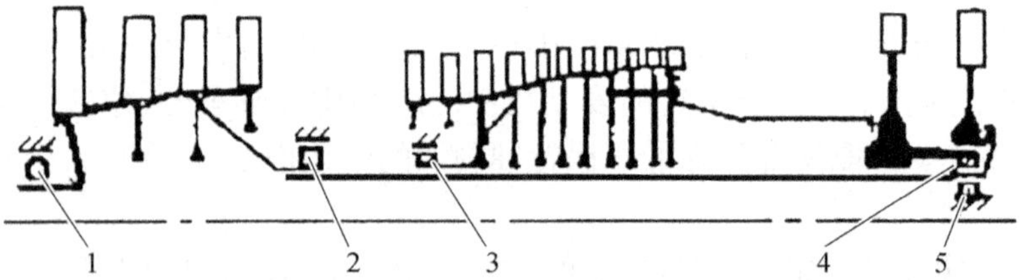

图 7.23　RD－33 发动机转子支承方案简图

3. 三转子支承方案

在发动机结构设计中，采用三转子结构方案，可以使每个转子最大限度地在各自最佳的转速下工作，低、中、高压气机和涡轮的效率高，各转子的级数少，因此转子较短，刚性好，而且发动机的起动和加速性好，但发动机结构复杂，转子的支承、传力、润滑较困难。一般多采用级间承力框架，以便满足多支点、减小耦合振动和负荷外传的要求。

苏联在20世纪70年代研制的三转子、高增压比、高涵道比涡扇发动机D-36,低压、中压和高压转子分别采用0—1—1、1—1—0和1—0—1支承方案,见图7.24。该发动机在转子系统设计中为了避免转子间的振动耦合,没有采用中介轴承,广泛采用级间承力机匣的"挑担"式结构承力,一共在风扇与中压压气机之间、中压与高压压气机之间及高压与中压涡轮之间设计了3个级间承力机匣和涡轮后承力机匣组成的承力系统。

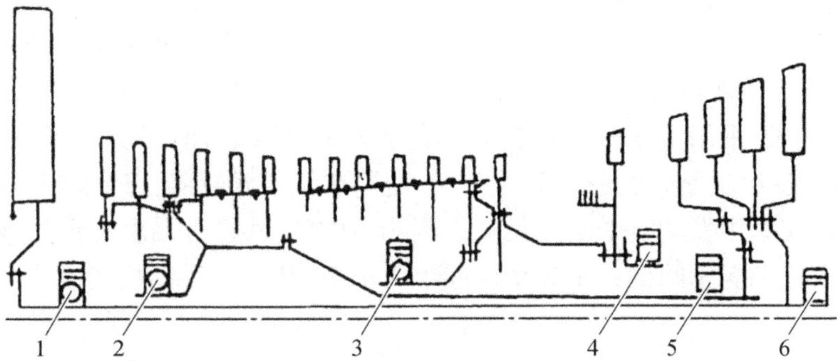

图7.24 D-36发动机转子支承方案简图

在D-36发动机结构设计中,为了使用级间机匣,在中压和高压压气机转子中不得不采用悬臂结构,这会对转子系统动力特性和整机振动产生不良影响。为克服这一不足,将中、高压压气机的前轴承分别深入到3、4级轮盘盘心处,以缩短两支点间轴向距离,同时在支承结构上多处采用了挤压油膜阻尼器,以减少振动。

这种涡轮级间承力框架不仅使发动机长度加大,而且也影响涡轮的效率,一般最好不采用。

RB211是英国罗罗公司生产的第一款高涵道比涡扇发动机,采用了三转子结构,如图7.25所示。它共有8个支点,通过4个承力框架外传。低压、中压、高压三个转子的支承方案分别为0—2—1、1—2—0、1—0—1形式。其中低压转子的止推轴承(即3号轴承)为中介支点,用于提高低压转子的刚性和将低压轴上的轴向力传到中压压气机后轴上。在整体布局中,三个转子的止推轴承集中在一个中压和高压压气机间的中介机匣支承上,使传力路线最短。由于转子数目多,为减少承力框架,只得在高压与中压涡轮之间采用涡轮级间承力构件,以承受6、7号轴承的负荷。三转子发动机面临着比双转子发动机更加突

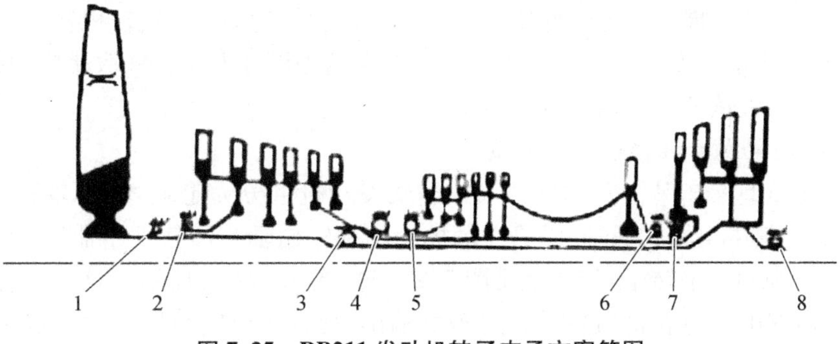

图7.25 RB211发动机转子支承方案简图

出的振动问题，大量使用挤压油膜阻尼器，RB211 发动机中五个滚棒轴承全部使用了挤压油膜阻尼器。

遄达 900、遄达 1000 两款大涵道比三转子发动机均采用了与 RB211 相同的支承方案。

RB199 是为欧洲第三代战斗机“狂风”研制的小涵道比加力式三转子涡扇发动机。它有 7 个支点，3 个承力框架传力。其高压转子很短，采用 1—0—1 二支点支承方案，高压转子后支点（图 7.26 中 5 号支点）为中介支点。在中压转子中，为缩短二支点距离将前支点（3 号支点）置于中压压气机之后，轴颈由一级盘缘处伸出，形成 0—1—1 二支点支承方案。低压转子最长，采用了 0—3—0 三支点支承方案，即风扇前无支点，风扇后有两个滚棒轴承（1、2 号支点）支承，后支点（7 号支点）安置在低压涡轮前。3 级风扇和 2 级低压涡轮均为悬臂，这在军用发动机中是罕见的。因为 RB199 风扇前无承力框架或进口导向叶片，而且在压气机和涡轮间设置了 3 个级间承力框架，从而使发动机的承力框架数减少。

先进军、民用涡扇发动机转子支承方案统计

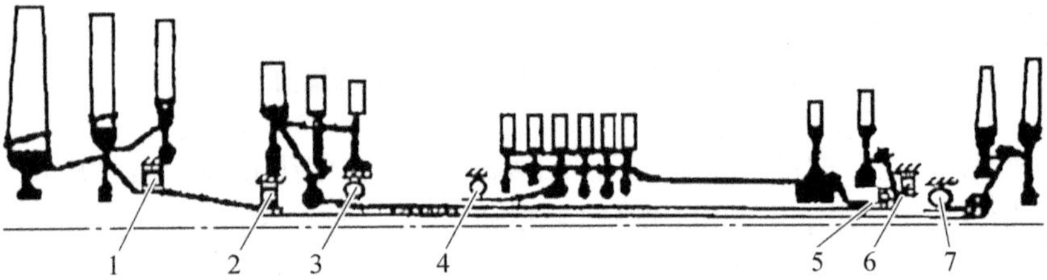

图 7.26　RB199 发动机转子支承方案简图

4. 止推支点在转子中的位置

转子上的止推支点除承受转子的轴向负荷、径向负荷外，还决定了转子相对于机匣的轴向位置，因此每个转子只能有一个止推支点。由于止推支点的负荷较大，所以一般应置于温度较低的地方。例如，在二支点的转子上，止推支点应是转子的前支点，最好置于压气机之后。这种安排，不仅可使轴承在较低的温度环境下工作，也使转子相对机匣的轴向膨胀分配在压气机与涡轮两端，使两端的轴向错移量减小。如果将止推支点置于压气机前，则在工作时末级涡轮转子与静子间会有较大的轴向错移量。涡轮盘前、后环境温度较高，最好止推支点不设在该处。

由于某些特殊原因，在有些发动机上，止推支点的位置并未遵循上述原则，例如，RB199 低压转子的止推支点置于低压涡轮转子前；威派尔（Viper）发动机转子采用的是三支点方案，它的止推支点却置于压气机前端。但在结构设计上应该采取相应的措施，保证止推轴承和发动机转子系统稳定可靠地工作。

5. 涡轴/涡桨发动机转子支承方案

相对其他类型燃气涡轮发动机，涡轴/涡桨发动机可分为定轴式（单轴式）和自由涡轮式两种构型，其中定轴式涡轴/涡桨发动机的功率输出轴与燃气发生器转子（压气机转子、涡轮转子）为同一个转子，其构型见图 7.27（a）、图 7.27（b）所示；自由涡轮式涡轴/涡桨发动机的功率由动力涡轮（自由涡轮）独立输出，功率输出轴与燃气发生器转子无机械连接，有利于发动机的功率调节与起动控制，其构型简图见图 7.27（c）、图 7.27（d）。

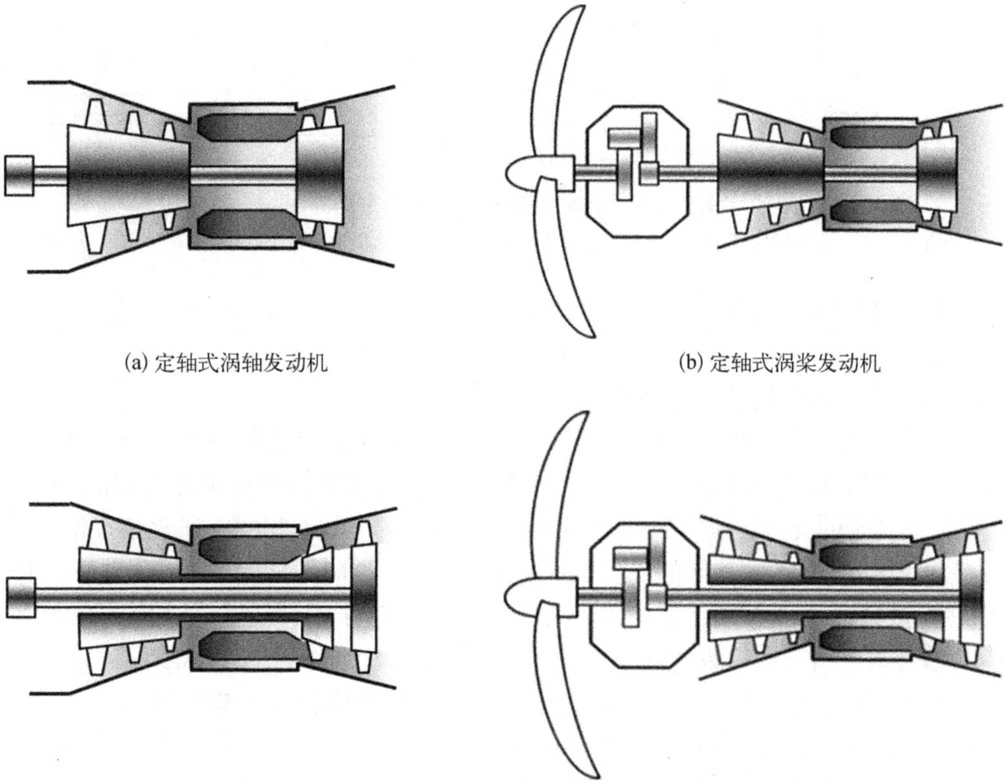

(a) 定轴式涡轴发动机　(b) 定轴式涡桨发动机

(c) 自由涡轮式涡轴发动机　(d) 自由涡轮式涡桨发动机

图 7.27　涡轴/涡桨发动机分类

1）定轴式涡轴/涡桨发动机

对于定轴式涡轴/涡桨发动机，其转子系统的支承方案与涡喷/涡扇发动机转子基本相同，支承方案没有固定模式，设计过程中通过综合考虑发动机总体布局、部件转子构型、支承系统设置、转子系统动力特性等因素，同时借鉴成熟的型号经验及构型，最终确定适合的支承方案。早期的涡轴/涡桨发动机大部分采用定轴式结构，如乌克兰的 АИ20、АИ24 发动机，美国罗罗-艾利逊公司的 T56 发动机、霍尼韦尔公司的 TPE331 发动机，英国罗罗公司的达特(Dart)发动机等。

通常情况下，定轴式涡轴/涡桨发动机转子相对较长(尤其是对于轴流压气机构型)，其转子的支点数量一般在两个以上，如 T56 涡桨发动机转子有 4 个支点，支承方案为 1—2—1；АИ20、АИ24 涡桨发动机转子有 3 个支点，支承方案为 1—2—0。АИ20 发动机转子支承方案见图 7.28，支点球轴承置于压气机与涡轮转子之间的冷端部位，有利于轴承工作，通过压气机后的轴承座传递转子轴向及径向载荷，在压气机转子与涡轮转子之间设置两个支点，有利于控制转子的变形。由于定轴式涡轴/涡桨发动机只有一个转子，因此其支承系统相对较简单，支承便于安排。

2）自由涡轮式涡轴/涡桨发动机

对于自由涡轮式涡轴/涡桨发动机，其燃气发生器转子支承布局方案与其采用单转子

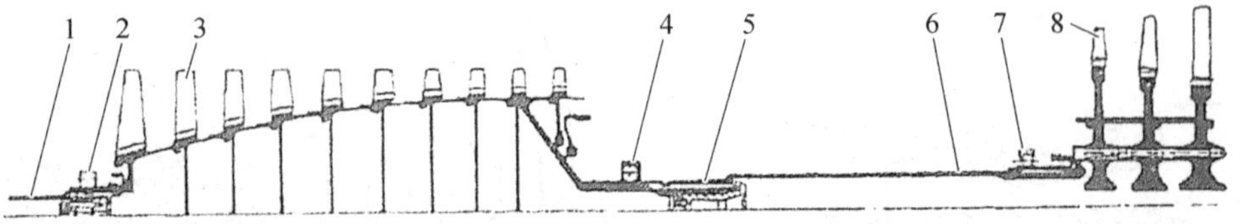

图 7.28　АИ20 发动机转子支承方案简图

1. 功率输出轴;2. 滚棒轴承;3. 压气机转子;4. 球轴承;5. 套齿联轴器;6. 涡轮轴;7. 滚棒轴承;8. 涡轮转子

还是双转子相关,而动力转子的支点布局主要依据发动机的功率输出方式(前输出还是后输出)而确定。

a）单转子自由涡轮构型发动机

单转子自由涡轮构型在涡轴/涡桨上应用较多,如 PT6A 系列、M602 等涡桨发动机, RTM33、MTR390、T700 等涡轴发动机,对于单转子自由涡轮构型的涡轴/涡桨发动机,其燃气发生器转子的支点支承方案与涡喷/涡扇发动机转子基本相同。通常情况下,中小型涡轴/涡桨发动机燃气发生器的压气机级数较少,转子轴向长度较短,由于转子的刚性足够,因此大多数情况采用两点支承,压气机转子与涡轮转子刚性连接,常用 1—1—0 或 1—0—1 支承方案。而当涡轮级数较多时,为了不使涡轮转子外悬过长,也采用 1—1—1 的三支点支承方案,当采用三支点支承时,由于三个支点的同轴度不易保证,因此大多数发动机中,涡轮与压气机转子间的联轴器采用柔性联轴器,但也有将联轴器做成刚性结构,这就要求提高支承系统零件的加工精度,以保证支点之间的同轴度,进而保证转子与静子之间的间隙控制以及转子的振动特性。

美国 GE 公司的 T700 涡轴发动机采用单转子自由涡轮构型,发动机燃气发生器转子采用 1—1—0 支承方案(图 7.29),转子前支点(推力球轴承)布置在前压气机前端,支承在进气机匣上,通过进气机匣传递转子的轴向及径向载荷;转子后支点布置在涡轮前,该方案使两支点间的距离近,有利于控制转子的弯曲变形,同时有利于减小燃气涡轮与动力涡轮之间的轴向距离,降低损失,但由于两级涡轮转子呈悬臂状态,这对涡轮转静子间隙控制提出了更高要求。

T700 发动机的功率输出方式为前输出,动力转子与输出轴之间采用轴向浮动式花键连接,因此动力转子和输出轴各自采用独立支承系统,动力转子采用 0—2 的支承方案(图 7.29),输出轴采用双排球轴承支承。动力转子通过布置在涡轮后的两个支点支承,为保

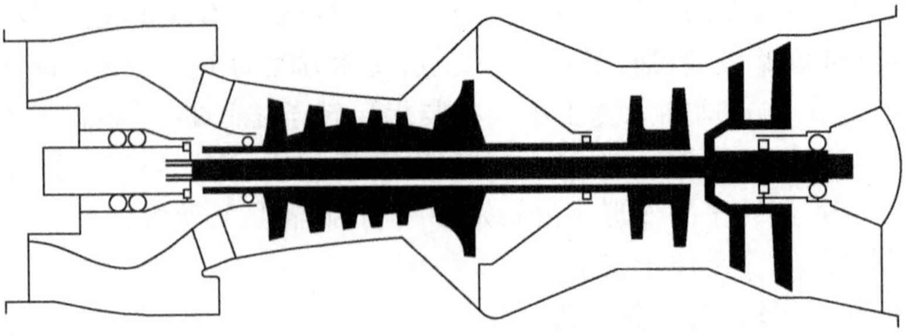

图 7.29　T700 发动机转子支承简图

证涡轮转子的径向刚度,控制转子变形,涡轮盘与轴之间设计成C形结构,转子支承布置在涡轮盘腔中,以缩短转子轴向长度,同时保证轴承更好的工作环境。由于动力转子需穿过高压转子,轴较细长,属于典型的柔性转子,因此发动机装配前需对动力转子进行高速动平衡,保证转子的挠度符合要求。

欧美国际合作研制的MTR390涡轴发动机,其燃气发生器转子采用1—0—1支承方案(图7.30),转子前支点为球轴承,支承在进气组件上,传递转子的轴向及径向载荷;转子后支点为滚棒轴承,支承在涡轮级间支承机匣上,传递转子的径向载荷。由于压气机采用离心叶轮构型,因此整个转子长度相对较短,具有良好的整体刚性,1—0—1的支承方案保证了转子的动力特性和转静子叶尖间隙控制要求。动力转子采用4—0支承方案(图7.31),球轴承布置在前端,支承在传动机匣上,传递转子的轴向及径向载荷。动力涡轮转子为悬臂结构,采用两个滚棒轴承支承,为保证涡轮盘具有较好的角向刚度,增加转子局部抗弯变形能力,涡轮盘与轴形成反C形结构,以缩短转子长度,使支点靠近涡轮转子的质心。

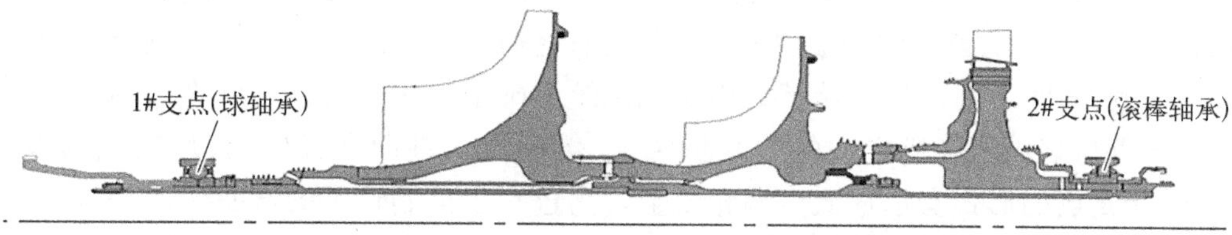

图7.30　MTR390发动机燃气发生器转子支承方案简图

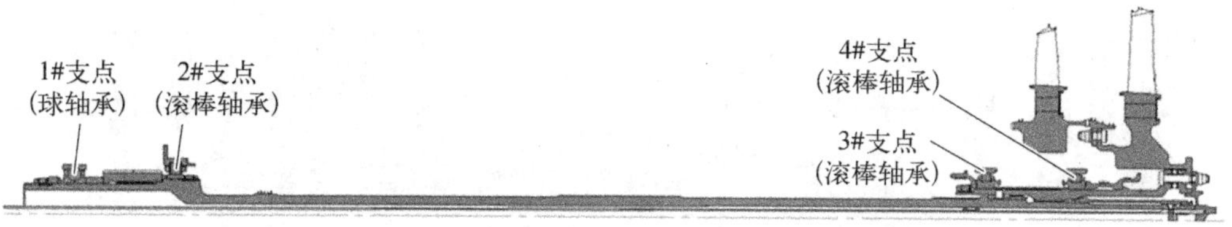

图7.31　MTR390发动机动力涡轮转子支承方案简图

对于单转子功率后输出的涡轴/涡桨发动机,动力转子的支承相对较简单,由于动力转子较短,是典型刚性转子,通常为两个支点,主要采用0—2和1—1支承形式,如加普惠的PT6A发动机动力转子采用0—2支承方式,法国透博梅卡公司Makila系列涡轴发动机采用1—1支承方式(图7.32),两级动力涡轮前、后各安排一个支点,前支点采用滚棒轴承,后支点采用球轴承,传递动力转子的轴向及径向载荷。功率后输出构型由于转子支承系统处于排气部位,不利于滑油系统的设计,因此对于功率后输出的发动机,通

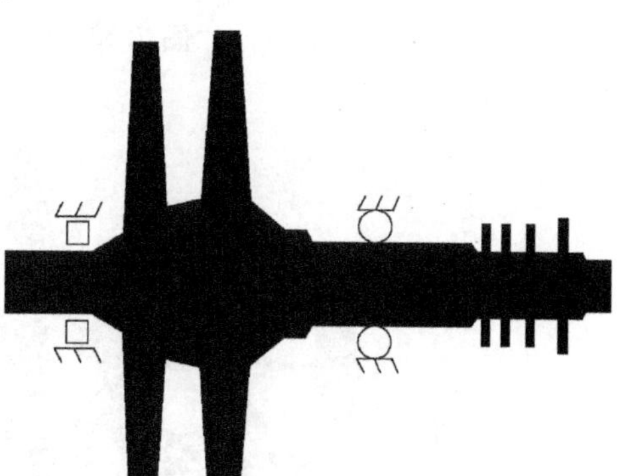

图7.32　Makila涡轴发动机动力涡轮支承简图

常采用侧向排气。

b）双转子自由涡轮构型发动机

为使发动机获得较为宽广的稳定工作范围和较好的起动性能，部分涡轴/涡桨发动机采用双转子自由涡轮构型，压气机和涡轮效率高，以最大限度保证发动机各个转子在各自最佳的转速下工作。但双转子自由涡轮构型在带来好处的同时，也增加了发动机设计的难度及复杂度，从支承系统方面来说，由于转子数量多，转子的支点数量相应增加，这必然造成支点布局、支承结构、传力路线的复杂化，同时由于燃气发生器转子数量增加，对于功率前输出的涡轴/涡桨发动机来说，其动力轴更为细长，轴的结构及动力学设计难度大，也正是由于双转子自由涡轮结构带来的复杂性，目前在发动机上的应用并不多，目前主要有加普惠的 PW100 系列涡桨发动机，欧洲涡桨国际公司的 TP400－D6 涡桨发动机，乌克兰的 D－136 涡轴发动机和 D－27 桨扇发动机等。

乌克兰进步局的 D－27 发动机是典型的双转子自由涡轮构型，采用 4 级涡轮的动力转子驱动双排对转桨扇，通过桨扇旋转产生拉力。该发动机转子系统由 8 个支点支承，其支承方案见图 7.33，其中高压转子由 2 个支点（5、6 号支点）支承，支承方案为 1—0—1（图 7.34），该支承方案主要根据 2A+1C（2 级轴流+1 级离心）的高压压气机、直流燃烧室的部件构型，同时考虑与低压转子共用支承系统而确定。转子的前支点为球轴承，支承在低压压气机与高压压气机之间的中介机匣上，传递转子轴向及径向力；后支点为滚棒轴承，以中介支点的形式支承在低压涡轮轴上。为进一步抑制转子的弯曲变形，高压压气机转子与高压涡轮转子之间采用了拉杆连接。

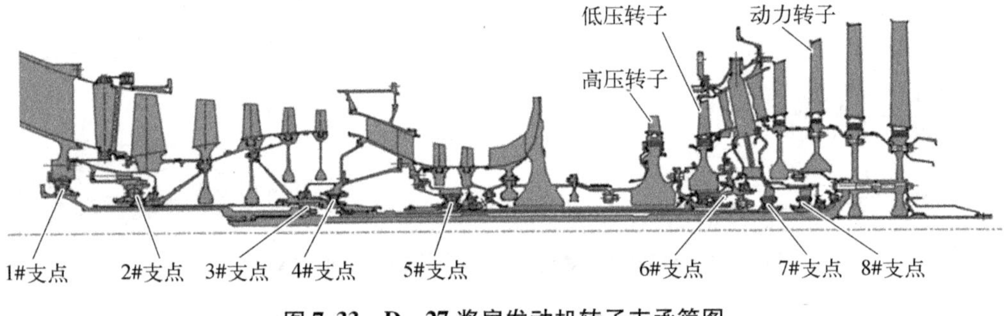

图 7.33　D－27 桨扇发动机转子支承简图

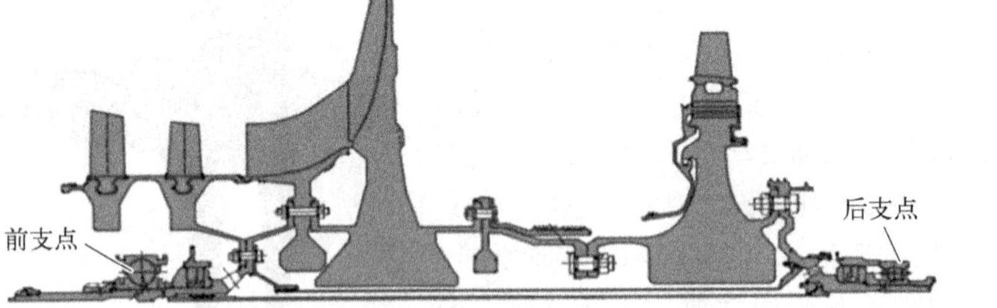

图 7.34　D－27 桨扇发动机高压转子支承方案简图

D－27发动机低压转子由3个轴承(2、4、7号支点)支承,支承方案为1—1—1(图7.35)。前支点为球轴承,支承在进气机匣上,传递转子的轴向及径向载荷;中支点、后支点分别支承在中介机匣和级间承力机匣上,与高压转子共用支承系统。动力转子由3个轴承(1、3、8号支点)支承,支承方案为3—0(图7.36),前支点为球轴承,支承在进气机匣上,传递转子的轴向及径向载荷;中支点采用中介轴承,支承在低压转子上,后支点支承在级间承力机匣上。通过D－27发动机的转子支承方案可以看出,发动机大量采用轴承共腔设计,利用3个承力机匣支承8个转子支点,该布局一方面可以简化滑油系统设计(供回油及通气设置),另一方面便于不同转子之间的同轴度控制,尤其是采用中介轴承的动力转子与低压转子之间的同轴度控制。

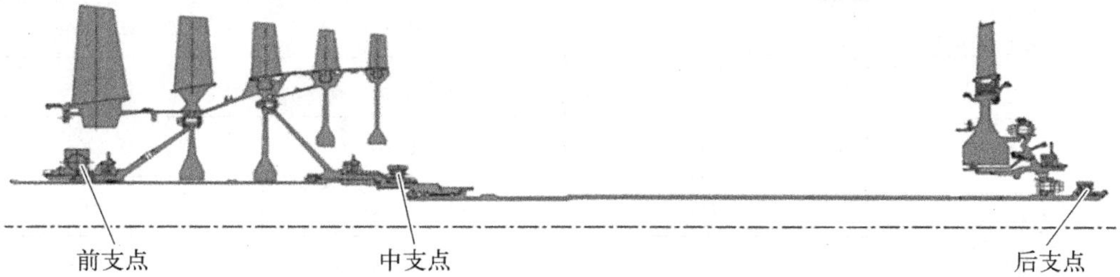

图7.35 D－27桨扇发动机低压转子支承方案简图

图7.36 D－27桨扇发动机动力转子支承方案简图

对于功率前输出的双转子燃气发生器发动机,其动力涡轮转子基本都是柔性转子,为确保转子的动力学特性满足要求,在发动机实际设计中尽可能缩短燃气发生器转子的轴向长度(也即缩短动力涡轮转子的轴向长度),同时在支承结构设计上,多采用弹性支承及挤压油膜阻尼器相结合的结构形式,以改善转子的动力特性,降低转子振动载荷的传递。

大量涡轴/涡桨发动机实际设计案例表明,对于自由涡轮式发动机,燃气发生器转子通常以刚性转子、两支点的布局为主,动力转子支点布局主要根据发动机功率输出方式而定(前输出和后输出),支点数量通常有2~4个,功率前输出的动力转子一般都为柔性转子,须进行高速动平衡,功率后输出的动力转子为刚性转子。而对于定轴式发动机,转子的支承方案根据发动机主要构型而确定。

表7.1为一些涡轴/涡桨发动机转子支承方案。

表 7.1 涡轴/涡桨发动机转子支承方案

转子形式	发动机型号	转子支承方案	
		燃气发生器	自由涡轮
单转子定轴涡轮	АИ20	1—2—0	—
	АИ24	1—2—0	—
	T56	1—2—1	—
	TPE331	1—1—1	—
单转子 自由涡轮后输出轴	PT6A - 27	1—1—0	0—2
	TPF351	1—0—1	0—2
	CT58	1—1—1	0—2
单转子 自由涡轮前输出轴	T700/CT7	1—1—0	0—2
	RTM322	1—0—1	2—0
	CT64	1—2—0	1—1
	PW150	1—1—0/1—1—1	3—1
双转子 自由涡轮前输出	Gem(宝石)	1—0—1/1—1—1	2—1
	TP400 - D6	1—0—1/1—2—0	1—2

7.3.2 联轴器

联轴器是将压气机转子与涡轮转子联成一体的组合件。联轴器的设计应满足传递负荷的要求。

现代先进航空发动机多采用刚性联轴器。其结构形式主要包括：套齿式刚性联轴器、圆柱面定心短螺栓连接的刚性联轴器、圆弧端齿刚性联轴器。下面分别介绍这三种刚性联轴器。

1. 套齿式刚性联轴器

套齿式刚性联轴器一般是由套齿传扭，前后两个圆柱面定心，由大螺母轴向拉紧以传递轴向力。

WP7 发动机高压转子采用了 0—2—0 二支点支承方案，因此需采用刚性联轴器将涡轮转子与压气机转子连接成为一体。图 7.37 为 WP7 发动机高压转子联轴器，它属于套齿式刚性联轴器，涡轮转子与压气机转子通过两圆柱面定心、套齿传扭、大螺母轴向拉紧传轴向力。两圆柱面定心是指在压气机后轴内套齿的前端装有定位衬环，用定位衬环的内圆柱面与涡轮轴外套齿前端的外圆柱面 A 相配合；在压气机后轴内套齿后端的内圆柱面 B 与涡轮轴的外圆柱面相配合。另外，高压压气机后轴的轴头做成锥形，与装在涡轮轴上的后锥体相配。后轴轴颈的内面也做成锥形，与装在涡轮轴头上的开有 6 条轴向槽的弹性锥体相配，在9吨轴向力的夹紧下，用大螺母将压气机后轴与涡轮轴刚性地连接成一体。在套齿两端采用锥面夹紧，能加强连接刚性，但并不是所有套齿式刚性联轴器均采用。

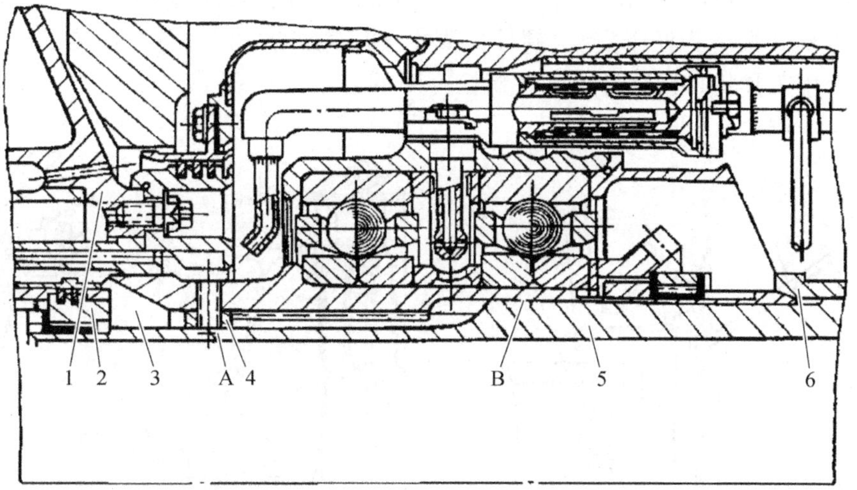

图7.37 WP7发动机高压转子联轴器

1. 高压压气机后轴颈；2. 大螺母；3. 后轴项锥体；4. 定位衬块；5. 涡轮轴；6. 后锥体

在J85（图3.16）、JT9D（图3.6）、PW2037、PW4000（图3.18）、V2500等发动机上，高压涡轮与高压压气机轴间采用了套齿式刚性联轴器，但不带锥形衬套，两轴间的定心靠套齿两侧的两圆柱面以小紧度的配合来达到。

对于现代双转子涡扇发动机的低压轴，虽然轴较细（要穿过高压轴），支点间的跨度也较大，但是由于加工精度的不断提高以及转子系统动力学设计水平的提高，目前大多涡扇发动机的低压转子采用三支点支承并用刚性联轴器连接。如PW4000发动机低压转子采用0—2—1三支点支承方案，图7.38为其低压涡轮轴与风扇轴连接的联轴器，由A、B两个圆柱面定心，套齿传递扭矩，大螺母轴向拉紧传递涡轮轴与风扇轴的轴向力。

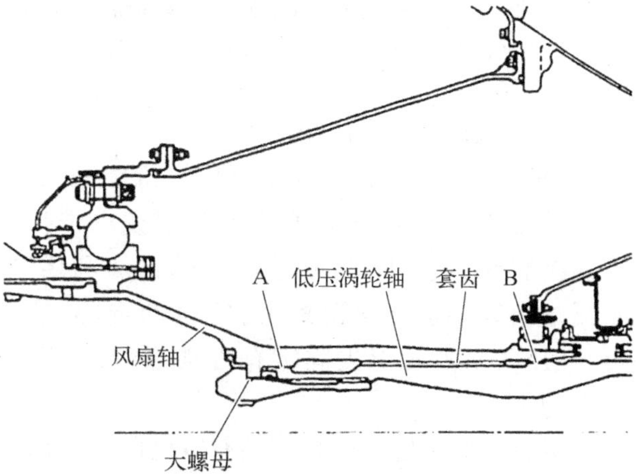

图7.38 PW4000发动机低压转子联轴器

此外，在现代涡扇发动机中，当高压转子后端通过中介轴承支承于低压转子上时，为了避免低压转子工作不稳定对高压转子造成的影响，在低压转子三支点的支承方案中，低压涡轮转子与风扇转子间普遍采用套齿式刚性联轴器，如F101、F404、F110和CFM56等。

2. 圆柱面定心短螺栓连接的刚性联轴器

RB211、CFM56 等发动机的高压转子，压气机后轴与涡轮轴间采用了圆柱面定心、短螺栓连接的刚性联轴器。图 7.39 是 CFM56 发动机高压转子联轴器的结构图。压气机后轴与涡轮轴分别与封严盘的前后端面接触，用轴的外圆面与封严盘的凸缘配合定心，三者之间用短螺栓连接。为便于安装，螺栓先固定于压气机后轴上，当涡轮转子装上后，从涡轮盘孔心处用工具将自锁螺母拧到各螺栓上即可。

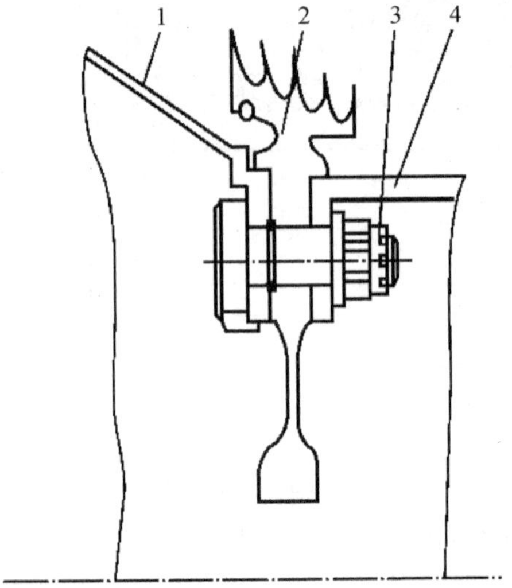

图 7.39　CFM56 发动机的高压转子联轴器

1. 压气机后轴；2. 封严盘；3. 自锁螺母；4. 涡轮轴

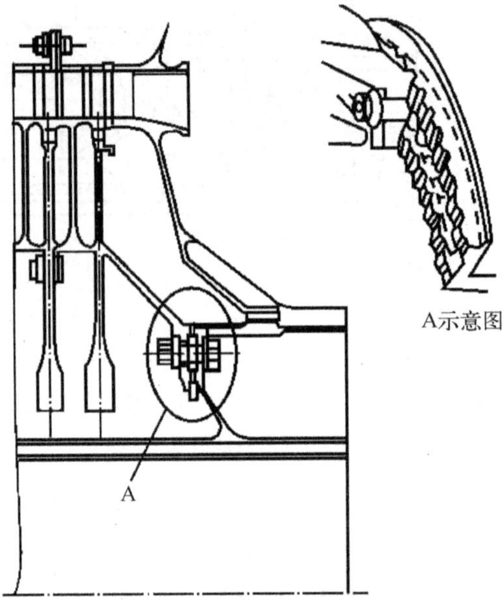

图 7.40　RB199 发动机的高压转子联轴器

3. 圆弧端齿刚性联轴器

RB199 发动机高压转子采用了圆弧端齿联轴器，如图 7.40 所示。在压气机后轴的后端面上与涡轮轴前端面上分别铣出带弧形的端面齿，用短螺栓将相互啮合的端齿连接起来，成为刚性很好的联轴器。利用圆弧端齿传扭、定心，螺栓传递轴向力。圆弧端齿联轴器传递扭矩大，能自动定心（特别是在高温下的热定心），为了便于装拆，在压气机后轴上先固定有自锁螺母，装配时，只需将短螺栓由涡轮盘孔心处伸入拧上即可。

使用圆弧端齿连接必须拥有专门的加工设备，这是罗罗公司在研制三转子发动机期间发展的一项重要技术。因此在罗罗公司研制或参与研制的发动机（如 RB211、RB199 等）中，滚珠轴承不直接安装在压气机轴上，而是装在一个单独的短轴上，短轴与压气机轴用圆弧端齿连接，如图 7.41 所示。这种设计使滚珠轴承的装拆变得容易。在 RB199 发动机中，在三个转子的滚珠轴承处及高压压气机转子与高压涡轮转子间共采用了 4 个圆弧端齿联轴器。圆弧端齿联轴器在欧洲的一些发动机上采用较多，例如，RB199、RB211、遄达系列、斯贝 MK202、阿赫耶、RTM322、阿杜尔（Adour）等发动机。

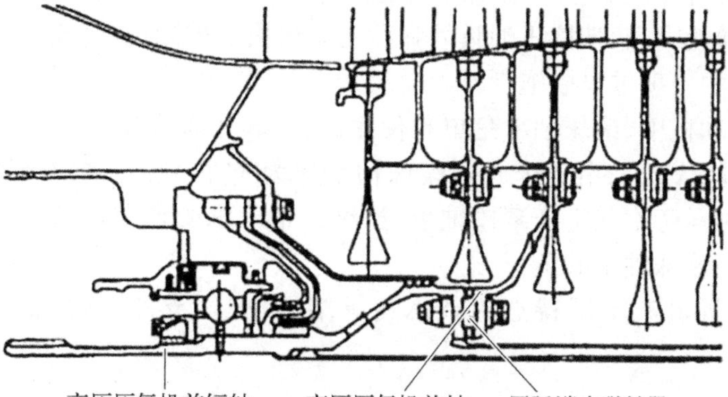

图 7.41 RB199 发动机高压压气机前滚珠轴承装于前短轴上

7.4 支承结构

发动机转子的负荷通过轴承及支承构件传递到发动机壳体上。在航空燃气涡轮发动机中转子均用滚动轴承,这是因为滚动轴承摩擦因数小,轴向尺寸小,尤其是冷却润滑需要的滑油量较少。滚动轴承一般有滚珠轴承和滚棒轴承两种,滚珠轴承能够承受轴向力,又称为止推轴承(图 7.42),在发动机发展的最初阶段,轴承均直接装于固定在机匣上的轴承衬套中。但在 20 世纪 60 年代后,为了控制发动机工作时的转子振动,在有些发动机轴承外环与轴承座间留有间隙,间隙内充满润滑用的压力滑油,形成挤压油膜;有些发动机轴承不直接固定于机匣上,而装在一个称为弹性支座的刚性较低的衬套中,衬套再固定

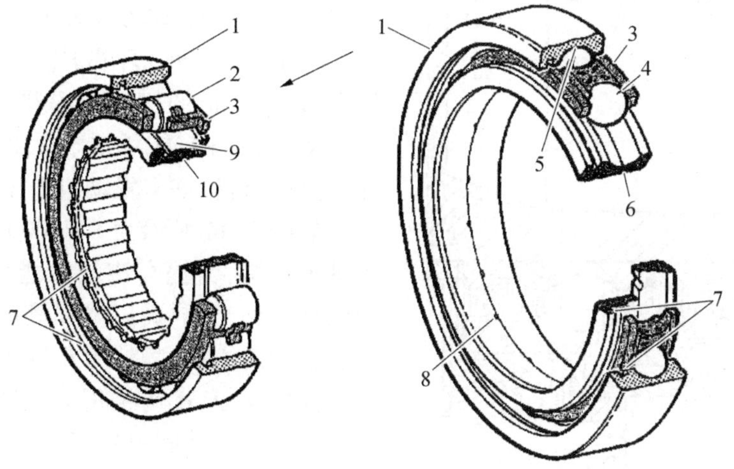

(a) 滚棒轴承 (b) 滚珠轴承

图 7.42 滚动轴承

1. 外环;2. 滚棒;3. 保持架;4. 滚珠;5. 外环滚道;6. 可对分的内环;7. 轴承拉出器卡槽;8. 环下供油孔;9. 内环滑道;10. 内环

滚动轴承、滑动轴承的选用原则及应用领域

于机匣上；通常还将弹性支座与限幅环间的间隙中充以滑油，形成带挤压油膜的弹性支座。挤压油膜、弹性支座、带挤压油膜的弹性支座很快地得到推广，成为降低发动机振动，提高发动机寿命的一项重要措施。

在大多数发动机中，滚珠轴承是单独使用的，当转子轴向负荷较小时采用 1 个轴承，当转子轴向负荷较大时采用 2 个并列滚珠轴承作为 1 个支点。在一些新研制的发动机中，有的在滚珠轴承旁增加 1 个滚棒轴承，让滚棒轴承承受径向负荷，而滚珠轴承仅承受轴向载荷，以减轻滚珠轴承的负荷。

下面将对几种具有不同特点的轴承支承结构、弹性支座、挤压油膜阻尼器等进行介绍。

7.4.1 轴承支承结构

1. 双排球轴承支承结构

一般情况下，单个转子均采用单排球轴承承受轴向力，但当转子的轴向力超过一个滚珠轴承允许承受的负荷值时，可采用多排球轴承。如 WP8 发动机的中支点采用了双排球轴承支承结构（图 7.43）。

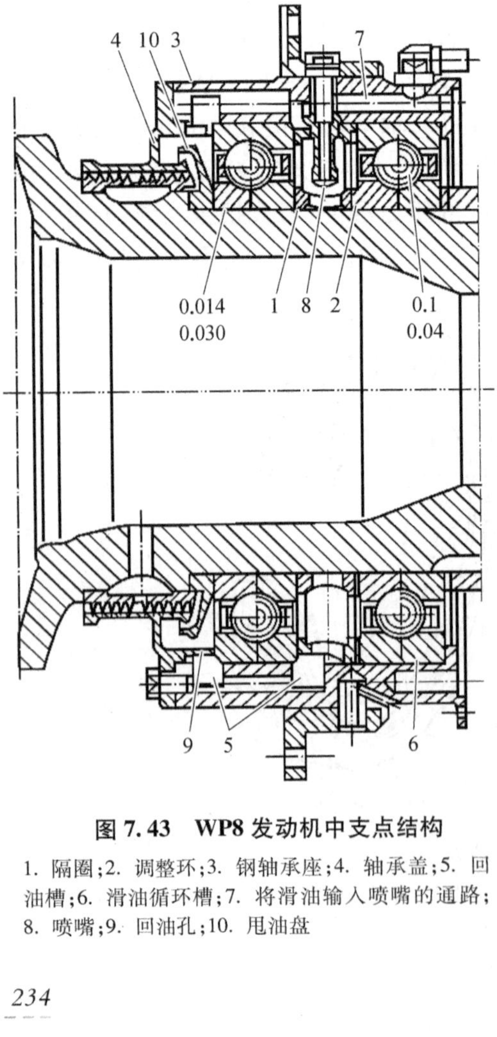

图 7.43 WP8 发动机中支点结构

1. 隔圈；2. 调整环；3. 钢轴承座；4. 轴承盖；5. 回油槽；6. 滑油循环槽；7. 将滑油输入喷嘴的通路；8. 喷嘴；9. 回油孔；10. 甩油盘

双排球轴承结构的主要的问题是保证两个轴承同时受力，均匀承受负荷。

为了使两个轴承在工作过程中均匀受力，那么两个轴承的承力元件（包括两个轴承间的承力隔圈、调整环等）的刚性应该相同。对多排轴承，保持所有承力元件的刚性相同是十分困难的，所以，为保证轴承在整个工作过程中均匀受力，最多采用双排轴承。

2. 内（或外）环分半轴承支承结构

轴承内（或外）环做成两半分开的，可以使内、外环滚道的槽做得深些，装的滚珠数目可以多些，这样，能承受较大的轴向负荷，因此，这种结构被许多发动机采用。

如图 7.44 所示为 PW4000 发动机风扇后主轴承结构，为提高该轴承能承受的负荷，采用内环呈两半结构，以增加滚珠数和滚道的深度。在润滑方面，喷油嘴 6 将滑油喷到风扇轴 4 后端下面，通过沟槽甩入环下供油槽 5 中，再由分半内环 2 间甩到滚珠上，为提高油腔的封严效果，装有锥面挡油环 3。此外，该轴承外环 7 带有安装边与承力框架直接相连，简化了结构，但轴承需要专门定制，加大了工艺难度和制造成本。

3. 滚珠与滚棒轴承并用支承结构

发动机主轴承中,滚珠轴承除承受径向负荷外,还要承受很大的转子轴向负荷,因此所有发动机中的滚珠轴承选用的直径系列均较滚棒轴承大,即同样的轴承内径,轴承外径较大,即使这样,在某些发动机中滚珠轴承仍然是故障较多的构件。为了加强承载能力,航空发动机中通常会采用滚棒轴承与滚珠轴承并用的结构。在滚珠轴承旁增加一滚棒轴承后,还能限制高压转子的回转运动,能保持高压压气机与高压涡轮工作叶片与机匣间有较均匀的叶尖间隙。

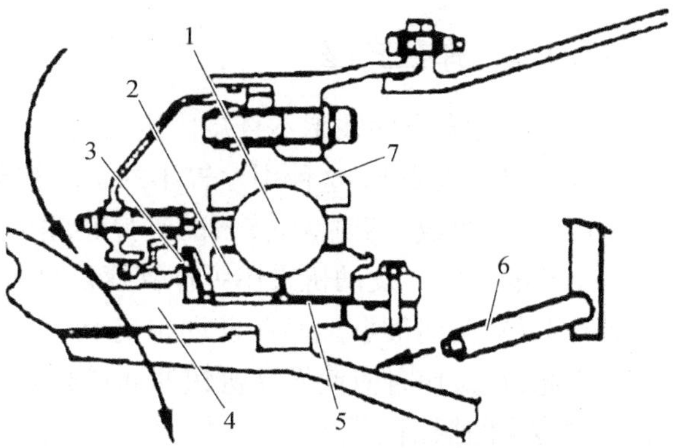

图 7.44 PW4000 发动机风扇后主轴承结构

1. 滚珠轴承;2. 分半式内环;3. 挡油环;4. 风扇轴;5. 供油槽;6. 喷油嘴;7. 轴承外环

在一个支点处滚珠、滚棒轴承并用时,一定要确保滚珠轴承不承受径向力,可以将滚珠轴承外环与轴承座设计成间隙配合或将滚珠轴承装于刚性较弱的弹性支座中,而承受径向力的滚棒轴承则支承于刚性较强的支座中。GE 公司的 CF6、CFM56 - 5/7、GE90 等发动机均采用了这种设计。普惠公司、罗罗公司的发动机中尚未采用。

GE90 发动机的高压转子采用的是 1—0—1 支承方案,高压转子用两个支点、3 个轴承支承;高压压气机前支点采用滚珠、滚棒双轴承并列结构(图 7.45),滚珠轴承装在折返式弹性支座中,滚棒轴承装在相对刚性较大的支座上。通过弹性支承降低滚珠支承的径向支承刚度,使得在工作过程中该滚珠轴承不承受径向载荷,只承受轴向载荷。而滚棒轴承承受全部的径向载荷,在其外环处装有挤压油膜阻尼器,用于控制轴的径向振动。由于独特的支承结构设计使滚珠、滚棒轴承分别承受轴向载荷和径向载荷,从而提高了轴承的使用寿命和可靠性。

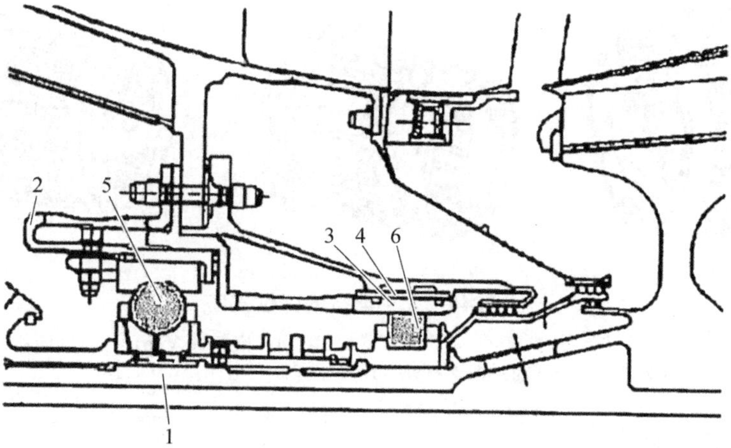

图 7.45 GE90 发动机高压压气机前支点

1. 高压压气机前轴径;2. 折返式弹性支承;3. 鼠笼弹性支承;4. 挤压油膜阻尼器;5. 滚珠轴承;6. 滚棒轴承

7.4.2 弹性支座

有些转子支点的轴承不直接固定在机匣上，而是安装在一个刚性较小的支座内，再通过支座固定在机匣上，这种刚性较小的支座被称为弹性支座。采用弹性支座后，可改变转子支承刚性，以改变和控制转子的临界转速值。因此，在弹性支座结构中，一定要有可改变其刚性的部分。发动机采用弹性支座后，转子变为柔性，使发动机在临界转速以上工作时非常平稳、振动很小。但在发动机起动或停车过程中，转子通过临界转速时振动会很大。为此，在操作时应使发动机快速通过临界转速，此外可借阻尼器或限幅器以限制越过临界时转子的振幅。

图 7.46 所示为几种发动机中采用的弹性支座结构，大致有钢环式、鼠笼式和拉杆式三种。图 7.46 中，A 为钢环式，B、C、D、E、G、H、I 为鼠笼式，F 为拉杆式。

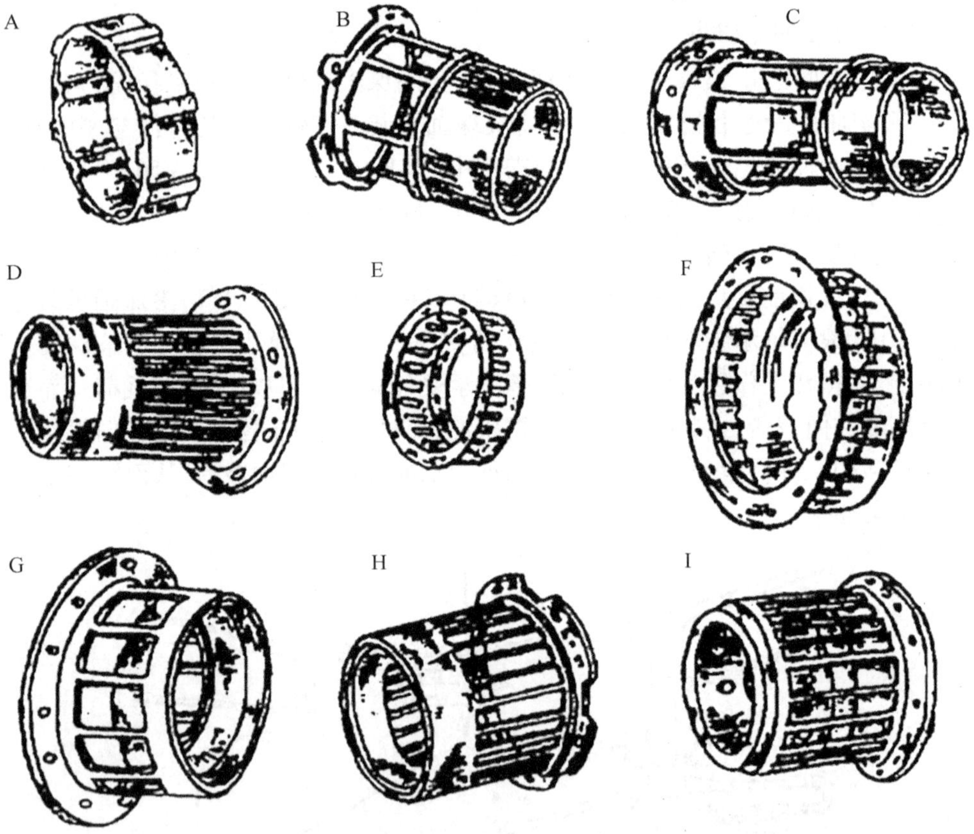

图 7.46 几种典型的弹性支座

A. АИ－20 弹性支座；B. T72 弹性支座；C. T65 弹性支座；D. J69 中弹性支座；E. 斯贝高压涡轮弹性支座；F. 斯贝低压涡轮弹性支座；G. J100 前弹性支座；H. J100 中弹性支座；I. J100 后弹性支座

1. 钢环式弹性支座

图 7.47 为一种钢环式弹性支座，用于原苏制 АИ－20 发动机中，它由内、外各带六个小凸台的钢环和止动环所组成，钢环厚度为 1.15 mm。在设计中，可以改变钢环的厚度和

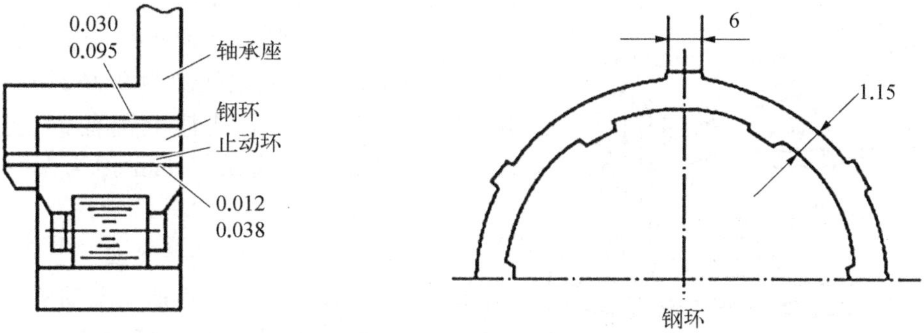

图 7.47　АИ－24 发动机前轴承钢环式弹性支座（单位：mm）

凸台数目来改变其刚性，从而调整临界转速的大小。

2. 鼠笼式弹性支座

鼠笼式弹性支座是在 20 世纪 60 年代发展的，发动机中应用得较多的一种弹性支座，它是通过在钢制套筒上铣出若干道长的槽，以形成具有若干条幅条的弹性结构（图 7.48），可以通过改变套筒的壁厚、幅条的宽度、幅条的长度、幅条数来调整它的刚性。

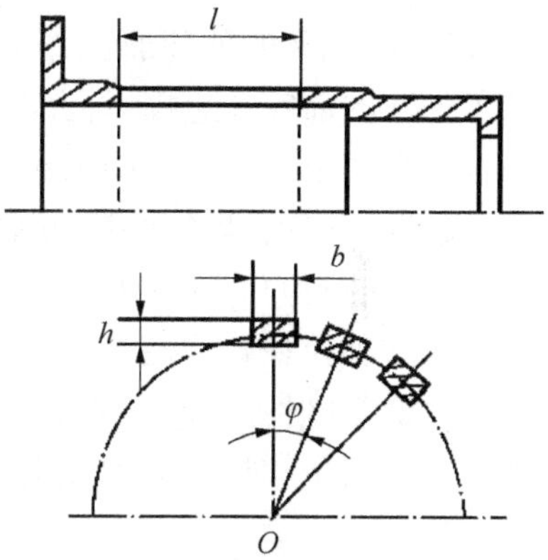

图 7.48　鼠笼式弹性支座结构示意图

l. 幅条长度；b. 幅条宽度；h. 套筒的壁厚；φ. 两个相邻幅条的夹角

图 7.49、图 7.50 分别为 J100 发动机轴流压气机前轴承、涡轮后轴承处采用的弹性支座。为了缩短发动机的轴向尺寸，同时保证支座的弹性幅条有足够的长度，这两个弹性支座都做成双层套筒式的。外套筒上铣出槽以形成弹性幅条，内套筒为一刚性较好的短套筒以装轴承。内、外套筒分别加工后组合在一起，在端部焊接形成一个整体零件。

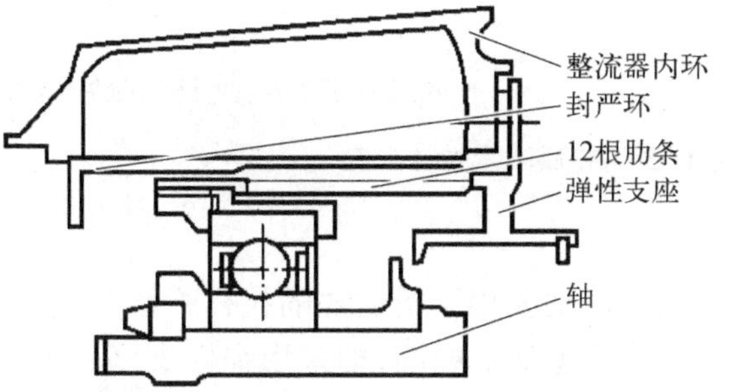

图 7.49　J100 前轴承弹性支座

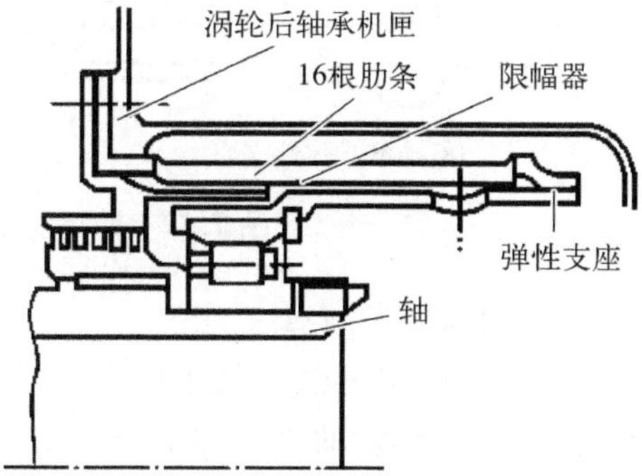

图 7.50　J100 后轴承弹性支座

斯贝发动机中采用了两个弹性支座，在高压涡轮前轴承处采用了鼠笼式弹性支座，在低压涡轮后轴承处采用了拉杆式的弹性支座，两者均未采用挤压油膜阻尼器。

图 7.51 为斯贝发动机高压涡轮前轴承采用的鼠笼式弹性支座，由图可见在安装弹性

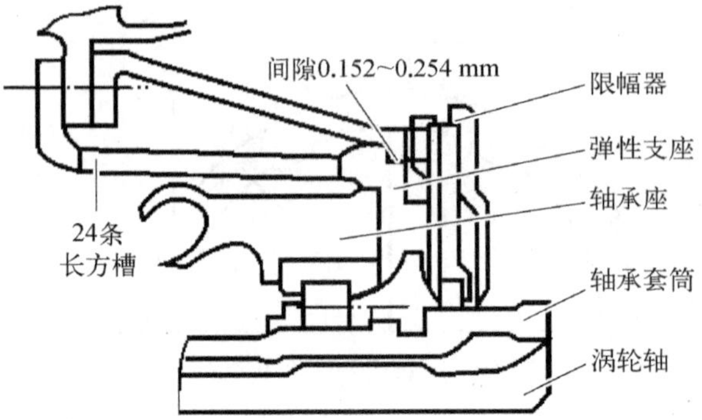

图 7.51 斯贝高压涡轮弹性支座

支座的机匣上，专门安装了一个向后伸的、形成限幅环的锥形套筒，限幅环与支座间的限幅间隙为 0.152~0.254 mm（直径），弹性支座上铣有 24 条长度为 52 mm、宽为 5.29 mm、厚为 5.16 mm 的幅条。

3. 拉杆式弹性支座

图 7.52（a）为斯贝发动机低压涡轮后轴承弹性支座，这种弹性支座是典型的拉杆式弹性支座。其结构做成后端（即右端）有一向内翻边的安装边，用以安装轴承；轴承的外环加长并带前、后安装边，后安装边与支座的右侧安装边用螺钉连接，轴承外环的前安装边用以固定封严件。支座的前安装边（即左端）向外翻边用以与机匣相连。在两个安装边之间均布有 30 根直径为 3 mm、长度为 32.6 mm 的钢杆，杆两端分别插入弹性支座前、后安装边的钻孔内，并用钎焊焊接成一体。在滚棒轴承的外端设有限幅环，限幅间隙为 0.355~0.406 mm。

在这种拉杆式弹性支座中，如图 7.52（b）所示，可用改变拉杆直径 d、拉杆长度 l 及杆数来改变其刚性。Tay 发动机的低压涡轮后轴承、GE 公司的 E3 发动机的核心机中两个轴承都采用了拉杆式的弹性支座。

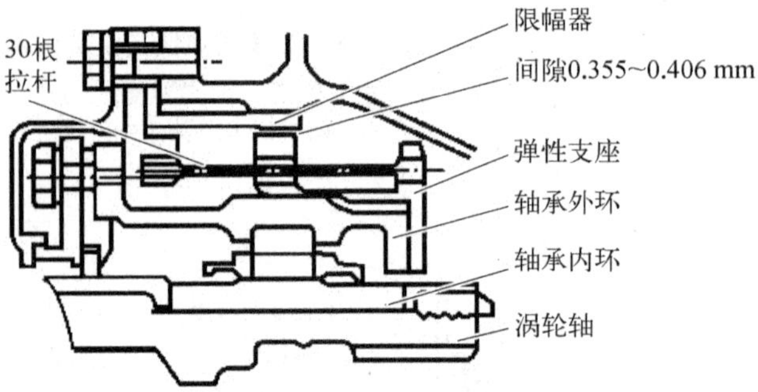

(a) 拉杆式弹性支座

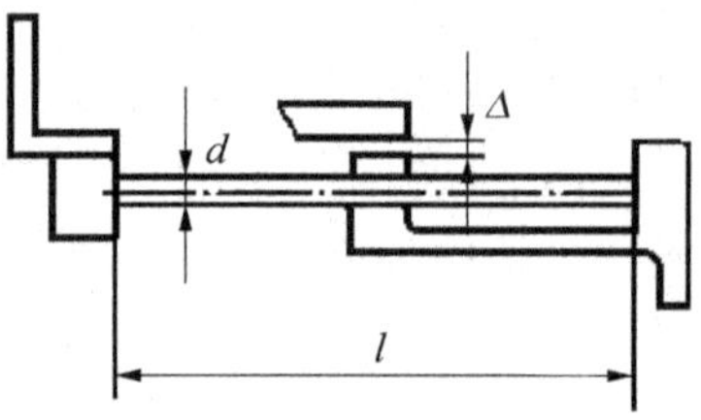

(b) 拉杆式弹性支座结构的特征尺寸

图 7.52 斯贝发动机低压涡轮后轴承弹性支座

4. 折返式拉杆弹性支座

在 20 世纪 80 年代发展的一些发动机中，广泛地采用了折返式的拉杆弹性支座，它的设计思想与 J100 发动机后轴承弹性支座的设计思想基本相同，即采用弹性支座后不增加发动机长度。由前述的各种鼠笼式或拉杆式弹性支座看，弹性支座安装边（也即固定轴承的机匣）与轴承间有一较长的距离。在发动机转子长度一定时，发动机长度势必加长。采用折返式弹性支座时，固定轴承的机匣（也即弹性支座安装边处）与轴承基本在同一轴线位置上。这样，不仅不会增加发动机长度，而且也便于对已投入使用的发动机在改型时能方便地增装弹性支座。

图 7.53 中示出了 V2500 等发动机高压压气机前支点采用的弹性支座示意图，它是典型的折返式拉杆弹性支座，弹性支座是由向后伸的承力锥体 5、多根长螺杆 4 与安装轴承的轴承座 3 组成。螺杆在后端插焊于承力锥体中，前端用螺帽将轴承座拧紧在一起，组成一整体的弹性支座，用承力锥体的前安装边固定于机匣上，机匣的内圆作为限幅环，中间通以滑油形成挤压油膜。为避免滑油大量外泄，轴承座两侧均装有封严涨圈。因此，这种支座是带挤压油膜的折返式拉杆弹性支座，类似这种结构已用于 PW2037、PW4000、F100－PW－229 等发动机中。

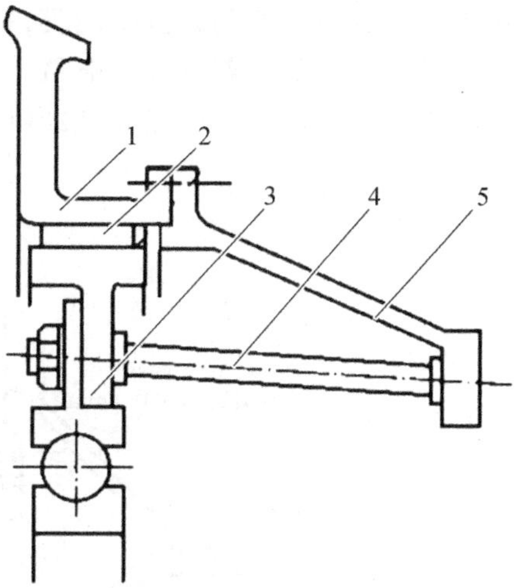

图 7.53　V2500 等发动机高压转子前支点带挤压油膜的弹性支座示意图

1. 机匣；2. 油膜；3. 轴承座；4. 长螺杆；5. 承力锥体

PW2037 发动机风扇后的滚珠轴承，在设计中采用了通常的刚性支座，如图 7.54(a)所示，但在使用中，特别是在使用时间很长后，低压转子的振动值会增加，为此希望在该支点处采用弹性支座。在改型中，发动机各部件、组件的沿长度方向的位置不能动，这时，采用折返式的弹性支座就较容易地实现改型，图 7.54(b)示出了改装弹性支座后的结构。

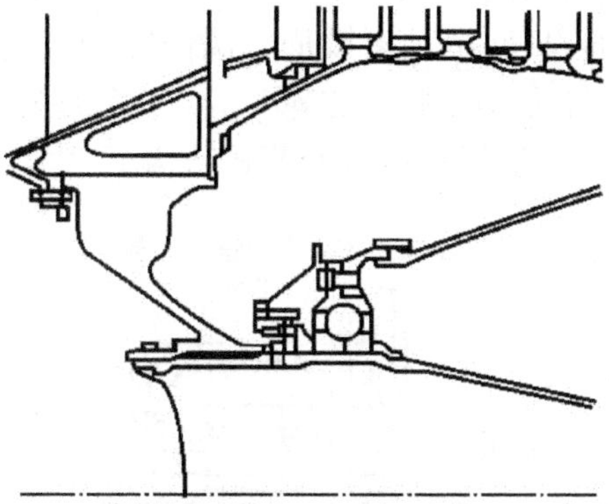
(a) 改装弹性支座前

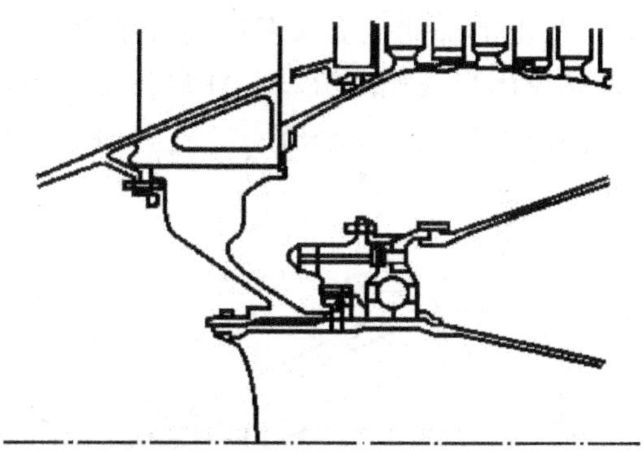
(b) 改装弹性支座后

图 7.54　PW2037 发动机 1 号支点

7.4.3　挤压油膜阻尼器

发动机工作时，转子的振动通过支承结构传给机匣。因此，原则上可以在轴承与支承结构间设置减振器，减少外传振动负荷与振幅，降低发动机振动。挤压油膜阻尼减振器，就是将轴承外环以一定间隙装入固定在机匣上的轴承套筒中，在间隙中通以润滑系统中的压力滑油形成油膜，如图 7.55 所示。轴承的外传负荷通过油膜后再外传至机匣，其工作原理可以看成是一般的液压减振器或缓冲器。轴承在转子不平衡力作用下，外环向不平衡力作用的方向移动并挤压油膜,在液体动力作用下,外环的移动受到阻碍,同时滑油吸收了外环运动的大部分振动能量,从而使传到机匣的振动值大大降低。由于这种减振措施效果好、结构简单,所以在发动机中广泛采用。

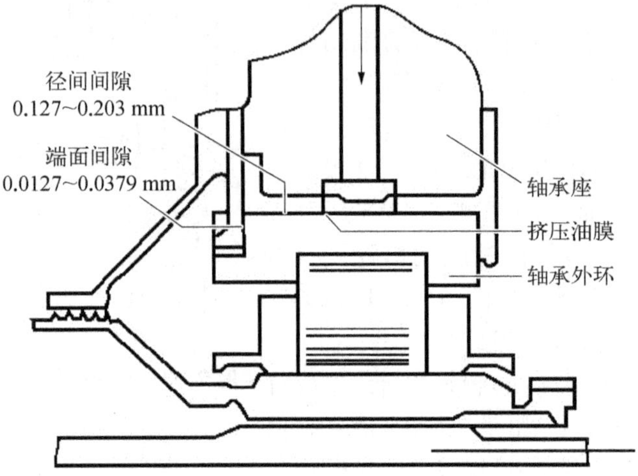

图 7.55　RB211 发动机挤压油膜减振器

挤压油膜阻尼器的结构形式主要有两大类:开式结构与闭式结构。

J69 发动机离心压气机前轴承弹性支座处的挤压油膜阻尼器是一种典型的开式结构,如图 7.56 所示,在油膜铜环内表面与弹性支座外表面之间形成一个 0.2~0.25 mm 厚的油膜层,由上部油孔引入来自润滑系统有一定压力的滑油,滑油沿圆周充满间隙,并沿轴向两端流出形成循环流动。J100 发动机离心压气机前轴承的弹性支座外环上采用的挤压油膜阻尼器以及 J69 轴流压气机后轴承处的挤压油膜阻尼器均属这种开式结构。

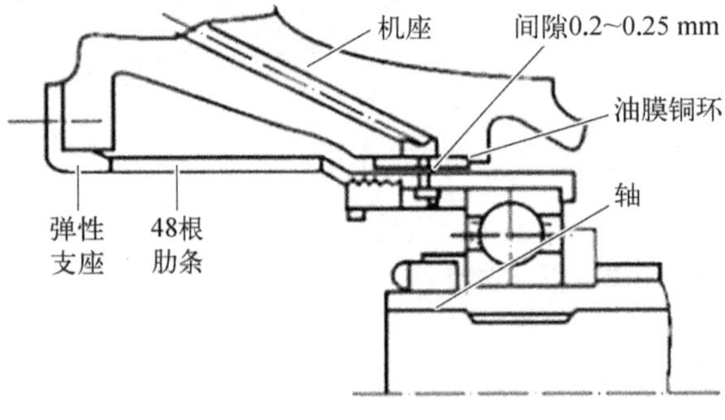

图 7.56　J69 发动机弹性支座

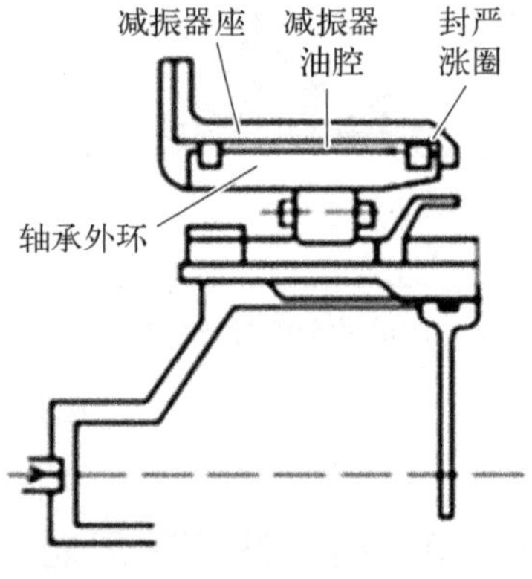

图 7.57　JT8D 滚棒轴承挤压油膜减振器

图 7.57 所示的 JT8D 发动机滚棒轴承用的挤压油膜阻尼器是典型的闭式结构。轴承外环以一定间隙装入轴承衬套中,在此缝隙中通入发动机润滑系统的压力滑油形成油膜,为防止滑油由两侧泄漏,两端装有封严涨圈,即在轴承外环的两端各开有一矩形槽,槽中装入涨圈,涨圈外环面与轴承衬套内径圆柱面紧紧相贴,形成封严环。在有的发动机中,

用“O”型胶圈装于轴承外环的槽中,起封严作用。图 7.55 所示的 RB211 发动机滚棒轴承挤压油膜阻尼器没有采用涨圈或“O”型胶圈封严,而是用轴承两端面的挡油板来封严的,它是用控制挡油板与轴承外环端面间的间隙来防止滑油的大量外泄。由图可以看出,挡油板与轴承外环端面间留有 0.012 7~0.037 9 mm 间隙。

在设计挤压油膜阻尼器时,应该合理选择挤压油膜的参数(挤压油膜阻尼器的主要参数有油压、滑油黏度、阻尼器的几何尺寸等)。所选参数是否合适,是否最优,需通过试验予以考核、修正。

7.5 承力系统

发动机工作时,在转子与静子上作用有多种负荷。这些负荷中,有的在零件或组件中抵消或部分抵消,有的则无法抵消而向外传出。这些传出的负荷通过一些承力框架、承力壳体(承力机匣)传给发动机安装节。承受和传递负荷的承力框架、承力壳体组成了发动机的承力系统。

为了减轻发动机的重量,充分利用发动机外机匣的材料,大部分发动机的所有外机匣均作为承力壳体,即包含在承力系统中;有的发动机将全部机匣(如 RB211)或部分机匣(如 CFM56、PW4000、PW2037、V2500 等的高压压气机后端机匣)做成双层的,外层机匣作为承力壳体,内层机匣形成气流通道。这种双层机匣结构能保持气流通道的完整性,使叶尖间隙容易保持均匀,提高了部件的效率,同时可减缓发动机性能衰退的趋势。

7.5.1 承力框架

将转子支点的负荷通过气流通道传至外机匣的构件,称为承力框架。承力框架的结构有以下几种。

1. 利用铸造或焊接机匣传力

将安装轴承座的内机匣用几个支柱与外机匣铸成或焊接成整体,负荷通过置于气流通道内的支柱传递。由于支柱穿过气流通道,因此只适用于发动机冷端部件,即压气机前后的进气机匣、扩压机匣或中介机匣。

图 7.58 为 WP6 发动机压气机进气机匣,它由内、外壳体与 4 个承力支柱用镁合金铸成一体。支柱做成空心的,一方面可以减少质量,另一方面也可作为滑油与附件传动杆的通道。为了减小支柱的流体阻力,支柱前固定有流线形整流支板,内壳的前端也固定有整流罩,整流罩与整流支板内还通有热空气,用以防冰。

斯贝、JT3D、JT9D 等发动机燃烧室的扩压机匣采用板料制作支板,并与内、外壳体焊接成一体,形成焊接的承力框架。在 V2500、PW4000、CFM56 等发动机上,燃烧室的扩压器做成叶栅式(有 20~24 个叶片),扩压器与燃烧室内、外机匣用 Inconel718 合金铸成一体(图 7.59),作为传递负荷的承力框架。

中介机匣是航空发动机中重要的承力部件。图 7.60 为 F110 发动机的转子支承结构,其低压转子的轴向力通过 2 号支点传递到中介机匣上,高压转子所受轴向力通过 3 号支点也传递到中介机匣上,最终由中介机匣通过主安装节将两支点的负荷传到飞机上。

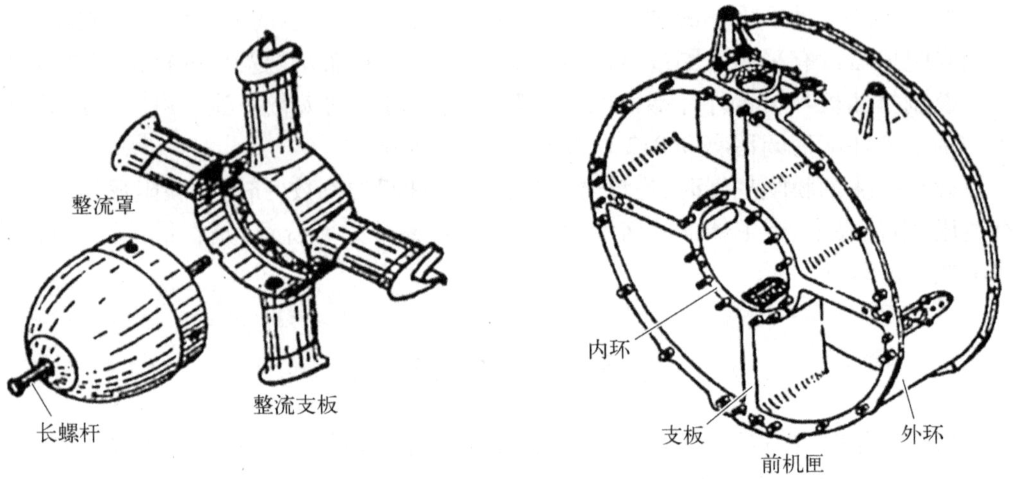

图 7.58　WP6 发动机压气机进气机匣

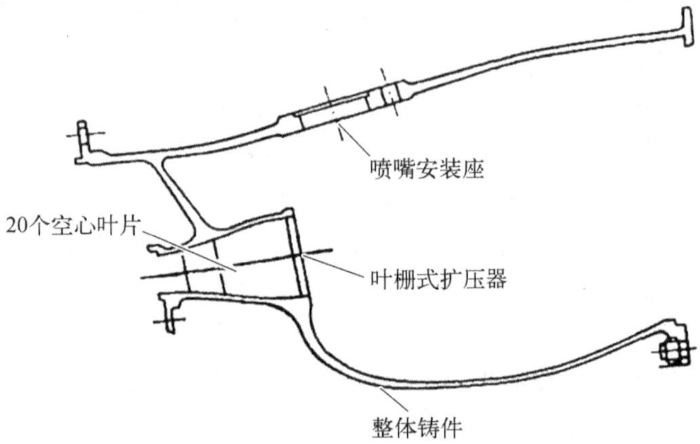

图 7.59　V2500 带叶栅式扩压器的铸造燃烧室整体机匣

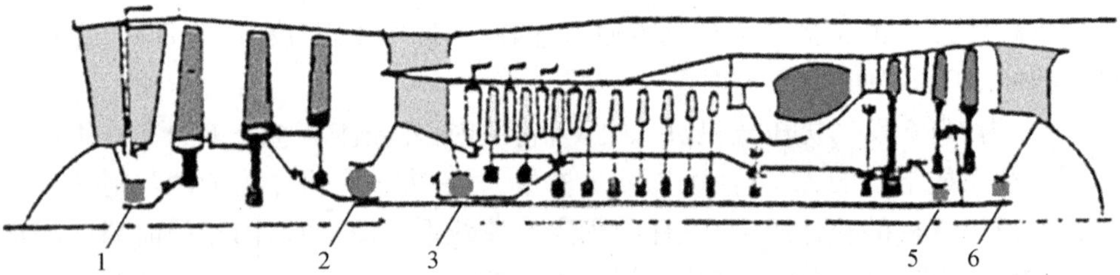

图 7.60　F110 - GE - 100 发动机转子支承结构

2. 利用静子叶片传力

WP6、WP7、WP8 发动机中，压气机后轴承的负荷是通过末级整流叶片外传的，如图 7.61 所示。整流叶片的顶端有带螺纹的轴颈，轴颈插入外机匣的孔中用螺母拧住，叶片底部有供安装用的凸耳，用螺栓与承力的内机匣相连，形成了通过叶片传递负荷的承力框架。这种承力框架结构简单，还可缩短发动机长度，但它只适用于增压比较小的发动机。在 WP7、WP13、WP15 等发动机中，利用压气机第 1 级整流叶片传力（叶片外端焊在机匣上,内端用螺栓与轴承座相连),斯贝、JT3D 等发动机则利用压气机进口导流叶片传力(叶片焊在内、外机匣上),都是利用静子叶片组成的承力框架。

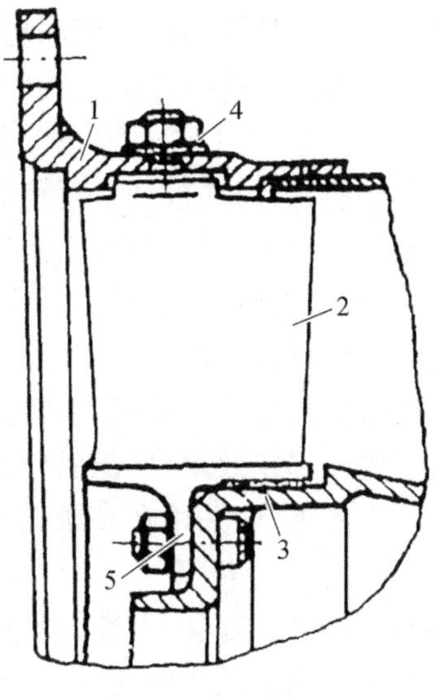

图 7.61 由压气机末级静子叶片组成的承力框架

1. 外机匣;2. 整流叶片;3. 内机匣;4. 轴颈;5. 安装凸耳

3. 利用涡轮导向器传力

在一些发动机中,利用涡轮导向器传力时,不能直接利用导向器叶片作为承力件,需用装在叶片内的承力件传力,使燃气不直接与承力件接触。RB199 低压涡轮第一级导向器(图 7.62)利用装于导向叶片 6 内的承力构件 7 传力,由于高压、中压及两级低压涡轮转子的负荷与低压转子的轴向负荷均通过它传出,所以承力构件较大,因此导向叶片也较大较厚。这不仅给低压涡轮的性能带来不利影响,而且增加了发动机的长度。RB211 发动机中,采用了类似于 RB199 发动机低压涡轮导向器的结构,它的中压涡轮导向器作为承力框架。这是由于 RB199 和 RB211 均为三转子发动机,为减少支承框架又尽量避免转子间振动的耦合影响,结构限制不得已而采取的一种设计。

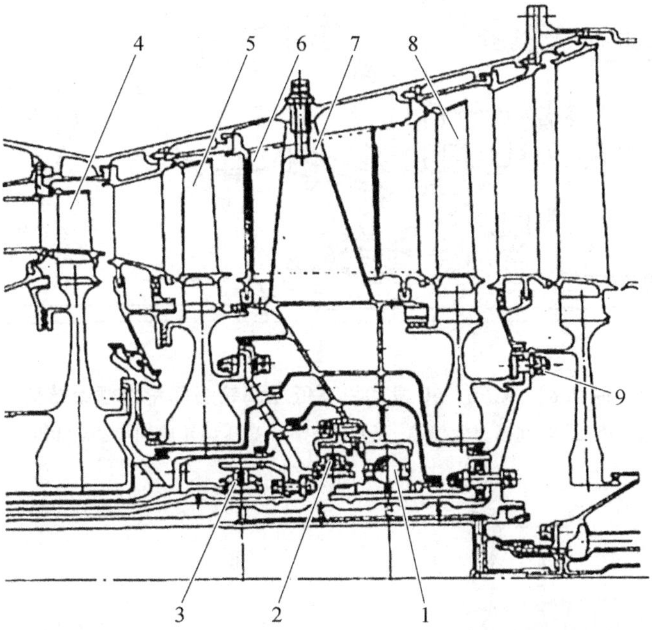

图 7.62 RB199 三转子涡扇发动机涡轮支点的支承结构

1. 低压涡轮后滚珠轴承;2. 中压涡轮后滚棒轴承;3. 高压涡轮后滚棒中介轴承;4. 高压涡轮;5. 中压涡轮;6. 低压涡轮导向器;7. 涡轮级间承力框架;8. 低压涡轮;9. 精密螺栓

4. 利用涡轮级间支承框架传力

级间支承框架的传力在风扇和压气机间的使用较为普遍,但涡轮级间承力框架却用得较少。这是因为在两级涡轮之间，建立承力框架会使涡轮的效率受到一定影响，对于涡轮级间机匣的选择应从气动性能和结构效率多方面加以考虑。

图 7.63 为 CF6－50 发动机高、低压涡轮级间承力框架结构，8 根传力支板切向与轴承座相连，传力支板外套有空心的导流叶片将高温燃气与支板隔开。CF6－50 发动机的涡轮气流通道设计中，由于低压涡轮采用等外径设计，使得高低压涡轮气流通道径向尺寸差距较大，为减小气动损失，增加了轴向距离，为级间机匣提供了可用空间。由图 7.63 可见，此承力框架较长，相当于三级低压涡轮的长度，因而不仅使发动机长度加大，而且增加了流过此部件的气流阻力，降低了涡轮效率。因此，后来发展 CF6－80 系列时（图 7.64），为了提高涡轮效率，低压涡轮采用等内径设计，缩短了涡轮级间轴向距离，取消了涡轮级间承力机匣，而采用在高压涡轮前设置 1 个支点，由高压压气机后扩压器叶片作为承力框架。在后来的转子系统总体支承方案设计中，对于军用涡扇发动机（如 F101、F110、F404 等）和小流量、小推力民用涡扇发动机（如 CFM56），均改用中介轴承将单级高压涡轮转子支承于低压涡轮轴上，从而减少一个承力框架。航空燃气涡轮发动机是否采用中介轴承的情况见表 7.2。

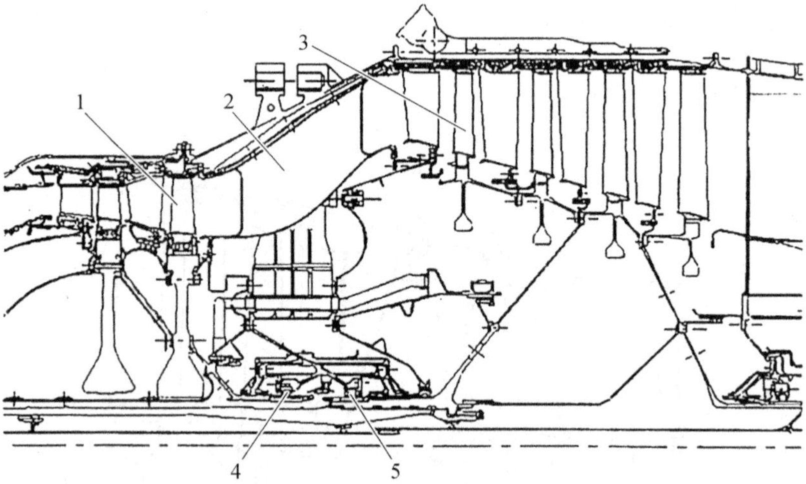

图 7.63　CF6－50 发动机高低压涡轮级间承力框架结构

1. 高压涡轮；2. 级间承力框架；3. 低压涡轮；4. 高压涡轮后轴承；5. 低压涡轮前轴承

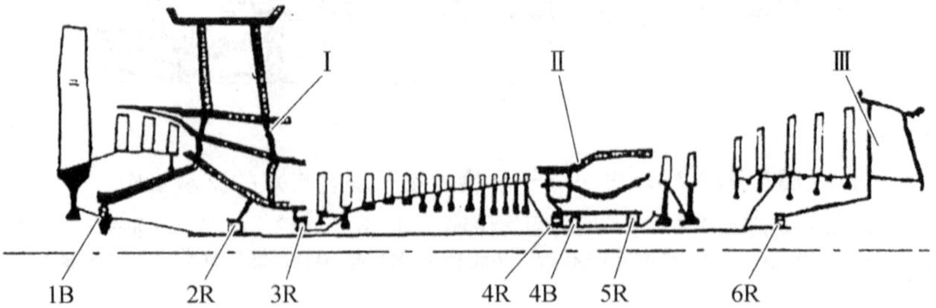

图 7.64　CF6－80 发动机转子支承方案

Ⅰ. 中介机匣承力框架；Ⅱ. 扩压器承力框架；Ⅲ. 低压涡轮后承力框架

表 7.2 中介轴承在航空燃气涡轮发动机中的应用情况

发动机型号		推力级/daN		高压涡轮级数	是否采用中介轴承
		加力	非加力		
军用	F100	10 053~14 485	6 390~9 800	2	否
	AL-31F	12 257~12 500	7 550~8 286	1	是
	F110	11 930~14 295	7 160~8 505	1	是
	RB199	7 117~7 473	4 048~4 250	1	是
	F404	7 120~8 508	5 330	1	是
民用	PW4000	22 240~51 150		2	否
	GE90	34 250~51 400		2	否
	CFM56	8 225~15 125		1	是

5. 利用涡轮后承力框架传力

当涡轮转子有后支点时,需采用涡轮后轴承机匣,将轴承负荷外传。由于承力件须通过高温燃气区,因此一般需要将承力件与燃气隔开。

图 7.65 所示的斯贝发动机低压涡轮后轴承机匣结构可作为这类承力框架的典型。固定弹性支座的支承座 1 带有 6 根径向承力幅条 2,由不锈钢离心浇铸经机械加工而成的外机匣 3 用螺钉与承力幅条相连,每个承力幅条外套有整流支板 4,整流支板外端用螺钉连到外机匣上,内端自由地插到整流锥的槽中,允许工作时向内膨胀。

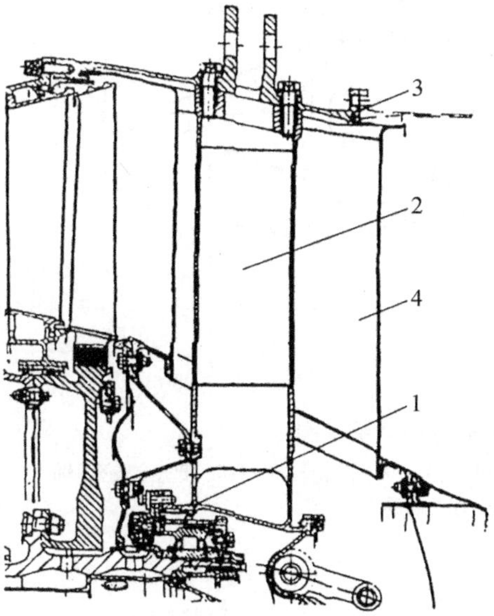

图 7.65 斯贝发动机低压涡轮后轴承机匣结构

1. 支承座;2. 承力幅条;3. 外机匣;4. 整流支板

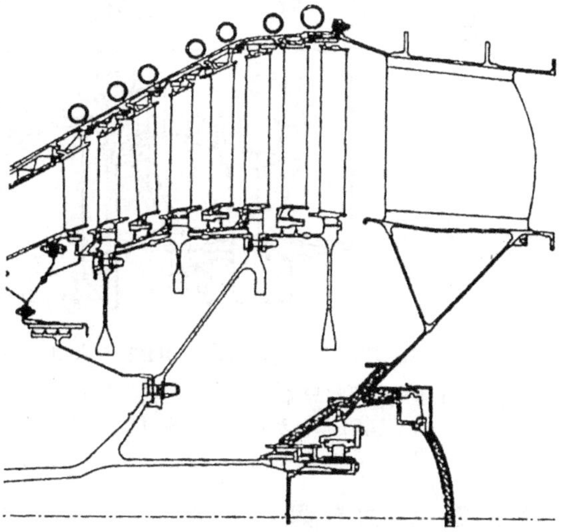

图 7.66 PW4000 发动机低压涡轮后轴承机匣

在高涵道比涡扇发动机中，低压涡轮出口燃气温度较低，其涡轮后轴承机匣的承力支板可直接穿过燃气流，形成整体的焊接结构，如 CFM56、PW2037、PW4000、V2500 等发动机中均采用了这种结构。图 7.66 为 PW4000 发动机后轴承机匣，它的承力支板还做成一定的叶型，以调整气流方向。

图 7.67 是 RB211 三转子高涵道比涡扇发动机的转子与承力系统图，它的承力系统中包括了前述的几种承力框架。RB211 三个转子共有 8 个支点，采用 4 个承力框架传力。它们由中压压气机进口导流叶片，中、高压压气机间中介机匣(铸造机匣)，高、中压涡轮间的中压涡轮导向器内的承力构件以及低压涡轮后轴承机匣构成传力系统。核心机的机匣做成双层的，其负荷在前端由风扇出口整流叶片及整流叶片后位于水平位置上的两个 A 型框架(图中未示出)传至装于风扇机匣上的发动机主安装节，在后端通过装于涡轮后轴承机匣上的辅助安装节传至飞机。

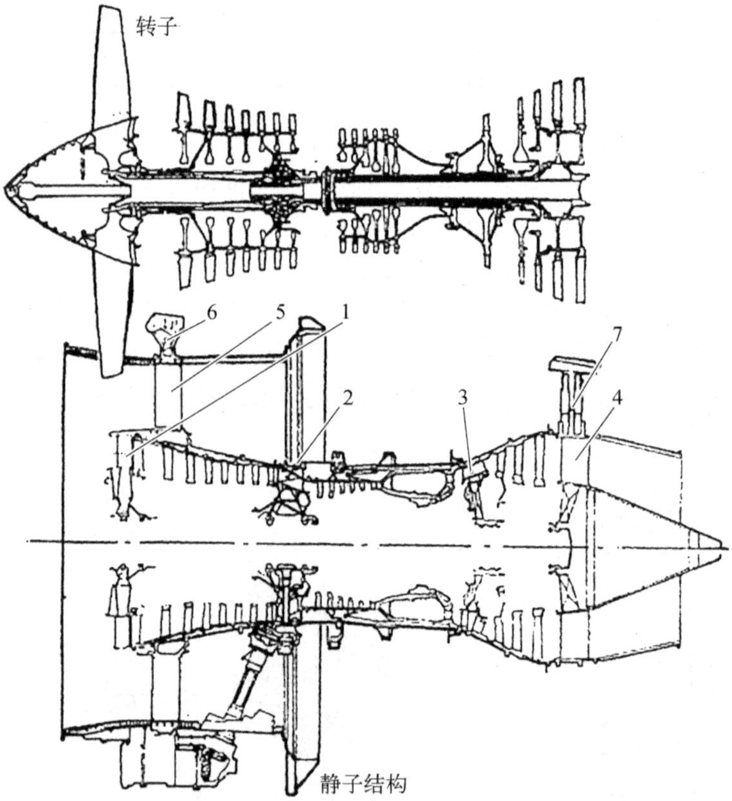

图 7.67　RB211 发动机的转子与承力系统图

1. 中压压气机进口导流叶片；2. 中、高压压气机间中介机匣；3. 中压涡轮导向器；4. 低压涡轮后轴承机匣；5. 风扇出口整流叶片；6. 发动机主安装节；7. 发动机辅助安装节

7.5.2　传力方案

1. 单转子发动机的传力方案

在单转子发动机的承力系统中，前支承的传力路线一般变化不大。一般发动机的主

安装面位于压气机后机匣，根据涡轮及其后面的部件上负荷向前传力的路线，可分为内传力、外传力、内外混合传力及内外平行传力四种传力方案。其中内外混合传力方案应用最广。

1）内传力方案

如图7.68所示，作用于涡轮盘前支点和涡轮后部如尾喷管、加力燃烧室的负荷以及作用于涡轮机匣上的负荷，均由连接压气机机匣与涡轮机匣的内机匣3承受并传到前面的主安装节上。这种传力方式称为内传力方案。由于内机匣直径较小，为加强刚性，常用较厚的铸件机匣。

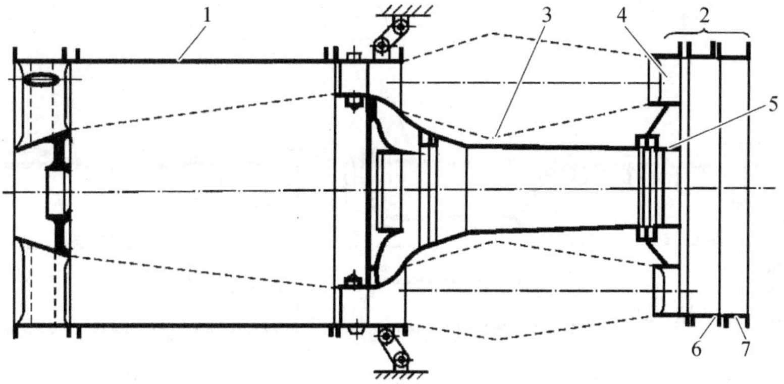

图7.68 发动机的内传力方案

1. 压气机机匣；2. 涡轮机匣；3. 压气机与涡轮机匣的内部连接机匣；4. 铸造承力机匣；
5. 后轴承机匣；6. 涡轮静子机匣；7. 涡轮转子机匣

这种方案，在目前的轴流式压气机的发动机中很少采用，它只适用于离心式压气机的发动机或具有分管式燃烧室的轴流发动机上。

2）外传力方案

多级涡轮发动机，为减少涡轮转子的悬臂弯矩，常将涡轮转子支点放在涡轮的后面；当燃烧室很短时，有时将支点放在涡轮后面或涡轮级间，这时，后支承的负荷只能通过外壳传出，即发动机转子后支承的负荷经承力构件(4)与尾喷管及涡轮静子的负荷一起，通过发动机外机匣(5、6)传至安装节；而前支承负荷通过压气机机匣传至安装节(图7.69)。这种承力方案仅靠外机匣传力称之为外传力方案。这时，涡轮后支承的承力构件(4)需穿过高温区域，因此必须采取隔热措施。对于轴承更需隔热并需加强冷却润滑，这些都增加了构造的复杂性。

3）内外混合传力方案

图7.70为WP6发动机静子承力系统。转子前支承的负荷经前机匣、压气机机匣，与作用在这些机匣上的负荷一同传给发动机安装节。涡轮静子及尾喷管的负荷通过涡轮机匣、燃烧室外机匣以及涡轮轴机匣，分成内外两路，连同这些组合件上的负荷一起传至安装节。同样，涡轮转子轴承的负荷也通过这内外两路传至安装节。外壳与涡轮轴机匣前端借压气机末级整流叶片相联，后端借一级导向叶片内的拉杆相联，形成一个纵剖面为盒形的闭式传力结构。内外两路负荷的分配与内外传力件的刚性及其前后两端连接方案有

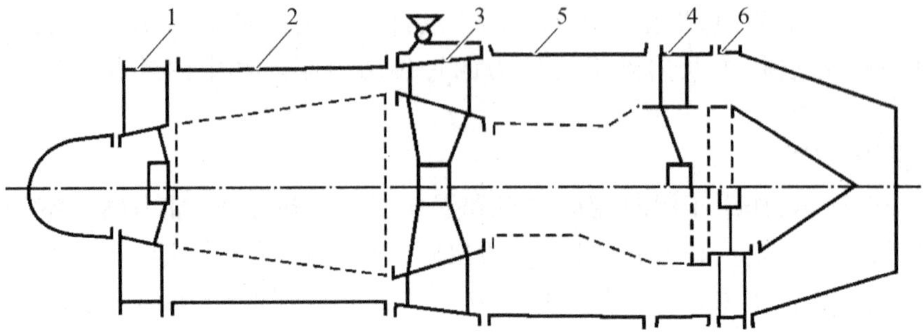

图 7.69　外传力方案的发动机机匣简图

1. 压气机前轴承;2. 压气机机匣;3. 中轴承机匣;4. 后轴承机匣;5. 燃烧室机匣;6. 涡轮机匣

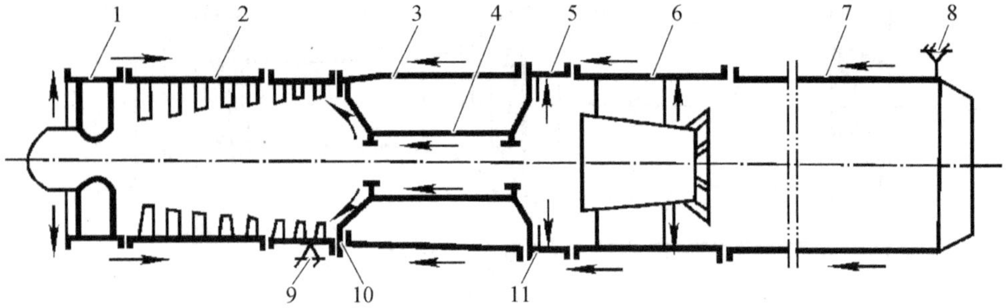

图 7.70　WP6 发动机静子承力系统简图

1. 前机匣;2. 压气机机匣;3. 燃烧室外机匣;4. 涡轮轴机匣;5. 涡轮机匣;6. 扩压器外壳;7. 尾喷管;8. 辅助安装节;9. 主安装节;10. 压气机末级整流叶片;11. 承力拉杆

关,这种方案称为内外混合传力方案。WP8 发动机的承力系统也是内外混合传力方案(图 7.71)。

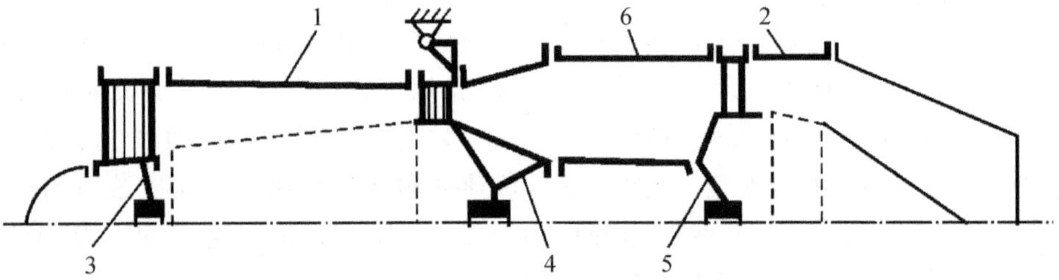

图 7.71　WP8 发动机承力系统简图

1. 压气机机匣;2. 涡轮机匣;3. 前支承承力机匣;4. 中支承承力框架;5. 后支承承力支板;6. 燃烧室外机匣

4）内外平行传力方案

带有环形燃烧室的发动机,如发动机转子的后支点在涡轮的前面,由于在高温的环形燃气通道内采用支柱结构十分困难,此时涡轮支承的负荷仅可通过燃烧室内机匣单独传出,而涡轮机匣只传递尾喷管及涡轮静子的负荷,形成了内外平行传力方案(图 7.72)。后支承的承力构件不通过高温区域与外壳相联,使轴承工作温度降低,但是由于轴承机匣直径较小,需在结构上加强刚性。

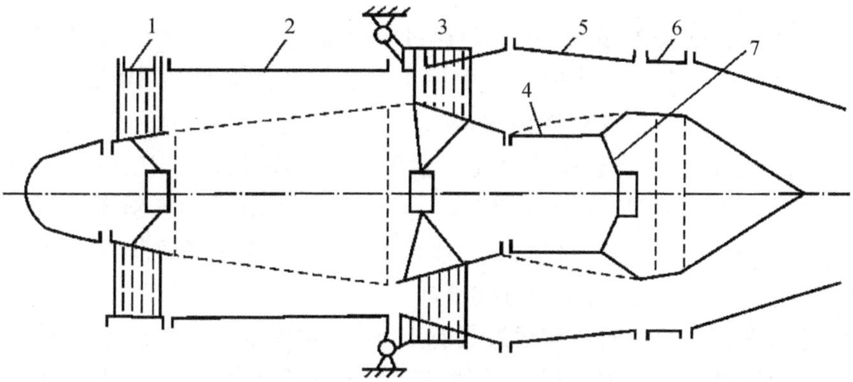

图 7.72　内外平行传力方案的发动机机匣简图

1. 压气机前轴承机匣；2. 压气机机匣；3. 中轴承机匣；4. 燃烧室内机匣；5. 燃烧室外机匣；6. 涡轮机匣；7. 涡轮轴承机匣

2. 双转子发动机的传力方案

在双转子发动机静子承力系统中，一般有内、外涵道二层机匣。涡轮前静子部件的传力路线与单转子发动机的传力方案类似，除中介支点外，各个支点负荷均通过专门的承力构件传至发动机内涵道的机匣，经承力机匣上的安装节传至飞机上。高压涡轮附近支点负荷的传递路线，仍然有内外混合传力、内外平行传力、外传力之分，低压涡轮后支点的负荷只能用外传力方式传出，并与高压涡轮附近支点的传力路线汇合。这里所指的外传力部分，主要是通过发动机内涵道的机匣传递的。根据不同机种的结构方案，外涵道机匣可承受并传递部分载荷。

斯贝发动机承力系统如图 7.73 所示。

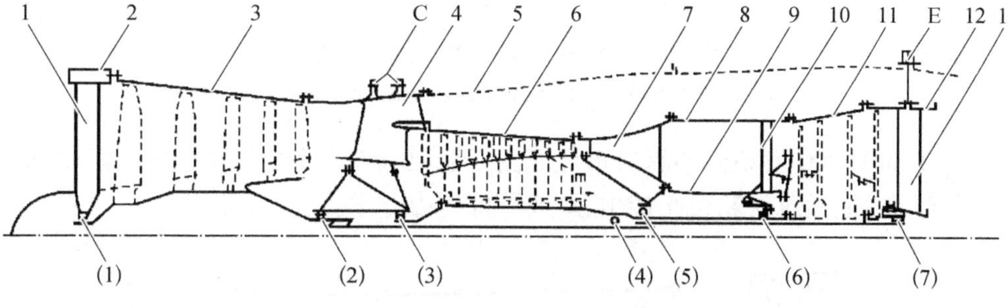

图 7.73　斯贝发动机的承力方案

1. 进口导流叶片；2. 进气机匣；3. 低压压气机机匣；4. 压气机中介机匣；5. 外涵道壳体；6. 高压压气机机匣；7. 扩压机匣；8. 燃烧室外壳；9. 燃烧室内壳；10. 空心撑杆(出气管)；11. 涡轮导向器机匣；12. 低压涡轮轴承机匣；13. 低压涡轮承力支板；(1)～(7) 为主点序号；C. 主安装节；E. 辅助安装节

低压转子前支点(1 号支点)所承受的负荷通过与进气机匣 2 焊在一起的 19 片进气导流叶片 1，并和低压压气机静子上的负荷一起传至中介机匣 4。中介机匣是镁合金铸造的主要承力机匣，经内、外涵道机匣，由发动机后部传递过来的负荷均汇集在这个机匣上，并由该机匣的主安装节 C 传到飞机上。2、3 号支点的负荷也通过中介机匣的三个翼形支板传至外壳。

高压涡轮转子支点(6 号支点)的负荷通过由燃烧室内、外壳体组合的盒形结构,以内外混合传力方式传出。盒形结构的后端由位于二股气流通路中的 10 根空心撑杆 10(低压空气出气管),将燃烧室内外壳连接起来。空心撑杆与燃烧室内壳 9 焊接在一起,与外壳 8 采用可拆卸的结构,用空心销 A 固定。盒形结构的前端面由扩压机匣 7 的 10 个空心翼型钢制整流支板与内外壁焊接成一整体。高压压气机出口的末级整流叶片是不承力的,因该发动机增压比较高,压气机出口温度也就高,而且叶片窄而薄,不易作承力件。这与 WP6、WP7、WP8 等发动机的承力方式不同。

低压涡轮后支点 7 的径向负荷通过具有 10 根径向分布的空心承力支板 13 组成的轮毂组合件传至内涵道的低压涡轮轴承机匣 12 上,连同低压涡轮静子及其后面部件的负荷,沿内涵道外机匣向前传出,类似于外传力方案。在内外涵道机匣后都用承力支板相连,该处外涵道机匣上有辅助安装节 E,仅承受部分径向力,以减轻机匣的载荷,又保证发动机壳体轴向自由热膨胀。

图 7.74 为 CF6 - 80 发动机的承力系统简图,其高压转子的后支点在涡轮的前面,高压涡轮支承的负荷仅通过燃烧室内机匣单独传出,而涡轮机匣只传递尾喷管及涡轮静子的负荷,形成了内外平行传力方案。

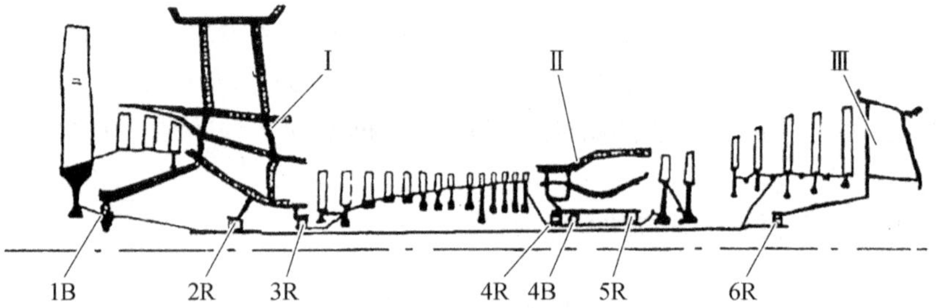

图 7.74　CF6 - 80 发动机的承力系统

Ⅰ. 中介机匣承力框架;Ⅱ. 扩压器承力框架;Ⅲ. 低压涡轮后承力框架

图 7.75 为 EJ200 发动机的承力系统简图,其高压转子后支点放在高压涡轮的后面,此支承的负荷只能通过涡轮机匣传出,形成了外传力方案。

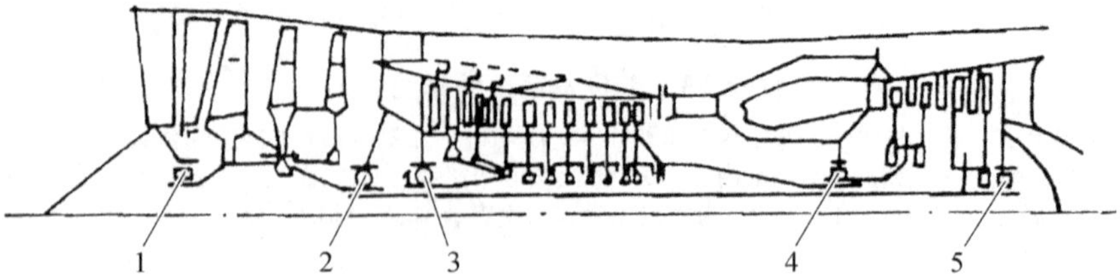

图 7.75　EJ200 发动机的承力系统

综上所述,内外混合传力方案能充分利用静子机匣构件,因而重量轻,刚性好,结构紧凑。但由于部件(如燃烧室、涡轮等)的结构型式不同以及转子的支承方案不同,在不同的条件下还采用外传力、内外平行传力等方案。在承力结构设计时，应充分利用现有的静子结构的零部件，以减轻发动机的重量。在低温区域可利用压气机静子叶片承受负荷。承受轴向力或较大负荷如主安装节附近区域则可利用承力较强的铸造机匣或板料焊接机匣。在高温区域应注意受热部分承力件的热负荷，采用与高温气流隔离的承力部件应具有足够的刚性，对内外混合传力方案要考虑内、外壳体由于温度不同的轴向热补偿等问题。

CFM56发动机的总体结构分析

思 考 题

1. 发动机总体结构设计的主要要求包括哪些？
2. 发动机工作时，作用在各零部件上的负荷可分为哪几种？
3. 采用减荷措施是否影响发动机推力？
4. 什么是陀螺力矩？
5. 如何用符号表示转子的支承方案？
6. 什么是中介支点？
7. 转子上的止推支点的作用是什么？一般应置于什么位置？
8. 在单转子的支承方案中，止推轴承有几个？为什么？
9. 分析CFM56发动机转子系统支承方案。
10. 分析RB211发动机转子系统支承方案。
11. 分析MTR390涡轴发动机转子系统支承方案。
12. 简要概括先进军、民用涡扇发动机转子支承方案的普遍规律。
13. 简述联轴器的作用及主要分类。
14. 联轴器传递的载荷主要有哪些？
15. 双排球轴承支承结构在使用时需要注意的问题是什么？
16. 简述航空发动机采用滚棒轴承与滚珠轴承并用结构的原因。
17. 涡轮附近支承结构特点是什么？
18. 简述挤压油膜阻尼器的原理。
19. 弹性支座主要分为哪几类？
20. 承力框架的结构有哪几种？
21. 航空发动机的传力方案可分为哪几种？

第 8 章
发动机工作系统

在燃气涡轮发动机上,不仅有压气机、燃烧室、涡轮、尾喷管等主要部件,还要有许多重要的工作系统,以保证发动机的正常工作,如控制系统、起动/点火系统、传动系统、滑油系统、空气系统以及安装系统等。这些与发动机工作密切相关的系统,通常被称为发动机工作系统。航空燃气涡轮发动机同时也对飞行器(飞机)的液压、气压、电气等系统附件提供动力。

8.1 控制系统

飞机要在不同的高度和速度下飞行,为了在飞行中保持发动机的给定工作状态,或者按照所要求的规律改变工作状态,都必须对发动机进行控制,这些都是依靠自动控制系统来完成。

随着航空技术的发展,控制系统由最初活塞式发动机改变螺旋桨距的转速自动调节器发展到燃气涡轮发动机的转速、温度、油量、起动加速等控制系统,以及保证发动机安全工作的防喘装置,超温、超转限制器等。

8.1.1 发动机控制系统概述

由于飞行包线的扩展,发动机的特性变化很大。要高性能地满足飞机在各种飞行条件下的需要,可控变量就要多,控制系统也很复杂,不同类型、不同用途的发动机对控制系统的要求也不尽相同,而下述几方面是最基本的要求:

(1) 保证最有效地使用发动机;

(2) 稳定工作,控制精度高;

(3) 良好的动态品质;

(4) 可靠性高,维护性好;

(5) 可更改性好,满足先进发动机对控制不断增加的要求。

随着航空发动机技术的发展,发动机控制承担的任务也越来越多,主要包括下述内容:

1. 燃油流量控制

飞机的不同飞行阶段(滑跑、起飞、爬升、巡航、下降、进近、复飞等)需要不同的推力(或功率),发动机燃油系统主要功能就是在各个工作状态下将计量好的燃油供给发动机。在控制中要求：不喘振、不超温、不超转、不富油熄火、不贫油熄火。

发动机在地面条件下工作时受到最大转速、贫油熄火、涡轮前燃气总温的最高值及压气机喘振边界的限制，如图 8.1 所示。

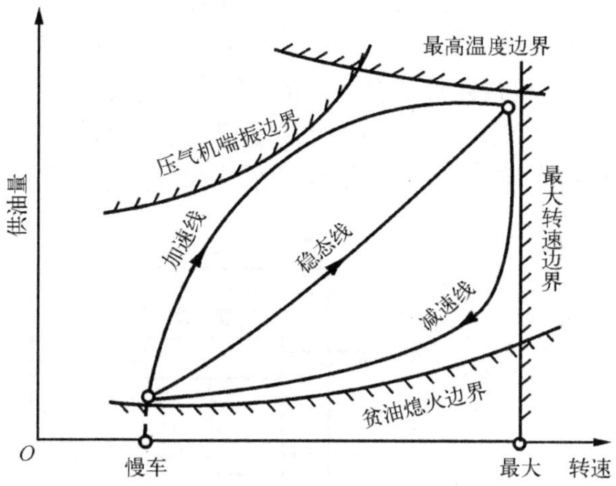

图 8.1　发动机的安全工作范围

2. *空气质量流量控制*

对流经发动机的空气质量流量进行控制，以保证压气机工作的稳定性。它包括可调静子叶片（VSV）和放气活门（VBV）等。

3. *涡轮间隙控制*

控制高压涡轮，甚至包括低压涡轮的转子叶片和机匣之间的间隙，以保证在各个工作状态下间隙为最佳，减小漏气损失，提高发动机的性能。

4. *冷却控制*

冷却控制包括两个方面：一是燃、滑油温度的管理，保证滑油充分散热及燃油不结冰、不过热。二是以最少的引气量控制发动机部件的冷却，同时提高发动机性能。

5. *涡桨、涡轴发动机控制*

包括螺旋桨调速器、动力涡轮转速调节器、多发动机负载匹配控制等。

6. *超声速飞机控制*

超声速飞机所配备的发动机进气道和尾喷口面积控制，保证各部件相互之间匹配工作。

8.1.2　发动机燃油控制系统

发动机在工作过程中，燃烧室供油量的多少要与当时进入发动机的空气量、气流速度相匹配，因此必须对供油量进行控制。供油量的多少受到很多参数的影响，主要包括：飞机对推力的需求、大气压力、发动机进气温度、进气压力、转子转速、压气机出口压力和发动机的排气温度等。燃油控制系统感受这些参数，根据参数的大小来控制供油量。

燃油控制器是燃油系统的核心部件，驾驶员通过驾驶舱内的油门杆来控制燃油控制器，调节发动机的供油量，控制发动机在加、减速和稳态时功率的大小。另外，燃油计量组件还可为其他发动机控制系统提供伺服燃油，如可调静子叶片、主动间隙控制系统等。

发动机燃油控制系统类型有传统的机械液压或气压式控制系统、监控电子式控制系统和全功能数字式电子控制系统，以下分别进行简要介绍。

1. *液压机械式发动机控制系统*

液压机械式及气动机械式燃油控制器是目前为止民用航空发动机上使用最多的控制器。它有良好的使用经验和较高的可靠性。除控制供往燃烧室的燃油外，还可操纵控制发动机可变几何形状，例如可调静子叶片、放气活门、放气带等，保证发动机工作稳定和提高发动机的性能。

液压机械式控制器，即计算是由凸轮、杠杆、滚轮、弹簧、活门等机械元件组合实现的，由液压油源作为伺服油（控制油）。气动机械式调节器的计算则是由薄膜、膜盒、连杆等气动、机械元件组合进行的，使用压气机空气作为伺服介质。

图 8.2 所示为 JT8D 发动机的燃油调节器（JFC60－6），这是一种典型的机械液压式燃油控制装置，主要包括计算系统和计量系统。

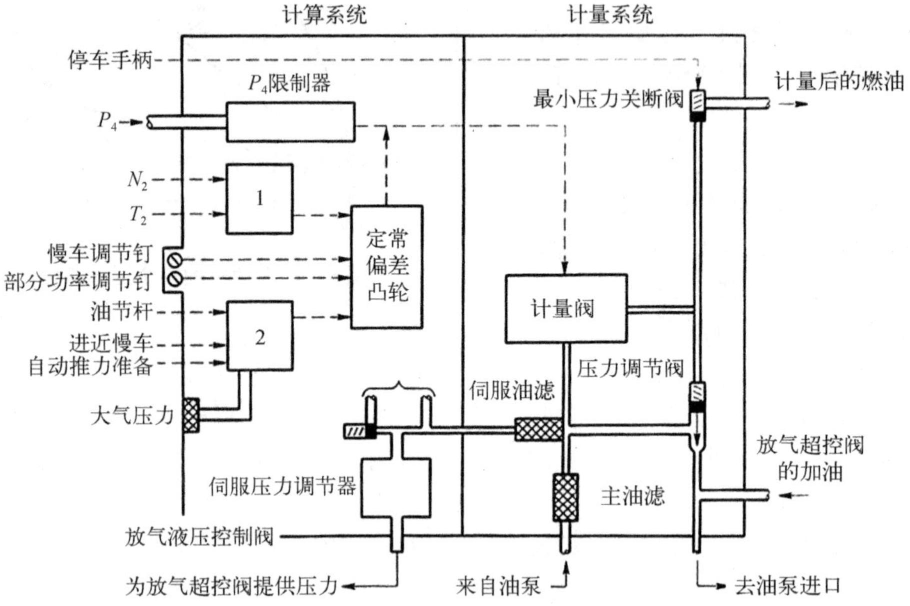

图 8.2　JT8D 发动机燃油调节器

1. 加、减速 3D 凸轮；2. 转速给定 3D 凸轮

在发动机加速、减速和稳态工作过程中，计算系统感受各工作参数的变化，控制计量阀的开度，改变供油量。计量系统把计量后的燃油送往燃烧室，并把多余的燃油送回油泵进口。

计算系统主要包括压气机出口压力限制器；两个三维凸轮（3D 凸轮）：一个是加、减速 3D 凸轮，另一个是转速给定凸轮；定常偏差凸轮和大气压力传感器。计算系统是以油气比（供油量 q_{wf} 与压气机出口压力 P_4 之比）作为控制参数的。

压气机出口压力（P_4）限制器感受压气机出口压力（燃烧室进口压力），若压力达到了最大值，其超控定常偏差凸轮，限制计量阀的开度，防止压力过高。

加、减速 3D 凸轮感受高压转子转速（N_2）和压气机进气温度（T_2），控制发动机的加速和减速。T_2 的变化使 3D 凸轮转动，而 N_2 的变化使 3D 凸轮轴向移动，从而改变凸轮的控制形面。3D 凸轮的型面是按照油气比与发动机的转速（N_2）和压气机进气温度之间的对应关系制定的，从而实现对发动机加速、减速方案的控制。

计量系统主要包括计量阀（油门阀）、压力调节阀和燃油最小压力关断阀。计量阀是一窗口式阀，其在计算部分的控制下，控制送往燃烧室的燃油流量。计量阀两端（进口和出口之间)的压差,靠压力调节阀来保持。压力调节阀还把多余的燃油送回油泵的进口。

燃油控制器与驾驶舱之间有两根机械连杆,一根是油门杆,另一根是停车手柄(也称燃油关断手柄)。停车手柄有“接通”和“关断”两个位置。在发动机起动过程中,当 N_2 达到一定转速后,把停车手柄推到“接通”位,这样就允许计量后的燃油把最小压力关断阀打开,使燃油进入喷油嘴。最小关断阀靠计量后的燃油压力打开,关闭是靠弹簧和供油泵的高压油。

燃油控制器内有一伺服压力调节器,其调节所有的伺服压力,为燃油控制器内部的计算系统和计量系统提供作动力。

另外,燃油控制器内还有一个压气机放气阀的液压控制阀,为压气机放气超控阀提供伺服燃油。当发动机在稳态工作时,此液压控制阀允许伺服燃油通到放气超控阀,使压气机放气阀处于关闭位置。当发动机快速减速时,此液压阀转换位置,减少送到放气超控阀的伺服燃油,使放气阀打开,防止压气机出现失速或喘振。

这种机械液压式燃油控制器,一般用膜盒感受压力,用离心飞重来感受转速。压力和转速的变化再通过伺服机构(阀门、挡板阀等)转换成液压压力(伺服燃油压力),从而作动杆系。

图 8.3 所示为波音 737 - 300 飞机上的发动机机械式操纵控制原理图。从驾驶舱的油门杆,经中央操纵台上的油门操纵机构和飞机地板下的钢索、滑轮,一直到发动机吊架处的操纵鼓轮,最后到达发动机上的燃油调节器。

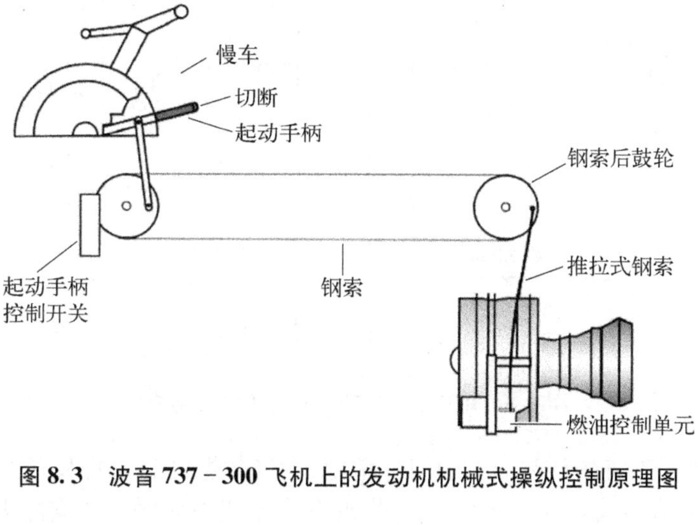

图 8.3　波音 737 - 300 飞机上的发动机机械式操纵控制原理图

2. 监控电子式控制系统

监控电子式控制系统是发动机控制系统从完全机械液压式到全功能数字式电子控制系统(full authority digital engine control, FADEC)之间的过渡。

在监控电子式控制系统中,液压机械式控制器作为主控制器,负责发动机的完全控制。发动机电子控制器(engine electronic control, EEC)具有监督能力,对推力(功率)进行精确控制,并对发动机重要工作参数进行安全限制。此外,电子控制便于同飞机接口对接,易于推力管理、状态监视,以及信号显示和数据储存。

发动机的监控控制由液压机械式控制器完成主要功能，EEC 起监控、限制作用，具有有限功能，即对推力（功率）做有限的控制。EEC 参与工作时，对于外界条件的变化，它可以精确地保证选定的目标值。例如，以发动机压力比 EPR 或以风扇转速 N_1 表征推力，EEC 则精确保证 EPR 或 N_1 的实际值等于要求值。

如图 8.4 所示为 RB211－535E4 发动机的控制系统，EEC 通常装在电子设备舱内，燃油调节器（fuel flow governor，FFG）属于机械液压式。发动机的推力由发动机压比（EPR）控制。驾驶舱内油门杆的运动直接由钢索、滑轮等传到发动机上的 FFG。另外，通过油门杆角度传感器，把油门杆的机械运动转变为电信号传给 EEC。EEC 有两个通道，一个是监控通道，另一个是限制通道。监控通道主要修正 EPR 的大小，提高发动机功率的控制精度。限制通道感受 N_1 转速，防止 N_1 转子超转。

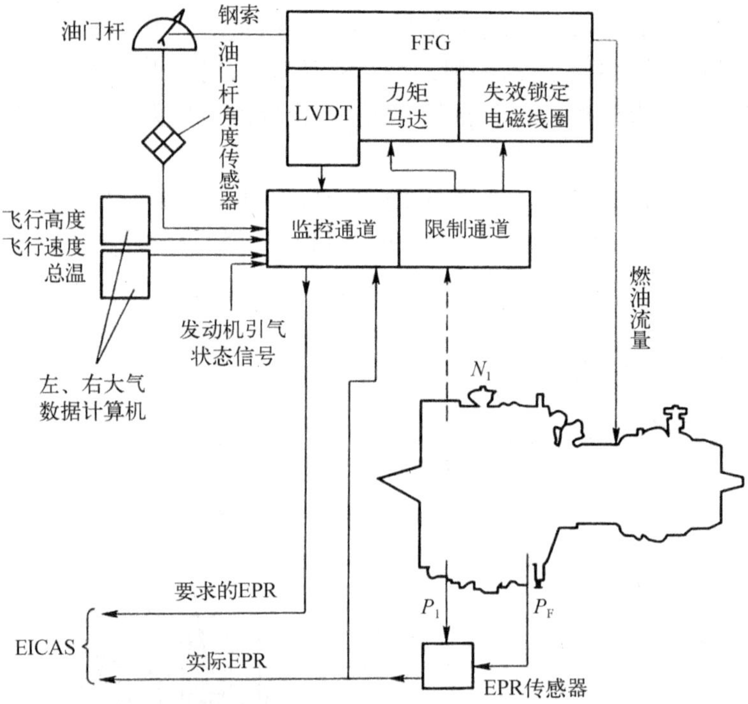

图 8.4　RB211－535E4 发动机的控制系统

EEC 接收来自飞机的信号有：油门杆角度，大气数据计算机提供的总温、总压和飞行速度、飞行高度和发动机的引气状态。接收来自发动机的参数有：实际 EPR、N_1 转速、油门杆角度，发动机进气压力 P_1 和中压压气机进气温度 T_2。另外还有来自驾驶舱内的 EEC 控制开关的信号。FFG 是燃油的主控制器，而 EEC 只起修正和限制作用。

FFG 根据油门杆给出了发动机的功率，即 EPR。EEC 也会根据油门杆角度信号给出一个发动机推力的要求值，即 EPR 的要求值，并根据飞行高度、大气总温和飞行速度以及发动机的引气状态对该要求的 EPR 进行修正。EPR 传感器把实际的 EPR 值传给 EEC（监控通道），当实际值和要求值不一致时，EEC 的监控通道就发送修正电流到 FFG 上的力矩马达，微调燃油流量，使实际 EPR 值与要求 EPR 值相同，从而提高控制精度。EPR

的要求值和实际 EPR 值也会在发动机指示和机组告警系统(engine indication and crew alerting system, EICAS)上给出显示。

EEC 的限制通道感受 N_1 转速,防止 N_1 转速超过预定的 N_1 值。该转速值在最大起飞转速和最大超转转速之间。若 N_1 达到此值,则限制通道发送电流到力矩马达,调节供油量,下调转速,即限制通道起到保护作用。

由于 EEC 只起修正 EPR 和限制 N_1 的作用,所以,在 EEC 不工作的情况下,FFG 可照常工作,完成对发动机燃油流量的控制。EEC 的两个通道是相互独立的,每个都可单独工作。若监控通道出现故障,则修正冻结,即把修正电流冻结在故障时的值。当限制通道发出的修正电流大于冻结电流时,则冻结解除,允许限制通道发挥作用。但若限制通道出现故障,则失效锁定电磁阀工作,把修正机构锁死,不允许 EEC(监控和限制通道)工作。

EEC 有自检设备(bult-in test equipment, BITE),其可对 EEC 的输入和输出进行检查并自检,若发现故障,则以故障代码的形式存储在 EEC 内存里。另外,还在 EICAS 上给出维护信息:"L/R EEC BITE"("左/右 EEC 自检")。维护人员看到此信息后,可在地面上给 EEC 通电,使 EEC 自检,在 EEC 上有一显示窗口,从窗口上可把存储的信息读取出来。

3. 全权限数字电子控制(FADEC/EEC)

全权限(全功能)数字电子控制(FADEC)是指充分利用电子式控制系统的能力来完成控制系统所要求的任务,是发动机控制发展的最新水平,目前已被广泛应用于现代发动机的控制,如 PW4000、V2500、RB211-524、GE90 等。

FADEC 系统是管理发动机控制的所有控制系统的总称,除控制发动机的燃油系统外,还控制发动机的其他系统,如起动系统、反推系统、压气机气流控制系统、主动间隙控制系统,以及燃油和滑油工作温度控制系统等。在 FADEC 控制中,发动机电子控制器 EEC 或电子控制系统 ECU 是它的核心,所有控制计算由计算机进行,然后通过电液伺服机构输出控制液压机械装置及各个活门、作动器等,因此液压机械装置是它的执行机构。

在发动机控制方面。FADEC 的功能包括:

(1) 推力管理,对发动机的推力进行精确的控制,提高了推力控制的精度;

(2) 燃油量的控制,包括起动、加速、减速、稳态的流量控制;

(3) 控制放气活门(VBV)的开度和可调静子叶片(VSV)的角度,以得到最佳的喘振裕度,防止喘振使发动机更好地工作;

(4) 涡轮间隙(TCC)控制,控制发动机不同级的引气,从而保证涡轮叶尖间隙为最佳间隙,减小漏气损失,提高涡轮效率,提高发动机的性能;

(5) 对发动机的燃油和滑油进行控制;

(6) 对发动机的起动点火和反推进行控制;

(7) 安全保护,EEC 使发动机的各主要参数不超限。

FADEC 除控制一些参数外,还监视一些工作参数,自动检测故障,隔离出故障部位及采取相应的适应措施,向驾驶员提供发动机状态监控信息,记忆存储故障数据。

为了保证工作可靠,FADEC 采用裕度控制。如 EEC 采用双通道,当一个通道有故障时,可自动转换到另一通道。

重要的传感器、作动器也是有裕度的;以 EPR 控制发动机的推力输出,如果 EEC 检测到压力传感器的故障,可以自动切换到 N_1 控制发动机的推力输出。

在数据通信方面,EEC 既可以从飞机接受信息,飞机也可接受来自 EEC 的信息,用于操纵、维护驾驶舱显示。

FADEC 是容错系统,余度控制。对于不重要的故障,它仍可继续工作。EEC 都是双通道设计,通道之间可以相互通信;EEC 接受余度的传感器及飞机输入,并同计算的数据比较选用;输入、输出故障能自动切换到余度的传感器和作动器;控制通道故障可自动切换到备用通道工作;所有通道都故障时,可转换到故障-安全状态;对于以 EPR 控制推力的,如果计算 EPR 有困难可以转换到以转速 N_1 控制推力。

与前面的机械液压和监控型控制系统比较,FADEC 系统有如下特点:控制范围广、控制速度快、控制精度高;有效减轻燃油控制组件的重量;减轻飞行人员的工作负荷;控制的可靠性高。

现代民用发动机 FADEC 控制系统的控制核心是 EEC。在大型涡轮风扇发动机上,EEC 一般通过减振安装座固定在发动机上,并且多数装在风扇机匣上,也有把 EEC 安装在飞机内部的,要求安装环境通风冷却要好,能避免雷击以及电磁辐射对其造成的影响。

采用全功能数字电子控制后仍然需要一些液压机械部件。发动机仍然需要油泵、油滤、燃油加热器、燃油计量装置(FMU)以及作动执行结构等。但在 FADEC 系统中,液压机械装置已不再具有计算功能,但燃油计量功能以及操纵可变几何形状作动器以及活门的伺服油、动力油仍由它提供,即成为 EEC 的执行机构。液压机械装置(hydromechanical unit, HMU)又称为燃油计量装置(fuel metering unit, FMU),保留除计算功能以外的原有功能。FMU 有以下作用:

CFM56发动机的FADEC系统

(1) 按 EEC 计划向发动机提供燃油,FMU 是 EEC 计量燃油的执行元件;

(2) 停车时,切断供油,即燃油的供给是由 FMU 来控制的;

(3) 风车时,旁路回油,为油泵卸荷;

(4) 向发动机的各个作动器供应过滤了的压力燃油作为伺服介质。

8.2 起动/点火系统

燃气涡轮发动机开始工作时,需要利用外界的能量使转子转动,经过一个起动过程,才能进入稳定的慢车工作状态。使发动机从静止状态加速到慢车状态的各个工作部分总称为起动系统。为了达到起动的目的,涡轮发动机会安装起动和点火两套系统。发动机在地面起动或在飞行过程中需要辅助起动时,这两个系统会协调共同工作,使发动机起动点火;在风车或惯性过程中,点火系统单独工作。

通常对起动系统有以下基本要求:

(1) 保证战术技术要求的起动时间,所谓起动时间,是指起动系统开始动作到发动机转子加速到慢车转速的整个时间;

(2) 保证发动机在地面和尽可能高的高度,都能可靠地自动起动;

(3) 在系统体积小、重量轻的条件下,尽量保证起动的独立性(不依赖机场设备)和足够多的重复起动次数;

（4）附件结构简单，使用和维护方便。

8.2.1　系统工作过程

一般情况下，在地面起动时，系统的工作过程如下：

首先利用起动机通过附件齿轮箱来带动发动机转子。压气机转动把空气吸入发动机。当转速达到一定值时，燃油系统开始供油，使进入燃烧室的空气与喷嘴喷出的燃油混合，生成油气混合物。点火系统点燃此混合物，使其燃烧起来。燃烧产生的高温、高压燃气带动涡轮旋转。这样，压气机就在起动机和涡轮的共同带动下不断加速。当转速达到一定值时，起动机退出工作，涡轮自己带动发动机转子加速到慢车转速，从而完成起动过程。

发动机的起动过程是由发动机控制系统自动控制的，起动、点火按顺序配合工作。根据带动发动机转子加速的驱动力的来源，可将加速过程分为3个阶段。

（1）第一阶段，从起动机转动开始到燃油系统供油，点火系统点火，涡轮开始发出功率为止。这一阶段中带动发动机转子加速的驱动力来自起动机，也就是由起动机单独带动发动机转子加速。发动机转子的转速变化为

$$n = 0 \rightarrow n = n_1,\ n_1 = (0.08 \sim 0.12)n_{max}$$

这时发动机获得的加速力矩为

$$M_a = M_s - M_f$$

式中，M_a 为加速力矩；M_s 为起动机的扭矩；M_f 为发动机转子的阻力矩。

当 $n = n_1$ 时，起动燃油系统开始供油，点火，燃油燃烧，涡轮开始发出功率。

（2）第二阶段，从涡轮产生功率起，到起动机脱开为止。这一阶段中带动发动机转子加速的驱动力来自起动机和涡轮转子。发动机转子的转速变化为

$$n = n_1 \rightarrow n = n_2$$

这时发动机获得的加速力矩为

$$M_a = M_s + M_T - M_f$$

式中，M_T 为涡轮转子的扭矩。

当 $M_T = M_f$ 时，$n = n_p$ 称作自持转速，这时，

$$M_a = M_s$$

当 $n < n_p$ 时，$M_T < M_f$，仅有涡轮不能带动发动机转子；

当 $n > n_p$ 时，$M_T > M_f$，但此时涡轮提供的加速率比较小，仍不能脱开起动机；

当 $n_2 = (1.2 \sim 2.0)n_p$ 时，可以脱开起动机；

对于涡喷和涡扇发动机：$n_2 = (0.2 \sim 0.3)n_{max}$；

对于涡桨发动机：　　$n_2 = (0.3 \sim 0.35)n_{max}$。

在这个过程中，当转子达到安全点火的转速后，燃油阀门打开，燃油流入燃油喷嘴。在此同时或略微之前，点火系统被激活；在燃油流到燃烧室时，开始点火。起动机在燃烧

室燃烧后继续工作，此时起动机与涡轮共同发挥作用。

(3) 第三阶段，从起动机脱开到慢车转速为止。发动机加速到某一转速时便可不依靠起动机继续加速，起动机和点火器关闭，发动机继续自行加速。此时，带动发动机转子加速的驱动力来自涡轮转子，也就是由涡轮单独带动发动机转子加速到慢车转速 n_{id}。发动机转子的转速变化为

$$n = n_2 \rightarrow n = n_{id}$$

这时发动机获得的加速力矩为

$$M_a = M_T - M_f$$

对于涡喷和涡扇发动机：$n_{id} = (0.24 \sim 0.4) n_{max}$；

对于涡桨发动机：$n_{id} = (0.6 \sim 0.7) n_{max}$。

发动机依靠涡轮功率加速，转子加速到慢车转速。到慢车后控制系统通过反馈调节，自动控制燃油流量加减，使发动机转速稳定在慢车转速。

第一阶段是点燃之前，第二、第三阶段是点燃之后。如图 8.5 所示，点燃之后排气温度迅速上升，在达到慢车转速前发动机排气温度达到最大值，之后排气温度下降并随发动机转速稳定在慢车而稳定下来。

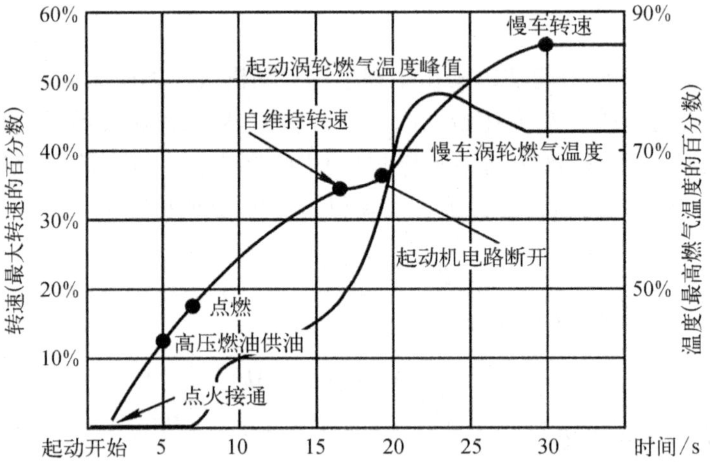

图 8.5 涡轮喷气发动机的典型起动过程

8.2.2 起动机类型

起动系统最关键的部件是起动机和起动传动系统，其中起动传动系统在“传动系统”部分进行介绍。燃气涡轮发动机的起动机主要包括电动起动机、燃气涡轮起动机、空气涡轮起动机和冲击起动。起动机的功率随外界条件变化而变化，其中空气涡轮起动机和燃气涡轮起动机受外界条件影响更大。电动起动机一般用在小型燃气涡轮发动机上；大型燃气涡轮发动机涡扇发动机起动所需的扭矩很大，一般都采用重量轻的空气涡轮起动机；部分型号的发动机采用燃气涡轮起动机，起动功率大，起动速度快。

1. 电动起动机

电动起动机由直流电源、直流电动机、减速器、离合器等组成。

发动机起动时，由机上电瓶或地面电源车向起动机供给低压直流电（一般 30 V 以下），电动机带动发动机转子；当达到脱开转速后，断开电源，起动机由棘爪离合器自动与发动机转子断开。

电动起动机的优点是使用方便，起动过程自动化，其缺点是重量大。起动后电动机成为无用的重量，因此在起动时可将直流电动机作为起动机，而在飞行时将它作为直流发电机使用，产生低压直流电。电动起动机如图 8.6 所示。

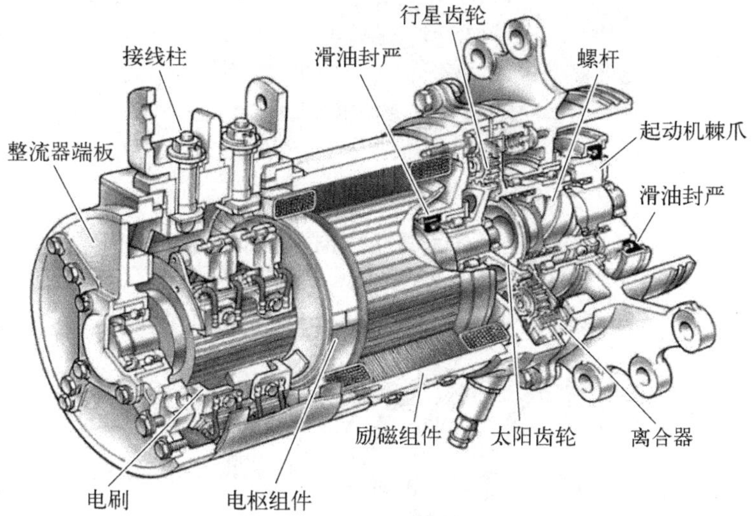

图 8.6　电动起动机

电动起动机常用于功率或推力较小的涡轴、涡桨、涡扇发动机以及辅助动力装置（auxiliary power unit, APU）。

2. 燃气涡轮起动机

燃气涡轮起动机实际上是一台完整的小型涡轮轴发动机（图 8.7）。起动时，燃气涡轮起动机由自身的电动起动机带动，直到脱开转速，起动和点火系统断开为止。然后，起动机转速继续增大到工作转速，通过传动比很大的减速器带动发动机转子旋转。当发动机转速达到脱开转速时，燃气涡轮起动机停止工作，并由离合器脱开，发动机依靠本身的涡轮功率加速到慢车转速。

它的优点是起动功率大，不依赖地面电源，可以多次重复使用；缺点是结构复杂。

3. 空气涡轮起动机

空气涡轮起动机由单级涡轮、减速器、离合器和传动轴等组成。

空气涡轮需要一定压力（一般在 275 000 Pa 左右）和高流量的空气，这些空气可来自地面气源车、APU 或已起动的另一台发动机，如图 8.8 所示。空气进入起动机，经喷嘴环，高速喷到涡轮工作叶片上，从而使涡轮高速转动，可达到 50 000~80 000 r/min，经减速齿轮系，降低转速提高扭矩，经输出轴传给发动机驱动机构，如图 8.9 所示。

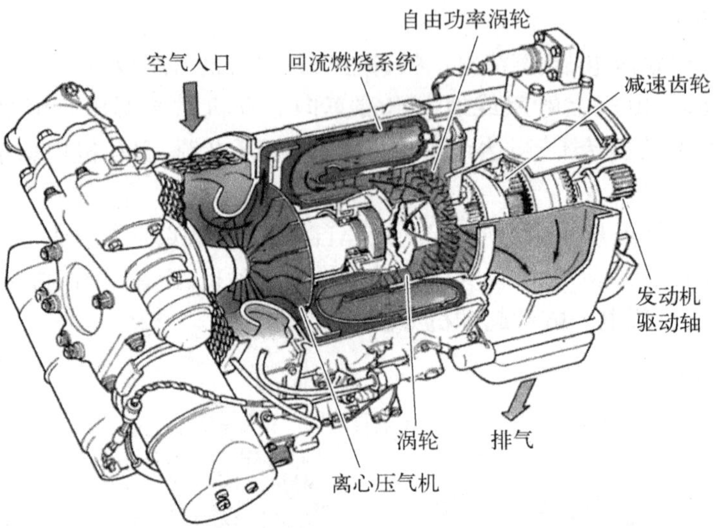

图 8.7　燃气涡轮起动机

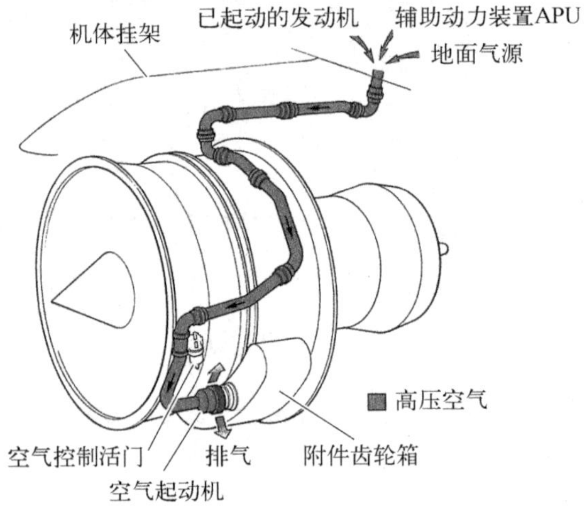

图 8.8　空气涡轮起动系统

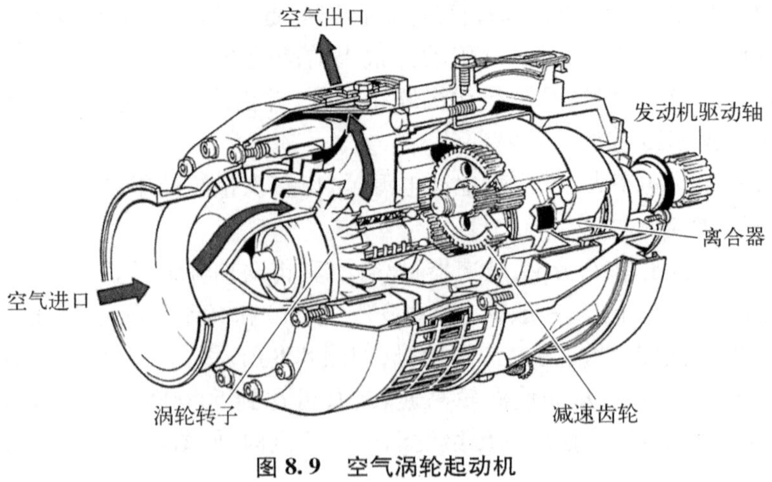

图 8.9　空气涡轮起动机

空气涡轮起动机的优点是扭矩大,重量轻,结构简单,工作可靠,使用方便。其缺点是需要外界气源,不能单独起动发动机。目前大型客机和运输机上的大涵道比涡扇发动机的起动系统主要是空气涡轮起动系统,如图 8.10 所示为 V2500－A5 发动机的空气起动管路和起动机。

图 8.10　V2500－A5 发动机的起动机管路和空气起动机

4. *冲击起动*

冲击起动类似于空气涡轮起动机,但是以这种模式起动的发动机不装起动机,使用压缩空气冲击涡轮叶片作为转动发动机的手段,如图 8.11 所示。空气冲击比通常的起动系统方法简单,并相当节省重量。

若将起动机输出单位功率所需的重量称为相对重量,上述起动机的相对重量分别是:电动起动机——7.37~13.4 kg/kW;起动-发电机——5.36~10.72 kg/kW;燃气涡轮起动机——1.47~4.02 kg/kW;空气涡轮起动机——0.94~2.01 kg/kW。

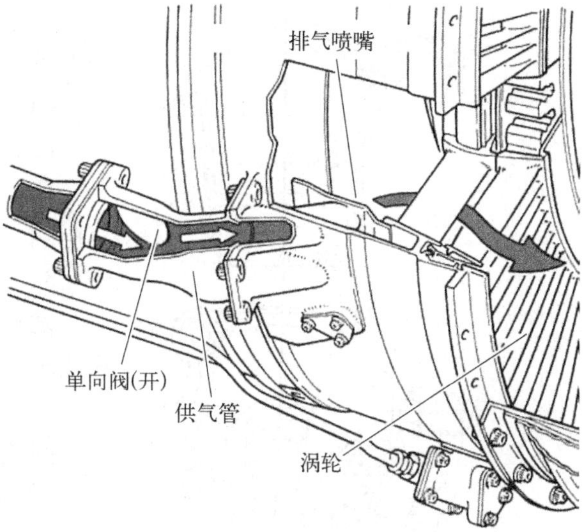

图 8.11　冲击起动系统

8.2.3　点火系统

点火系统的作用是在起动时或高空熄火后形成点火源。现代航空发动机要求点火系统在三种条件下工作:一是地面起动时;二是发生空中停车时;三是当飞机在暴风雨中或做机动飞行时,防止燃烧室熄火。前两种点火方式点火时间短,点火能量大,采用高能点火器;后一种点火方式持续时间长,称之为“长明灯”式点火,点火能量小,采用低能点火器。点火性能直接影响发动机工作安全和可靠性。

1. 点火系统组成

燃气涡轮发动机的点火系统由电源、高能点火器(又称点火激励器)、高压导线、点火电嘴,以及相应的冷却系统组成,如图 8.12 所示。点火激励器把输入的低压电转换成高压电,通过点火导线送到点火电嘴。点火电嘴安装在燃烧室内,电嘴放电产生电火花,点燃燃烧室内的油气混合物。点火电嘴按能量分类,常见的有低能量和高能量两种:高能量一般在 10~20 J,低能量约为 3~6 J。

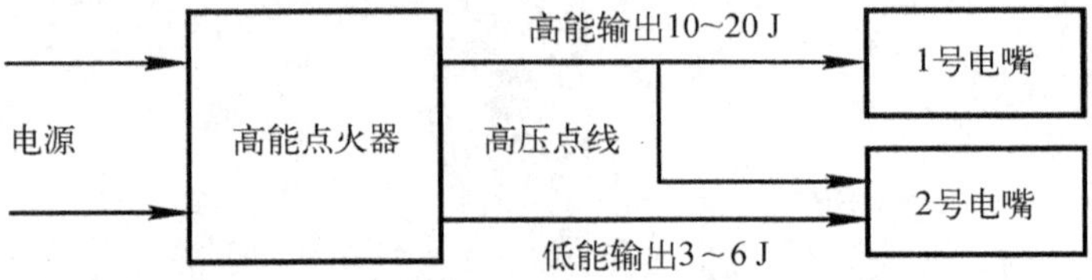

图 8.12　点火系统的组成

目前为止,所有燃气涡轮发动机都采用高能点火装置,而且总是装备双套点火系统,每套点火系统都包含自己的点火器、点火导线和点火电嘴。两套系统可单独工作,也可共同工作。从点火器到点火电嘴之间的高压导线有金属屏蔽编织网,起防干扰作用。空中起动时,为了保证成功,通常两套点火系统同时工作。

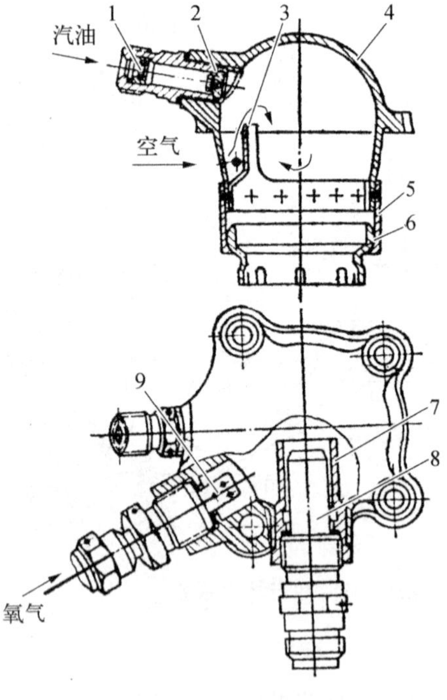

图 8.13　WP7 发动机点火器

1. 油滤;2. 起动喷嘴;3. 挡流板;4. 点火器壳体;5. 点火器裙;6. 球面衬套;7. 电嘴衬套;8. 电嘴;9. 氧气管接头

2. 点火系统特点

燃气涡轮发动机的点火系统与活塞式发动机的点火系统不同,具有以下特点:

(1) 只在起动点火的过程中工作;

(2) 采用高能点火系统;

(3) 点火系统对发动机工作过程中的性能没有影响。

3. 点火系统分类

发动机的点火系统可分为间接点火和直接点火两种。

1) 间接点火

间接点火是先点燃起动喷嘴的燃油,形成小股火焰,然后用小股火焰去点燃工作喷嘴的燃油。WP6、WP7、WP8 等发动机均采用间接点火。图 8.13 为 WP7 发动机点火器。

为了保证高空起动,采用汽油作为起动燃油。壳体上有 4 个气流相对的通气孔,孔后是挡片,使气流在挡片后产生涡流,促进油气混合。为了防止汽油直接喷到电嘴上,电嘴在其安装衬套内凹下 3.5~4 mm,并由小孔进入空气吹除积炭。点火形成的小股火焰，通过三通管引燃相邻火焰筒内的工作燃油。

这种点火系统对其在主燃区的安装位置不太敏感，点火能量大，高空再点火较易实现。但其缺点是结构复杂，重量较大。

2）直接点火

直接点火是用电嘴直接点燃火焰筒头部的混合气。随着高能电嘴技术的发展，使电嘴能在低电压下，放电量大大增加。因此，除不可能直接点火的蒸发式燃烧室和不便直接点火的采用甩油喷嘴的折流式环形燃烧室外，直接点火已得到广泛的应用。

斯贝发动机燃烧室采用直接点火（图 8.14）。半导体点火电嘴固定在燃烧室外壳的安装座上，采用套筒保护电嘴安全通过外涵道，电嘴与外涵以及与火焰筒之间用浮动环密封。

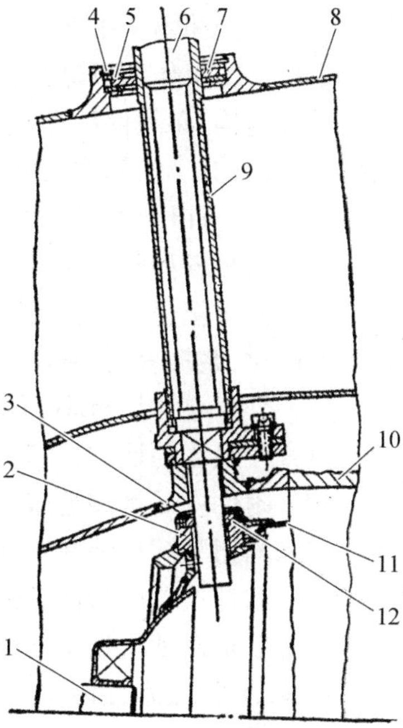

图 8.14 斯贝发动机点火器

1. 喷嘴；2. 安装座；3. 限动环；4. 卡圈；5. 垫圈；6. 电嘴；7. 浮动环；8. 外涵外壳；9. 电嘴外套；10. 燃烧室外壳；11. 火焰筒；12. 浮动环

点火电嘴的安装位置应该使点火源限制在燃烧区内，并能借回流作用在回流区内不断运动，直至火焰遍及整个燃烧区。直接点火系统的点火电嘴位置常安排在火焰筒头部，靠近喷雾锥的外缘、流速较低的地方。发动机的点火电嘴一般为 2 个，在周向的分布可以有不同方案。采用 2 个点火电嘴时，一般位于燃烧室上方两侧；采用 4 个点火电嘴时一般均匀分布。

8.3 齿轮传动系统

8.3.1 传动系统概述

飞机和发动机附件的传动方式主要有三种：齿轮传动（机械传动）、电驱动、高压气体驱动。齿轮传动是目前航空燃气涡轮发动机中广泛采用的传动方式，本节主要介绍齿轮传动的动力传输方式。

航空燃气涡轮发动机（以下简称航空发动机）附件传动系统主要有以下几个功能：

（1）发动机起动时将安装在附件传动机匣上的起动机功率传输给发动机转子；

（2）发动机正常工作时，提取发动机转子功率，传递给安装在附件传动机匣上的其他传动附件（滑油系统、燃油系统、电气系统、控制系统和空气系统等）；

（3）为发动机和飞机附件提供安装平台。

在现代燃气涡轮发动机上，传动发动机附件的功率约占涡轮功率的 0.2%～0.5%，传动飞机附件的功率约为涡轮功率的 0.3%～0.6%。附件及其传动部分的重量约占发动机重量的 15%～20%。在涡桨发动机上，传动发动机附件的功率约为涡轮功率的 0.1%～

0.17%，传动飞机附件的功率约为0.15%~0.25%。

附件系统工作的可靠性，无论是对于发动机还是飞机都是极端重要的。因此附件传动装置的结构，必须保证在飞行包线范围内的可靠工作，并保证所有的转速、转向和需用功率，以及具有小的外廓尺寸和重量，更换和维护容易等要求。

在设计附件传动装置时，需注意下述原则：

(1) 满足各种附件对转速、转向、传动功率、安装位置及密封等要求；

(2) 便于接近，进行维修、调整和更换，希望附件集中在一个或几个传动机匣上，这样结构可简化，装拆容易，其润滑系统也希望是发动机滑油系统的一部分；

(3) 外廓尺寸尽量小，力求不增加或少增加发动机的迎风面积，因此，常将附件装在发动机直径最小的地方，或者装在发动机头部整流罩内或后部整流锥内；

(4) 附件应尽量靠近服务对象，以缩短管路，工作灵敏，重量减轻，如涡桨发动机的变矩系统和测扭系统应装在减速器的机匣上；

(5) 附件位置应远离高温区，在高速飞机上，为了防止气动加热应采用隔热罩。

随着航空发动机技术的发展，附件传动功率越来越大，在110 kN推力级的加力式涡轮风扇发动机上，附件传动功率已达500 kW以上，起动机功率也在150 kW左右。齿轮箱环境温度随飞行 *Ma* 数的增加而提高，现役先进战斗机发动机已达到250℃。但只要发动机主轴支承仍采用滚动轴承，就需要滑油系统，因此机械式附件传动系统必然与之同步发展。未来随着诸如磁浮轴承等重大技术的突破，航空发动机有望取消滑油系统，而其他所有需传动的附件均由各自电动机带动，从而实现动力传输的重大变革。

8.3.2 传动类型

航空发动机附件传动系统当前主要采用经典的齿轮传动方式进行功率传递，传动系统零组件主要包括齿轮、轴承、机匣、传动轴、联轴器、离合器等。机械式齿轮传动方式历史悠久，其加工使用和维护经验都非常成熟，传动功率和速度的适用范围广，具有恒定的传动比，传动效率高，传动可靠，使用寿命长，结构也比较紧凑。但这种传动方式对加工和安装精度要求较高，成本相对较高，使用过程中容易因齿轮啮合时产生的激励而诱发振动问题，噪声也比较大，影响使用的舒适性。

附件传动系统根据附件安装方式可分为齿轮箱式（或整体式）、混合式。齿轮箱式附件传动系统特点为：发动机及飞机附件集中安装于一个或多个齿轮箱式机匣上，根据在发动机的位置分布，可包括内部的中央传动装置（简称中央传动），以及外部的附件传动装置（简称附件机匣）。混合式附件传动系统特点为：发动机及飞机附件中并不是所有的附件都集中安装于齿轮箱式机匣上，而是部分附件集成于发动机内部或其他机匣上，可通过包含齿轮传动的多种方式联合驱动，如由发动机内部主轴直接驱动，由引气、液压、电机等一种或多种方式驱动，且在发动机内、外多个部位分散独立布置。

8.3.3 传动系统布置

1. 涡喷、涡扇发动机

用于大中型军民用飞机的涡喷、涡扇发动机及飞机附件传动装置通常以齿轮箱式附件传动系统为主,并普遍采用齿轮箱式单元体设计,便于维护。

军用战斗机发动机附件传动系统包括中央传动装置(内部齿轮箱)、中央传动杆、发动机附件机匣(也称发附机匣)、联轴器、飞机附件机匣等。一般将发动机附件、飞机附件分别安装于各自独立的传动齿轮箱上,分别称为发动机附件传动、飞机附件传动。发动机附件机匣固定安装于发动机机体上,飞机附件机匣固定安装于飞机机体上,两个齿轮箱之间通过联轴器(动力输出轴、柔性轴)连接。典型军用飞机发动机附件传动布局见图 8.15。

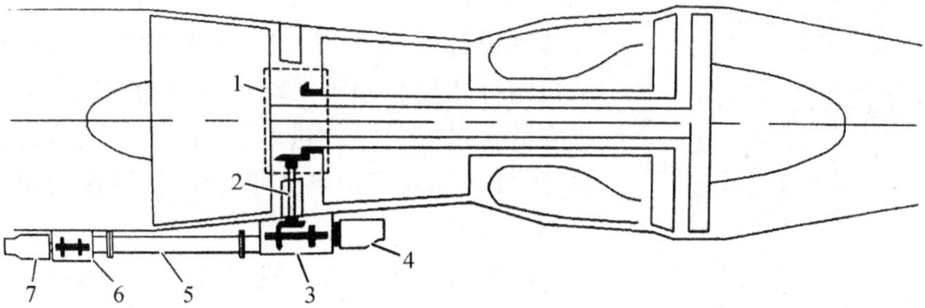

图 8.15　典型军用飞机发动机附件传动布局

1. 中央传动装置;2. 中央传动杆;3. 发动机附件机匣;4. 发动机附件;5. 联轴器;6. 飞机附件机匣;7. 飞机附件

民用飞机常采用大涵道比涡扇发动机,发动机附件和飞机附件一般安装于同一个附件传动齿轮箱上,也常称为主齿轮箱。若传动路径较长,部分发动机附件传动系统还包含一个中间齿轮箱(角传动齿轮箱)。考虑维修性、可达性等要求,附件机匣一般置于发动机底部,安装于风扇机匣外缘。如果风扇尺寸较大,附件齿轮箱则安装于核心机底部外缘,如图 8.16 所示。

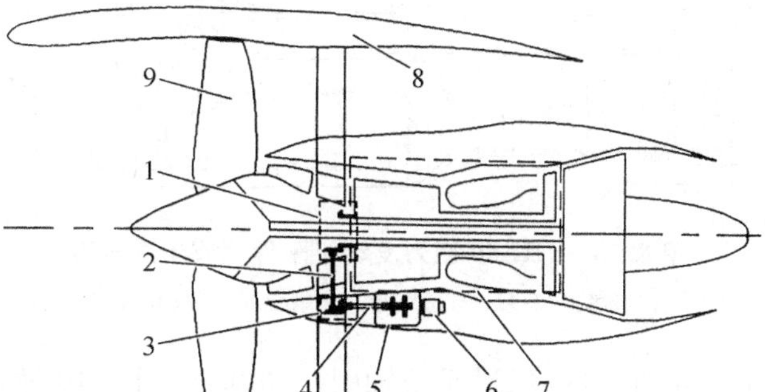

图 8.16　典型民用飞机发动机附件传动布局

1. 中央传动装置;2. 中央传动杆;3. 中间齿轮箱;4. 水平传动轴;5. 附件机匣;6. 发动机/飞机附件;7. 核心机;8. 风扇机匣;9. 风扇

也有些发动机将部分附件集成于发动机内部,如 JT8D 系列涡扇发动机将部分附件集成于进气机匣内,称为前附件传动,如图 8.17 所示。前附件传动的附件包括 1#支点回油

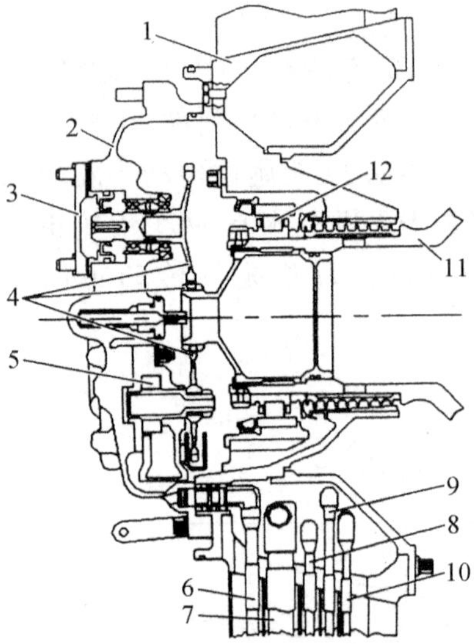

图 8.17　JT8D 系列发动机部分附件集成于进气机匣

1. 风扇进气机匣；2. 前附件传动支撑座；3. 1#转速表安装座；4. 前附件传动齿轮；5. 1#支点回油泵；6. 转速表引线管；7. 通风管；8. 回油管；9. 供油管；10. 进气压力测试管；11. 风扇轴；12. 1#支点

泵、低压转子转速表。附件动力从风扇轴引出，分成上、下两路，上路传递至安装于前附件传动支撑座。上的转速表，下路传递至回油泵，该泵与前附件传动支撑座集成设计。转速表引线管、1#支点轴承腔通风管、供油管、回油管、进气压力测试管从风扇底部支板引出。

对于小、微型涡轮发动机（microturbine engine，MTE），尤其是短寿命的弹用发动机，其一次性使用、低成本、高可靠性等要求，使得结构简单、可靠的集成化附件传动设计思想显得尤为重要。例如，TRI 60 系列发动机附件主要集中于发动机机体前端进气口的中部，集成安装于进气机匣的进气锥内，主要包括燃、滑油泵组等，附件传动功率由转子前端安装的直齿轮引出，如图 8.18 所示。

将附件机匣与进气机匣集成，并把附件安装于进气锥或进气通道内部的附件传动形式，在其他弹用发动机中也广泛采用，如 Arbizon 系列、J402 系列涡喷发动机等。其中，J402 发动机的发电机置于进气锥，离心燃油泵则置于排气尾锥内，并将热负荷较高的后轴承用燃油进行润滑冷却。而 MS400 单轴涡扇发动机则将燃、滑

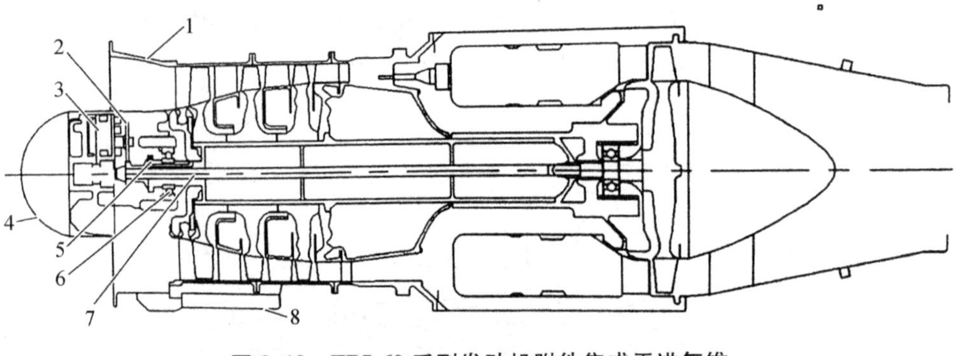

图 8.18　TRI 60 系列发动机附件集成于进气锥

1. 进气机匣；2. 直齿轮；3. 燃、滑油泵；4. 进气锥；5. 离心通风器；6. 前支点；7. 转子；8. 滑油箱

油泵和发电机集成于中介机匣内，通过风扇轴引出功率，如图 8.19 所示，同时将火药起动器集成于排气尾锥内。显然，混合式附件传动系统的非单元体设计，各附件布置更为灵活，与发动机主承力机匣及转子结构设计融合也更为紧密，同时也与该类型 MTE 的设计思路很好地统一。

2. 涡轴、涡桨发动机

涡轴、涡桨发动机附件传动系统通常位于发动机的冷端部分，是涡轴、涡桨发动机的重要组成部分，一般约占整个发动机重量的 10%。附件传动系统包括中央传动装置和附件传动装置，大多采用单元体集成化设计，所有附件都安装在一个机匣上，没有专门的飞

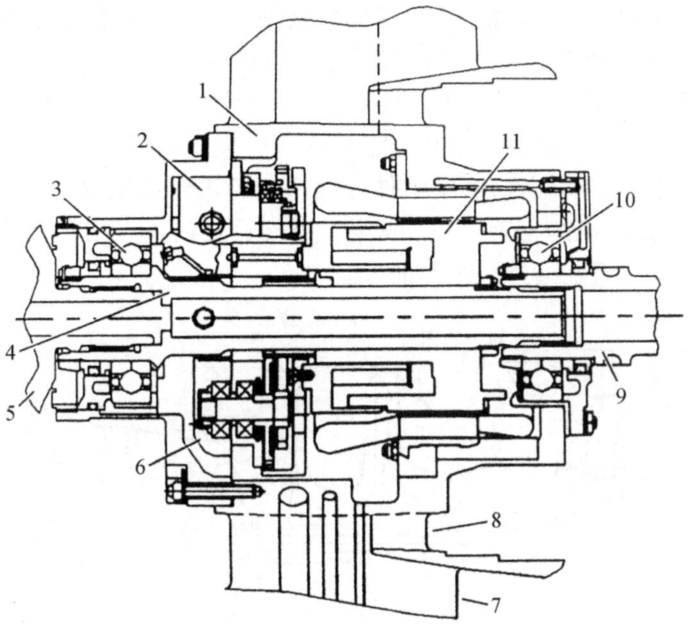

图8.19 MS400发动机附件集成于中介机匣

1. 中介机匣；2. 燃油泵；3. 1#支点；4. 风扇轴；5. 风扇一级盘；6. 滑油泵；7. 外涵道；8. 内涵道；9. 压气机轴；10. 2#支点；11. 发电机

机附件机匣(也称飞附机匣)。

由于附件传动系统中有大量的盘状齿轮，布置时除了尽可能减少发动机的迎风面积，方便发动机维护，还必须避开齿轮对进气流道的干扰，因此发动机的进气方式对涡轴、涡桨发动机附件传动系统的布置有重大的影响。采用涡轴、涡桨发动机作为动力的飞机/直升机，飞行马赫数都不超过1，发动机可以选用轴向进气也可选用径向进气，附件传动系统应根据不同的进气方式进行相应布置。

对于轴向进气的涡轴、涡桨发动机(图8.20)，中央传动装置从发动机转子上提取功

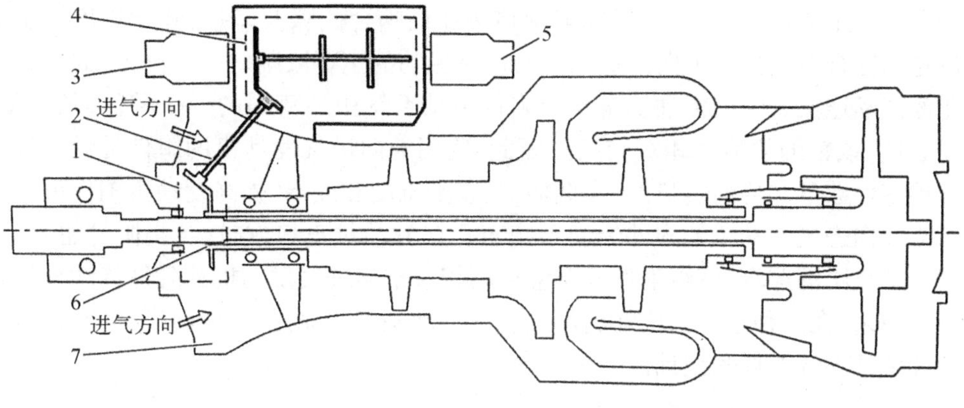

图8.20 典型轴向进气的飞机发动机附件传动布局

1. 中央传动装置；2. 中央传动轴；3. 发动机/飞机附件；4. 附件传动装置；5. 发动机飞机附件；6. 发动机转子；7. 进气机匣

率后,通过一根细长的中央传动轴(也称径向传动轴、传动杆),穿过进气机匣进气流道中的支板,传递到位于发动机上方或下方的附件传动装置,发动机/飞机附件可布置在附件机匣的前、后端,附件传动装置一般安装固定在进气机匣上。

对于径向进气的涡轴、涡桨发动机(图 8.21),中央传动装置从发动机转子上提取功率后,直接传递给附件传动装置,由于附件传动系统与进气流道没有重叠,通常可以将附件传动装置布置在发动机的正前方(一般位于进气道之前),与进气机匣轴向连接固定,发动机/飞机附件可布置在附件机匣的前方。

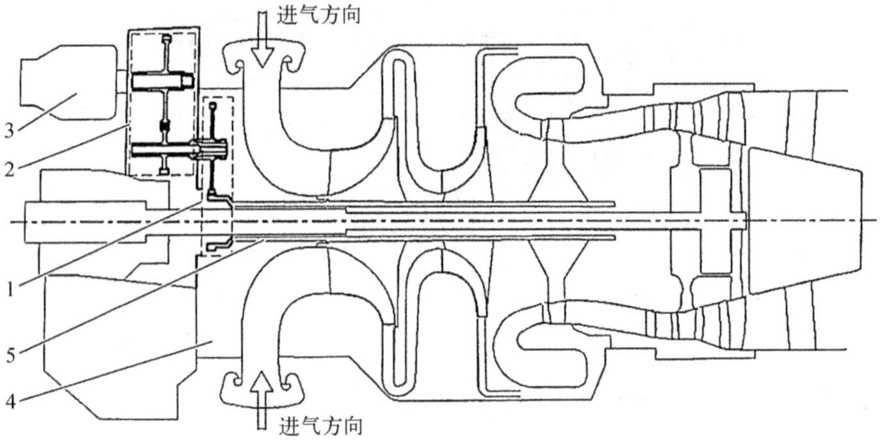

图 8.21　典型径向进气的飞机发动机附件传动布局

1. 中央传动装置;2. 附件传动装置;3. 发动机飞机附件;4. 进气机匣;5. 发动机转子

两种进气方式的发动机附件传动系统布置方式各有特点:

(1) 径向进气发动机附件传动系统的周向轮廓基本位于发动机三大部件的周向轮廓范围内,更有利于减少发动机的迎风面积,降低飞行阻力。

(2) 径向进气发动机附件传动系统结构更简单,整个中央传动装置只需要一对圆柱齿轮,省略了中央传动机匣、支撑轴承和中央传动轴,也避免了采用锥齿轮换向传动。由于锥齿轮的加工成本更高,且需要选配调整垫保证啮合侧隙及印痕,装配难度也更大,同时锥齿轮副啮合时产生的轴向力还是诱发齿轮振动的主要激励之一。此外,高速、细长且通过花键浮动连接的中央传动轴是整个附件传动系统中最薄弱的一个零件,长期使用统计数据表明,该轴的故障率相对较高。因此,使用径向进气发动机的附件传动系统,能够减少传动零件数量和传动链长度,降低加工、装配难度和成本,提高发动机工作可靠性。

(3) 径向进气发动机的附件传动系统布置在发动机正前方时,各类附件也只能布置在附件传动机匣的前端,留给附件的布置空间相对轴向进气发动机的附件传动系统要少。

总的说来,在两种进气方式都满足发动机总体要求的前提下,径向进气的发动机更有利于附件传动系统布局和设计。

8.3.4　减速器

由于涡轴、涡桨发动机的动力输出轴工作转速远高于螺旋桨和旋翼工作转速,因此减速器是航空发动机驱动螺旋桨和旋翼必不可少的部件。有些大涵道比涡扇发动机也利用减速器传动风扇，这种带减速器的风扇称为齿轮传动风扇（GTF）。

1. 减速器设计的基本要求

目前，多数减速器采用的是齿轮减速器，一般对航空减速器有下述性能要求：

（1）在尺寸小，重量轻的条件下传递大功率。航空减速器的形状与尺寸受到较苛刻的限制，但与此同时它又必须传递相当大的功率，涡桨发动机的减速器通常传送的功率为 2 200～4 400 kW（3 000～6 000 hp），有的可达 11 000 kW（15 000 hp）。为了不使减速器的尺寸增大，通常采用多路并联传送功率的方案。

（2）传动比大，效率高。发动机动力涡轮的转速与螺桨（或旋翼）的转速之比称为传动比。对于涡桨发动机来说，传动比通常为 7～17；而对于直升机的传动系统，总传动比可以高达 120 左右，为此常将其减速器分成两部分。直接与动力涡轮轴相连，并构成涡轴发动机一部分的称为体内减速器（简称体减），属于高速级的齿轮传动，传动比约为 3～7；另一部分则称为主减速器（简称主减），它将体减输出轴传来的功率转传给旋翼等其他部件，属于低速级的齿轮传动，传动比大。现在航空发动机的减速器采用的齿轮传动，其效率已能高达 98%～99%，但因传递功率较大，其摩擦功率仍较可观，估计有 40～150 kW。

（3）有限寿命与可靠性。航空减速器都是按有限寿命使用的，目前发动机减速器的翻修寿命已有大的增长，一般为 1 500 h、2 000 h、4 000 h 及 6 000 h 等。但这并不意味着它们的所有零组件都是按有限寿命设计的，多数的轮齿、转轴与机匣等零组件就是按“无限寿命”考虑的。

但是，由于载荷谱的随机性与结构工艺等的复杂性，往往会使减速器的故障率提高。为此在减速器结构设计时，常采用的措施有：简化结构与减少零件数目；提高齿轮加工精度与修整齿型，以消除振动与提高传动的平稳性；改善均荷措施；采用斜齿、“人”字齿或螺旋齿，以提高齿轮传动的重合度（一般直齿为 1.4～1.7，而“人”字齿可提高到 3～4），从而改善轮齿交替啮合时齿上负荷不同、变形不同而引起的角速度变化，使传动平稳并防止扭转振动的发生；合理地增加齿数可以提高传动的平稳性，并避开与发动机其他零件产生的共振现象等。

除了上述航空减速器的性能要求以外，对于军用直升机的涡轴发动机，它们的体减还必须具有 30 min 无润滑条件下运转的生存能力，这是作战教训中提出的特殊要求。

2. 涡轴、涡桨发动机减速器

齿轮减速器是航空发动机驱动螺旋桨和旋翼必不可少的部件，它是涡桨发动机、涡轴发动机和直升机旋翼传动系统的组成部分（图 8.22）。它的一端与发动机的转子或动力涡轮相连，另一端与螺桨或旋翼相连。为了使涡轮的工作效率高，外廓尺寸小，转速必须很高，一般在 6 000～18 000 r/min（目前小功率发动机的涡轮转速已超过 60 000 r/min）。而螺桨与旋翼的最有利转速则比较低，一般螺桨的转速为 800～1 200 r/min，直升机旋翼的转速更低，仅为 120～300 r/min（少数能达到 450 r/min 左右）。航空发动机减速器的作用是使两个转速不同的部件相互匹配，分别在各自最佳转速工作，并能高效率地传递功率。

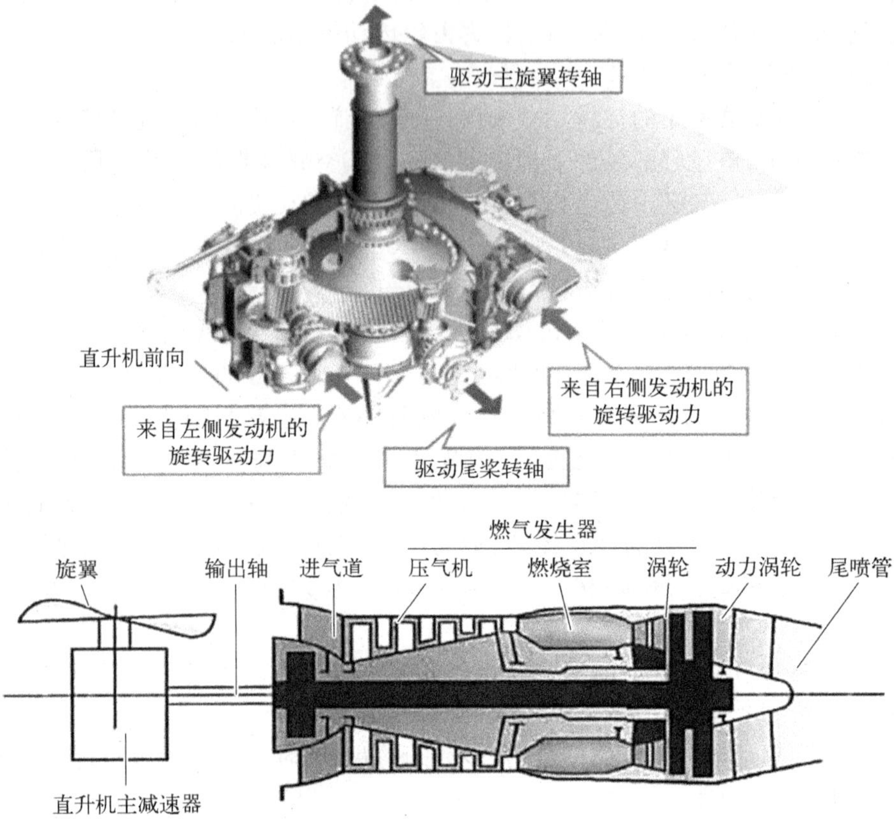

图 8.22　直升机主减速器结构示意图

3. 齿轮传动风扇的减速装置

大涵道比涡扇发动机所遇到的问题与涡桨、涡轴发动机相同。由于风扇空气流量大，风扇直径大，要求的工作转速比较低。如果直接由涡轮驱动，则涡轮的级有效功减小，驱动风扇的低压涡轮的级数就要增多。为了减小噪声和降低污染物排放，低压轴通过增加的减速器驱动风扇，这样风扇就可在更低的转速工作，不但效率达到最佳，而且噪声大大降低，同时也可大大减小低压涡轮的级数。目前，正在研制新型的高涵道比涡扇发动机和桨扇发动机，多数采用的也是齿轮减速器。随着减速器在这些大型发动机中的应用，传动功率还要大大提高。

图 8.23 是美国普惠公司为 PW1000G 发动机设计的一种先进齿轮传动减速系统，该系统采用行星齿轮减速装置，其额定功率为 23.5 MW，减速比为 3 ∶ 1。系统由输入轴（低压涡轮轴）、中心齿轮、5 个星形小齿轮、环形齿轮和输出轴（风扇轴）等组成。

在 PW1000G 发动机中，由于采用了传动风扇的减速器，使低压涡轮能在最优的高转速下工作，不仅使气动效率提高了约 1.5%，而且大大减少了级数（减少 3 级），使发动机长度与重量均得到降低，据估算，重量约比常规设计低约 270 kg。

4. 升力风扇的减速装置

在军用小涵道比涡扇发动机中，为了实现战斗机的垂直起降，会使用减速器带动“升

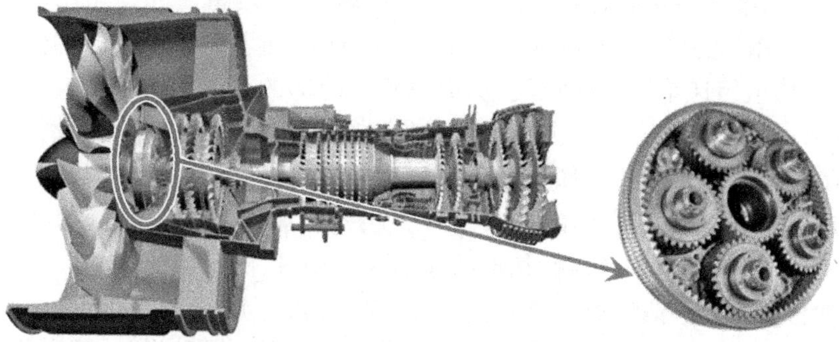

图 8.23　PW1000G 发动机的齿轮传动减速器

力风扇”。图 8.24 为升力风扇的驱动齿轮减速器装置。升力风扇由主发动机通过驱动轴带动齿轮箱转动，齿轮箱位于升力风扇的核心部位，需要传递约 20 MW 的功率，比当前航空发动机中齿轮箱的设计功率高 1 个数量级。齿轮箱一般采用弧齿锥齿轮，由一个小直径驱动齿轮带动两个大的锥齿轮反向旋转，再由锥齿轮带动两级反向旋转的风扇轴转动产生升力。

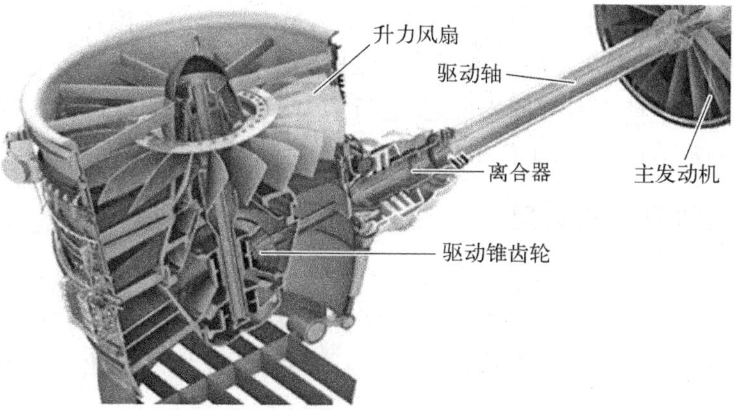

图 8.24　升力风扇驱动齿轮减速器装置

8.4　滑 油 系 统

航空燃气涡轮发动机中的动力传输系统，到目前为止仍以机械传动为基础，其可靠性在很大程度上取决于滑油系统的好坏。

8.4.1　滑油系统概述

滑油系统的主要功用包括以下几点。

(1) 润滑：保证齿轮、轴承、花键轴等传动零件的有效润滑，减小摩擦力，减小摩擦损失。其原理是相互运动部件的表面被一层有一定厚度的油膜所覆盖，金属与金属不直接接触，而是油膜与油膜相接触，这就在相互运动中减小了摩擦。

（2）冷却：降低温度，带走热量。其原理是滑油从轴承和周围高温部件吸收热量，在散热器处又将热量传递给燃油或空气，从而达到了冷却的目的。

（3）清洁：带走磨损的微小颗粒。滑油在流过轴承或其他部件时将磨损下来的金属微粒带走，在滑油滤中将这些金属微粒从滑油中分离出来，达到清洁的目的。

（4）防腐：其原理是在金属部件表面有一层一定厚度的油膜所覆盖，将金属与空气隔离开，使金属不直接与空气接触，从而防止氧化和腐蚀。

此外，具有压力的滑油还有以下作用：作为各种液压调节器等操纵控制机构的工作液；为挤压油膜阻尼器提供阻尼介质；通过燃-滑油散热器来预热燃油，改善燃油系统的高空性；在涡桨发动机中，由于滑油带走的热量较多，所以还可以为防冰系统提供热源。

由于燃气涡轮发动机的转子是在高转速下工作，因此滑油系统是它的重要的生命保障系统。为此，对滑油系统提出以下基本要求：

（1）当发动机在飞机飞行包线范围内工作时，滑油系统应保证供给发动机所需的滑油；

（2）系统的滑油消耗量要小；

（3）当发动机工作时，特别是当飞机作高速飞行时，工作后的热滑油应在消耗功率最小的条件下，得到可靠的冷却，保持滑油在给定的温度范围内工作；

（4）在低温条件下，系统应能迅速而可靠地起动；

（5）系统位置设计应考虑便于接近，进行调整、维护和检查，故障征候能事先发现；

（6）附件的构造应简单，工作可靠，尺寸紧凑，重量轻，寿命长。

8.4.2 滑油系统的类型

航空发动机上滑油系统的基本类型有干槽式和湿槽式两种。干槽式滑油系统装有独立的滑油箱，贮存滑油；而湿槽式滑油系统没有独立的滑油箱，滑油贮存在发动机的齿轮箱中。湿槽式滑油系统仅在活塞式发动机上可见到，而在燃气涡轮发动机中则广泛使用干槽式的滑油系统。

根据滑油在油路中是否循环使用，滑油系统主要分为非循环式滑油系统和循环式滑油系统两大类。非循环式滑油系统中，滑油供入润滑点完成任务后品质下降明显，不具备循环使用的价值，会直接从发动机排出。这类系统结构简单、重量轻，主要用于一次性使用或者短时工作的发动机上，如助推发动机。循环式滑油系统用泵将滑油从滑油箱或机匣油槽打出，供发动机润滑之后，再使其返回滑油箱或机匣油槽循环使用。目前航空发动机滑油系统广泛采用的是循环系统。

本节只介绍干槽循环式滑油系统。

根据系统管路布置形式，循环系统又可分为单回路循环系统和双回路循环系统等。如图 8.25(a)所示。滑油泵(供油泵)从滑油箱抽油供至发动机，当油泵出口压力过高时，一部分滑油通过调压活门返回至油泵进口，发动机中工作后的滑油经各级滑油泵(回油泵)抽回，依次经过油气分离器分离、滑油散热器冷却，最终返回滑油箱。双回路循环系统在单回路循环系统基础上增加了吸油泵、节流器，如图 8.25(b)所示，大部分热滑油不返回滑油箱而直接到达供油泵进口，剩余少部分回油进入滑油箱加热箱内滑油，有效缩短了发动机起动时间。

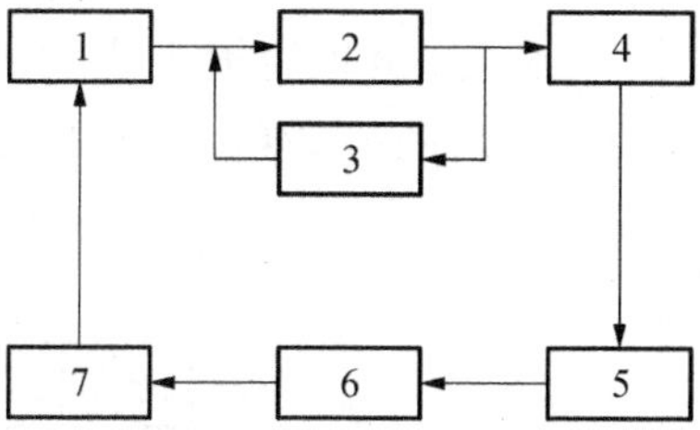

(a) 单回路循环系统

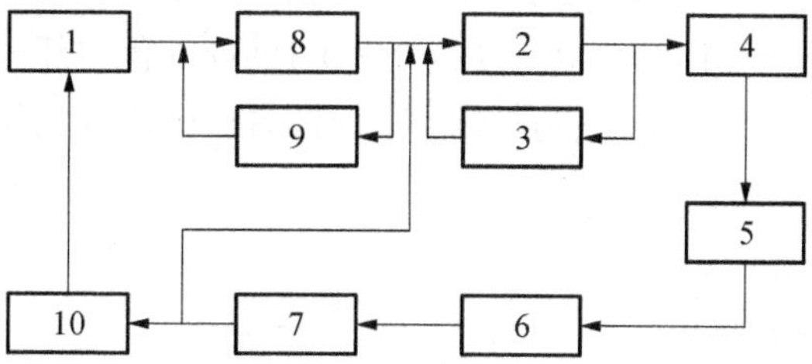

(b) 双回路循环系统

图 8.25　循环系统管路布置方案

1. 滑油箱；2. 滑油泵（供油泵）；3，9. 调压活门；4. 发动机；5. 滑油泵（回油泵）；6. 油气分离器；7. 滑油散热器；8. 吸油泵；10. 节流器

根据滑油散热器的安装位置，循环系统可分为正向循环系统和反向循环系统，见图 8.25(a)和图 8.26。正向循环系统中，滑油散热器通常放置在回油路，并且需要在散热器前安装油气分离器，以实现良好的换热效果，此时油箱中的滑油温度较低，称之为冷油箱。反向循环系统中，散热器安装在供油路上，通过回油路进入油箱的滑油温度较高，称之为热油箱，热油箱有利于油气分离，滑油中的气体少，换热效果良好且散热器尺寸小。

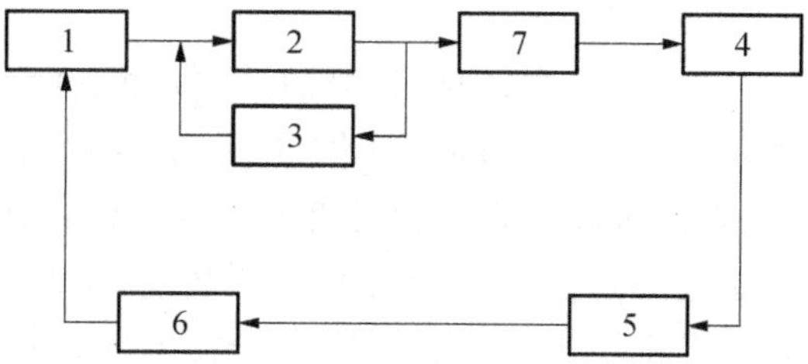

图 8.26　反向循环系统示意图

1. 滑油箱；2. 滑油泵（供油泵）；3. 调压活门；4. 发动机；5. 滑油泵（回油泵）；6. 油气分离器；7. 滑油散热器

根据系统滑油流量控制方式，循环系统一般包括调压式、全流量式两种类型。调压式滑油系统，主要通过将供油压力限制在给定的设计值来实现滑油流量的调节。供油路安装弹簧加载的调压活门，当滑油压力超过设计值时，活门打开将多余的滑油送回到油箱。在发动机正常工作转速范围内，该系统均可以提供具有稳定压力的滑油。早期发动机较多采用调压式滑油系统。全流量式滑油系统中供油流量随滑油泵（供油泵）转速变化，不设置调压活门，而安装安全活门，防止系统滑油压力过高损坏油路部件。全流量式滑油系统可以满足较高轴承腔压力情况下的供油流量要求，并且系统流量随发动机工况而变化，有利于系统的优化设计（如滑油泵等部件减重），所以现代先进燃气涡轮发动机有逐渐向反向全流量式滑油系统的发展趋势。目前民用航空发动机的滑油系统多为单回路、反向全流量式循环系统。如 CFM56－3、RB211－535 和 V2500 等。

8.4.3　滑油系统的组成

虽然不同发动机的滑油系统类型、布局可能存在较大差异，但循环式滑油系统通常都包括供油系统、回油系统和通风系统三个子系统（图 8.30）。

1. 供油系统

供油系统的功用是为发动机各润滑部位提供适宜温度和压力的洁净滑油。供油系统的边界一般是从滑油箱至各润滑点的油路，所以其油路主要包括两部分：第一部分为滑油箱至滑油泵（供油泵）之间的油路；第二部分为滑油泵（供油泵）至各润滑点之间的油路。图 8.27 为供油系统原理图，图 8.27(a)为正向全流量式系统，图 8.27(b)为反向全流量式系统。

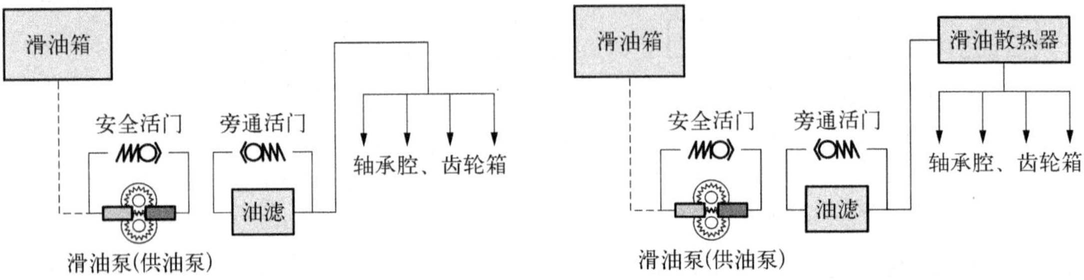

(a) 正向全流量式　　(b) 反向全流量式

图 8.27　供油系统原理图

图 8.27 中，虚线为滑油泵（供油泵）前的吸油路，实线为泵后增压油路。当发动机滑油系统工作时，滑油泵（供油泵）先从滑油箱中抽油，将油抽至供油泵进口，经过泵增压后，通过油滤从发动机外部管路或机匣内部流路供至轴承腔、齿轮箱中的各润滑点。一般会为滑油过滤器（也称油滤）设置旁通活门，当滑油中的污物堵塞滤芯时，由于流阻增大在滤芯前后会产生较大压差，当压差达到旁通活门的开启压差时，旁通活门打开，滑油经旁通活门直接供至发动机。另外，为防止系统滑油压力过高损坏油路部件，全流量式系统通常会在供油路中安装安全活门。

供油系统是滑油系统正常运转的基础，通常包括滑油箱、滑油过滤器、滑油泵（供油泵）、滑油喷嘴、管路等。系统设计过程中需要考虑部件性能是否满足要求，如滑油箱容积、供油泵容量、滑油滤过滤精度、滑油喷嘴压降、旁通活门开启压力等。

2. 回油系统

回油系统是发动机滑油系统循环可持续工作的保证，与供油系统边界相连构成一个完整的闭环回路，实现了系统内滑油润滑、冷却不间断运转。回油系统负责将发动机各部分工作后的高温滑油抽回，分离出回油中的空气，经过滑油散热器（系统为正向循环系统）冷却后送回滑油箱。回油系统的边界一般是从滑油腔回油口至滑油箱之间的油路。图 8.28 为回油系统原理图，图 8.28(a)和 8.28(b)分别为正向循环和反向循环回油系统。

图 8.28 中，实线代表滑油流向。通常每个单独的油腔会设置一个滑油泵（回油泵），只抽取各自油腔内的回油。为保护滑油泵（回油泵），一般会在各轴承腔、齿轮箱等滑油腔出口（也是各级滑油泵的进口）设置粗油滤，过滤回油中的大颗粒杂质。各腔回油汇合后进入总回油路，有些发动机会在总回油路设置一个细油滤，进一步过滤回油中的杂质。由于滑油泵（回油泵）抽回的是滑油和封严空气的混合物，而油气两相的状态会降低滑油散热器的换热性能，所以过滤后的回油要先经过油气分离器除气，再进入滑油散热器进行

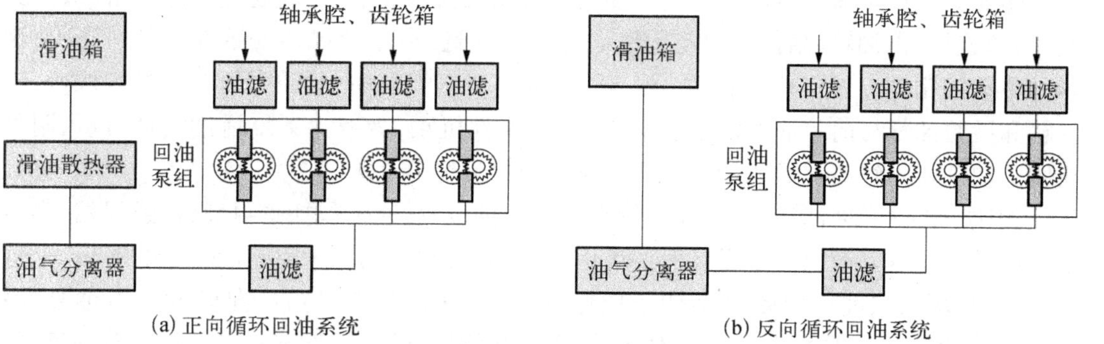

图 8.28　回油系统原理图

冷却,最终回到油箱。

以正向循环系统为例,回油系统一般由回油滤、滑油散热器、油气分离器、滑油泵(回油泵)、磁屑检测器、管路等部件组成。系统设计过程中需要考虑部件性能是否满足要求,如回油泵能力、油气分离器分离效率、回油滤过滤精度、滑油散热器性能等。

3. 通风系统

通风系统的作用是排出进入滑油腔的密封空气,并保持滑油系统正常工作所需的各滑油腔压力。航空发动机的轴承腔主要是通过引增压气,在封严腔和轴承腔之间建立正压差,在封严气体通过密封装置泄漏进轴承腔的同时,阻断滑油通过密封装置向外泄漏的路径,以起到有效封严滑油的作用。因此,为保证腔室的有效封严,需保持腔压始终小于密封空气压力。另外,由于密封空气漏入、腔内滑油蒸发、轴承生热和腔壁传热等因素,会造成腔压有升高的趋势,必须由通风系统进行各腔压力的平衡。此外,随着飞行高度的增大,外界环境压力下降会导致轴承腔压力下降从而影响滑油泵性能,需要通过合理的通风系统设计来维持高空条件下各轴承腔和滑油箱压力在合理的范围内,以保证滑油系统正常的供、回油。通风系统的边界一般是各轴承腔密封装置到外界环境之间的空气路,发动机中的滑油箱、轴承腔附件机匣等滑油腔经通风系统连通起来。图 8.29 为一典型通风系统的原理图。

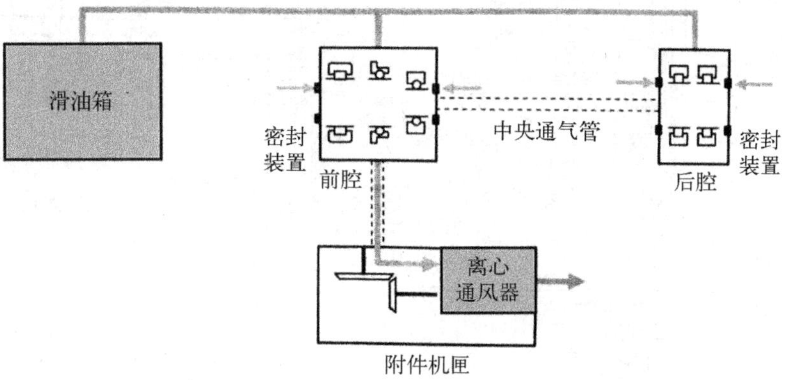

图 8.29　通风系统原理图

图 8. 29 中,箭头方向代表空气或油气混合物的流向。前、后腔通过外部管路(或中央通风管)连接,滑油箱、附件机匣与前腔通过管路连通,离心通风器安装在附件机匣上,由附件传动轴驱动。发动机工作时,引自压气机的增压气经前、后腔密封装置进入腔内,滑油箱和后腔油气与前腔油气汇合后,一起进入附件机匣,为减少系统滑油消耗,进入附件机匣的油气要先经离心通风器除油后再排入外界环境。

相比于供油和回油系统,通风系统涉及的部件较少,通常包括密封装置、通风器、高空活门以及管路等。通风系统设计时要考虑几点问题: ① 保持轴承腔压低于密封增压空气压力,即封严腔和轴承腔始终保持正压差,避免出现密封空气路反向而发生滑油外泄;② 腔压不低于滑油泵最小进口压力,以保证良好的供/回油泵性能;③ 为减少滑油消耗,系统通风量尽量小,并应经过通风器除油后再排至机外;④ 如果通风口位于热端油腔出口,在系统设计时应考虑是否需要加灭火器。

图 8. 30 为遄达 500 发动机滑油系统的示意图。可以看出,该滑油系统类型为干槽、单回路、反向全流量式滑油系统。供油系统管路(包括吸油路和供油路)为斜虚线和短虚线,滑油经过的部件依次为滑油箱、滑油泵(供油泵)和安全活门、供油滤、燃油、滑油散热器、轴承腔(包含低/中压压气机轴承、低/中/高压转子轴承、中/高压涡轮轴承和低压涡轮轴承)、传动齿轮箱。回油系统管路(包括各腔回油路和总回油路)为长虚线和粗实线,滑油腔(轴承腔、传动齿轮箱)内的滑油依次经过滑油泵(回油泵组)、回油滤、油气分离器、滑油箱。通风系统管路为带箭头实线,轴承腔和滑油箱中的油气混合物进入传动齿轮箱,经离心通风器后排入外界。

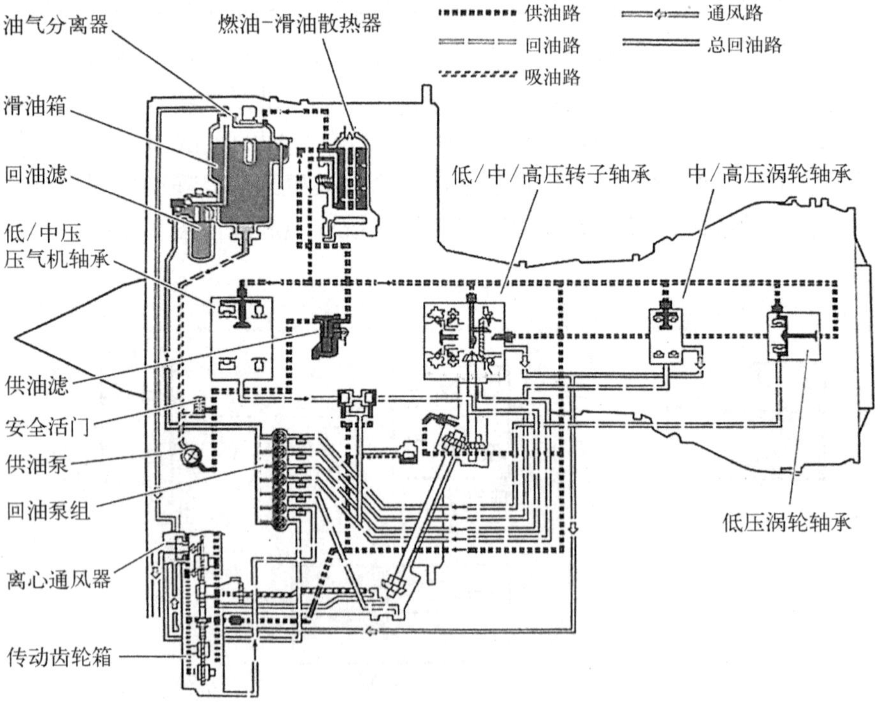

图 8. 30　遄达 500 发动机滑油系统示意图

CFM56
发动机滑
油系统

8.5 空气系统

8.5.1 空气系统概述

航空燃气涡轮发动机的空气系统是指发动机中主燃气通道气流以外的气流系统，因区别于主流，也称内流空气系统或二次流空气系统。空气系统中的气流都来自压气机，根据使用该气流部位所需的流量、压力、温度在压气机适当位置引出空气流，通过空气系统中的各种流道、阻力或换热元件，例如管道、封严装置等，流向目的位置。最后从确定的主流道的若干部位排出与主流汇合或直接泄漏到机体外部排入大气。

图 8.31 所示为典型航空发动机空气系统简图，图中箭头表示空气系统气流的流向。由图可看出空气系统除引气等结构，气流沿程的路径大量是由零部件之间的空隙衍生而成，无法从发动机外部观测。而当发动机解剖、拆卸后，又因发动机结构、零部件之间空隙的解除而消失。图中空气系统引气点分别位于低压压气机出口、高压压气机中间级和高压压气机出口或者燃烧室内机匣等处，引出的气流分别流向不同压力需求的部位。

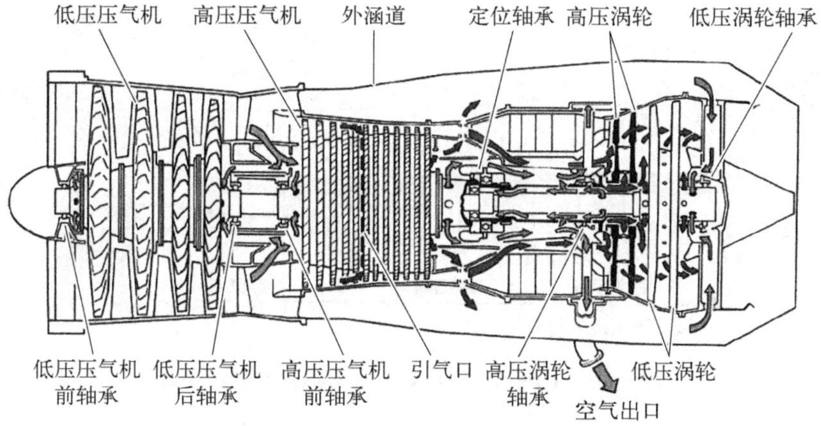

图 8.31 发动机空气系统简图

从发动机主流引气会造成发动机推力的损失，直接影响发动机总体性能。但随着航空发动机的发展，空气系统需求流量不断提高，目前高性能涡轮风扇发动机空气系统引气量已达到发动机内涵总空气量的 20%以上，甚至接近 25%。航空发动机空气系统的设计必须在满足空气系统各项功能需求的条件下，尽可能地减小空气引气量。

按照主要流动区域的不同，空气系统可以分为内部空气系统和外部空气系统。

8.5.2 内部空气系统

许多在转子内部以及转子与机匣之间的空腔被用于引导内部空气系统气流的流动。这些空气从压气机某级的主流中引出，进入不同的腔室发挥不同的功能。通常所讲的空气系统主要是指内部空气系统。

内部空气系统的基本功能主要包括高温零部件的冷却、封严、轴向载荷的控制、发动机间隙控制和防冰等。

1. 高温零部件的冷却

冷却是解决航空发动机日益增长的工作温度与发动机零部件材料耐温极限之间矛盾的必然选择。发动机的高温零部件如燃烧室、涡轮盘、涡轮叶片、加力燃烧室、喷管和机匣等都需要冷却，随着现代发动机增压比的提高，压气机出口空气温度已达 850 K 左右，且逐年提高，传统的低温部件如高压气机盘有可能加入需要冷却的部件行列。空气系统的重要功能之一就是从压气机抽取低温空气，对高温零部件进行冷却。

如图 8. 32 所示为空气系统在转子内部的流动及冷却过程。空气从高压压气机前端或后几级的位置进入高压转子盘腔。在转子鼓筒内，对着转子后端的气流冷却高压涡轮转子叶盘根部。冷却气流离开高压转子，再用于冷却低压涡轮盘，之后离开轴承腔进入主流。

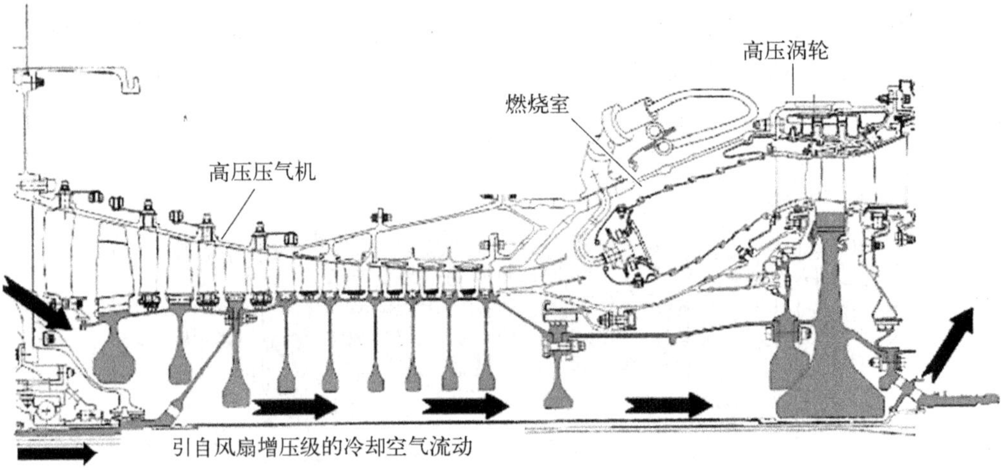

图 8. 32　CFM56 - 7B 发动机内部冷却空气流动

涡轮是需要冷却的重要区域，包括涡轮的转子叶片和导向叶片都需要空气冷却。如图 8. 33 所示，冷却的叶片包括两级导叶和两级动叶。第一级导叶使用的是来自燃烧室的二股气流，冷却空气直接进入位于燃烧室后面的导向叶片内部。第一级动叶冷却空气穿过燃烧室机匣的预旋喷嘴，流向旋转的高压涡轮。第二级涡轮导叶的冷却空气则主要来自比较靠前的压气机级，空气通过涡轮外部安装的管路引至静子。第二级涡轮动叶的冷却，使用从压气机末级引出的冷空气，气流流经燃烧室机匣内腔，然后穿过第一级涡轮盘进入到涡轮盘腔，然后进入转子叶片的冷却通道。

除涡轮叶片冷却外，涡轮叶盘的冷却也是空气系统设计中的重要部分。涡轮盘作为涡轮部件的重要组成结构，其承担着巨大的动力载荷、热载荷与热应力载荷。相比于涡轮叶片，涡轮盘材料的耐温极限通常要低。冷却涡轮动叶的空气往往沿径向冷却涡轮盘后流向叶片根部后进入到涡轮叶片内部。对于第一级涡轮，冷气依次经过预旋喷嘴、涡轮盘腔、叶片根部、叶片内部。

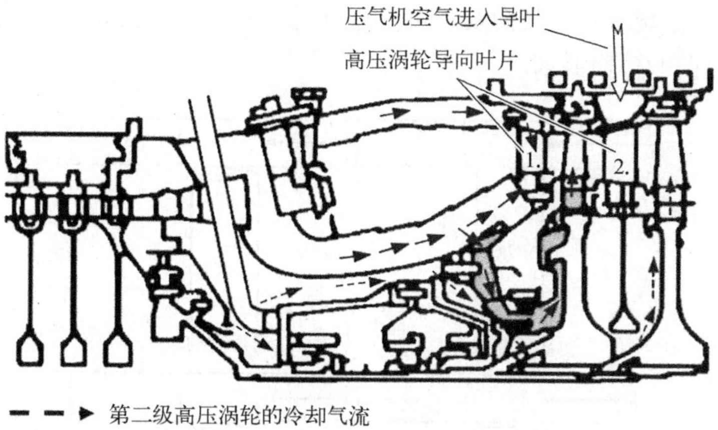

图 8.33　高压涡轮冷却空气流动示意图

为了使转子内的冷却空气能进入第一级转子叶片，通常会在旋转空气封严和高压涡轮盘之间设置腔室，使冷却空气穿过腔室后沿径向冷却涡轮盘后流向叶片根部并进入叶片内部。图 8.34 所示为几种典型气冷式涡轮叶片冷却结构，图中高压冷却空气和低压冷却空气均来自发动机空气系统引气。

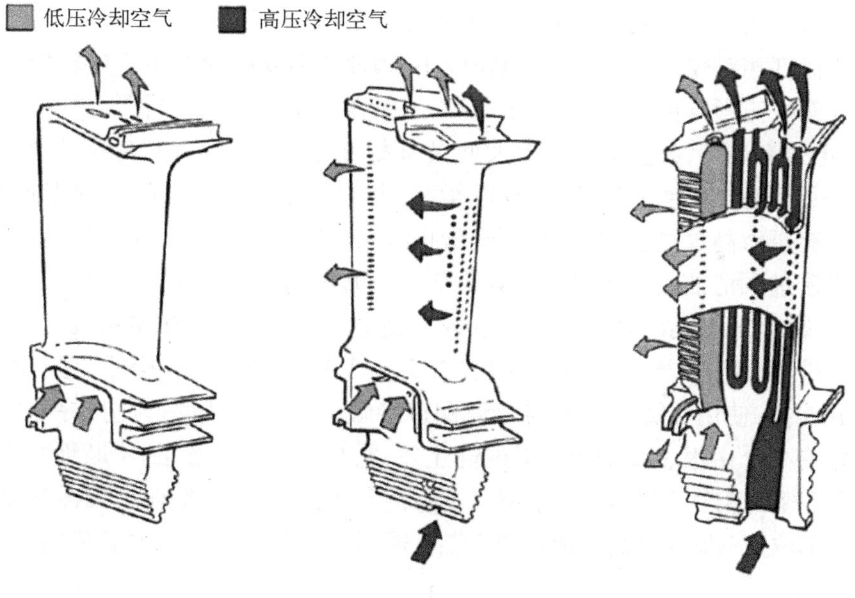

图 8.34　几种气冷式涡轮叶片

2. 封严功能

空气系统的封严功能主要体现在防止涡轮盘腔的燃气入侵和滑油系统滑油腔的滑油泄漏。

燃气入侵是指发动机主燃气通道中的高温气流有可能经转子和静子之间的间隙入侵发动机的内腔。高温燃气的入侵必然造成相关零部件的过热并导致严重的后果，为此必须在发动机主流通道与空气系统内部腔室之间设置封严装置，避免高温燃气入侵涡轮盘腔,同时限制空气系统冷却空气向发动机主流通道的泄漏量。图 8.35 所示为几种典型的涡轮盘腔燃气封严的结构形式。

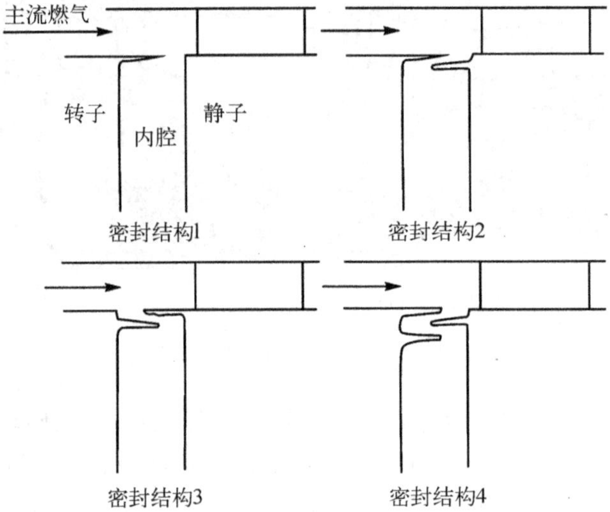

图 8.35　几种涡轮盘腔燃气封严结构

对于结构 1 通常在小型发动机涡轮轮缘处中采用,除了结构简单外,主要是因为小型发动机燃气温度相对较低,并且封严面积较小,因此所需要的封严冷气量较低。结构 2 相比于结构 3 对主流影响更小,因此应用更广,主要在转子后的轮缘封严。结构 4 称为鱼嘴式封严,封严效率最高,大量应用于中大型涡扇发动机涡轮导叶后的轮缘封严。

滑油腔封严是在发动机滑油腔(如轴承腔)与空气系统内腔之间设置密封装置,保证空气系统内腔压力高于滑油腔内压力,既防止滑油腔内的滑油向空气系统内腔泄漏,同时尽可能地限制进入滑油腔的空气量。其封严结构的形式主要有篦齿式封严、石墨封严、刷式封严等。图 8.36 所示的篦齿封严结构广泛地应用于各种发动机滑油腔密封。图 8.37 所示为典型石墨封严结构,石墨封严含有一个静止的石墨环构件,它不断地与旋转轴的套环相摩擦,使用弹簧使石墨与套环保持接触。图 8.38 所示为刷式密封结构,刷式密封结构中有一个由很多细钢丝制成的静止环,它与旋转轴相接触,不断地与陶瓷涂层相摩擦。石墨环密封相对于篦齿密封泄漏量要少得多,但封严环的线速度受限,因此常见于涡轴发动机局部位置。刷式密封目前在地面燃机得到工程应用,航空发动机应用相对较少。

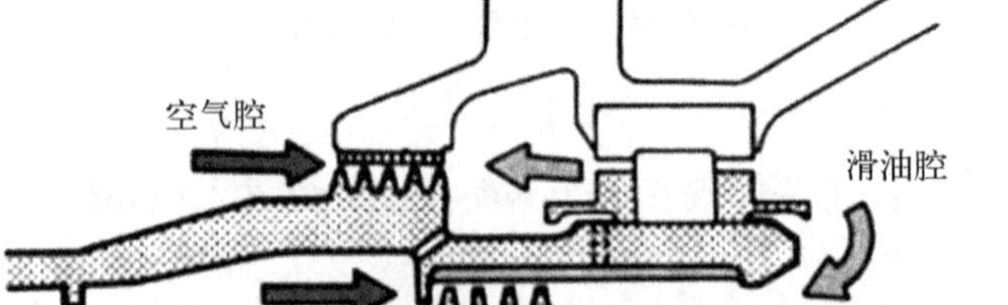

图 8.36　篦齿封严

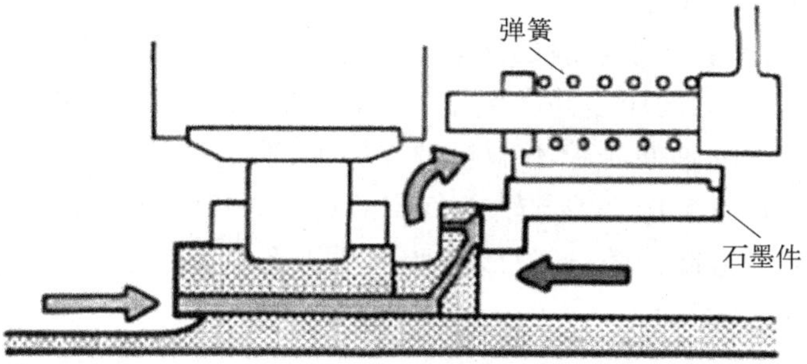

图 8.37　石墨封严

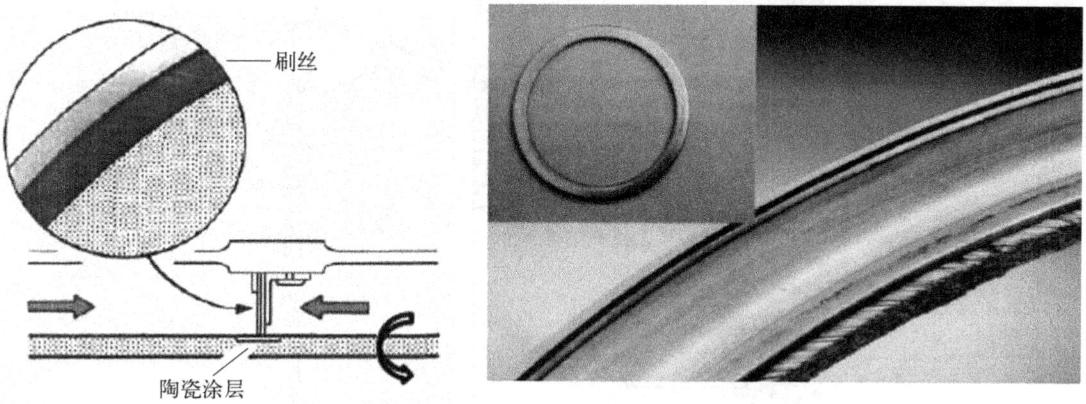

图 8.38　刷式密封

为了排出进入滑油腔的密封空气，并保持滑油系统正常工作所需的各滑油腔压力，必须设置通风结构。CFM 公司的发动机通风管道如图 8.39 所示，通风空气通过轴心通风管道，穿过低压轴的后端，然后离开发动机。这种设计无需额外的外部通风管道。

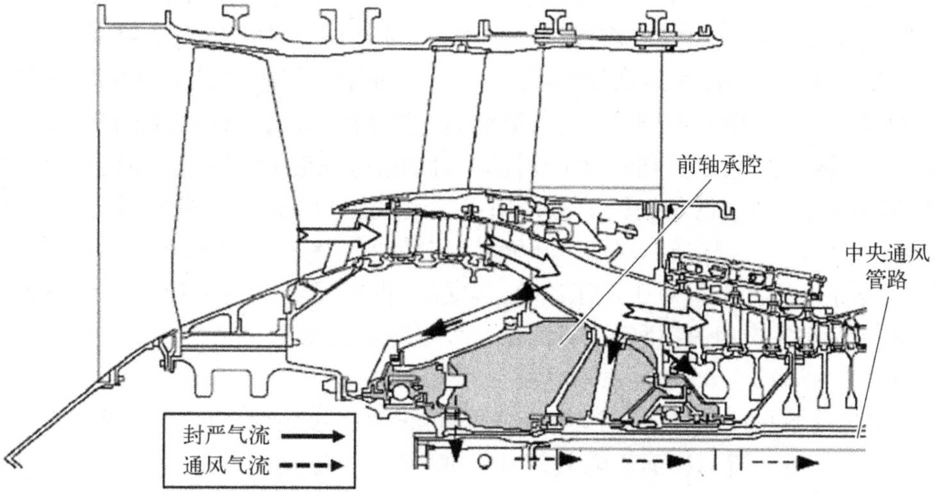

图 8.39　轴承腔封严及通风系统

3. 轴承轴向载荷的控制

轴承的轴向载荷来自转子前后的压差。由于主流气体压力沿流程变化，发动机转子前后不可避免地存在很大的压差并产生作用于轴承的轴向力。为保证在整个发动机工作包线内，转子止推轴承的轴向载荷不能超过许用值，同时过小的轴向载荷会造成轴承打滑，也不利于发动机正常工作。控制轴承负荷常见的方法是将空气系统中适当压力的气流引入转子盘腔，或设置卸荷腔，通过改变腔内压力和盘前后的压差，达到控制轴承轴向负载的目的，如图 8.40 所示。

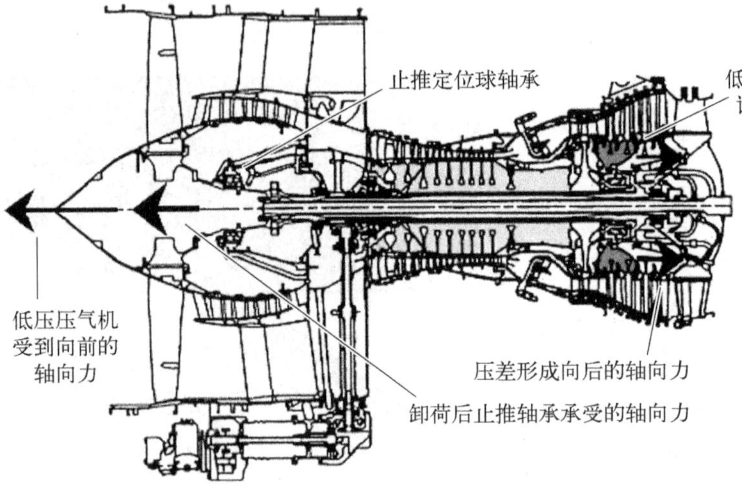

图 8.40　轴承轴向载荷压力调整示意图

4. 间隙主动控制

发动机转子叶尖与机匣之间的径向间隙大小对发动机的工作效率有很大的影响，特别是燃气涡轮的叶尖间隙对涡轮效率乃至发动机的耗油率有重大影响。

发动机工作过程中，在离心力和热应力作用下，转子和机匣之间变形的差异会造成间隙的变化，过大的间隙会引起气流泄漏量的增大，进而使发动机热力学效率下降，过小的间隙则增大相对运动零件之间刮伤的风险。为了控制转子及外部机匣的变形，维持最佳的涡轮工作间隙，需要从空气系统引入冷气降低涡轮机匣的温度，并且通过控制冷却空气温度来调整机匣的热变形量，以达到间隙主动控制的目的，这就是所谓的间隙主动控制技术。

PW4000 发动机高、低压涡轮上都采用了主动间隙控制技术，即按不同的工况，改变吹向机匣外壁的冷却空气量。对于高压涡轮，当转速为(80%~90%)N_2、高度超过 1 500 m 时，供气以减小叶尖间隙。对于低压涡轮，巡航时，供气阀全开以减小叶尖间隙；起飞时部分打开；停车及小工况时，仅供给少量冷却空气以冷却机匣。

5. 热空气防冰

在一定的气象条件下，飞行器表面及发动机进气系统前缘可能会出现结冰现象。结冰不但会改变气流通道的型面影响其气动性能，甚至会出现结冰层脱落给发动机带来极大危害。热空气防冰是发动机防冰的主要措施之一，即从空气系统引出适当温度的气流通向可能的结冰区域。

8.5.3　外部空气系统

安装在发动机外部的空气系统属于外部空气系统，主要包括冷却和通风系统、主动间隙控制系统（见第 3 章 3.3 节）以及压气机气流控制系统（见第 2 章 2.4 节）。下面主要介绍冷却和通风系统。

图 8.41 显示了 PW4000 发动机左侧的冷却和通风管路，通过硬管和软管将主流道内的冷空气输送到需要冷却的部位。点火系统的高压引线通常需要空气进行冷却，安装在核心机的点火激励器也需要空气冷却。如图 8.42 所示，冷却空气流通过点火激励器外壳与冷却导流罩之间的空隙，然后穿过高压引线的冷却通道后离开冷却导流罩。

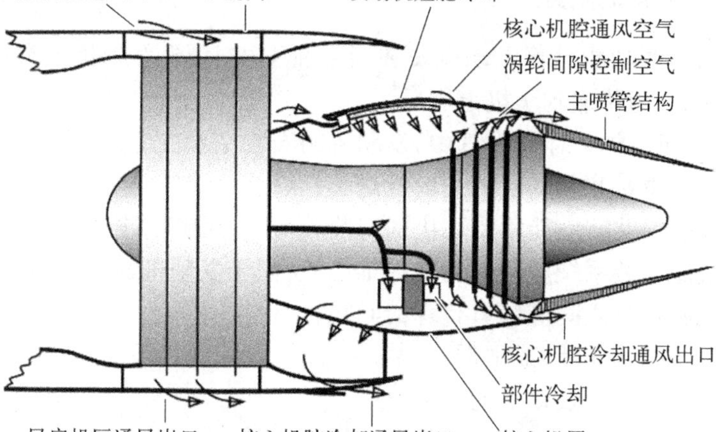

图 8.41　PW4000 发动机外部空气系统示意图

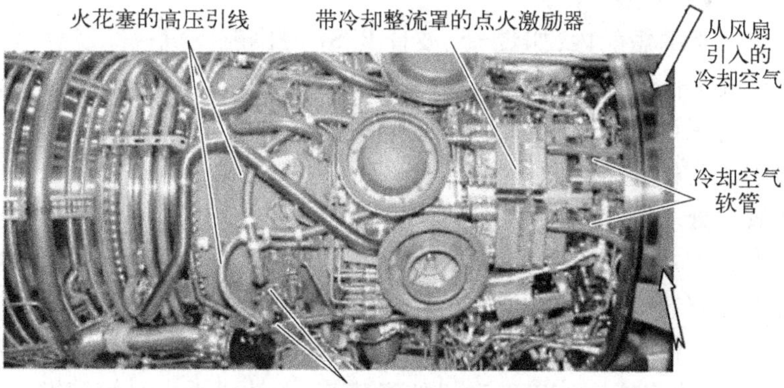

图 8.42　PW4000 发动机点火系统部件的冷却

此外，位于发动机外部的通风系统给整流罩和发动机机匣之间的空腔提供了必要的通风空气，用于冷却安装在发动机机匣上的部件，并防止液体泄漏造成可燃气体的聚集。

一般在发动机机匣与整流罩之间会形成两个空腔，一个位于风扇罩与风扇机匣之间，另一个位于核心机罩和核心机机匣之间。其中风扇整流罩腔使用外界环境空气进行通风,空气通过进气口流入,然后从出口传出。

核心机罩内侧的腔室通常使用来自风扇的引气进行通风。空气通过发动机风斗或核心机罩上的简单孔口进入核心机罩腔,然后通过机罩与主喷管之间的间隙流出。流过核心机罩空腔的冷却空气量主要取决于风扇涵道与环境空气之间的压差。

某些发动机为了加强低空飞行时的冷却效果,会打开额外的冷却空气阀,增加进入风扇罩的气流。

8.6 安装系统

8.6.1 安装系统概述

安装系统的主要功能是将发动机安装固定在飞机上,为发动机正常工作提供条件保障,同时将发动机推力传递到飞机上。

在飞机/发动机结构一体化设计中,发动机的安装主要应考虑以下基本要求:

(1) 保证飞机重量和起动阻力的增量最小;

(2) 发动机的安装节应能承受飞机的安装载荷,有足够的刚度、强度裕度;

(3) 发动机的安装系统应具有良好的维修性,便于发动机的安装与拆卸;

(4) 发动机和机身之间应该有合理的间隙;

(5) 安装系统结构简单,成本低;

(6) 易于限制和扑灭发动机的火灾。

1. 涡喷、涡扇发动机在飞机上的安装方式

(1) 装在机身内,如歼-6、歼-7 等;

(2) 装在翼根内,如轰-6 等;

(3) 装在机翼下的短舱内,如轰-5、波音 B787 等民航飞机;

(4) 装在机翼上面的支架上;

(5) 装在垂直尾翼上面,将发动机短舱固定在尾翼根部;

(6) 短舱固定在机身尾段两侧,如麦道 82;

(7) 装在翼尖处。

上述各种安装方式,在亚声速和超声速飞机、民用或军用飞机布局中都曾被采用过。发动机在飞机上的安装方式,主要取决于飞机设计,它与飞机用途、飞机类型密切相关。它直接影响飞机的整体布局、气动外形,特别是飞机的承力结构。而发动机能否承受飞机的安装载荷,又直接决定或影响着发动机的安装节、发动机承力系统和发动机承力机匣的设计。因此,在发动机研制时,要及早开展发动机与飞机的安装协调工作,这是现代普遍强调的飞机/发动机结构一体化设计的重要组成部分。

几乎所有的现代战斗机都将发动机布置在机身内,如果使用发动机短舱,则要占去过多的空间,它不仅会使襟翼的尺寸大为减小,飞机流阻增大,而且还占用了机翼下悬挂武器的位置。双发飞机将发动机布置在机身内还有利于减小机动飞行时的惯性载荷。如果飞机只用一台涡轮喷气发动机,则机身内安装发动机是唯一的选择。图 8.43 为 WP7 发动机在歼－7 飞机上的安装形式。这种安装方式，在装拆发动机时，需分解前后机身结合面，十分费时，然而另一方面，则由于脱开了后机身，易于接近发动机，便于检查与排除故障。

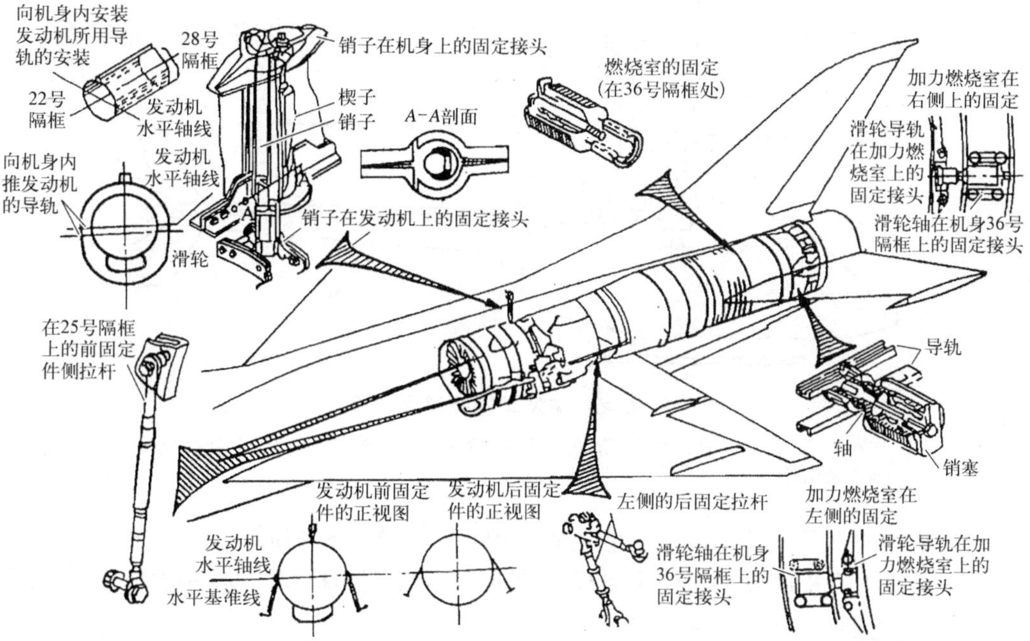

图 8.43　WP7 发动机在歼－7 飞机上的安装形式

大涵道比涡扇发动机应用于大型客机、大型运输机或特种飞机上。目前，较为主流的安装方式有翼吊安装和尾部安装。采用大涵道比发动机作为动力的飞机，其翼展较大，将发动机安装在动力装置短舱内，并采用挂架悬吊在机翼下，通常称为翼吊。如图 8.44 所示为 GE90 发动机在 B777 客机上的安装形式，这种安装方式广泛应用于现代大型民用飞机和运输机。采用该种安装方式发动机维护容易，客舱噪声小，发动机油路布置容易。也可在机身尾部两侧的发动机支架上各悬挂一台发动机，如图 8.45 为 CF34 发动机在 ARJ－21 飞机上的安装形式等。这种安装方式安装在飞机上时，对应的发动机安装节位于发动

图 8.44　GE90 在 B777 飞机上的安装形式

图 8.45　CF34 在 ARJ－21 飞机上的安装形式

机左右两侧,安装节平面平行于发动机中垂面,此时安装节需额外考虑承受发动机重心对安装节安装分界面处的弯矩。

2. 涡轴发动机在直升机上的安装方式

(1) 单轴旋翼直升机的发动机通常是安装在驾驶舱后面的机身上面(图 8.46);

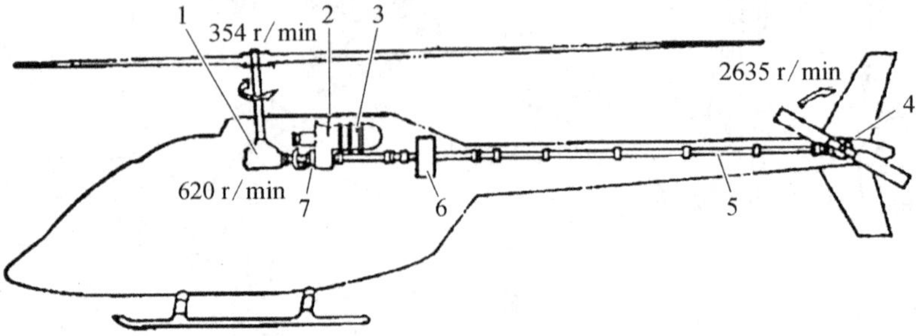

图 8.46　单发单轴旋翼直升机

1. 主减速器;2. 主传动装置;3. 发动机;4. 尾减速器;5. 尾传动轴;6. 滑油冷却风扇;7. 离合器组件

(2) 共轴式直升机的发动机安装位置与单轴旋翼直升机相同;

(3) 双发直升机的发动机通常是安装在加强舱后面的机身上面,并排布置在发动机舱内,与主减速器相连(图 8.47);

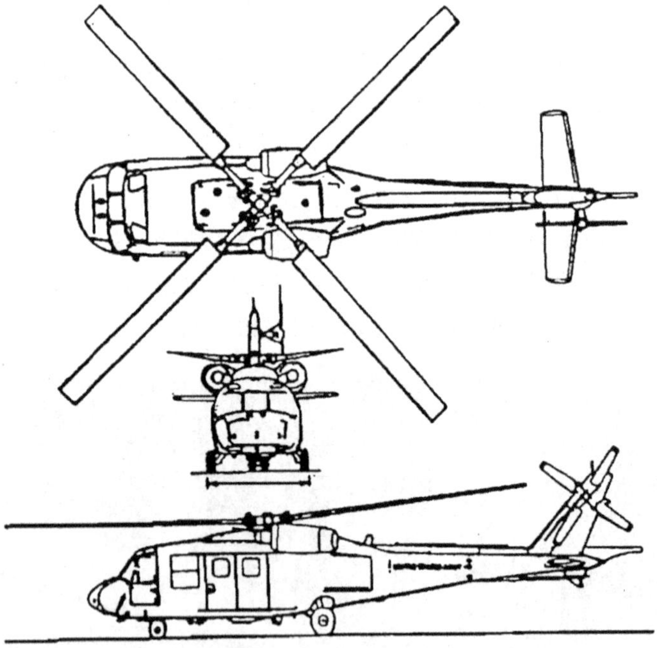

图 8.47　双发直升机

(4) 纵列旋翼直升机发动机通常置于机身前、后部上方(图 8.48);

(5) 倾转式旋翼直升机发动机安置在短机翼的端(尖)部(图 8.49)。

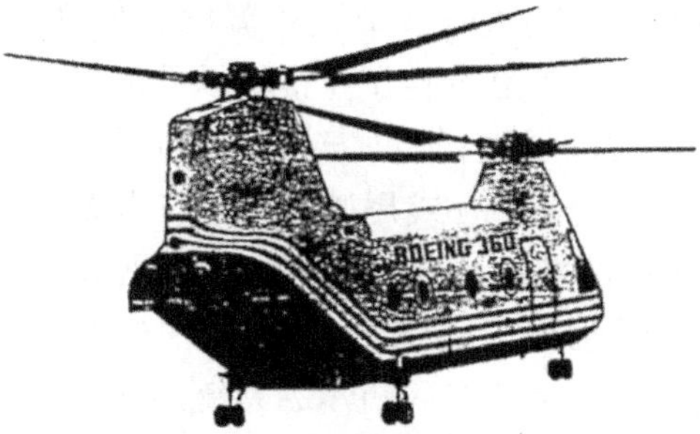

图 8.48　纵列式旋翼直升机

图 8.49　倾转式旋翼直升机

3. 涡桨发动机在螺旋桨飞机上的安装方式

(1) 装在飞机头部内；

(2) 装在飞机机翼上。

对于只装一台涡桨发动机的螺旋桨飞机，将发动机置于机身内是唯一的选择，并且是安装在机身的头（前）部（图 8.50）。这种安装方式，除飞机结构刚性好外，突出的优点是拆、装方便，便于维护。

机翼上的安装，适用于两台或两台以上偶数倍的涡桨发动机，并采用发动机短舱形式安装（图 8.51）。这种安装方式不仅会影响襟翼尺寸，也使气动外形有所改变。当一台发动机发生故障而停车时，产生较大的偏航力矩。为防止带坡度着陆时外侧发动机和螺旋桨擦地，多发偶数倍发动机在机翼上的安装要求机翼有相应的上翻角，这对飞机的操纵性和稳定性都不利。所以，螺旋桨飞机一般都将发动机安装在距地面较高的位置上。这种安装方式：① 可阻尼飞行中的机翼振动（即防止颤振的配重）；② 便于发动机的维护和换装；③ 对发动机进气的净化有好处；④ 可降低传入机舱内的噪声。

图 8.50　单台涡桨发动机在飞机上的安装图

图 8.51　两台或两台以上偶数倍的涡桨发动机在飞机上的安装

8.6.2　发动机安装节

发动机安装节是发动机与飞机机体的连接点，发动机通过安装节将推力和载荷传递至飞机机体。根据传递载荷种类和安装位置，可将安装节分为两种：主安装节与辅助安

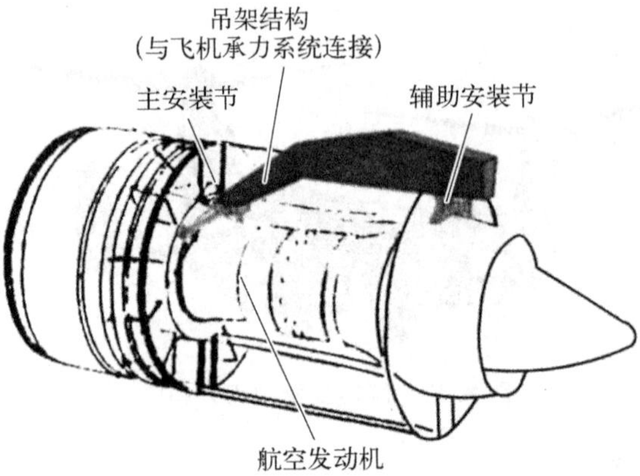

图 8.52　发动机吊装示意图

装节。一般主安装节装于温度较低区域，该区域一般靠近转子止推轴承处的压气机或风扇机匣上；辅助安装节装于涡轮（无加力燃烧室时）或尾喷管（有加力燃烧室时）的壳体上。图 8.52 所示为某型双转子涡扇发动机吊装示意图，其中主安装节和辅助安装节均与飞机承力系统连接。

1. 安装节上的载荷

在发动机工作期间，安装节要能承受 3 个方向的力和 3 个方向的扭矩。6 个约束形成了一个静定的安装结构方案，如图 8.53 所示。超静定的安装节约束也是可以的。这些载荷一般包括以下几种：① 发动机的质量；② 在飞机机动飞行中发动机及其附件产生的惯性力；③ 涡轮、压气机转子所产生的陀螺力矩；④ 转子不平衡所产生的惯性力；⑤ 当出口气流不是纯轴向流动时所产生的气动力矩的反作用力矩；⑥ 发动机推力。

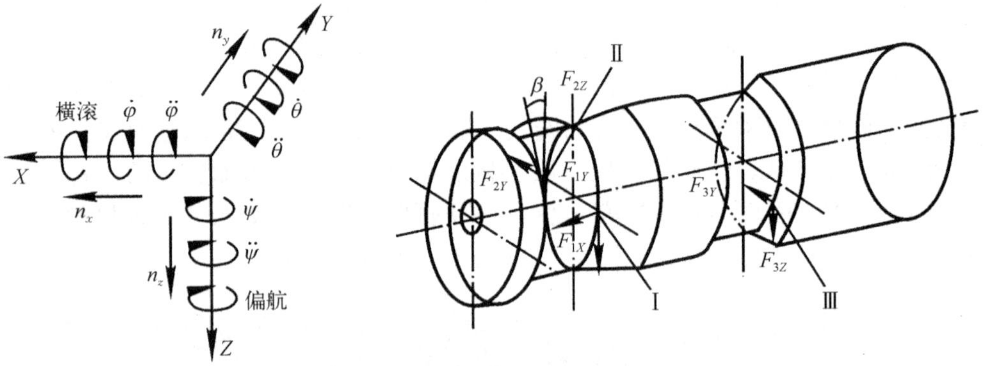

图 8.53　某涡扇发动机安装节的受力情况

Ⅰ. 主安装节；Ⅱ. 前辅助安装节；Ⅲ. 后辅助安装节

2. 安装节结构设计要求

发动机安装节设计时，应遵循下述原则：

（1）发动机安装节的选择主要取决于发动机在飞机上的安装方案，而安装节的最终确定和设计，是飞机与发动机反复协调和折中的结果，且在一种发动机上有不同的几种固定结构以适应在不同飞机上的安装需要；

（2）安装节应能承受飞机给出的载荷，并按规范要求，应有足够的刚度、强度裕度；

（3）安装节（系统）应是一个限制发动机 6 个自由度的静定系统（在某些发动机上，也有采用超静定安装系统），以便保持发动机在飞机上的定位与对中，选择若干个安装点，这些安装点应设置在距离合适（尽可能大）的两个截面上；

（4）推力安装节的最佳位置应分布在主承力机匣（框架）水平中心线的两侧，以消除推力载荷偏离水平中心线所引起的机身弯曲；

（5）安装节位置力求避免处于旋转件（转子部件）的外机匣上，以防止该部件因受力变形而影响径向间隙，应尽可能设置在坚固的发动机承力机匣上，并将集中载荷扩展为分布载荷；

（6）发动机安装在飞机上，必须能自由地膨胀和收缩（轴向和径向）；

（7）安装节（系统）应设计成便于发动机在飞机上的装拆。

主安装节在安装截面上可以有两个或三个安装点，辅助安装节可以是一个或两个。不论数目多少，所有的主安装节及辅助安装节均应各在一个横截面内，而且所有的主、辅安装节中，相对飞机而言只应有一个安装点是固定的（一般位于主安装节中，该点称为死点），其余各安装点均允许某些自由度上的自由移动，即工作时允许与飞机机体结构间有相对移动，以适应发动机与飞机膨胀不一致造成的位移。通常，辅助安装节采用万向接头的结构。

3. 安装节结构分类

在高涵道比涡扇发动机的安装节设计中，按传力路线可分为核心机吊装方案和混合吊装方案，见图 8.54。

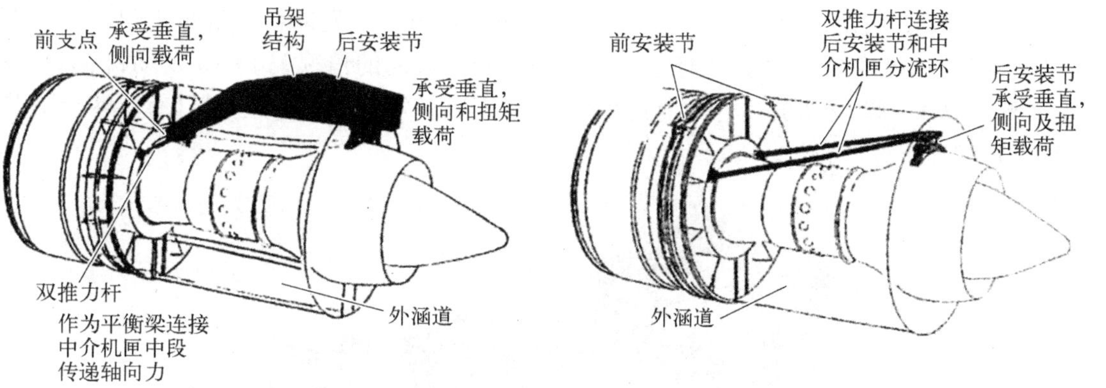

(a) 核心机吊装方案　　(b) 混合吊装方案

图 8.54　高涵道比涡扇发动机的安装节结构

在核心机吊装方案中，主安装节位于风扇机匣后的分流环处，这种结构由于传力线与中心推力作用线接近、发动机的变形较小，但在力平面垂直方向上存在附加力矩并传递给飞机。

在混合吊装方案中，将安装传力机构安置在风扇机匣和涡轮机匣外延长线上，这种结构使安装反力形成的力矩与推力产生的力矩相抵消，没有附加力矩作用在飞机上。对于大推力的高涵道比发动机，消除和减少这种附加力矩是十分重要的。

图 8.55（a）所示为早期的 CF6 发动机安装方案，即为核心机吊装方案，推力相对于主安装节会形成一个力矩作用在飞机机体上。在现代的 GE90、GP7200 和 GEnx 的安装节设计中，均改为主安装节位于风扇机匣外，并通过承力拉杆将辅助支点和风扇中介机匣分流环处相连，以达到合力通过一个中心点，从而有效地消除了作用在飞机上的附加力矩，如图 8.55（b）所示。

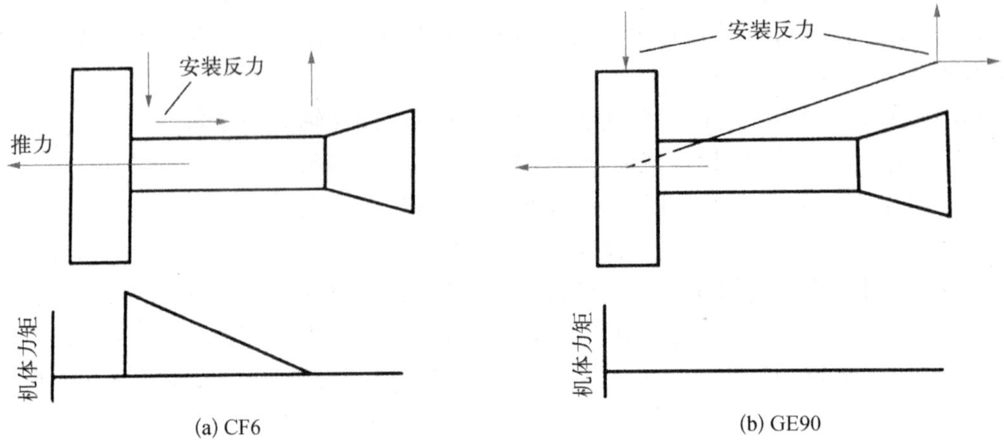

图 8.55 不同推力传力路径对比

涡轴/涡桨发动机的安装节,从功能本质上来说与涡喷、涡扇基本相同,主要用于支撑发动机及传递发动机工作所产生的动力载荷。涡轴/涡桨发动机通常有两个安装截面(前后安装截面,或主副安装截面),其中主安装截面一般布置在发动机冷端承力机匣上。在一些小型发动机或微型发动机上也有采用一个安装截面的情况,如 PT6 发动机、ATP 发动机等,PT6A－42 发动机只有一个安装截面,位于燃气发生器机匣上,设计有共 4 个安装节,左右对称布置,见图 8.56。

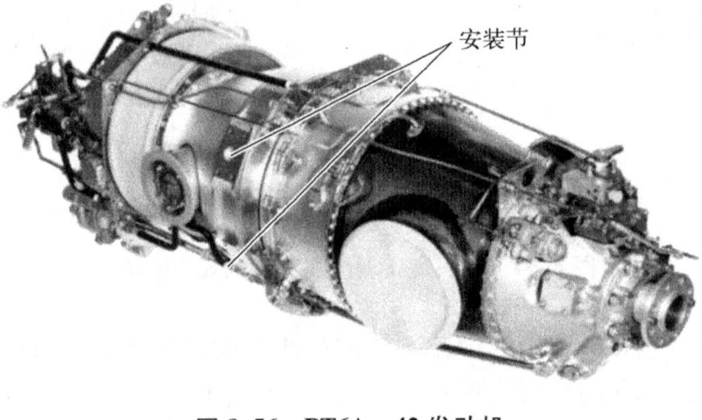

图 8.56 PT6A－42 发动机

相对于其他类型的发动机,涡桨发动机由于螺旋桨的作用,工作时会产生较大的振动载荷,如果振动载荷直接传递给飞机,将影响飞机的乘坐舒适性及相关机载设备的寿命,因此涡桨发动机的安装节除了考虑主要的承载功能外,还需具有一定的隔振功能,以减小发动机所传递的振动载荷,因此涡桨发动机的安装节通常称作隔振安装系统。

涡桨发动机的隔振安装系统实际是在保证载荷有效传递的同时,通过设计特殊的结构和选择相应的隔振元件来降低安装系统的连接刚度、提高安装系统的阻尼,从而实现低刚度隔离振动和高阻尼衰减振动的效果。合理的隔振安装不仅可以有效降低飞机的振动水平,减小机体、机载设备、管路等构件的动应力水平,改善机舱振动噪声环境,避免飞机机体与发动机之间的共振，还可有效减弱飞机机动飞行、着陆等冲击载荷对发动机结构的影响。

同时，考虑涡桨发动机正常工作时，螺旋桨会产生较大的反扭矩载荷，若该扭矩载荷直接通过发动机隔振安装节传递给飞机，则安装节势必会承受较大的剪切载荷，不利于隔振安装系统中减振元件的设计。因此在进行涡桨发动机安装系统设计时(尤其是对于功率较大的发动机)，除了考虑隔振措施以外，还需要综合考虑螺旋桨反扭矩的补偿问题。国外的 ATR72、冲八、A400M 等典型涡桨飞机均通过带振动隔离的安装系统来实现发动机与飞机的连接，其中 ATR72－500 飞机(采用 PW127F 发动机)采用隔振器加扭矩补偿器的组合安装形式，其中前安装面三个主隔振器及扭矩补偿器，后安装面两侧加装两个辅助隔振器，如图 8.57 所示。

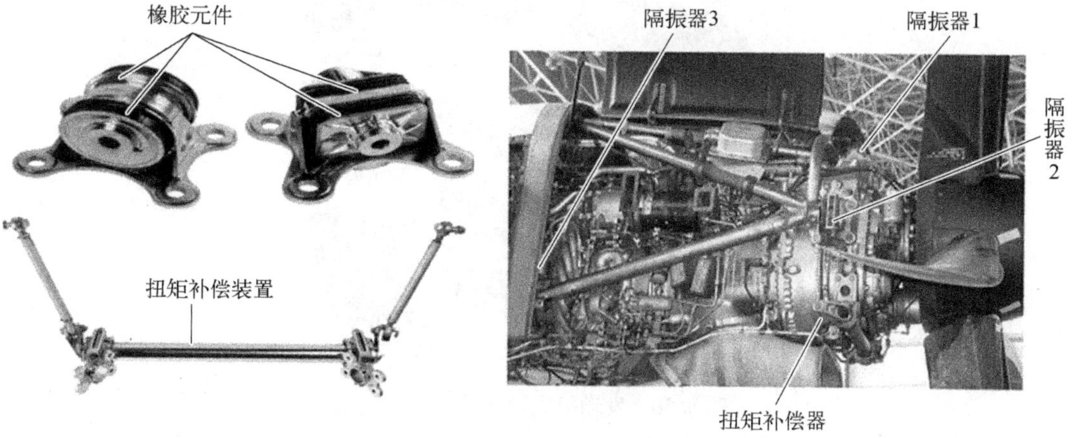

图 8.57　ATR72 飞机安装系统图

根据涡桨发动机隔振安装系统的功能要求，在进行隔振安装系统的结构设计时，应在保证强度要求的前提下选择合适的刚度和阻尼，使系统满足几个方面的要求：

(1) 承载能力，隔振安装系统应具有足够强度，在有效传递发动机工作载荷的同时，保证发动机在飞机的各种工作条件下安全可靠工作；

(2) 隔振功能，隔振安装系统在各方向应有足够的阻尼，保证经隔振安装系统后，发动机或飞机所产生的振动载荷应降低到允许范围内(隔振效率满足要求)；

(3) 频率特性，隔振安装系统的固有频率不得与螺旋桨稳态工作通过频率及飞机各阶固有频率耦合；

(4) 方向特性，在振动、冲击、温度等载荷作用下，隔振器在规定的方向上的变形量应符合要求，保证发动机工作时的位移幅值不超过各功能构件之间允许的间隙；

(5) 安全保险功能，隔振安装系统应具有安全保险结构(余度设计)，在隔振器的隔振材料出现破损的状况下，发动机不会与飞机发生脱离。

典型安装节结构

8.6.3　发动机拆卸与安装

发动机的翼下吊挂安装结构如图 8.58 所示。发动机拆卸有三种批准的方法：自持系统法、使用吊车支持的吊索方法和使用升起加载器。

从飞机上拆卸发动机前，要保证正确的操作，项目检查单必须完成，飞机应进行以下准备工作：检查飞机起落架地面锁销位置是否正确；切断被拆卸发动机的燃油供应；断开被拆卸发动机的电源供应；罩上发动机进气道和喷管；准备起吊装置和发动机拖架。

利用起吊系统和拖架，拆卸之前，所有电气、液压、气动、燃油和机械接头必须断开并加上帽盖以防止灰尘杂质进入。为防止人员受伤和设备损坏，必须严格遵守维修手册的程序和条例、安全注意事项。

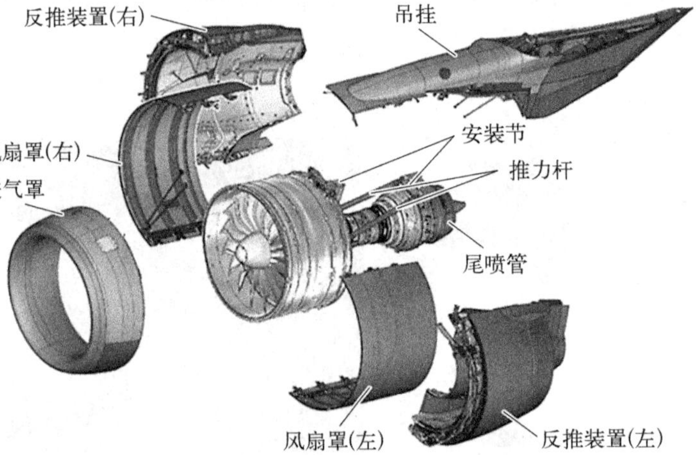

图 8.58　发动机的翼下吊挂安装结构

发动机安装程序与拆卸程序相反，按照制造厂商的要求，安装发动机时应润滑。发动机吊装到飞机上，连接螺栓按维护手册中规定的扭矩拧紧。拆下起吊装置，将各个系统连接好，在连接每一个接头前把帽盖或罩子拆下。所有螺栓按规定的扭矩拧紧，需要时，更换新的垫片、衬垫和锁片。发动机滑油箱内加注批准的滑油，滑油系统和燃油系统应加满，确保所有管路都装满油。发动机起动前先检查发动机清洁状况，有无外来物，移走进气道和喷管上的堵盖。打开燃油开关，点火系统关闭，带转发动机，检查滑油和燃油压力指示，管子及接头应没有渗漏。对于油封过的发动机要进行启封。

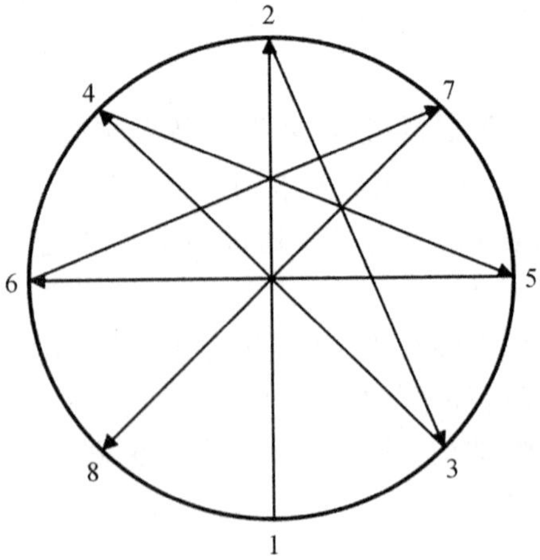

图 8.59　紧固顺序示意图

特别指出的是，在用螺栓或螺钉固定连接发动机的一些部件时，应按图 8.59 所示的原则顺序拧紧，并打好保险。螺栓或螺钉连接的方法不同，打保险的方法也不同，若用螺栓连接，则每对螺栓的保险丝都必须在拉紧的方向上。

思　考　题

1. 航空发动机的工作系统由哪些部分组成？
2. 简述发动机控制系统的作用。
3. 航空发动机起动过程分哪几个阶段？
4. 航空发动机起动机有哪几种？
5. 现代航空发动机要求点火器在哪三种条件下工作？各有什么工作特点？
6. 简述附件传动系统的功能。
7. 附件传动系统有哪两种类型？各有什么特点？
8. 简述滑油系统的作用。
9. 简述滑油系统的基本类型，并说明其组成。
10. 空气系统的主要功能有哪些？
11. 根据传递载荷种类和安装位置，可将安装节分为哪两种？一般位于发动机的哪个位置？

第9章 安全设计与防错设计

9.1 概　　述

安全设计，就是指在设计设备的过程中，充分考虑设备的安全性，消除一切不安全因素的设计。在航空发动机结构设计中，有一些对发动机安全和寿命有重要影响的零件，被称为关键件或重要件，这些重要件或子系统一般不易出问题，但是一旦失效，会引起发动机出现较大的或灾难性的事故，因此应采取一些防止出现这些灾难性事故的措施。

安全性设计的常用方法有：① 能量控制，即从设计角度考虑消除和控制危害度；② 故障隔离，即确保在出现故障之后，不会影响系统安全；③ 薄弱环节法，即从安全性考虑可在系统中设计“薄弱环节”，使系统出现故障之前，在薄弱环节处出现失效，以减轻故障的危害度；④ 告警装置，即在故障发生前后发出相应的提示，以采取相应的控制措施，减小危害度。

航空发动机结构安全设计不同于一般的结构强度设计中以防止结构失效为目标给定安全裕度，而是以在恶劣环境下结构失效后产生的危害度最小为目标、以结构系统为对象，进行危害度控制的设计。航空发动机整机安全性设计主要包括机匣包容设计、安装结构冗余设计、防止转轴断裂设计以及转子支承结构抗过载设计。

防错是指通过产品设计和制程管控来防止错误的产生，意即在错误发生前即加以防止。

防错设计的常用方法有：① 放大零件的差异性，如果在实际设计过程中外形相似而型号不同的零部件不能通用，那么就应该放大他们之间的差异性，使员工能通过观察或使用某种防错装置很容易就能区分开来；② 唯一性原理，在制造中很多差错都是由于在安装时不注意而装错部位或安装不到位造成的，为避免这种情况，在设计时可以考虑将容易装错的部件设计成只有一种安装方式，比如将部件设计成不对称的，或者在上面施加干涉。这也是防错设计中最常用的一种方式；③ 应用颜色，对于外观相似而型号不同的部件，或者安装时周围光线比较差的部件，可以为其涂上不同的颜色，使其变得醒目而易于区分或安装。这是一种极为简单而效果又非常明显的防错方式；④ 减小装配难度，如采用单元体设计思想，减少系统的复杂程度，对不同单元体分别装配、检测与调试，化整为零，化复杂为简单；⑤ 保险装置，如需要双发断油时，双手必须同时按操作钮，才能执行工作；⑥ 减少故障的影响，如采用余度设计。

防错设计是提高发动机可靠性、保证发动机安全工作的重要措施。对于一些在使用中经常需拆装的零组件及附件(例如喷油嘴等),以及对于一些外形非常相似,在装配中容易出现错装的零组件(例如,在总压比很高的发动机中,高压压气机后几级工作叶片的形状与尺寸非常相近),都应当采用防错设计,使得这些零组件在装配过程中绝对不会装错,哪怕是技术等级非常低,或从未装过该部件的人员,也不会出现错装现象。

在早期的一些飞机和发动机中,由于不注意防错设计,从而在使用中由于错装而造成飞机出现大的事故,在国内外的军和民用飞机中,此类事故均时有发生。有的飞机与发动机上,为了防止错装,采用颜色、画线或注字的方法,表示要按颜色、画线或按文字说明来安装,但这也并不能完全排除人为因素造成的错装。

有关人的因素的“墨菲定律”说:“一件事如果可能搞错,那么,总有人会搞错。”因此,产品设计必须要进行人机工程的防错设计,从根本上防止使用和维修中的差错。在产品维修性设计中,强调要从设计上防止维修差错。GJB/Z91－97《维修性设计技术手册》要求通过设计使产品重要维修操作“不会错,错不了,不怕错”。

9.2　安全设计实例

下面仅以几个具体结构设计为例,讲述结构安全设计。

9.2.1　防止低压涡轮轴飞转

众所周知,低压涡轮轴由于套装在高压涡轮轴内,其直径比高压轴小,而且转速也低于高压转子的转速。随着发动机涵道比的增加,其转速差增大,但传递的功率却比高压涡轮轴大,特别在高涵道比涡扇发动机中更是如此。由此可见,由于低压涡轮轴转速低、传递功率大,承受的扭矩远比高压轴大;加上直径小于高压轴,因此低压涡轮轴上承受的剪切应力远大于高压涡轮轴。如果两轴采用同样材料制作,低压轴的安全系数显然小于高压轴。设计时一定要保证低压轴的安全系数,以确保轴能正常工作。发动机在工作中,会由于一些偶然的极端因素,使低压轴折断。例如,在其他零件损坏后,使低压轴与高压转子相摩碰,低压轴受损而断裂等。

图-154客机发动机低压涡轮轴断裂事故

当然,这种低压涡轮轴突然折断的概率是极小的,对于一种发动机几年甚至十几年不一定遇到,但是一旦不幸遇到就会带来灾难性事故。因为低压涡轮轴折断,低压涡轮转子与风扇转子之间就失去机械联系,低压涡轮没有负荷。此时,高温燃气仍继续流入低压涡轮中膨胀做功,失去负荷的低压涡轮就会急剧增速以至飞转,工作叶片与轮盘所受的离心力急剧增大,大大超出其允许值,叶片会由根部处折断并高速甩出,轮盘也会四分五裂。甩出去的碎片能量很大,击穿涡轮机匣后如打到飞机要害构件或系统,就会给飞机带来灾难性事故。涡桨发动机、涡轴发动机与由航空发动机改型的地面燃机,同样也会发生低压(或动力)涡轮在某些特定条件下,出现低压(或动力)涡轮转子飞转的情况。

涡动6动力装置涡轮轴飞转事故

为避免低压涡轮轴折断,转子进入飞转造成灾难性的事故,就应在设计中采取防止低压涡轮转子在断轴后进入飞转的措施。现在绝大多数发动机中,均采用了防止低压(动力)涡轮转子在断轴后进入飞转的安全设计。常用的有两种方法:其一是断轴后,立即将进入发动机燃烧室的燃油全部放掉,形成不了高温燃气,因此,低压涡轮转子不会飞转,这是从根本上来解决的措施;其二是机械刹车防止转子飞转,它是将转子叶片与静子叶片的相对位置设计成:当断轴后转子在燃气轴向力作用下向后移动,两种叶片相互卡咬,起到刹车作用。

在现有发动机中紧急放油措施有两种:在JT15D发动中如图9.1所示,是在低压涡轮后轴的后端设有一顶杆,在后轴承机匣内相应位置处设有一摇臂,摇臂一端用钢索与设在燃油总管的紧急放油门相连,另一端与转子上的顶杆保持一定间隙。正常情况下,顶杆与摇臂绝对不会相碰,而一旦低压涡轮轴突然折断,转子在燃气作用下快速向后移动,顶杆顶到摇臂上,钢索将放油活门急速拉下,高压燃油被快速放出。

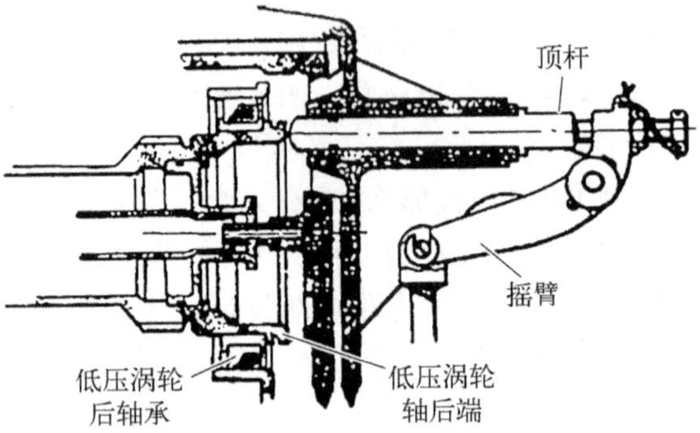

图9.1 JT15D防低压转子飞转装置

在斯贝与RB211等发动机上,同样采用了类似于JT15D的顶杆与摇臂结构,但是顶杆的移动是利用了一般车床上刀架行车结构。具体结构如图9.2所示:在低压涡轮轴内装有滑油管,滑油管前端与风扇轴的前端固紧。后端焊有带外套齿的管头,一个带多头外螺纹的顶杆插在管头的外套齿中,可以前后轴向移动。涡轮后轴内固定一个带多头内螺纹的衬筒。顶杆通过外螺纹拧到衬套的内螺纹中。当低压涡轮轴折断时,断口前方的转子转速会下降以至最终停转,这时和风扇轴固紧的滑油导管转速会逐渐下降。而断口后方的转子转速迅速上升,即固定于低压轴中的衬筒转速上升。由于顶杆是通过花键套在滑油导管上的,因此顶杆不转,这样就在顶杆与衬筒间有相对转动,在螺纹的作用下,顶杆快速向后移动,顶到摇臂上,将钢索下拉,放油活门被打开,使高压燃油快速放出。

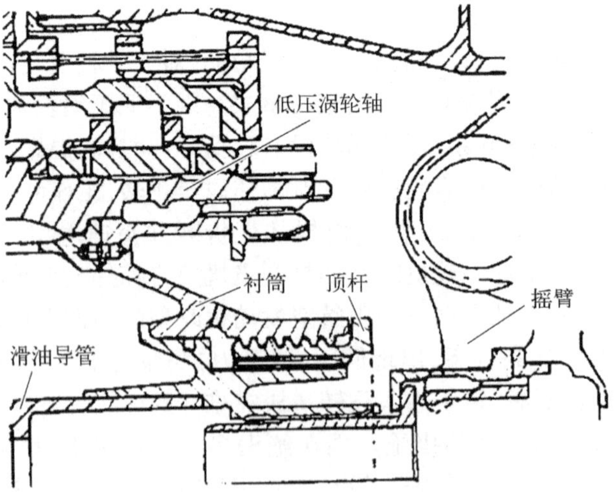

图9.2 斯贝防低压转子飞转装置

另一种防止低压(动力)涡轮转子在断轴后进入飞转的方法是机械刹车,即机械地卡住转子,不让转子转动。例如PW2037高涵道比涡轮风扇发动机的低压涡轮转子就是利用这个办法防止转子飞转的。如图9.3所示,它的第3、4级导向叶片由外向内做成向后倾斜的,当涡轮轴断裂后,涡轮转子在燃气气动轴向力作用下向后移动,第2、3级工作叶片尖立即与导向叶片外端相碰而将转子卡住。这种办法是被动的,因为高温燃气还在继续流向涡轮工作叶片,还有使转子转动的能量,因此在其他的发动机中尚未发现采用这一方案。

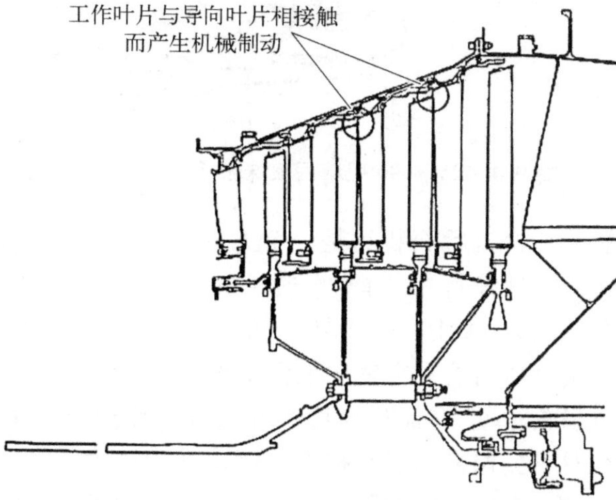

图9.3　PW2037发动机防低压转子飞转的措施

当前,在采用全功能数字式电调(FADEC)装置的现代先进航空发动机上,通过电调装置来限定低压转子转速,当发生断轴、低压转子转速要超转时,调节装置将自动切断供入燃烧室的燃油,使转子停止下来。

9.2.2　防止风扇转子甩出

高涵道比涡扇发动机中,风扇转子上作用有大的轴向力,当低压涡轮轴或风扇轴在某些特殊情况下突然折断时(发生的概率极小,但有发动机发生过),如不采用特殊措施,带叶片的风扇轮盘会四分五裂地甩出发动机,带来严重后果。为此在设计中需采用安全设计措施防止风扇转子甩出发动机。

常采用的措施是在悬臂支承的风扇转子上,将滚珠轴承安置在紧靠风扇轮盘之后。当低压涡轮轴或风扇轴突然折断时,带风扇叶片的风扇轮盘会被滚珠轴承限制在发动机中而不会甩出发动机。同时,为避免此滚珠轴承在工作中,由于润滑出现不正常而超温,致使过多的热量传到风扇轴上,降低了风扇轴的强度,从而引起风扇轴断裂,在很多发动机上,将此滚珠轴承不直接装在风扇轴上,而是装在固定于风扇轴的衬套上。衬套与风扇轴间留有大的间隙,有的发动机还利用此间隙对轴承进行环下供油润滑,如图9.4所示。

在RB211及遄达系列三转子发动机中,未将滚珠轴承装于紧靠风扇轮盘后面,而是

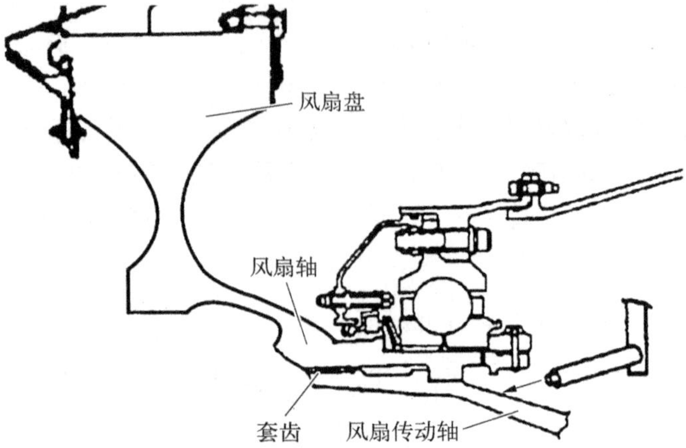

图 9.4　PW4000 风扇后滚珠轴承的安装

装在风扇轴的后端,紧靠风扇轮盘后面装的是一个大的滚棒轴承。这是因为该系列发动机为三转子发动机,在它的总体设计中,将三个转子的止推(滚珠)轴承集中装在位于中压、高压压气机间的中介机匣处,集中将三个转子的轴向力通过中介机匣传出,优化了承力系统的设计,但是却使紧靠风扇处只得使用滚棒轴承。在这种布局的设计中,当风扇轴折断时,带风扇叶片的风扇轮盘,会在流过风扇叶片的气流作用下产生向前的轴向力,拉离发动机而甩出。为此,罗罗公司采用了一种安全设计,如图 9.5 所示。在低压涡轮轴与风扇轴连接处装有一承力套,在风扇轴内装有一保持轴,保持轴前端与风扇盘始终保持接触(如图 9.5 中“端面 A”所示),保持轴后端与装在低压涡轮轴上的承力套间留有间隙 B,当风扇轴折断时,风扇盘向前移动,带着保持轴前移,使保持轴后端顶在承力套上,将风扇转子向前的轴向力由后面的滚珠轴承承受,使风扇轮盘不致甩出发动机。

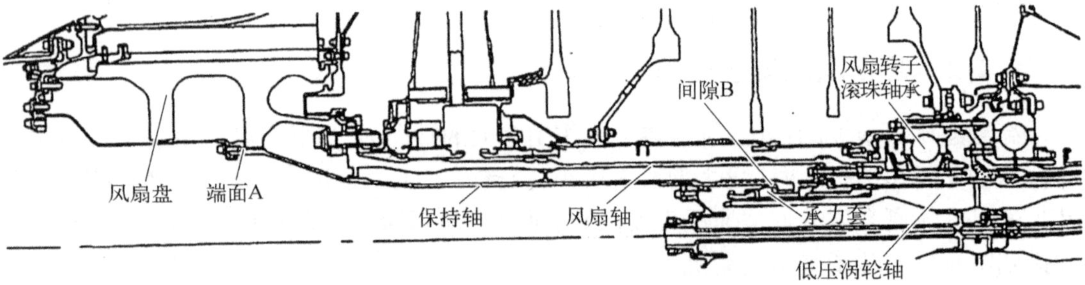

图 9.5　RB211 风扇转子的保持轴

RB211 发动机虽然采用了上述防止风扇盘甩出的措施,但在使用中,于 1981 年曾接连发生过三次(分别发生在 5 月、8 月和 9 月)由于支承风扇转子的轴承的润滑不良等原因引起风扇轴折断的事件,在这三次事件中,保持轴均未能将风扇轮盘保持在发动机中,幸运的是在这三次事件中,只造成飞机局部结构受到不同程度的损伤,未造成灾难性事故。说明保持轴未起到将风扇转子保持在发动机内的作用,因此,将保持轴以及对轴承的润滑与封严等进行了改进,后来再未发生过类似事件。

9.2.3 防止风扇叶片甩脱后产生过大振动

为防止风扇叶片从根部折断后,造成的极大不平衡使发动机产生过大振动,对发动机结构与飞机机体带来的过大冲击,在 BR715 和 CFM56-9 发动机上,均有过载保护装置。BR715 上在风扇后滚珠轴承处装有带剪切销的保护装置,如图 9.6 所示。当轮盘失去一片风扇叶片时,作用于转子上很大的不平衡力,使滚珠轴承上的径向负荷大增,远远超出正常使用时的负荷。因而将剪切销切断,轴承径向外移,碰到止动凸台,从而限制了轴承的径向活动,减轻了转子对机匣的撞击。

CFM56-9 在风扇后滚珠轴承处,也采用了类似 BR715 带剪切销的保险装置,称为"断开连接器"(decoupler),其作用也是当风扇叶片甩脱后,风扇转子的巨大不平衡力不会传给机匣。在早期的 CFM56 型号中(例如 2、3 型),也设有防止叶片甩离后给发动机结构带来过大撞击的措施,那是在低压转子两个滚棒轴承(即 2 号、5 号轴承)处以及高压转子后滚棒轴承(4 号中介轴承)处设有限幅器来达到的,图 9.7 所示为 CFM56 发动机风扇后滚棒轴承(2 号轴承)处的结构图。

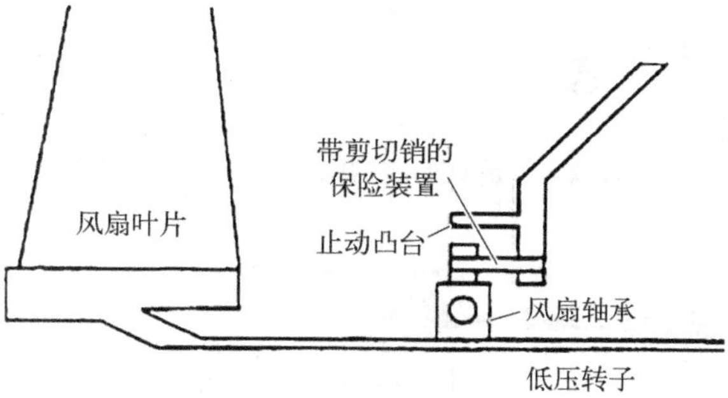

图 9.6 BR715 风扇后滚珠轴承的带剪切销的保险装置

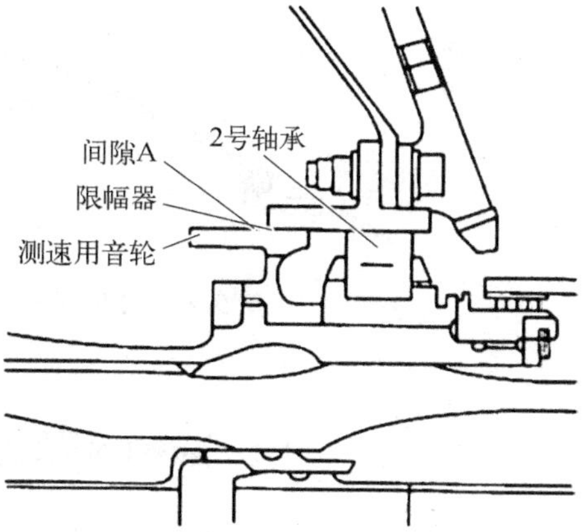

图 9.7 CFM56 发动机风扇后滚棒轴承限幅器结构

9.2.4 滑油系统中设置最低滑油压力告警装置

滑油系统工作正常与否,直接影响发动机的正常工作,为此在滑油系统供油分系统中,作为安全设计,必须设置最低滑油压力告警装置,通常用红色灯及声响报警,当滑油压力低于设定的最低压力值时,红灯亮并伴有告警的声音,以提醒飞行员必须立即采取措施,防止事态恶化。一般是将油门杆拉回至慢车状态,甚至关停发动机。在设有"发动机指示与机组告警 EICAS"系统的飞机上,在显示屏幕上用红色字体显示"X 号发动机滑油压力低"告警信息,同时告警音响发出声音。

发动机吞水试验

9.2.5 防止雨水进入核心机导致熄火

为了解决遇大雨时,雨水进入核心机过多导致发动机熄火的问题,可采取以下几个措施。

（1）加大风扇叶片与分流环的间距。将分流环（风扇后外涵、内涵气流分流处的环形结构）的进口整流罩换装长度较小的，使分流环与风扇叶片后缘的间距加长，便于将进入风扇后的雨水甩到外涵。在 CFM56－3 的原设计中，分流环与风扇叶片后缘的间距很短，如图 9.8 所示。由图 9.8 可看出，风扇叶片后缘与分流环之间的距离太近。因此，在 CFM56－3 之后发展的发动机，分流环与风扇叶片后缘的间距均做得较长，图 9.9、图 9.10 分别示出 GE90－115B、RB211－535E4 风扇叶片与分流环的结构图，由图可见，分流环与风扇叶片后缘的间距均较大。

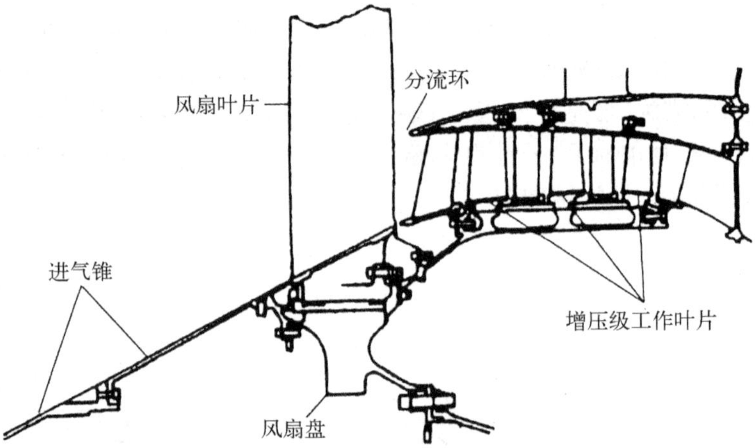

图 9.8　CFM56－3 风扇叶片后缘与分流环的结构图

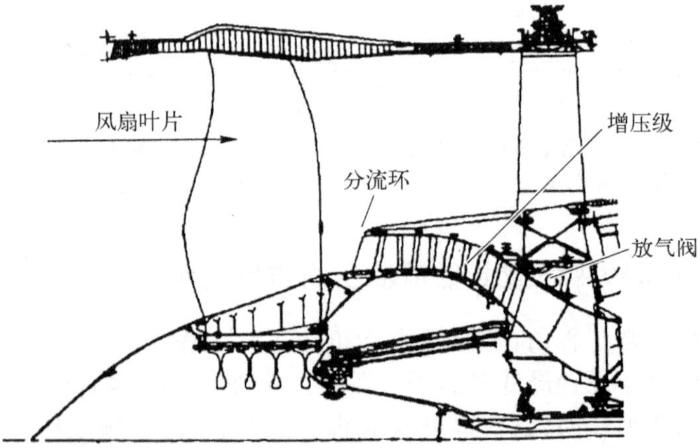

图 9.9　GE90－115B 风扇叶片后缘与分流环的结构图

（2）加装放气阀。重新在增压级后加装 12 个放气阀，在发动机慢车状态下打开，可将进入发动机的外物包括雨水甩到外涵气流中。一般放气阀设置在增压级出口拐弯处，便于水在拐弯处的离心力作用下甩到外涵，如图 9.9 中 GE90－115B 的放气阀。

（3）提高空中慢车转速。在坏天气条件下着陆时，将发动机空中慢车转速加高到低

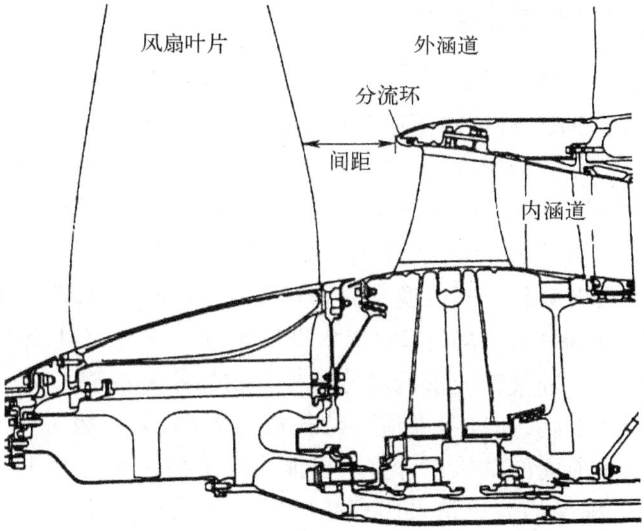

图 9.10 RB211－535E4 风扇叶片后缘与分流环结构图

压转子转速 N_1 的 45%（正常情况为 N_1 的 32%），以增加雨水流过风扇、低压压气机的离心力，增加将雨水甩到外涵的能力。

（4）进气锥改型。将进气锥改为先椭后锥的形式。

对于前两项，不仅新生产的发动机要贯彻，在外场使用的约 1 500 台发动机也进行改装。

为了考核这些改进是否能在特大雨中有效，进行了一次特有的飞行试验，如图 9.11 所示，利用一架美国空军的 KC－135 空中加油机盛满水，作为喷水设备，飞在用波音 707 改装的飞行试车台的前上方，试验的 CFM56－3 发动机装在左翼外侧发动机吊舱中。加油机的加油管在试验发动机的进气口处喷水，以模拟飞机在空中遇到大雨的条件，试验结果表明，这些改进是适用的，因此，在 CFM56－5、－7 型中也采用了上述改进。

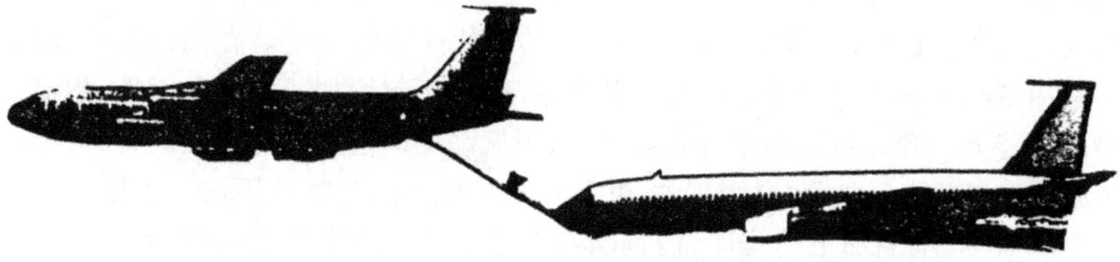

图 9.11 CFM56－3 进行空中吞水试验

V2500 发动机在设计中，将风扇叶片后缘与分流环间的间距拉得很开，加上采用了宽弦风扇的叶片，使进入核心机的水量较小。在取证试验中，它的吞水量比 FAR－33 部要求的 4%大 5 倍，也即吞入了空气流量 20%的水进行试验，结果仍然很佳。因此，在新设计的发动机中，都在此处留有较大间距，普惠公司的 MTFE 发动机即是一例。

9.2.6 防撞鸟及外来物打伤

图 9.12 示出了 CFM56－3 高压压气机转子出现过的几种故障。由吸入的外来物(foreign object debris, FOD)打坏高压压气机工作叶片是造成 CFM56－3 拆换的主要原因之一。根据 1993 年 1 月至 1995 年 1 月两年时间的统计,两年中发动机总累计运转时间为:1 599 410 飞行小时(engine flight hours, EFH),1 159 900 次循环,由 FOD 造成高压压气机故障而拆换的发动机共有 61 台,其中,在日常的检查中查出 32 起,吸鸟后发现 22 起,在发动机排故中查出 7 起。其拆换率为 0.003 81/1 000 EFH,即由于 FOD 造成高压压气机故障引起的发动机拆换,平均每 262 200 EFH 出现一次。究其原因,主要还在于风扇与增压级间间距不够大,进气锥的形状对分离外来物的效果不够大所致,虽然在高压压气机设计中,采取了一些措施,如进口导流叶片做成弯刀形,第 1 级工作叶片带增加刚性的纵向肋条等,但是由于前面的结构设计中不可能将外来物基本甩出到外涵气流中,因而仍有可能进入核心机。根除的方法是采用宽弦风扇叶片,加大风扇叶片与增压级之间的间距,在 CFM56－7 上已采取了这种措施。

发动机吸鸟事故案例

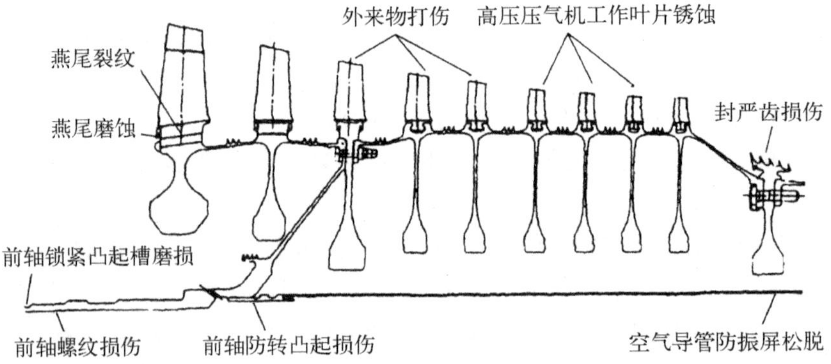

图 9.12 CFM56－3 高压压气机转子出现过的几种故障

为了防撞鸟及外来打伤,通常采取下列措施。

(1) 加强首级叶片。虽然压气机第一级转子叶片工作温度较低,但为了加强其抗外物打伤的能力,往往要钛或钢制,并尽量增加其叶片前缘的厚度。在高涵道比发动机中,早期多采用带凸肩的风扇叶片或空心宽弦风扇叶片,不仅增加了叶片的刚性,提高了抵抗外物撞击的能力与叶片自振频率,而且不易出现振动。即使出现叶片振动,凸肩的抵紧面之间的摩擦可吸收振动能量,使叶片振动应力控制在可接受的范围内。由于叶片上带凸肩不仅影响效率,增加加工的难度,而且凸肩还会对叶身产生附加的应力,因此,在 20 世纪 80 年代,逐渐用宽弦叶片取代了带凸肩的叶片。

(2) 精心设计风扇出口通道的形状,并加大风扇与增压级间的轴向距离,使石粒等杂物在旋转离心力作用下抛至风扇外涵道,而不进入核心发动机。这样的结构还能防止飞鸟进入卡住转子。

(3) 有的发动机在增压级后设有粒子去除槽(图 9.13)。借助离心力的作用使杂物随气流 3 方向通过风扇通道排出,而不至于进入高压压气机(此槽同时也是起动时的放气机构)。

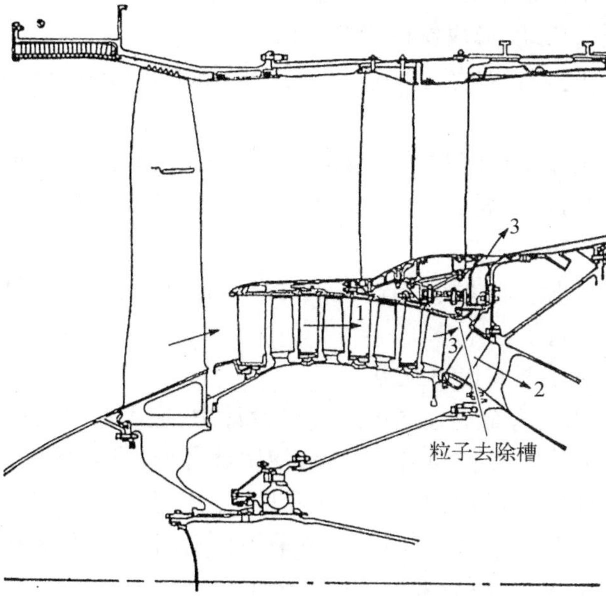

图 9.13　PW2037 的粒子去除槽

（4）发动机必须满足通用规范所规定的环境吞咽能力的要求。为此，在发动机研制阶段必须进行吸入鸟、冰块、砂石、大气中的液态水以及其他外物的吞咽试验。对现在稍大一些的发动机，要做两种投鸟试验：投 8 只、每只为 0.68 kg 的中等质量的鸟进行试验和一只 1.8 kg 的大鸟试验。在这两个试验中，用一氧化碳窒息而死的鸟（具有活鸟特性）均装在压缩空气炮内，对着风扇叶片处，以 330 km/h 的速度射向正在以最大状态工作的发动机。在投鸟试验中，要求发动机投鸟后的推力损失不得大于 25%并能在 5 min 之内停车；要求投鸟后不引起发动机失火，没有危险的碎片穿出机匣，能人为地将发动机停车等。如果达不到这些要求，该型发动机是不允许投入使用的。

9.2.7　压气机防钛火

自 20 世纪 60 年代钛合金广泛用于航空发动机后，钛合金着火或钛合金燃烧的事件不断发生，大有“谈钛色变”之势。

发动机钛火事故案例

压气机中最主要的故障之一是转动件与静止件的摩碰故障。因为压气机设计的主要目标是具有高的增压比和效率，在结构配合上要求转动件与静止件的间隙最小，由于压气机在工作中状态的变化，转动件与静止件摩碰是不可避免的。在现代航空发动机设计中、为了提高推重比，钛合金在压气机上大量使用。钛合金的转动件（叶片、封严篦齿等）与钛合金的静子件（机匣、静子叶片、封严环等）相摩碰，引起钛零件着火，很快能烧坏叶片、机匣等，外窜的火焰还会造成次生故障，危害极大。

产生钛着火的原因归纳起来有如下几种。

（1）断片（包括外来物）卡在转子与静子间。钛合金叶片由于振动、疲劳、外来物打伤以及压气机喘振造成断裂，断片卡在转子与静子间，形成钛制零件相互摩擦引起着火。

(2) 转子的轴向止推轴承损坏。转子的轴向止推轴承(即滚珠轴承)损坏,使转子相对静子发生轴向与径向移动,形成钛件相互摩擦。

(3) 轮盘破裂。轮盘破裂(指小的破裂)时的断块卡在机匣与转子间,形成钛制零件相互摩擦引起着火。

(4) 装配不当。工作中机匣与转子变形/转子不平衡度增大,造成钛零件间的摩擦。

(5) 结构设计不合理。结构设计不合理会使钛转子零件(例如,转子叶片及封严篦齿等)与对应的钛静子零件摩擦。

(6) 高压压气机喘振。喘振引起转子轴向窜动,会引起钛-钛零件相摩碰,且热气流前窜,加快了钛着火事件的发生。

预防钛着火的措施主要有以下几点。

(1) 不"成对"使用钛合金。在高压压气机设计中,应不成对地(工作叶片与机匣、工作叶片与静子叶片以及封严篦齿与封严环等)使用钛合金,或采取有效的隔离措施。在现有发动机中,从减轻发动机重量考虑,转子叶片只要工作温度允许,都采用钛合金,但静子叶片则采用合金钢或镍基合金,机匣则大多数采用合金钢,在少数采用钛合金机匣的发动机上则增加了特殊的隔火层,或后来也改用合金钢机匣。

(2) 对转子叶片进行加强与调频。例如,F404 发生钛着火后,首先修改了第 1、3 级转子叶片的设计,使其在长期工作后也不会出现共振。

(3) 加强对发动机状态的监测。例如,在压气机机匣上开探仪孔,定期用孔探仪监视轮盘工作情况;用滑油中金属屑末分析监测技术加强对轴承的监视等。

(4) 改进结构设计。例如,改进不合理的篦齿环结构,加强转子的薄弱部分等。

(5) 采用阻燃钛合金。例如,俄罗斯的 Ti - Cu - Al 系阻燃钛合金的阻燃机制是将钛零件之间的干摩擦转变为有液相润滑的湿摩擦,从而减少摩擦功及加热量;美国的 Ti - V - Cr 系阻燃钛合金是通过中断氧输送和降低绝热燃烧温度来达到阻燃目的。

9.3 防错设计实例

西北航空公司 2303 航班空难事故

防错是一种解决人为差错而造成产品缺陷的有效方法。防错设计是对传统设计方法的一种改进,目的是在设计阶段就考虑到在制造阶段可能会出现的潜在差错,并在设计阶段给予解决。

在发动机研制中,一定要将防错设计提到重要的地位。只要在设计思想上有了明确认识后,实施起来还是非常容易的。

例如,以往在发动机的各种安装边处与附件安装座上,连接用或固定用的螺栓与螺桩的分布,都做成在圆周上均匀分布,如图 9.14 所示。这样就可能在装配时将位置装错。如果将其中任一个螺栓或螺桩的位置做成不均匀分布的,就可避免出错。

又如燃烧室上安装喷油嘴的安装座,一般是用两个螺钉将喷油嘴固定。在以往的发动机中,有时将两个螺钉孔对称地安排。这样就有可能将喷嘴的方向装错,本来应向后喷油的,而错装成向前喷油。如果在设计中,将对称安排的螺钉孔位置改成不对称的,即可避免错装,如图 9.15 所示。

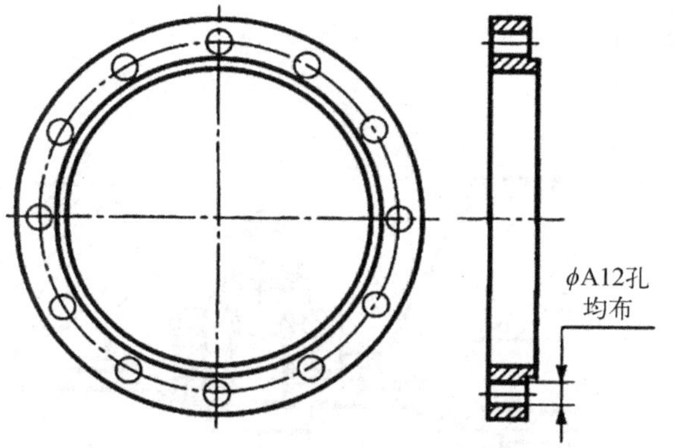

图 9.14　安装边上均匀分布的安装孔

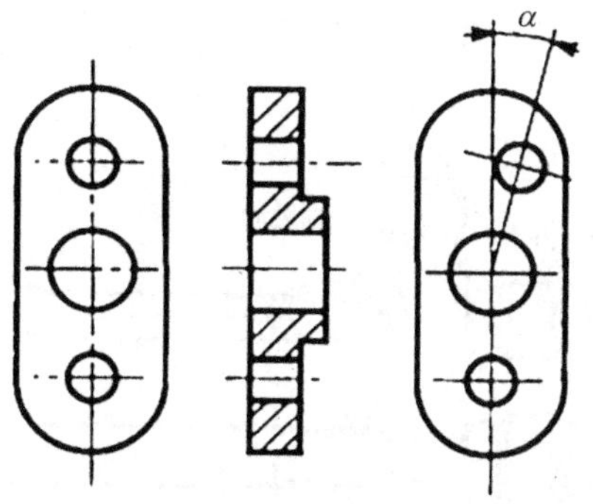

图 9.15　对称与非对称的安装座固定用孔

又如在高增压比发动机中，高压压气机后几级的工作叶片，不仅各级间叶型、尺寸相近，而且对于每一种叶片来讲，由于叶身很薄，前后缘也很相似，这样，如果不采取防错设计，就可能错装。为此，可在叶片榫头和轮盘榫槽的设计中略加注意，采取必要的防错措施，比如，在装配方向、固定位置等方面采取单向、单一无选择配合，这样，不论如何装配，均不会出现错装现象。

又如 CFM56 的高压压气机，第 6~8 级静子叶片扇形块靠端部的一头外伸，局部凸缘相配（各级凸缘位置各异），以防止装错进排气边或错级。

又如发动机附件，在滑油箱、散热器、燃油附件等壳体上均铸有标以油路来去方向及何处连接等字样，以防止错装。

在引射泵安装时，一端与压力源管路连接，另一端与吸油管路连接，出油口与输油管连接，由于疏忽，如果安装错误将导致飞机油箱内的余油无法消耗，减少了可用燃油。图 9.16 为重新设计燃油引射泵，将引射泵的三个接口设计为三种规格，防止接错。实施防错设计后，燃油引射泵安装未发生错装情况。

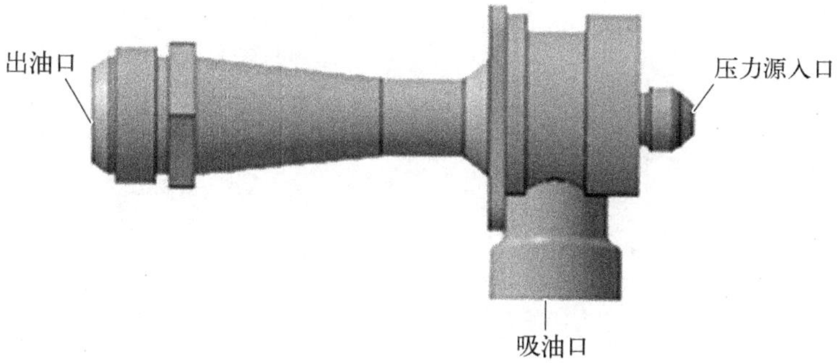

图 9.16　燃油引射泵安装时的防错设计

航空发动机主副油路常常采用不同电缆或不同接口，如图 9.17 所示。

航空发动机常常采用放大零件两边的差异使其完全不对称的设计。如将静子组件和机匣的前端设计成较小的直径，使静子组件只能由后端装入机匣。如图 9.18 所示。

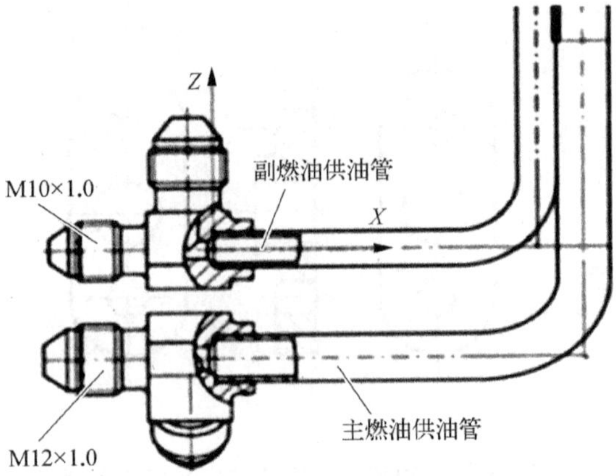

图 9.17　主副燃油管路的接口防错设计

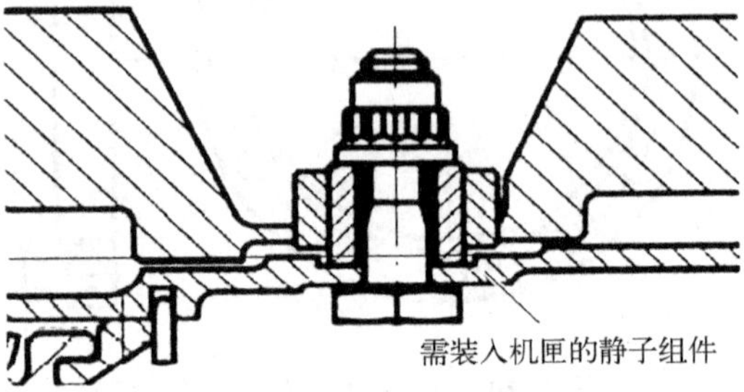

图 9.18　静子组件装配方向的防错设计

思　考　题

1. 安全设计的常用方法有哪些?
2. 简述防错设计的目的。
3. 航空发动机整机安全性设计主要包括哪些内容?
4. 防止低压(动力)涡轮转子在断轴后进入飞转的安全设计方法有哪两种?
5. 为了解决大雨情况下雨水进入核心机过多的问题,可以采取哪些措施?
6. 防撞鸟及外来打伤的常用措施有哪些?
7. 预防钛着火的措施主要有哪些?

参考文献

蔡景，徐一鸣，孙见忠，等，2015. 航空发动机构造与维修管理[M]. 北京：北京航空航天大学出版社.

陈光，2014. 航空发动机结构设计分析(第2版)[M]. 北京：北京航空航天大学出版社.

陈光，洪杰，马艳红，2010. 航空燃气涡轮发动机结构[M]. 北京：北京航空航天大学出版社.

楚武利，2009. 叶片机原理[M]. 西安：西北工业大学出版社.

邓明，2008. 航空燃气涡轮发动机原理与构造[M]. 北京：国防工业出版社.

高丽敏，马驰，李瑞宇，2017. F－35B 对转升力风扇研究进展[J]. 风机技术，59(5)：49－57.

洪杰，马艳红，张大义，2014. 航空燃气轮机总体结构设计与动力学分析[M]. 北京：北京航空航天大学出版社.

黄钟岳，王晓放，王巍，2014. 透平式压缩机[M]. 北京：化学工业出版社.

霍树林，赵志刚，闫世洲，2019. 冷态轴对称矢量喷管非矢量状态运动学研究[J]. 机械科学与技术，38(10)：1619－1625.

金如山，索建秦，2016. 先进燃气轮机燃烧室[M]. 北京：航空工业出版社.

李杰，陈光，吕跃进，2016. 世界著名商用航空发动机要览[M]. 北京：航空工业出版社.

李其汉，王延荣，2014. 航空发动机结构强度设计问题[M]. 上海：上海交通大学出版社.

廉筱纯，吴虎，2005. 航空发动机原理[M]. 西安：西北工业大学出版社.

林爽，吴榕，郑睿书，2020. 加力燃烧室一体化设计[J]. 航空动力 (6)：31－34.

林左鸣，2012. 世界航空发动机手册[M]. 北京：航空工业出版社.

刘波，南向谊，王掩刚，等，2007. 吸附式风扇/压气机技术的进展与展望[J]. 航空动力学报(6)：945－954.

刘大响，陈光，黄苏桥，2003. 航空发动机：飞机的“心脏”[M]. 北京：航空工业出版社.

刘振侠，江平，2022. 航空发动机机械系统设计[M]. 北京：科学出版社.

石宏，2015. 航空发动机装配工艺技术[M]. 北京：北京航空航天大学出版社.

宋兆泓，1993. 航空发动机典型故障分析[M]. 北京：北京航空航天大学出版社.

苏华，2006. 指尖密封结构和性能的设计分析与试验研究[D]. 西安：西北工业大学.

吴玉林，2005. 通风机和压缩机[M]. 北京：清华大学出版社.

向巧，2016. 三型涡扇发动机故障模式与机理分析及预防技术[M]. 北京：航空工业出版社.

闫晓军，2011. 典型航空发动机结构对比与分析[M]. 北京：北京航空航天大学出版社.

张群，黄希桥，2020. 航空发动机燃烧学(第2版)[M]. 北京：国防工业出版社.

赵明，邓明，刘长福，2016. 航空发动机结构分析(第2版)[M]. 西安：西北工业大学出版社.

Bahr D W, 1996. Aircraft Turbine Engine NO_x Emission Abatement[M]//Culick F, Heitor M V, Whitelaw J H. Unsteady Combustion. Berlin: Springer Netherlands.

Rolls－Royce, 1996. The Jet Engine[M]. London: Rolls－Royce plc.